Dictionary of Radiological Engineering
Fachwörterbuch der radiologischen Technik
Dictionnaire de la technique radiologique

Gustav F. Neuder, Heinz M. Ullrich

Dictionary of Radiological Engineering

English-German-French, German-English-French,
French-German-English

Fachwörterbuch der radiologischen Technik

Englisch-Deutsch-Französisch, Deutsch-Englisch-Französisch,
Französisch-Deutsch-Englisch

Dictionnaire de la technique radiologique

Anglais-Allemand-Français, Allemand-Anglais-Français,
Français-Allemand-Anglais

2., neubearbeitete Auflage

Walter de Gruyter · Berlin · New York 1980

Library of Congress Cataloging in Publication Data

Neuder, Gustav F.
Dictionary of radiological engineering.
1. Radiology, Medical–Dictionaries–Polyglot. 2. Radiology–Dictionaries–Polyglot. 3. Dictionaries, Polyglot. I. Ullrich, Heinz M., joint author. II. Title. III. Title: Fachwörterbuch der radiologischen Technik. IV. Title: Dictionnaire de la technique radiologique.
R895.A3N48 1979 616.07'57'03 79-23382
ISBN 3-11-007807-4

CIP-Kurztitelaufnahme der Deutschen Bibliothek

Neuder, Gustav F.:
Dictionary of radiological engineering : English-German-French; German-English-French; French-German-English = Fachwörterbuch der radiologischen Technik = Dictionnaire de la technique radiologique / Gustav F. Neuder ; Heinz M. Ullrich. – 2., neubearb. Aufl. – Berlin, New York : de Gruyter, 1979.
1. Aufl. bei d. Siemens-Aktiengesellschaft, München u. beim Pitman-Verl., London.
ISBN 3-11-007807-4
NE: Ullrich, Heinz M.:

Textverarbeitung und Lichtsatzsteuerung: Siemens Programmsystem TEAM. Satz: Digiset-Lichtsetzanlage der Satz AG, Zürich.
Druck: Karl Gerike, Berlin. Bindung: Lüderitz & Bauer, Berlin.
Einbandentwurf: Wernitz & Wernitz, Berlin.

From the Preface to the 1st Edition

Radiology is an essential discipline within medical science. Present-day diagnostic methods in internal medicine, surgery, traumatology, cardiology or neurology are inconceivable without modern X-ray equipment. Its technological perfection is not only decisive in achieving correct diagnostic findings, it also facilitates the radiologist's work process to the greatest extent achievable with technology. Both benefit the patient. The same applies to X-ray therapy. Image intensifiers and television, for example, are taken for granted in modern X-ray installations. The synthesis of medicine and technology that has resulted from these developments has produced specific terminology.
Technical terms found in radiological publications, regulations or patent applications are frequently misinterpreted when the definition given in a general dictionary is applied. Such a dictionary often does not list special radiological and technical terms. To the user, this specialized technical dictionary offers short access time and utmost convenience.
This collection of words covers the field of radiological physics, radiology and X-ray equipment technology. It includes the terminology used in the spheres of anatomy, clinical radiology and radiography. Included as well are technical terms contained in publications of the IEC, the COCIR dictionary and definitions found in laws, regulations, standards and directives. Many entries are words coined in discussions among physicians, physicists and engineers with English or French as their mother tongue. Variations in British and American usage have been indicated wherever possible.

Erlangen, October 1973

Preface to the 2nd Edition

Since the first edition went out of print at the beginning of 1978, we have had repeated requests for our manual from specialist circles and have therefore decided to prepare a second edition.
The number of terms presented in this second edition is approximately the same as in the first edition. However, those words have been eliminated which belong to general usage and which can be found in ordinary dictionaries, even if they belong to the daily vocabulary of the users of this book.
In their place new radiological expressions have been included which were brought to our notice by practicing specialists or which recently entered radiological parlance, for example terms from the new technique of computed tomography. We are well aware of the fact that even now our book does not cover the whole scope of radiology; we feel, however, that the reader of technical literature will benefit greatly from using this highly specialised dictionary as a reference tool.

Erlangen, March 1979 The Authors

Aus dem Vorwort zur 1. Auflage

Die Radiologie ist ein wesentliches Wissensgebiet im Rahmen der Gesamt-Medizin. Die heutige Diagnostik in der inneren Medizin, der Chirurgie, der Traumatologie, der Kardiologie oder der Neurologie ist ohne die Verwendung moderner Röntgenanlagen undenkbar. Ihre technische Ausstattung ist entscheidend für eine optimale diagnostische Aussage und ebenso für den Bedienungskomfort des Radiologen. Beides kommt dem Patienten zugute. Ähnliches gilt für den Erfolg in der Röntgentherapie. In der heutigen Röntgentechnik sind beispielsweise Bildverstärker und Fernsehen eine Selbstverständlichkeit. Die aus dieser Entwicklung hervorgegangene Synthese aus Medizin und Technik hat zu einer spezifischen Terminologie in der Röntgentechnik geführt.
Das Aufsuchen von radiologischen Fachausdrücken aus Veröffentlichungen, Vorschriften oder Patentanmeldungen führt bei Benutzung eines allgemeinen Wörterbuches oft zu Fehldeutungen oder es fehlen fachspezifische Wortbildungen. Deshalb wurde für den Anwender eine fachbezogene Wortsammlung zu einem Nachschlagewerk zusammengefaßt, das auch den Vorteil einer kurzen Zugriffszeit aufweist.
Die Sammlung entstammt den Gebieten der radiologischen Physik, der Strahlenkunde und der Röntgengerätetechnik. Außerdem werden Ausdrücke aus dem Bereich der Anatomie und der klinisch-radiologischen Praxis aufgeführt. Enthalten sind darin Fachwörter nach den Veröffentlichungen der IEC, des COCIR-Wörterbuchs, Definitionen in Gesetzen, Verordnungen, Normen und Vorschriften. Dazu kommen Wortprägungen aus Diskussionen mit Ärzten, Physikern und Ingenieuren, deren Muttersprache englisch oder französisch ist. Bei einigen Fachausdrücken des englischen Sprachraums wurden, soweit Abweichungen bekannt sind, die britische und die amerikanische Version angegeben.

Erlangen, im Oktober 1973

Vorwort zur 2. Auflage

Nachdem die 1. Auflage bereits Anfang 1978 vergriffen war und immer wieder die Frage nach diesem Hilfsbuch aus Fachkreisen auf uns zukam, haben wir eine 2. Auflage vorbereitet.
Diese 2. Auflage bleibt in der Wortzahl etwa beim Umfang der 1. Auflage. Es wurden jedoch die Wörter entfernt, die zum allgemeinen Wortgut gehören und in herkömmlichen Wörterbüchern zu finden sind, auch wenn sie zum täglichen Wortschatz der Anwender dieses Buches gehören.
Dafür sind neue radiologische Fachausdrücke eingefügt worden, die aus der Praxis an uns herangetragen wurden oder neu in den radiologischen Sprachgebrauch aufgenommen sind, so z. B. Begriffe aus der neuen Technik der Computer-Tomographie. Es ist uns klar, daß auch jetzt noch nicht die gesamte Breite der radiologischen Technik abgedeckt ist, wir meinen aber, daß es dem Benutzer ermöglicht wird, Fachliteratur leichter zu lesen, wenn dieses weitgehend fachspezifische Wörterbuch als Hilfsmittel herangezogen wird.

Erlangen, im März 1979 — Die Verfasser

Extrait de l'avant-propos de la première édition

La radiologie constitue un domaine scientifique important de la médecine générale. Le diagnostic en médecine interne, en chirurgie, en traumatologie, en cardiologie ou en neurologie est aujourd'hui impensable sans l'intervention de l'appareillage radiologique moderne. Ses performances techniques sont indispensables tant pour l'information diagnostique optimale que pour le confort du radiologue, deux aspects qui se traduisent à l'avantage du patient. Ceci s'applique également au succès des traitements en radiothérapie. L'emploi dans la technique radiologique moderne de l'amplificateur de brillance et de la télévision, par exemple, est devenu une évidence. La synthèse de la médecine et de la technique issue de ce développement a donné naissance à une terminologie spécifique.
La recherche dans un dictionnaire d'usage général de termes techniques issus de publications, de règlements ou de brevets, conduit fréquemment à des faux-sens. Par ailleurs, il existe des expressions et des néologismes spécifiques de la technique radiologique qui sont introuvables dans un ouvrage général. Un tel dictionnaire doit donc donner à tous ses utilisateurs la possibilité de se renseigner rapidement et à tout moment sur un terme propre à leur spécialisation.
Parmi les domaines dans lesquels nous avons puisé les mots et expressions techniques rassemblés dans ce volume, citons notamment: la physique radiologique, l'étude des rayons X, la technologie radiologique, l'anatomie et la radiologie clinique. Pour le choix des termes dans ces différents domaines, nous nous sommes essentiellement basés sur les publications du CEI, le dictionnaire COCIR, les définitions énoncées dans les lois, les dispositions, les normes et les règlements. Nous avons également tenu compte des vocables survenant au cours de discussions avec des médecins, des physiciens et des ingénieurs de langue maternelle anglaise ou française. Pour quelques termes, la traduction anglaise est accompagnée de son équivalent américain.

Erlangen, Octobre 1973

Avant-propos pour la deuxième édition

Vu que la première édition est épuisée depuis début 1978 et que les demandes pour cet ouvrage se multiplient sans cesse, nous avons préparé une deuxième édition.
Comparée à la première, cette nouvelle édition compte à peu près le même nombre de mots. Cependant on a supprimé les mots qui font partie aujourd'hui du langage commun et que l'on peut trouver dans les dictionnaires usuels, même s'ils appartiennent au vocabulaire quotidien des utilisateurs de cet ouvrage.
Par contre on a ajouté de nombreux termes de radiologie directement rapportés de la pratique ou qui ont été accueillis dans le langage courant des radiologistes, tels que les termes issus de la nouvelle technique de la tomodensitométrie appliquée sur ordinateur. Nous sommes conscients que cet ouvrage ne couvre pas entièrement toute l'étendue de la technique radiologique; toutefois nous croyons que l'utilisateur aura plus de facilité à consulter la littérature spécialisée grâce à l'auxiliaire que représente ce dictionnaire technique.

Erlangen, en mars 1979 Les auteurs

Liste der verwendeten Abkürzungen
Abbreviations Used in this Dictionary
Index des abréviations employées

AB	–/ –/ amplificateur de brillance
adj	Adjektiv/ adjective/ adjectif
adv	Adverb/ adverb/ adverbe
anat.	anatomisch/ anatomical/ anatomique
biol.	biologisch/ biological/ biologique
BV	Bildverstärker/ –/ –
CEI	–/ –/ Comité Electronique International
chem.	chemisch/ chemical/ chimique
COCIR	Komitee zur Koordinierung der Röntgenindustrien/ Coordinating Committee of the Radiological Industries/ Comité de Coordination des Industries Radiologiques
comm.	kommerziell/ commercial/ commercial
cons.	konstruktiv (gerätetechnisch)/ constructional (X-ray equipment)/ constructif (équipement radiologique)
CT	Computer-Tomographie/ computed tomography/ tomodensitométrie
DV	Datenverarbeitung
elec.	elektrotechnisch/ electrical/ électrique
eltr.	elektronisch/ electronic/ électronique
f	Femininum/ feminine noun/ féminin
GB	britisch/ British usage/ britannique
gen.	allgemein/ general/ général
geom.	geometrisch/ geometrical/ géométrique
IEC	Internationale Elektrotechnische Kommission/ International Electrotechnical Commission/ –
II	–/ image intensifier/ –
m	Maskulinum/ masculine noun/ masculin
math.	mathematisch/ mathematical/ mathématique
mech.	mechanisch/ mechanical/ mécanique
med.	medizinisch/ medical/ médical
n	Neutrum/ noun/ neutre
opt.	optisch/ optical/ optique
phot.	photographisch/ photographic/ photographique
phys.	physikalisch/ physical/ physique
pl	Plural/ plural/ pluriel
plt	Pluraletantum/ pluraletantum/ –
rad.	radiologisch/ radiological/ radiologique
ther.	therapeutisch/ therapeutical/ thérapeutique
tv.	fernsehtechnisch/ television/ télévision
US	amerikanisch/ American usage/ américain
v	Verb/ verb/ verbe
vac.	röntgentechnisch, vakuumtechnisch/ vacuum tube/ tube à vide

English-German-French

Englisch-Deutsch-Französisch

Anglais-Allemand-Français

A

abrasion *n*
D: Verschleiß *m*, Abnützung *f*
F: usure *f*
absorbed dose
D: absorbierte Dosis
F: dose absorbée *f*
absorption loss [phys.]
D: Absorptionsverlust *m*
F: perte par absorption *m*
accept, to ~ a task
D: eine Aufgabe übernehmen
F: se charger d'une tâche, se charger d'un problème
acceptance test
D: Abnahmeprüfung *f*
F: essai de recette *m*
accessibility *n*
D: Zugänglichkeit *f*
F: accessibilité *f*
accessible, easily
D: leicht zugänglich
F: facilement accessible
accessories *pl*
D: Zubehör *n*
F: accessoires *m pl*
access time [DV]
D: Zugriffszeit *f*
F: temps de réception *m*
accident *n*
D: Unfall *m*
F: accident *m*
accident diagnosis
D: Unfalldiagnostik *f*
F: diagnostic traumatologique *m*
accident patient
D: Unfallpatient *m*
F: accidenté *m*
accident prevention
D: Unfallverhütung *f*
F: prévention des accidents *f*
AC circuit
D: Wechselstromkreis *m*
F: circuit à courant alternatif *m*
accompanying documents
D: Begleitpapiere *n pl*
F: documents d'accompagnement *m pl*
accuracy *n*
D: Genauigkeit *f*
F: exactitude *f*, précision *f*
accuracy of adjustment
D: Einstellgenauigkeit *f*
F: exactitude de réglage *f*
accuracy of measurements
D: Maßhaltigkeit *f*, Maßeinhaltung *f*, Maßgenauigkeit *f*
F: exactitude des dimensions prescrites *f*
AC generator
D: Wechselstromgenerator *m*
F: générateur à courant alternatif *m*
acid-proof *adj*
D: säurebeständig *adj*, säurefest *adj*
F: résistant aux acides
acid-resistant *adj*
D: säurebeständig *adj*, säurefest *adj*
F: résistant aux acides
AC motor
D: Wechselstrommotor *m*
F: moteur à courant alternatif *m*
AC resistance
D: Wechselstromwiderstand *m*
F: impédance *f*
active power
D: Wirkleistung *f*
F: puissance réelle *f*, puissance active *f*
active voltage
D: Wirkspannung *f*, Effektivspannung *f*
F: tension efficace *f*
actual focal spot
D: elektronischer Brennfleck
F: foyer électronique *m*
actual supply voltage (COCIR)
D: Netzspannung *f*
F: tension de réseau *f*, tension d'alimentation *f*
actual value

D: Istwert *m*
F: valeur effective *f*
actuate *v*
D: betätigen *v*
F: opérer *v*, commander *v*
actuation *n*
D: Betätigung *f*, Bedienung *f*
F: commande *f*, manœuvre *m*
adaptation *n* [elec., mech.]
D: Adaptation *f*, Anpassung *f*
F: adaptation *f*
adaptation time
D: Adaptationszeit *f*
F: temps d'adaptation *m*
adapter *n*
D: Zwischenstück *n*
F: pièce intermédiaire *f*
adapter *n*
D: Anpassungsgerät *n*
F: appareil d'adaptation *m*
added filter (COCIR)
D: Zusatzfilter *n*
F: filtre additionnel *m*
additional box
D: Zusatzkasten *m*
F: coffret supplémentaire *m*
additional equipment
D: Zusatzeinrichtung *f*
F: dispositif additionnel *m*
additional part
D: Zusatzteil *n*
F: pièce d'adjonction *f*
adjust *v*
D: justieren *v*, feineinstellen *v*
F: ajuster *v*
adjust *v* [elec.]
D: abgleichen *v*
F: ajuster *v*, compenser *v*
adjustable *adj*
D: verstellbar *adj*, einstellbar *adj*
F: ajustable *adj*, réglable *adj*
adjustable resistor [elec.]
D: Regelwiderstand *m* (Gegenstand), Abgleichwiderstand *m*
F: résistance réglable *f*, résistance variable *f*, résistance d'équilibrage *f*
adjustment *n*
D: Justierung *f*
F: ajustage *m*
adjustment *n* [elec.]
D: Abgleichung *f*
F: ajustement *m*, compensation *f*
admissible tube voltage
D: zulässige Röhrenspannung
F: tension admissible au tube *f*
advance *n*
D: Verbesserung *f*
F: amélioration *f*
afterglow duration
D: Nachleuchtdauer *f* (Trägheitsverhalten eines Leuchtstoffes)
F: durée de la luminescence *f*
after-sales service
D: Kundendienst *m*
F: service après-vente *m*
ageing *n*
D: Alterung *f*
F: vieillissement *m*
air conditioning
D: Raumklima *n*
F: climatisation *f*
air-cooled *adj*
D: luftgekühlt *adj*
F: refroidi par air
air-cooling *n*
D: Luftkühlung *f*
F: refroidissement par air *m*
air gap
D: Luftspalt *m*
F: fente d'aération *f*
air-tight *adj*
D: luftdicht *adj*, hermetisch *adj*
F: étanche à l'air
alarm device
D: Warneinrichtung *f*
F: dispositif d'avertissement *m*
Al equivalent [rad.]
D: Al-Gleichwert *m*
F: équivalent d'aluminium *m*
align *v* [mech.]
D: abgleichen *v*
F: équilibrer *v*
alignment *n* [mech.]
D: Abgleichung *f*
F: équilibrage *m*
allocation *n*

D: Zuordnung *f*
F: coordination *f*

alteration *n*
D: Änderung *f*
F: changement *m*, correction *f*, modification *f*

alternate unit
D: Ausweichgerät *n*
F: appareil échangeable *m*

alternating current (AC)
D: Wechselstrom *m*
F: courant alternatif *m*

alternating voltage
D: Wechselspannung *f*
F: tension alternative *f*

alternation of load
D: Lastwechsel *m*
F: alternance de l'effort *f*, cycle de l'effort *m*

ambient temperature
D: Umgebungstemperatur *f*
F: température ambiante *f*

ambulance *n*
D: Rettungswagen *m*, Krankenwagen *m*
F: ambulance *f*

amendment *n*
D: Änderungsmitteilung *f*
F: informations sur un changement *f pl*

ammeter *n*
D: Strommesser *m*
F: ampèremètre *m*

ampere-second *n*
D: Amperesekunde *f*
F: ampère-seconde *f*

amplification *n* [elec.]
D: Verstärkung *f*
F: amplification *f*, intensification *f*

amplification factor
D: Verstärkungsfaktor *m*
F: facteur d'amplification *m*

amplifier stage
D: Verstärkerstufe *f*
F: étage amplificateur *m*, étage d'amplification *m*

amplifier tube
D: Verstärkerröhre *f*
F: tube amplificateur *m*

analog, electronic ~ computer
D: elektronischer Analogrechner
F: calculateur électronique analogique *m*

anatomic slice [CT]
D: anatomische Schicht
F: vue anatomique *f*

anchor rail
D: Ankerschiene *f*
F: rail d'ancrage *m*

angiocardiography *n*
D: Angiocardiographie *f*, Angiokardiographie *f* (Darstellung der herznahen großen Blutgefäße)
F: angiocardiographie *f*

angiography *n*
D: Angiographie *f* (Darstellung der Blutgefäße)
F: angiographie *f*

angle of emergence [phot., rad.]
D: Ausfallwinkel *m*
F: angle d'emergence *m*

angle of incidence
D: Einfallswinkel *m*
F: angle d'incidence *m*

angle of inclination
D: Neigungswinkel *m*
F: angle d'inclinaison *m*

angle plug
D: Winkelstecker *m*
F: fiche coudée *f*

angular view [rad.]
D: Schrägaufnahme *f*
F: radiographie sous incidence oblique *f*

anode, at the ~ side
D: anodenseitig *adj*
F: côté anodique

anode acceleration (rotating anode tube)
D: Anodenhochlauf *m* (einer Drehanodenröntgenröhre)
F: accélération de l'anode *f* (tube à anode tournante)

anode disk
D: Anodenteller *m*
F: disque d'anode *m*

anode disk angle
D: Anodentellerwinkel *m*

F: pente de l'anode *f*
anode disk diameter
D: Anodentellerdurchmesser *m*
F: diamètre du disque d'anode *m*
anode heat storage capacity (X-ray tube)
D: Wärmespeicherfähigkeit der Anode (einer Diagnostik-Röntgenröhre)
F: capacité calorifique de l'anode *f* (tube radiogène)
anode rotational speed (rotating anode tube)
D: Anodendrehzahl *f* (einer Drehanodenröntgenröhre)
F: vitesse de rotation de l'anode *f* (tube à anode tournante)
anode roughening (X-ray tube)
D: Anodenaufrauhung *f* (einer Röntgenröhre)
F: cratérisation de l'anode *f* (tube radiogène)
anti-corrosive *adj*
D: korrosionsfest *adj*
F: résistant à la corrosion
anti-diffusion grid (IEC)
D: Sekundärstrahlenraster *f* (IEC)
F: grille antidiffusante *f* (CEI)
anti-friction bearing
D: Wälzlager *n*
F: palier à roulement *m*
antiseptic *adj*
D: antiseptisch *adj*
F: antiseptique *adj*
aortography *n*
D: Aortographie *f* (Darstellung der großen Körperschlagader)
F: aortographie *f*
apex of the lung
D: Lungenspitze *f*
F: sommet du poumon *m*
apparent power
D: Scheinleistung *f*
F: puissance apparente *f*
application *n*
D: Verwendungsmöglichkeit *f*
F: possibilité d'emploi *f*
approximate value
D: Näherungswert *m*
F: valeur approchée *f*
arched *adj*
D: gewölbt *adj*
F: voûté *adj*
arm support
D: Armauflage *f*
F: support-bras *m*
arrangement, local
D: Anordnung *f* (räumlich)
F: disposition locale *f*
arrester *n*
D: Ableiter *m*
F: conducteur de dérivation *m*
arteriography *n*
D: Arteriographie *f* (Darstellung der Arterien einer bestimmten Körperpartie)
F: artériographie *f*
arthrography *n*
D: Arthrographie *f*
F: arthrographie *f*
articulation *n*
D: Gelenk *n*
F: articulation *f*
aseptic operating room
D: aseptischer Operationsraum
F: salle d'opération aseptique *f*
aspect ratio
D: Seitenverhältnis *n*
F: rapport de côtés *m*
assembly *n*
D: Aufstellung *f*, Montage *f*, Aufbau *m* (eines Geräts)
F: montage *m*, assemblage *m*
attachment *n*
D: Zusatzteil *n*
F: pièce d'adjonction *f*
attenuation *n* [elec., mech.]
D: Dämpfung *f*, Abschwächung *f*
F: atténuation *f*
attenuation equivalent (COCIR)
D: Schwächungsgleichwert *m* (SGW) (z.B. Bleigleichwert)
F: équivalent d'atténuation *m* (EA)
attenuation value scale [CT]
D: Schwächungswerte-Skala *f*
F: échelle d'atténuation de densité *f*
audio-frequency *n*

D: Tonfrequenz *f*
F: fréquence acoustique *f*, fréquence harmonique *f*
audio-frequency transformer
D: Übertrager *m*
F: translateur *m*, répétiteur *m*
automatic collimation [rad.]
D: automatische Formateinblendung, Formatautomatik *f*
F: limitation automatique du format *f*, délimitation automatique du format *f*, collimation automatique du format *f*
automatic collimation set [rad.]
D: automatische Formateinblendung, Formatautomatik *f*
F: limitation automatique du format *f*, délimitation automatique du format *f*, collimation automatique du format *f*
automatic coning device [rad.]
D: automatische Formateinblendung, Formatautomatik *f*
F: limitation automatique du format *f*, délimitation automatique du format *f*, collimation automatique du format *f*
automatic control system
D: Nachlaufsteuerung *f*
F: réglage automatique *m*
automatic cutout
D: Sicherungsautomat *m*
F: coupe-circuit automatique *f*
automatic dose rate control [rad.]
D: automatische Dosisleistungsregelung
F: réglage automatique du débit de dose *f*
automatic exposure control (US) [gen.]
D: Belichtungsautomat *m*
F: régulateur automatique du temps d'exposition *m*
automatic exposure timer [gen.]
D: Belichtungsautomat *m*
F: régulateur automatique du temps d'exposition *m*
automatic format setting [rad.]
D: automatische Formateinblendung, Formatautomatik *f*
F: limitation automatique du format *f*, délimitation automatique du format *f*, collimation automatique du format *f*
automatic kV-reduction [rad.]
D: automatische kV-Reduzierung
F: réduction automatique des kV *f*
automatic kW-program
D: kW-Programm-Automatik *f*
F: programmation automatique de la puissance *f*
automatic kW-system
D: kW-Programm-Automatik *f*
F: programmation automatique de la puissance *f*
automatic overload protection
D: automatische Überlastungsschutzblockierung
F: blocage automatique contre la surcharge *m*
automatic processing [phot.]
D: automatische Entwicklung
F: développement automatique *m*
automatic selection of organ parameters
D: Organautomatik *f*
F: automatisme de sélection des paramètres d'organs *m*
automatic spotfilming [cons., rad.]
D: automatischer Zielbetrieb
F: service automatique de radiographie orientée *m*
auto-transformer *n*
D: Spartransformator *m*
F: autotransformateur *m*
auxiliary cassette holder
D: Hilfskassettenhalter *m*
F: porte-cassettes auxiliaire *m*
auxiliary device selector
D: Hilfsgerätewähler *m*
F: sélecteur d'appareils auxiliaires *m*
auxiliary unit
D: Hilfsgerät *n*

F: appareil auxiliaire *m*
auxiliary unit selector
D: Hilfsgerätewähler *m*
F: sélecteur d'appareils auxiliaires *m*
auxiliary voltage
D: Hilfsspannung *f*
F: tension auxiliaire *f*
auxiliary winding
D: Hilfsphase *f*
F: phase auxiliaire *f*
average value
D: Mittelwert *m*
F: valeur moyenne *f*
axle spacing
D: Achsabstand *m*
F: distance d'axe à axe *f*

B

back gear
D: Vorgelege *n*
F: transmission intermédiaire *f*
background noise
D: Nebengeräusch *n*
F: bruit parasite *m*
backlash *n*
D: toter Gang, Lose *f*
F: jeu mécanique *m*
back-pointer *n*
D: Gegenpunktzeiger *m*
F: rétrocentreur *m*
backrest *n*
D: Rückenstütze *f*
F: support dorsal *m*
backrest *n*
D: Stützplatte *f*
F: dossier *m*
back support
D: Rückenstütze *f*
F: support dorsal *m*
backward direction
D: Sperrichtung *f*
F: sens de verrouillage *m*
balance *n*
D: Gleichgewicht *n*
F: équilibre *m*
balanced *adj*
D: ausgeglichen *adj*
F: équilibré *adj*
balance weight
D: Gewichtsausgleich *m*, Gegengewicht *n*, Ausgleichsgewicht *n*
F: équilibrage de poids *m*, contrepoids *m*, poids de compensation *m*
ball-bearing *n*
D: Kugellager *n*
F: palier à billes *m*, roulement à billes *m*
ball joint
D: Kugelgelenk *n*
F: joint à rotule *m*, articulation sphérique *f*
band-compressor *n* [cons.]
D: Bandkompressorium *n*
F: compresseur à sangle *m*
band-pass filter
D: Bandfilter *n*
F: filtre passe-bande *m*
bandwidth *n* [tv.]
D: Bandbreite *f*
F: largeur de bande *f*
barium contrast medium [rad.]
D: bariumhaltiges Kontrastmittel
F: substance de contraste barytée *f*
barium enema
D: Kontrasteinlauf *m*
F: lavement opaque *m*
bar magnet
D: Stabmagnet *m*
F: aimant droit *m*
barrier layer
D: Sperrschicht *f*
F: couche d'arrêt *f*
barrier-layer rectifier (COCIR)
D: Sperrschichtgleichrichter *m*
F: redresseur à couche d'arrêt *m*
base plate
D: Grundplatte *f*
F: plaque de base *f*
basic unit
D: Grundgerät *n*
F: équipement de base *m*

bayonet catch
D: Bajonettverschluß *m*
F: douille à baïonette *f*
beam *n*
D: Strahl *m*
F: rayon *m*
beam quality (COCIR)
D: Strahlenqualität *f* (durch unterschiedliche spektrale Verteilung)
F: qualité d'un rayonnement *f*
bearing *n*
D: Lager *n* (Stützlager, Wellenlager)
F: palier *m*
bearing bushing
D: Lagerbuchse *f*
F: coussinet *m*
bearing friction
D: Lagerreibung *f*
F: frottement des coussinets *m*, frottement dans les paliers *m*
bearing load
D: Lagerbelastung *f*, Lagerdruck *m*
F: charge sur le palier *f*
bearing pressure
D: Auflagerdruck *m*
F: pression sur le support *f*
Becquerel *n* (SI-unit of activity) [phys.]
D: Becquerel (Bq) *n* (SI-Einheit der Aktivität, 1 Bq = $1 s^{-1}$)
F: Becquerel *m* (unité SI d'activité)
belt-type compressor [cons.]
D: Bandkompressorium *n*
F: compresseur à sangle *m*
beryllium window
D: Berylliumfenster *n*
F: fenêtre de beryllium *f*
bifilar *adj*
D: zweiadrig *adj*
F: à deux conducteurs, bifilaire *adj*
bile duct
D: Gallengang *m*
F: canal cholédoque *m*
biliary calculus
D: Gallenstein *m*
F: calcul biliaire *m*
billi capacitor
D: Wickelkondensator *m*
F: condensateur enroulé *m*
biplane work
D: Zweiebenen-Simultanbetrieb *m*
F: service simultané *m*
black-and-white contrast
D: Schwarz-Weiß-Kontrast *m*
F: contraste blanc-noir *m*
blackening *n* [phot.]
D: Schwärzung *f*
F: noircissement *m*
blackening range
D: Schwärzungsbereich *m*
F: domaine de noircissement *f*
bladder *n*
D: Harnblase *f*
F: vessie *f*
blank card
D: ungelochte Karte
F: carte nonperforée *f*
blank exposure
D: Leeraufnahme *f*
F: essai à vide *m*
blank filter
D: Leerfilter *n*
F: filtre vide *m*
blanking *n* [II]
D: Dunkeltastung *f* [BV]
F: clamping d'obscurité *m* [AB]
blank radiograph
D: Leeraufnahme *f*
F: essai à vide *m*
blocking *n*
D: Blockierung *f*, Verriegelung *f*
F: blocage *m*, verrouillage *m*
blocking circuit
D: Verriegelungsschaltung *f*, verblockte Schaltung
F: circuit à blocage *m*, circuit à verrouillage *m*
blocking voltage
D: Sperrspannung *f*
F: tension de blocage *f*
blower *n*
D: Lüfter *m*, Ventilator *m*
F: ventilateur *m*
blue print
D: Lichtpause *f*
F: photocalque *m*

blurring *n*
D: Verwischung *f*, Unschärfe *f*
F: effacement *m*, flou *m*
blurring gradient
D: Verwischungsgradient *m*
F: gradient d'effacement *m*
body thickness compensation
D: Körperdickenausgleich *m*
F: compensation de l'épaisseur du corps *f*
bone structure
D: Knochenstruktur *f*
F: structure osseuse *f*
booster transformer
D: Zusatztransformator *m*
F: transformateur supplémentaire *m*
borderless *adj*
D: randlos *adj*
F: sans bord, sans marge
Bowden cable
D: Bowdenzug *m*
F: transmissions par Bowden *f pl*
brace *v*
D: verstreben *v*
F: étrésillonner *v*, contreficher *v*
bracing *n*
D: Verstrebung *f*
F: entretoise *f*, contre-fiche *f*
bracket *n*
D: Konsole *f*
F: console *f*
brain *n*
D: Gehirn *n*
F: cerveau *m*
brake *v*
D: abbremsen *v*
F: freiner *v*
brake, electromagnetic
D: elektromagnetische Bremse
F: frein électromagnétique *m*
brake, mechanical
D: mechanische Bremse
F: frein mécanique *m*
braking *n*
D: Abbremsung *f*, Bremsung *f*
F: freinage *m*
branching point
D: Verzweigungsstelle *f*
F: lieu d'embranchement *m*
break contact
D: Unterbrechungskontakt *m*
F: interrupteur *m*
breakdown voltage
D: Durchschlagspannung *f*
F: tension de claquage *f*
breastbone *n*
D: Brustbein *n*, Sternum *n*
F: sternum *m*
bremsstrahlung *n* [phys., rad.]
D: Bremsstrahlung *f*
F: rayonnement de freinage *m*
bridge circuit
D: Brückenschaltung *f*
F: circuit en pont *m*
bridge rectifier
D: Gleichrichter in Grätzschaltung
F: redresseur de grätz *m*
brightness *n*
D: Helligkeit *f*
F: luminosité *f*, clarté *f*
brightness amplification
D: Helligkeitsverstärkung *f*
F: amplification de la luminosité *f*
brightness control
D: Helligkeitsregelung *f*
F: réglage de la luminosité *m*
brightness stabilization [tv.]
D: Helligkeitsstabilisierung *f*
F: stabilisation de la luminosité *f*
broadsheet *n*
D: Querformat *n*
F: format oblong *m*
bronchography *n*
D: Bronchographie *f*
F: bronchographie *f*
Bucky diaphragm
D: Bucky-Blende *f*
F: Potter Bucky *m*
Bucky table
D: Bucky-Tisch *m*, Rasteraufnahmetisch *m*
F: table de Bucky *f*
Bucky wall stand
D: Rasterwandgerät *n*
F: Bucky mural *m*
bus-bar *n*
D: Sammelschiene *f*

F: conducteur principal *m*
buzzer *n*
D: Summer *m*
F: ronfleur *m*

C

cable capacitance
D: Kabelkapazität *f*
F: capacité du câble *f*
cable clamp
D: Kabelschelle *f*
F: collier de câble *m*
cable connection
D: Kabelanschluß *m*
F: raccord de câble *m*
cable defect
D: Kabelfehler *m*
F: défaut de câble *m*
cable drum
D: Kabeltrommel *f*
F: tambour de câble *m*
cable duct
D: Kabelkanal *m*
F: conduit de câble *m*
cable harness
D: Kabelbaum *m*
F: faisceau de câbles *m*
cable holder
D: Kabelhalterung *f*
F: porte-câbles *m*
cable inlet
D: Leitungseinführung *f*
F: entrée de câbles *f*
cable length
D: Kabellänge *f*
F: longueur du câble *f*
cable lug
D: Kabelschuh *m*
F: cosse de câble *f*
cable make-up
D: Kabelaufbau *m*
F: spécification de câblage *f*
cable outlet
D: Kabelauslaß *m*
F: sortie de câble *f*
cable receptacle
D: Kabelstecktopf *m*
F: traversée protégée de câbles *f*
cable routing
D: Kabelführung *f*, Leitungsführung *f*
F: guidage de câble *m*, tracé de la ligne *m*
cable shoe
D: Kabelschuh *m*
F: cosse de câble *f*
cable support
D: Kabelträger *m*
F: support-câbles *m*
cable termination
D: Kabelendverschluß *m*
F: embout de câble *m*
cable tubing
D: Rillschlauch *m*
F: tuyau cannelé *m*
cable tunnel
D: Kabelkanal *m*
F: conduit de câble *m*
cabling *n*
D: Schaltung *f*, Verdrahtung *f*
F: câblage *m*, circuit *m*
calculated value
D: Sollwert *m* (Regeltechnik)
F: valeur nominale *f* (circuit de réglage), valeur prévue *f*, valeur théorique *f*
calibration curve
D: Eichkurve *f*
F: courbe d'étalonnage *f*
cam control
D: Nockensteuerung *f*
F: commande à cames *f*
camera mount
D: Kamerahalterung *f*
F: support de caméra *m*
camshaft *n*
D: Nockenwelle *f*
F: arbre à cames *m*
cam wheel
D: Nockenscheibe *f*
F: disque à cames *m*
cancer *n*
D: Karzinom *n*, Krebsgeschwulst *f*
F: carcinome *m*

cap *n*
D: Deckel *m*
F: couvercle *m*
capacitance *n* [elec.]
D: Kapazität *f*
F: capacité *f*
capacitive resistance
D: kapazitiver Widerstand
F: résistance capacitive *f*
capacitor accessory
D: Kondensatorzusatz *m*
F: adjonction par condensateur *f*
capacitor-discharge generator
D: Kondensatorgenerator *m*
F: générateur à condensateur *m*
capillary tube
D: Kapillar *n*, Haargefäß *n*
F: vaisseau capillaire *m*
carcinoma *n*
D: Karzinom *n*, Krebsgeschwulst *f*
F: carcinome *m*
cardiac angiography
D: Cardangiographie *f*, Kardangiographie *f*
F: angiographie cardiaque *f*
cardiac catheterisation
D: Herzkatheterisierung *f*
F: cathéthérisme cardiaque *m*
cardiac monitoring
D: Herzüberwachung *f*
F: surveillance du cœur *f*
cardiac orifice
D: Magenmund *m*
F: cardia *f*
cardiac-phase-controlled pulsed injection
D: herzphasengesteuerte Pulsinjektion
F: injection pulsée commandée par phase cardiaque *f*
cardiac valve
D: Herzklappe *f*
F: valvule cardiaque *f*
cardiogram *n*
D: Kardiogramm *n* (EKG)
F: cardiogramme *m*
carriage *n*
D: Laufwagen *m*
F: chariot *m*
carrier frequency
D: Trägerfrequenz *f*
F: fréquence du courant porteur *f*, fréquence porteuse *f*
carrier material
D: Trägermaterial *n*
F: matériel-porteur *m*
carrying rod
D: Tragstange *f*
F: barre portative *f*
cassette box
D: Kassettenkasten *m*
F: coffret de stockage des cassettes *m*
cassette carriage
D: Kassettenwagen *m*
F: chariot porte-cassettes *m*
cassette changer
D: Kassettenwechsler *m*
F: changeur de cassettes *m*
cassette-controlled collimation [rad.]
D: kassettengesteuerte Formateinblendung
F: collimation commandée par cassette *f*
cassette dampening
D: Kassettendämpfung *f*
F: atténuation due à la cassette *f*
cassette frame
D: Kassettenrahmen *m*
F: cadre porte-cassettes *m*
cassette holder
D: Kassettenhalter *m*
F: porte-cassette *m*
cassette insertion
D: Kassetteneinschub *m*, Kassetteneinfahrt *f*
F: introduction de la cassette *f*
cassette program
D: Kassettenprogramm *n*
F: programme à cassettes *m*
cassette size
D: Kassettenformat *n*
F: format de cassette *m*
cassette travel
D: Kassetteneinfahrt *f*
F: mise en place de la cassette *f*, introduction de la cassette *f*
cassette tray

D: Kassettenlade *f*
F: tiroir à cassette *m*
caster *n*
D: Lenkrolle *f*
F: poulie guide *f*
casualty department
D: Unfallklinik *f*
F: service des urgences *m*
catapult Bucky
D: Katapult-Rasterlade *f*
F: Potter Bucky catapulte *m*
catheterisation, cardiac
D: Herzkatheterisierung *f*
F: cathéthérisme cardiaque *m*
catheterization control
D: Katheterisierungskontrolle *f*
F: contrôle de cathétérisme *m*
catheterization table
D: Kathetertisch *m*
F: table cathéter *f*
cathode drop arrester
D: Kathodenfallableiter *m*
F: dérivateur de fuite cathodique *m*
cathode ray
D: Kathodenstrahl *m*
F: rayon cathodique *m*
cathode ray beam
D: Kathodenstrahlenbündel *n*
F: faisceau de rayons cathodiques *m*
cathode ray oscillograph
D: Kathodenstrahloszillograph *m*
F: oscillographe à rayons cathodiques *m*
cathode ray oscilloscope *n*
D: Kathodenstrahloszillograph ohne Registrierung
F: oscilloscope à rayons cathodiques *m*
cathode ray pencil
D: Kathodenstrahlenbündel *n*
F: faisceau de rayons cathodiques *m*
cathode ray tube
D: Kathodenstrahlröhre *f*, Braunsche Röhre
F: tube à rayons cathodiques *m*
cathode terminal
D: Kathodenanschluß *m*
F: borne cathodique *f*
cause and effect
D: Ursache und Wirkung
F: cause et effet
ceiling *n*
D: Decke *f* (eines Raumes)
F: plafond *m*
ceiling, without ~ attachment
D: deckenfrei *adj*
F: sans attaches au plafond, dégagé au plafond
ceiling column
D: Deckenstativ *n*
F: statif plafonnier *m*
ceiling distributor
D: Deckenverteiler *m*
F: répartiteur plafonnier *m*
ceiling fixture
D: Deckenbefestigung *f*
F: fixation au plafond *f*
ceiling-free *adj*
D: deckenfrei *adj*
F: sans attaches au plafond, dégagé au plafond
ceiling guide
D: Deckenführung *f*
F: guidage au plafond *m*
ceiling mount (US)
D: Deckenaufhängung *f*
F: suspension plafonnière *f*
ceiling-mounted spring counterpoise system
D: Deckenfedergewichtsausgleich *m*
F: compensateur plafonnier de poids à ressort *m*
ceiling-mounted stand
D: Deckenstativ *n*
F: statif plafonnier *m*
ceiling rail
D: Deckenlaufschiene *f*
F: rail au plafond *m*
ceiling suspension
D: Deckenaufhängung *f*
F: suspension plafonnière *f*
centering *n*
D: Zentrierung *f*
F: centrage *m*
centering device

D: Zentriervorrichtung *f*
F: dispositif de centrage *m*
center of gravity
D: Schwerpunkt *m*
F: centre de gravité *m*
center of rotation [geom.]
D: Drehpunkt *m*
F: centre de rotation *m*
center of table top
D: Stützwandmitte *f*
F: milieu du dossier *m*
center section
D: Mittelteil *n*
F: partie médiane *f*
center section of tube shield
D: Röhrengehäusemittelteil *n*
F: centre de la gaine *m*
center-to-center distance
D: Mittelpunktsabstand *m*
F: distance au centre *f*
central lock
D: Mittelarretierung *f*
F: blocage central *m*
central locking
D: Zentralarretierung *f*
F: blocage général *m*
central ray (COCIR)
D: Zentralstrahl *m*
F: rayon central *m*, rayon axial *m*
cerebral angiography
D: cerebrale Angiographie (Darstellung der Gehirngefäße)
F: angiographie cérébrale *f*
cerebral ventricle
D: Hirnventrikel *m*
F: ventricule du cerveau *m*
cervical vertebral column
D: Halswirbelsäule *f*
F: vertèbres cervicales *f pl*
cervico-vertebral spine
D: Halswirbelsäule *f*
F: vertèbres cervicales *f pl*
change *n*
D: Änderung *f*
F: changement *m*, correction *f*, modification *f*
change of cross section
D: Querschnittsänderung *f*
F: changement de la coupe transversale *m*
change of load
D: Lastwechsel *m*
F: alternance de l'effort *f*, cycle de l'effort *m*
change of polarity
D: Umpolung *f*
F: inversion de polarité *f*
change-over *n*
D: Umschaltung *f*
F: commutation *f*
change-over stator
D: umschaltbarer Stator
F: stator commutable *m*
change-over switch
D: Umschalter *m*
F: commutateur *m*, inverseur *m*
characteristic curve
D: Kennlinie *f*
F: caractéristique *f*
charge *n* [elec.]
D: Ladung *f*
F: charge *f*
charge carrier [tv.]
D: Ladungsträger *m*
F: porteur de charge *m*
charge image [tv.]
D: Ladungsbild *n*
F: image de charge *f*
charging current
D: Ladestrom *m*
F: courant de charge *m*
chassis *n*
D: Bauplatte *f*
F: plaque de montage *f*
checking *n*
D: Nachprüfung *f*
F: contrôle *m*
check list
D: Prüfliste *f*
F: liste de contrôle *f*
chest *n*
D: Thorax *m*, Brustkorb *m*
F: thorax *m*, cage thoracique *f*
chest radiograph
D: Lungenaufnahme *f*
F: radiographie pulmonaire *f*
chief physician
D: Chefarzt *m*

F: médecin-chef *m*
chimney effect
D: Kamineffekt *m*
F: effet de cheminée *m*
chin support
D: Kinnstütze *f*
F: support de menton *m*
choice *n*
D: Wahl *f*
F: choix *m*
cholangiography *n*
D: Cholangiographie *f*, Gallenwegdarstellung *f*
F: cholangiographie *f*
cholecystography *n*
D: Cholecystographie *f*
F: cholécystographie *f*
cholelith *n*
D: Gallenstein *m*
F: calcul biliaire *m*
chopper *n*
D: Zerhacker *m* (für Gleichspannungswandler)
F: vibreur *m*, chopper *m*
cine *n*
D: Kinobetrieb *m*
F: service cinématographique *m*
cine camera
D: Kinokamera *f*
F: caméra cinématographique *f*
cine equipment
D: Kinoeinrichtung *f*
F: installation cinématographique *f*
cinematography *n*
D: Kinoaufnahme *f*
F: prise de vue cinématographique *f*
cine-pulse attachment
D: Kinopulszusatz *m*
F: supplément pour cinéma pulsé *m*
cineradiography *n*
D: Kinobetrieb *m*
F: service cinématographique *m*
circuit *n*
D: Stromkreis *m*
F: circuit électrique *m*
circuit arrangement
D: Schaltung *f*, Verdrahtung *f*
F: câblage *m*, circuit *m*
circuit breaker
D: Sicherungsautomat *m*
F: coupe-circuit automatique *f*
circuit diagram (IEC)
D: Schaltbild *n*, Schaltplan *m*, Leitungsplan *m*, Verdrahtungsplan *m*, Stromlaufbahn *f* (IEC)
F: schéma électrique *m*, plan de câblage *m*, schéma de câblage *m*, plan des circuits *m*, schéma des connexions *m* (CEI)
circuitry *n*
D: Schaltung *f*, Verdrahtung *f*
F: câblage *m*, circuit *m*
circular *adj*
D: kreisförmig *adj*
F: circulaire *adj*
circular arc
D: Kreisbogen *m*
F: arc de cercle *m*
circular arc guidance
D: Kreisbogenführung *f*
F: guidage en arc de cercle *m*
circular blanking [tv.]
D: Kreisaustastung *f*
F: balayage circulaire *m*
circular blurring
D: Kreisverwischung *f*
F: effacement circulaire *m*
circular movement
D: Kreisbewegung *f*
F: mouvement circulaire *m*
circulatory data
D: Kreislaufmeßwerte *m pl*
F: paramètres circulatoires *m pl*
circulatory disturbance
D: Durchblutungsstörung *f*
F: trouble de circulation *m*
circulatory system
D: Kreislaufsystem *n*
F: système circulatoire *m*
clamp *n*
D: Schelle *f*
F: bride *f*, collier *m*
clavicle *n*
D: Schlüsselbein *n*
F: clavicule *f*
cleaning *n*

D: Reinigung *f*
F: nettoyage *m*, épuration *f*
clear image
D: deutliches Bild
F: image claire *f*
clip *n*
D: Schelle *f*
F: bride *f*, collier *m*
clockwise *adj*
D: im Uhrzeigersinn
F: dans le sens des aiguilles d'une montre
clockwise turn
D: Rechtsdrehung *f*, Rechtslauf *m*
F: rotation à droite *f*
closed-circuit television
D: Fernsehanlage mit geschlossenem Stromkreis, Industriefernsehen *n*
F: télévision en circuit fermé *f*, télévision industrielle *f*
closed-circuit television chain
D: verbundenes Fernsehnetz
F: chaîne de télévision *f*
close to focus
D: fokusnah *adj*
F: proche du foyer
clutch, slip friction
D: Rutschkupplung *f*
F: embrayage à friction *m*
coarse adjustment
D: Grobeinstellung *f*
F: réglage grossier *m*
coaxial cable
D: Koaxialkabel *n*
F: câble coaxial *m*
code *n*
D: Vorschrift *f*
F: réglement *m*, instruction *m*, prescription *m*
cog-wheel *n*
D: Zahnrad *n*
F: roue dentée *f*
coil *n*
D: Spule *f*
F: bobine *f*
cold cathode tube
D: Kaltkathodenröhre *f*
F: tube à cathode froide *m*
cold-resistant *adj*
D: kältebeständig *adj*
F: résistant au froid
cold solder joint
D: kalte Lötstelle
F: soudure froide *f*
collar bone
D: Schlüsselbein *n*
F: clavicule *f*
collimate *v* [phot., rad.]
D: ausblenden *v*
F: collimater *v*
collimation *n* [phot., rad.]
D: Ausblendung *f*
F: collimation *f*
collimation *n* [phot., rad.]
D: Einblendung *f*
F: collimation *f*, délimitation *f*
collimation, automatic [rad.]
D: automatische Formateinblendung, Formatautomatik *f*
F: limitation automatique du format *f*, délimitation automatique du format *f*, collimation automatique du format *f*
collimator *n*
D: Blende *f*
F: diaphragme *m*
collimator remote control
D: Blendenfernverstellung *f*
F: téléréglage du diaphragme *m*
color television
D: Farbfernsehen *n*
F: télévision en couleurs *f*
column stand
D: Säulenstativ *n*
F: statif à colonne *m*
combinatorial curcuit
D: Verknüpfungsschaltung *f*
F: circuit combinatoire *m*
combustible material
D: feuergefährliches Material
F: matière inflammable *f*
comparative measurement
D: Vergleichsmessung *f*
F: mesure comparative *f*
comparison *n*
D: Vergleich *m*

F: comparaison *f*
compensate *v* [elec.]
D: abgleichen *v*
F: ajuster *v*, compenser *v*
compensating membrane (tube shield)
D: Ausgleichsmembran *f* (Röhrengehäuse)
F: membrane de compensation *m* (gaine radiogène)
compensating resistance [elec.]
D: Ausgleichswiderstand *m* (Widerstandswert)
F: résistance de compensation *f*
compensating resistor [elec.]
D: Ausgleichswiderstand *m* (Gegenstand)
F: résistance de compensation *f*
compensating weight
D: Gewichtsausgleich *m*, Gegengewicht *n*, Ausgleichsgewicht *n*
F: équilibrage de poids *m*, contrepoids *m*, poids de compensation *m*
compensation *n* [elec.]
D: Abgleichung *f*
F: ajustement *m*, compensation *f*
compensation *n* [mech.]
D: Ausgleich *m*
F: compensation *f*
compensation filter
D: Ausgleichsfilter *n*
F: filtre de compensation *m*
compensation of temperature
D: Temperaturausgleich *m*
F: égalisation de la température *f*, compensation de la température *f*
compensator *n*
D: Regler *m*
F: régulateur *m*
complete image
D: Vollbild *n*
F: image entière *f*
component part
D: Bauelement *n*
F: élément constitutif *m*
compound anode
D: Verbundanode *f* (bei einer Röntgenröhre)
F: anode composée *f*, anode compound *f*
compression cone
D: Kompressionstubus *m*
F: compresseur *m*
compression device [cons.]
D: Bandkompressorium *n*
F: compresseur à sangle *m*
compression pressure
D: Kompressionsdruck *m*
F: effort de compression *m*
compressor, belt-type [cons.]
D: Bandkompressorium *n*
F: compresseur à sangle *m*
computed tomography [CT]
D: Computer-Tomographie *f*
F: tomodensitométrie *f*
computer center
D: Rechenzentrum *n*
F: ordinateur central *m*
computer tomograph [CT]
D: Computer-Tomograph *m*
F: tomodensitomètre *m*
concave table
D: Muldentisch *m*
F: table en berceau *f*, table incurvée *f*
condenser chamber
D: Kondensatorkammer *f*
F: chambre condensateur *f*
condenser plate
D: Kondensatorplatte *f*
F: plaque de condensateur *f*
condenser timer
D: Kondensator-Zeitschalter *m*
F: minuterie à condensateur *f*
conducting wire
D: Leitungsdraht *m*
F: fil conducteur *m*, fil de ligne *m*
conductivity *n*
D: Leitfähigkeit *f*, Leitvermögen *n*
F: conductibilité *f*, pouvoir conducteur *m*
cone *n*
D: Tubus *m*
F: localisateur *m*
cone adapter
D: Tubusanschluß *m*

F: connecteur du localisateur *m*
cone holder
D: Tubushalter *m*
F: support de localisateur *m*
connect *v*
D: kuppeln *v*
F: accoupler *v*, coupler *v*, embrayer *v*
connecting bar
D: Verbindungsschiene *f*
F: barre de jonction *f*
connecting box (GB) [elec.]
D: Verteilerkasten *m*, Abzweigdose *f*, Anschlußkasten *m*
F: coffret de distribution *m*, boîte de distribution *f*, boîte de dérivation *f*, boîte de connexion *f*, coffret de raccordement *m*, boîte de jonction *f*
connecting cable
D: Anschlußkabel *n*, Verbindungskabel *n*
F: câble de connexion *m*
connecting piece
D: Zwischenstück *n*
F: pièce intermédiaire *f*
connection box
D: Schaltkasten *m*
F: boîtier de commande *m*
connection plate [elec.]
D: Anschlußplatte *f*
F: platine de raccordement *f*
constructional feature
D: Konstruktionsmerkmal *n*
F: caractéristique de construction *f*
consumer *n*
D: Verbraucher *m*, Energieumsetzer *m*
F: consommateur *m*, utilisateur *m*
contactor *n*
D: Schaltschütz *n*, Schütz *n*
F: contacteur-disjoncteur *m*, contacteur-interrupteur *m*, contacteur électromagnétique *m*
contact spring
D: Kontaktfeder *f*
F: ressort de contact *m*
contact therapy (COCIR)
D: Nahbestrahlung *f* (Therapie mit kleinem Fokus-Haut-Abstand)
F: thérapie de contact *f*
contact therapy tube
D: Nahbestrahlungsröhre *f*
F: tube pour thérapie de contact *m*
continuous *adj*
D: stufenlos *adj*, kontinuierlich *adj*
F: continu *adj*, sans intervalles
continuous current
D: Gleichstrom *m*
F: courant continu *m*
continuous duty
D: Dauerbetrieb *m*
F: service continu *m*
continuously dropping load
D: kontinuierlich fallende Last
F: puissance dégressive en continu *f*
continuous operation
D: Dauerbetrieb *m*
F: service continu *m*
continuous output
D: Dauerleistung *f*
F: puissance permanente *f*, puissance continue *f*
continuous rating
D: Dauerleistung *f*
F: puissance permanente *f*, puissance continue *f*
contrast amplification
D: Kontrastverstärkung *f*
F: renforcement du contraste *m*
contrast drop
D: Kontrastabfall *m*
F: diminution de contraste *f*
contrast harmonization
D: Kontrastharmonisierung *f*
F: harmonisation du contraste *f*
contrast inversion
D: Kontrastumkehr *f*
F: inversion de contraste *f*
contrast meal
D: Kontrastbrei *m*
F: moyen de contraste *m*
contrast medium [rad.]
D: Kontrastmittel *n*
F: substance de contraste *f*
contrast ratio
D: Kontrastumfang *m*

F: étendue du contraste *f*
contrast scale [CT]
D: Kontrastmaßstabsfaktor *m*
F: échelle du facteur de contraste *f*
contrast transfer function
D: Kontrastübertragungsfunktion *f*
F: fonction de transfert de contraste *f*
contrasty *adj*
D: kontrastreich *adj*
F: riche en contraste, contrasté *adj*
control *v*
D: regeln *v*, steuern *v*
F: régler *v*, commander *v*
control *n*
D: Betätigung *f*, Bedienung *f*
F: commande *f*, manœuvre *m*
control *n*
D: Regelung *f*, Steuerung *f*
F: réglage *m*, commande *f*
control arm [cons.]
D: Kommandoarm *m*
F: bras de commande *m*
control box
D: Schaltkasten *m*
F: boîtier de commande *m*
control cabinet
D: Schaltschrank *m*
F: armoire de commande *f*, cabinet de commande *m*
control circuit
D: Regelkreis *m*, Steuerkreis *m*
F: circuit de réglage *m*, circuit de commande *m*
control console
D: Schaltpult *n*, Bedienungspult *n*, Kommandopult *n*, Steuerpult *n*
F: pupitre de commande *m*, poste de commande *m*
control current
D: Steuerstrom *m*
F: courant de commande *m*
control desk
D: Schaltpult *n*, Bedienungspult *n*, Kommandopult *n*, Steuerpult *n*
F: pupitre de commande *m*, poste de commande *m*
control grid
D: Steuergitter *n*
F: grille de commande *f*
control handle [cons.]
D: Kommandogriff *m*
F: poignée de commande *f*
control key [elec.]
D: Bedienungstaste *f*
F: bouton-poussoir *m*
control knob
D: Einstellknopf *m*, Regelknopf *m*
F: bouton de réglage *m*
controlled area
D: Kontrollbereich *m*
F: zone contrôlée *f*
controlled condition
D: Regelgröße *f*
F: valeur contrôle *f*
control order
D: Steuerungsbefehl *m*
F: ordre de commande *m*
control panel
D: Schalttafel *f*, Schaltplatte *f*
F: tableau de distribution *m*, tableau de commande *m*
control pulse
D: Steuerimpuls *m*
F: impulsion de commande *f*
control rack
D: Schaltschrank *m*
F: armoire de commande *f*, cabinet de commande *m*
control radiograph
D: Kontrollaufnahme *f*
F: radiographie de contrôle *f*
control range
D: Regelbereich *m*
F: étendue de réglage *f*
control room
D: Schaltraum *m*
F: cabine de contrôle *f*
control switch
D: Betriebsschalter *m*
F: interrupteur de fonctionnement *m*
control switch
D: Regelschalter *m*
F: commutateur de réglage *m*
control tension
D: Regelspannung *f*, Steuerspannung *f*

F: tension de réglage *f*, tension de commande *f*
control unit
D: Steuereinheit *f*
F: unité de commande *f*
control valve
D: Regulierventil *n*
F: soupape de réglage *f*
control voltage
D: Regelspannung *f*, Steuerspannung *f*
F: tension de réglage *f*, tension de commande *f*
convergence radiation
D: Konvergenzbestrahlung *f*
F: rayonnement de convergence *m*
conversion *n*
D: Umcodierung *f*, Übersetzung *f*
F: transcodage *m*
conversion factor [II]
D: Konversionsfaktor *m* [BV]
F: facteur de conversion *m* [AB]
conversion parts
D: Umrüstteile *n pl*
F: pièces de transformation *f pl*
conversion ratio [II]
D: Konversionsfaktor *m* [BV]
F: facteur de conversion *m* [AB]
converter *n*
D: Umformer *m*
F: convertisseur *m*
cool *v*
D: abkühlen *v*
F: refroidir *v*
cooling *n*
D: Kühlung *f*
F: refroidissement *m*
cooling curve
D: Abkühlkurve *f*
F: courbe de refroidissement *f*
cooling oil
D: Kühlöl *n*
F: huile de refroidissement *f*
cooling rate
D: Abkühlungsgeschwindigkeit *f*
F: vitesse de refroidissement *f*
cooling set
D: Kühlaggregat *n*
F: agrégat réfrigérant *m*
cooling water required
D: Kühlwassermenge *f*
F: quantité d'eau réfrigérante *f*
coordinate control
D: Koordinatensteuerung *f*
F: commande par coordonnées *f*
coordinate switch
D: Koordinatenschalter *m*
F: interrupteur par coordonnées *m*
copper filter
D: Kupferfilter *m*
F: filtre de cuivre *m*
core storage
D: Kernspeicher *m*
F: mémoire *f*
core store
D: Kernspeicher *m*
F: mémoire *f*
corona discharge
D: Sprühentladung *f*, Koronaentladung *f*
F: effet couronne *m*
coronary vessels
D: Coronarien *pl*, Herzkranzgefäße *n pl*, Coronargefäße *n pl*, Koronargefäße *n pl*
F: vaisseaux coronaires *m pl*
correlation *n*
D: Vergleich *m*
F: comparaison *f*
corrosion-proof *adj*
D: korrosionsfest *adj*
F: résistant à la corrosion
cough guard
D: Hustenschutz *m*
F: pare-toux *m*, pare-souffle *m*
counter *n*
D: Zähler *m*, Zählwerk *n*
F: compteur *m*, mécanisme compteur *m*
counterbalance *n*
D: Gewichtsausgleich *m*, Gegengewicht *n*, Ausgleichsgewicht *n*
F: équilibrage de poids *m*, contrepoids *m*, poids de compensation *m*

counterbalanced *adj*
D: gewichtsausgeglichen *adj*
F: compensé par le contrepoids
counterbalanced, spring-~
D: federausgeglichen *adj*
F: compensé par ressort
counterbalancing *n* [mech.]
D: Ausgleich *m*
F: compensation *f*
counterclockwise *adj*
D: gegen den Uhrzeigersinn
F: en sens inverse des aiguilles d'une montre
counterclockwise turn
D: Linksdrehung *f*, Linkslauf *m*
F: rotation à gauche *f*
counterpoise *n*
D: Gewichtsausgleich *m*, Gegengewicht *n*, Ausgleichsgewicht *n*
F: équilibrage de poids *m*, contrepoids *m*, poids de compensation *m*
counter tube
D: Zählröhre *f*
F: tube compteur *m*
counterweight *n*
D: Gewichtsausgleich *m*, Gegengewicht *n*, Ausgleichsgewicht *n*
F: équilibrage de poids *m*, contrepoids *m*, poids de compensation *m*
counting mechanism
D: Zähler *m*, Zählwerk *n*
F: compteur *m*, mécanisme compteur *m*
couple *v*
D: kuppeln *v*
F: accoupler *v*, coupler *v*, embrayer *v*
coupling rod
D: Kupplungsstange *f*
F: barre de couplage *f*
cover *n*
D: Deckel *m*
F: couvercle *m*
cover *n*
D: Verkleidung *f*
F: revêtement *m*
cover plate
D: Abdeckplatte *f*
F: plaque de recouvrement *f*
co-viewing *n*
D: Mitbeobachtung *f*
F: coobservation *f*
cradle *n*
D: Mulde *f*
F: berceau *m*
cradle form
D: Muldenform *f*
F: forme de berceau *f*
cradle shape
D: Muldenform *f*
F: forme de berceau *f*
crank-operated stand
D: Kurbelstativ *n*
F: statif à commande par manivelle *m*
crest value
D: Scheitelwert *m*
F: valeur de crête *f*
crest voltage
D: Scheitelspannung *f*
F: tension de crête *f*
critical focusing
D: Scharfeinstellung *f*, Fokussierung *f*
F: mise au point *f*, focalisation *f*
cross arm
D: Röhrentragarm *m*
F: bras porte-tube *m*
cross-bar distributor
D: Kreuzschienenverteiler *m*
F: grille de distribution électrique *f*
cross-bar switch
D: Koordinatenschalter *m*
F: interrupteur par coordonnées *m*
cross cabling [elec.]
D: Querverdrahtung *f*
F: câblage transversal *m*
cross-fire irradiation (therapy)
D: Kreuzfeuerbestrahlung *f* (Therapie)
F: irradiation à feux croisés *f* (thérapie)
cross-hairs *pl*
D: Fadenkreuz *n*

F: réticule *m*
cross section
D: Querschnitt *m*
F: section transversale *f*
cross wiring [elec.]
D: Querverdrahtung *f*
F: câblage transversal *m*
crosswise movement [cons.]
D: Querbewegung *f*
F: mouvement transversal *m*
cryptoscope *n*
D: Kryptoskop *n*
F: cryptoscope *m*
current *n*
D: Strom *m*
F: courant *m*
current breakdown
D: Stromausfall *m*
F: panne de courant *f*, manque de courant *m*
current consumption
D: Stromverbrauch *m*
F: consommation de courant *f*
current density
D: Stromdichte *f*
F: densité de courant *f*
current direction
D: Stromrichtung *f*
F: direction du courant *f*
current intensity
D: Stromstärke *f*
F: intensité de courant *f*
currentless *adj*
D: stromlos *adj*
F: sans courant
current meter
D: Strommesser *m*
F: ampèremètre *m*
current transformer
D: Stromwandler *m*
F: transformateur du courant *m*, transformateur d'intensité *m*
curvature *n*
D: Krümmung *f*
F: courbure *f*, incurvation *f*
customer *n*
D: Verbraucher *m*, Energieumsetzer *m*
F: consommateur *m*, utilisateur *m*
cut-film changer
D: Blattfilmwechsler *m*
F: changeur de films en feuilles *m*
cut-off grid potential
D: Gittersperrspannung *f*
F: tension de blocage de grille *f*
cutout *n*
D: Ausschnitt *m*
F: coupe *f*, secteur *m*
cutout, automatic
D: Sicherungsautomat *m*
F: coupe-circuit automatique *f*
cystography *n*
D: Cystographie *f*, Harnblasendarstellung *f*
F: cystographie *f*
cystoscopy *n*
D: Cystoskopie *f*, Harnblasenspiegelung *f*
F: cystoscopie *f*

D

damping *n* [elec., mech.]
D: Dämpfung *f*, Abschwächung *f*
F: atténuation *f*
danger signal
D: Warnsignal *n*
F: signal d'avertissement *m*
danger to life
D: Lebensgefahr *f*
F: danger de mort *m*
dark adaptation
D: Dunkeladaptation *f*
F: adaptation à l'obscurité *f*
dark current
D: Dunkelstrom *m*
F: courant d'obscurité *m*
darkening *n*
D: Verdunkelung *f*
F: obscurcissement *m*
darkroom *n*
D: Dunkelkammer *f*
F: chambre noire *f*
darkroom safety lamp
D: Dunkelkammerlampe *f*

F: lampe inactinite *f*

dark sector
D: Dunkelsektor *m*
F: secteur obscur *m*

data *pl*
D: Unterlagen *f pl* (beschreibende oder zeichnerische Angaben)
F: documents *m pl*

data acquisition time [CT]
D: Aufnahmezeit *f*
F: durée du balayage *f*

data file [DV]
D: Datei *f*
F: fichier *m*

data processing
D: Datenverarbeitung *f*
F: traitement de l'information *m*

data processing center
D: Rechenzentrum *n*
F: ordinateur central *m*

data processor
D: Datenverarbeitungsanlage *f*
F: ordinateur *m*

data set [DV]
D: Datei *f*
F: fichier *m*

data storage
D: Datenkonservierung *f*
F: mise à la mémoire de l'information *f*

DC motor
D: Gleichstrommotor *m*
F: moteur à courant continu *m*

DC voltage
D: Gleichspannung *f*
F: tension continue *f*

debugging *n*
D: Entstörung *f*
F: déparasitage *m*

decay time [tv.]
D: Abfallzeit *f*
F: temps de descente *m*

deep therapy
D: Tiefentherapie *f*
F: thérapie profonde *f*

deep X-ray therapy
D: Röntgen-Tiefentherapie *f*
F: radiothérapie pénétrante *f*

defined image
D: deutliches Bild
F: image claire *f*

definition *n*
D: Zeichenschärfe *f*
F: définition *f*

deflecting voltage [II]
D: Ablenkspannung *f* [BV]
F: tension de déflexion *f* [AB]

deflection *n*
D: Ausschlag *m*
F: déviation *f*

deflection electrode
D: Ablenkelektrode *f*
F: électrode de défléxion *f*

deflector plate
D: Ablenkplatte *f*
F: plaque de défléxion *f*

defocusing *n*
D: Defokussierung *f*
F: défocalisation *f*

deglutition *n*
D: Schluckakt *m*
F: déglutition *f*

degree *n*
D: Winkelgrad *m*
F: degré d'angle *m*

degree of blurring
D: Verwischungsgrad *m*
F: degré d'effacement *m*

degree of hardness
D: Härtegrad *m*
F: degré de dureté *m*

degree of saturation (COCIR)
D: Sättigungsgrad *m* (einer Röntgenröhre)
F: degré de saturation *m*

delay *n*
D: Verzögerung *f*
F: retard *m*

delay fuse
D: träge Sicherung
F: fusible temporisé *m*

delay time
D: Verzögerungszeit *f*
F: temps de retard *m*

density *n* [phot.]
D: Schwärzung *f*
F: noircissement *m*

density range

D: Schwärzungsbereich *m*
F: domaine de noircissement *f*
dental radiograph
D: Zahnaufnahme *f*
F: radiographie dentaire *f*
dentistry *n*
D: Zahnheilkunde *f*, Zahnmedizin *f*
F: dentisterie *f*
depot *n*
D: Lager *n* (Raum)
F: magasin *m*, stock *m*, entrepôt *m*
depth determination
D: Tiefenbestimmung *f*
F: détermination de la profondeur *f*
depth dose
D: Tiefendosis *f*
F: dose en profondeur *f*
depth measurement
D: Tiefenbestimmung *f*
F: détermination de la profondeur *f*
depth of penetration
D: Eindringtiefe *f*
F: profondeur de pénétration *f*
description of function
D: Funktionsbeschreibung *f*
F: description de fonctionnement *f*
design *n*
D: Zeichnung *f*
F: dessin *m*
design data
D: Konstruktionsdaten *plt*
F: données de base de construction *f pl*
design feature
D: Konstruktionsmerkmal *n*
F: caractéristique de construction *f*
detachable *adj*
D: abnehmbar *adj*
F: amovible *adj*
detail enhancement
D: Detailverdeutlichung *f*
F: accentuation des détails *f*
detail perceptibility [phot., rad.]
D: Detailerkennbarkeit *f*
F: perceptibilité des détails *f*
detail recognition [phot., rad.]
D: Detailerkennbarkeit *f*
F: perceptibilité des détails *f*
detail sharpness
D: Zeichenschärfe *f*
F: définition *f*
detector *n* [CT]
D: Detektor *m*
F: detecteur *m*
developing tray
D: Entwicklungsschale *f*
F: cuve de développement *f*
development *n* [phot.]
D: Entwicklung *f*
F: développement *m*
deviation *n* [phys.]
D: Abweichung *f*
F: déviation *f*
deviation *n* [mech.]
D: Abweichung *f*
F: écart *m*
device *n*
D: Vorrichtung *f*
F: dispositif *m*
diagnosis *n* [med.]
D: Befund *m*
F: résultat de l'examen *m*
diagnostic findings
D: Untersuchungsbefund *m*
F: constatation *f*, bulletin médical *m*
diagnostic radiology (IEC)
D: Strahlendiagnostik *f* (IEC)
F: radiodiagnostic *m* (CEI)
diagram connection
D: Schaltschema *n*
F: schéma électrique *m*
dial *n*
D: Skalenscheibe *f*
F: disque gradué *m*
diaphragm *n*
D: Blende *f*
F: diaphragme *m*
diaphragm *n*
D: Diaphragma *n*, Zwerchfell *n*
F: diaphragme *m*
dielectric breakdown
D: elektrischer Durchschlag, Spannungsdurchschlag *m*
F: décharge disruptive *f*
dielectric strength

D: Durchschlagfestigkeit *f*, Isolierfestigkeit *f*
F: rigidité diélectrique *f*

differentiation *n*
D: Unterscheidung *f*
F: différentiation *f*

dimensional drawing
D: maßstäbliche Zeichnung
F: dessin à l'échelle *m*

diminished pressure
D: Unterdruck *m*
F: sous-pression *f*

diminution of contrast
D: Kontrastverminderung *f*
F: réduction du contraste *f*

diminution ratio (of an II)
D: Verkleinerungsverhältnis *n* (eines BV)
F: diminution proportionnelle *f* (d'un AB)

diode *n*
D: Zweipolröhre *f*, Diode *f*
F: diode *f*, tube à deux électrodes *m*

direct controlled table
D: nahbedientes Gerät
F: table à commande directe *f*

direct current (DC)
D: Gleichstrom *m*
F: courant continu *m*

direct-driven *adj*
D: direkt angetrieben
F: entraîné direct

direct heating
D: direkte Heizung
F: chauffage direct

direct voltage
D: Gleichspannung *f*
F: tension continue *f*

discharge *n*
D: Entladung *f*
F: décharge *f*

discharge current
D: Entladestrom *m*
F: courant de décharge *m*

discharge voltage
D: Entladungsspannung *f*
F: tension de décharge *f*

disconnect *v*
D: auskuppeln *v*
F: débrayer *v*, désaccoupler *v*

disconnect *v*
D: abschalten *v*, ausschalten *v*, unterbrechen *v*
F: couper *v* (le courant), interrompre *v* (le courant), éteindre *v* (la lumière)

disconnection *n*
D: Abschaltung *f*, Ausschaltung *f*, Unterbrechung *f*
F: mise hors circuit *f*, déconnexion *f*, coupure *f*, interruption *f*

discrimination *n*
D: Unterscheidung *f*
F: différentiation *f*

displace *v*
D: verstellen *v*, verschieben *v*
F: déplacer *v*

displaceable *adj*
D: verschiebbar *adj*
F: déplaçable *adj*

displacement *n*
D: Verschiebung *f*
F: déplacement *m*

display *n* [elec., opt.]
D: Anzeige *f*
F: indication *f*, signalisation *f*

dissipation of heat
D: Wärmeableitung *f*, Wärmeabfuhr *f*
F: dissipation de chaleur *f*, dérivation de chaleur *f*

distance cone
D: Abstandstubus *m*
F: localisateur de distance *m*

distortion *n*
D: Verzeichnung *f*, Verzerrung *f*
F: distorsion *f*

distribution box [elec.]
D: Verteilerkasten *m*, Abzweigdose *f*, Anschlußkasten *m*
F: coffret de distribution *m*, boîte de distribution *f*, boîte de dérivation *f*, boîte de connexion *f*, coffret de raccordement *m*, boîte de jonction *f*

distribution of definition
D: Schärfeverteilung *f*

F: répartition de la netteté *f*
distribution panel [elec.]
D: Verteilerkasten *m*, Abzweigdose *f*, Anschlußkasten *m*
F: coffret de distribution *m*, boîte de distribution *f*, boîte de dérivation *f*, boîte de connexion *f*, coffret de raccordement *m*, boîte de jonction *f*
distributor box [elec.]
D: Verteilerkasten *m*, Abzweigdose *f*, Anschlußkasten *m*
F: coffret de distribution *m*, boîte de distribution *f*, boîte de dérivation *f*, boîte de connexion *f*, coffret de raccordement *m*, boîte de jonction *f*
documentations *pl*
D: Unterlagen *f pl* (beschreibende oder zeichnerische Angaben)
F: documents *m pl*
dominant *n*
D: Dominante *f*
F: dominante *f*
dosage *n*
D: Dosierung *f*
F: dosage *m*
dose attenuation
D: Dosisabfall *m*
F: chute de dose *f*
dose determination
D: Dosisermittlung *f*
F: obtention de la dose *f*
dose diminution
D: Dosisverminderung *f*
F: diminution de dose *f*
dose distribution
D: Dosisverteilung *f*
F: distribution de dose *f*
dose loss
D: Dosisverlust *m*
F: perte de dose *f*
dose measurement
D: Dosismessung *f*
F: mesure de la dose *f*
dosemeter *n*
D: Dosimeter *n*, Dosismeßgerät *n*
F: dosimètre *m*
dose profile [CT]
D: Dosisprofil *n*
F: profil de dose *m*
dose rate
D: Dosisleistung *f*
F: débit de dose *m*
dose-rate control
D: Dosisleistungsregelung *f*
F: réglage du débit de dose *m*
dose rate measurement
D: Dosisleistungsmessung *f*
F: mesure du débit de dose *f*
dose requirement
D: Dosisbedarf *m*
F: dose requise *f*
dose unit
D: Dosiseinheit *f*
F: unité de dose *f*
dose yield
D: Dosisausbeute *f*
F: rendement de dose *m*
dosimeter *n*
D: Dosimeter *n*, Dosismeßgerät *n*
F: dosimètre *m*
double-angle rotating anode
D: Doppelwinkeldrehanode *f*
F: anode tournante à deux inclinaisons *f*
double column stand
D: Doppelsäulenstativ *n*
F: statif à double colonnes *m*
double contrast enema
D: Doppelkontrasteinlauf *m*
F: lavement à double contraste *m*
double focal spot tube (US)
D: Doppelfokusröhre *f*
F: tube à double foyer *m*
double-focus tube
D: Doppelfokusröhre *f*
F: tube à double foyer *m*
double intensifying screen
D: Doppelfolie *f*
F: écran à intensité double *m*
double slice [CT]
D: Doppelschicht *f*
F: double couche
double-slot diaphragm
D: Doppelschlitzblende *f*
F: diaphragme à double volets *m*
downward movement

D: Abwärtsbewegung *f*
F: mouvement descendant *m*, mouvement vers le bas *m*

drain line
D: Abflußleitung *f*
F: canalisation de sortie *f*, conduite de sortie *f*

drain pipe
D: Abflußleitung *f*
F: canalisation de sortie *f*, conduite de sortie *f*

drawing *n*
D: Zeichnung *f*
F: dessin *m*

drive *n*
D: Antrieb *m*
F: entraînement *m*

drop in dose
D: Dosisabfall *m*
F: chute de dose *f*

dry battery
D: Trockenbatterie *f*
F: batterie de piles *f*

dual-focus tube
D: Doppelfokusröhre *f*
F: tube à double foyer *m*

duodenum *n*
D: Duodenum *n*, Zwölffingerdarm *m*
F: duodénum *m*

dust-proof *adj*
D: staubdicht *adj*
F: étanche à la poussière

dust-tight *adj*
D: staubdicht *adj*
F: étanche à la poussière

E

earth connection (GB)
D: Erdverbindung *f*, Masseanschluß *m*
F: connexion de terre *f*, connexion à la masse *f*

earthed *adj* (GB)
D: geerdet *adj*
F: mis à la terre

earthing *n* (GB)
D: Erdung *f*
F: mise à la terre *f*

earthing connection (GB)
D: Erdverbindung *f*, Masseanschluß *m*
F: connexion de terre *f*, connexion à la masse *f*

earth wire
D: Erdleitung *f*
F: fil de terre *m*

easily accessible
D: leicht zugänglich
F: facilement accessible

easily exchangeable
D: leicht auswechselbar
F: facilement échangeable

easy-running *adj*
D: leichtgängig *adj*
F: à fonctionnement aisé

easy to operate
D: leicht bedienbar
F: facilement manœuvrable

easy to replace
D: leicht auswechselbar
F: facilement échangeable

eccentric *n*
D: Exzenter *m*
F: excentrique *m*

eddy current
D: Wirbelstrom *m*
F: courant parasite *m*, courant de foucault *m*

edge gradient
D: Kantensteilheit *f*
F: netteté de bord *f*

effective focal spot
D: optischer Brennfleck
F: foyer optique *m*

effective power
D: Wirkleistung *f*
F: puissance réelle *f*, puissance active *f*

effective resistance
D: Wirkwiderstand *m*
F: résistance pure *f*

effective voltage
D: Wirkspannung *f*,

Effektivspannung *f*
F: tension efficace *f*
efficiency *n*
D: Wirkungsgrad *m*
F: rendement *m*
effortless operation
D: kraftsparende Arbeitsweise
F: mode de travail sans effort *m*
elastic bolt washer
D: Tellerfeder *f*
F: rondelle élastique *f*, rondelle Belleville *f*
elbow-joint *n*
D: Ellenbogengelenk *n*
F: articulation du coude *f*
elbow support
D: Ellenbogenstütze *f*
F: support-coude *m*
electrical installation
D: Leitungsverlegung *f*
F: pose de ligne *f*
electric power
D: Kraftstrom *m*
F: courant force *m*
electrocardiography *n*
D: Elektrocardiographie *f*, Elektrokardiographie *f*
F: électrocardiographie *f*
electrode distance
D: Elektrodenabstand *m*
F: distance entre électrodes *f*
electrode separation
D: Elektrodenabstand *m*
F: distance entre électrodes *f*
electroluminescence *n*
D: Elektrolumineszenz *f*
F: électroluminescence *f*
electromagnetic brake
D: elektromagnetische Bremse
F: frein électromagnétique *m*
electromagnetic lock
D: elektromagnetische Arretierung
F: arrêt électro-magnétique *m*
electron accelerator
D: Elektronenbeschleuniger *m*
F: accélérateur d'électrons *m*
electron beam
D: Elektronenstrahl *m*
F: faisceau d'électron *m*
electronic analog computer
D: elektronischer Analogrechner
F: calculateur électronique analogique *m*
electronic circular blanking [tv.]
D: elektronische Kreisaustastung
F: balayage circulaire électronique *m*
electronic computer
D: Rechenanlage *f*, Rechner *m*
F: calculateur électronique *m*, ordinateur *m*
electronic enhancement
D: elektronische Beeinflussung
F: traitement électronique *m*
electronic subtraction in radiography
D: elektronische Röntgenbildsubtraktion
F: soustraction électronique de l'image radiologique *f*
electronic timer
D: elektronischer Zeitschalter
F: chronocontacteur électronique *m*, minuterie électronique *f*
electronic vignetting compensation [tv.]
D: elektronischer Vignettierungsausgleich
F: compensation du vignettage électronique *f*
electron multiplier
D: Sekundärelektronenvervielfacher *m*
F: multiplicateur d'électrons secondaires *m*
electron optics
D: Elektronenoptik *f*
F: optique électronique *f*
electrostatic lens
D: elektrostatische Linse
F: lentille électrostatique *f*
elemental area [CT]
D: Bildmatrixelement *n*
F: élément d'image *m*
elimination of grid shadows
D: Rasterverwischung *f*
F: effacement de la grille *m*

elliptical blurring [rad.]
D: elliptische Verwischung
F: effacement elliptique *m*
elongated cable
D: Verlängerungskabel *n*
F: câble d'allongement *m*
emergency examination
D: Notfalluntersuchung *f*
F: examen d'urgence *m*
emergency patient
D: Unfallpatient *m*
F: accidenté *m*
emergency station
D: Unfallstation *f*
F: poste de secours *m*
empty reel
D: Leerspule *f*
F: bobine vide *f*
encephalography *n*
D: Encephalographie *f*, Enzephalographie *f* (Darstellung der Liquorräume des Gehirns)
F: encéphalographie *f*
end effect
D: Endeffekt *m*
F: effet final *m*
endoscopy *n*
D: Endoskopie *f* (Ausleuchtung von Körperinnenräumen)
F: endoscopie *f*
endstop *n*
D: Endanschlag *m*
F: butée *f*
endurance test
D: Dauerversuch *m*
F: essai d'endurance *m*
energy consumption
D: Energieverbrauch *m*
F: consommation d'énergie *f*
enhancement, electronic
D: elektronische Beeinflussung
F: traitement électronique *m*
enlargement *n*
D: Vergrößerung *f*
F: agrandissement *m*
enlargement ratio
D: Vergrößerungsverhältnis *n*
F: proportion d'agrandissement *f*
entrance dose
D: Einfallsdosis *f*
F: dose incidente *f*
equalization of temperature
D: Temperaturausgleich *m*
F: égalisation de la température *f*, compensation de la température *f*
equip *v*
D: ausrüsten *v*
F: équiper *v*
equipment *n*
D: Einrichtung *f* (Anlage)
F: installation *f*
equipment configuration
D: Anlagenausrüstung *f*
F: équipement d'installation *m*
erect *v* [mech.]
D: aufrichten *v*
F: redresser *v*
esophagus *n*
D: Oesophagus *m*, Speiseröhre *f*
F: œsophage *m*
examination room
D: Untersuchungsraum *m*
F: salle d'examen *f*
examination table
D: Lagerungstisch *m*, Untersuchungstisch *m*
F: table d'examen *f*, table de traitement *f*
examination technique
D: Untersuchungsmethode *f*, Untersuchungsverfahren *n*
F: méthode d'examen *f*
examination unit
D: Untersuchungsgerät *n*, Gerät *n* (Röntgen)
F: appareil radiologique *m*, table d'examen *f*
examiner *n*
D: Radiologe *m*, Untersucher *m*
F: radiologue *m*, examinateur *m*, médecin *m*
examining doctor
D: Radiologe *m*, Untersucher *m*
F: radiologue *m*, examinateur *m*, médecin *m*
exchange *n*
D: Austausch *m*
F: échange *m*

exchangeable, easily
D: leicht auswechselbar
F: facilement échangeable
excitation current
D: Erregerstrom *m*
F: courant d'excitation *m*
excitation voltage
D: Erregerspannung *f*
F: tension d'excitation *f*
excitation winding
D: Erregerwicklung *f*
F: bobine d'excitation *f*
exclusion of air
D: Luftabschluß *m*
F: étanchéité à l'air *f*
exit angle [phot., rad.]
D: Ausfallwinkel *m*
F: angle d'emergence *m*
exit dose
D: Austrittsdosis *f*
F: dose de sortie *f*
expandable *adj*
D: ausziehbar *adj*
F: extensible *adj*
experience *n*
D: Erfahrung *f*
F: expérience *f*
experiment *n*
D: Probe *f*, Erprobung *f*, Versuch *m*, Test *m*
F: essai *m*, épreuve *f*, expérience *f*
experimental arrangement
D: Versuchsanordnung *f*, Versuchsaufbau *m*, Testanordnung *f*, Prüfvorrichtung *f*
F: montage d'essai *m*, montage expérimental *m*, dispositif d'essai *m*
experimental plant
D: Versuchsanlage *f*
F: installation d'essai *f*, poste expérimental *m*
expert opinion
D: Gutachten *n*
F: expertise *f*
exploration *n*
D: Erforschung *f*
F: exploration *f*, investigation *f*
explosion-safe *adj*
D: explosionsgeschützt *adj*, ex-geschützt *adj*
F: antidéflagrant *adj*
exposure, automatic ~ timer [gen.]
D: Belichtungsautomat *m*
F: régulateur automatique du temps d'exposition *m*
exposure, shortest ~ time
D: kürzeste Schaltzeit
F: temps d'exposition minimum *m*
exposure chart
D: Belichtungstabelle *f*
F: table d'exposition *f*
exposure counter
D: Aufnahmezählwerk *n*
F: compteur d'expositions *m*
exposure data
D: Aufnahmedaten *plt*
F: données d'exposition *f pl*
exposure data
D: Belichtungswerte *m pl*
F: taux d'exposition *m*
exposure field
D: Aufnahmefeld *n*
F: champ de radiographie *m*
exposure of the patient identification data
D: Patientendatenaufbelichtung *f*
F: visualisation des coordonnées du patient *f*
exposure release
D: Aufnahmeauslösung *f*
F: déclenchement de la radiographie *m*, exposition *f*
exposure switch
D: Aufnahmeschalter *m*
F: commutateur d'exposition radiographique *m*
exposure table
D: Belichtungstabelle *f*
F: table d'exposition *f*
exposure time [rad.]
D: Belichtungszeit *f*, Aufnahmezeit *f*, Schaltzeit *f*
F: temps d'exposition *m*, temps de pose *m*
extensible *adj*
D: ausziehbar *adj*
F: extensible *adj*

extension *n*
D: Verlängerung *f*
F: rallonge *f*, allongement *m*, prolongement *m*
extension cable
D: Verlängerungskabel *n*
F: câble d'allongement *m*
extension piece
D: Verlängerungsstück *n*
F: pièce de rallonge *f*
extension rail
D: Schienenverlängerung *f*
F: rail de prolongement *m*
extension rail
D: Verlängerungsschiene *f*
F: rail d'allongement *m*
extension stage [cons.]
D: Ausbaustufe *f*
F: étage d'extension *m*
extension table
D: Extensionstisch *m*
F: table d'extension *f*
extra-focal radiation (COCIR)
D: Stielstrahlung *f*, extrafokale Strahlung
F: rayonnement extra-focal *m*
extremity *n*
D: Extremität *f*, Gliedmaße *f*
F: extrémité *f*
eyepiece *n*
D: Okular *n*
F: oculaire *m*
eye socket
D: Orbita *f*
F: orbite *f*
eyestrain *n*
D: Augenermüdung *f*
F: fatigue des yeux *f*

F

facilitation of operation
D: Bedienungserleichterung *f*
F: simplification de la commande *f*
factory physician
D: Werksarzt *m*
F: médecin d'entreprise *m*
fan *n*
D: Lüfter *m*, Ventilator *m*
F: ventilateur *m*
fan-beam *n* [CT]
D: Fächerstrahl *m*
F: faisceau en éventail *m*
fan cooling
D: Ventilatorkühlung *f*
F: refroidissement par ventilateur *m*
fast acting fuse
D: flinke Sicherung
F: fusible rapide *m*
faulty connection
D: Verschaltung *f*, Fehlschaltung *f*
F: faute du montage électrique *f*
faulty exposure
D: Fehlaufnahme *f*
F: radiographie manquée *f*
faulty exposure
D: Fehlbelichtung *f*
F: erreur d'exposition *m*
faulty operation
D: Fehlbedienung *f*
F: erreur de manipulation *f*
feed *n*
D: Vorschub *m*
F: avance *f*, avancement *m*
feeder *n*
D: Speiseleitung *f*, Einspeisevorrichtung *f* (für Filme an Entwicklungsmaschinen und Magazinen)
F: alimentateur *m*, feeder *m*
feed rate
D: Vorschub *m*
F: avance *f*, avancement *m*
femur *n*
D: Oberschenkelknochen *m* (os femoris)
F: fémur *m*
field-effect transistor
D: Feldeffekttransistor *m*
F: transistor à effet de champ *m*
field size [CT]
D: Abtastformat *n*
F: champ de balayage *m*
field strength

D: Feldstärke *f*
F: intensité du champ *f*
figure of movement
D: Bewegungsfigur *f*
F: figure de balayage *f*
filament *n*
D: Heizfaden *m*
F: filament *m*
filament characteristic [vac.]
D: Heizcharakteristik *f*
F: caractéristique du filament *f*
filament circuit
D: Heizkreis *m*
F: circuit de chauffage *m*
filament heating
D: Röhrenheizung *f*
F: chauffage du tube *m*
filament resistor
D: Heizwiderstand *m*
F: résistance de chauffage *f*
filament transformer
D: Heiztransformator *m*
F: transformateur de chauffage *m*
filament voltage
D: Heizspannung *f*
F: tension de chauffage *f*
file *n*
D: Kartei *f*
F: fichier *m*
file card
D: Karteikarte *f*
F: fiche *f*
film blackening
D: Filmschwärzung *f*
F: noircissement du film *m*
film changer
D: Filmwechsler *m*
F: changeur de film *m*
film dryer
D: Filmtrockner *m*
F: sécheuse pour film *f*
film grain
D: Filmkorn *n*
F: grain du film *m*
film marking
D: Filmbeschriftung *f*
F: inscription sur film *f*
film numbering
D: Filmnumerierung *f*
F: numérotage de film *m*
film printing machine
D: Filmkopiergerät *n*
F: appareil à copier pour films *m*
film receiving magazine
D: Filmauffangmagazin *n*
F: magasin récepteur de films *m*
film sensitivity
D: Filmempfindlichkeit *f*
F: sensibilité du film *f*
film size
D: Filmformat *n*
F: format du film *m*
film speed
D: Filmablaufgeschwindigkeit *f*
F: vitesse de translation du film *f*
film speed (X-ray)
D: Lichtempfindlichkeit eines Films (Röntgen)
F: rapidité d'un film *f* (pour la radiographie)
film spool
D: Filmspule *f*
F: bobine de pellicule *f*
film transport
D: Filmtransport *m*
F: avancement du film *m*
film type
D: Filmsorte *f*
F: type de film *m*
film viewer
D: Schaukasten *m*, Filmbetrachtungsgerät *n*
F: négatoscope *m*
filter action
D: Filterwirkung *f*
F: effet de filtration *m*
filter indicator cable
D: Filterrückmeldekabel *n*
F: câble d'annonce pour filtre *m*
filtration *n*
D: Filterung *f*
F: filtration *f*
final control element
D: Regelglied *n*
F: élément régulateur *m*
final effect
D: Endeffekt *m*
F: effet final *m*

findings *plt* [gen.]
D: Befund *m*
F: résultat de l'examen *m*
fine adjusting screw
D: Feineinstellschraube *f*
F: vis de réglage fin *m*
fine finishing
D: Feinbearbeitung *f*
F: finition *f*
fine focus
D: Feinfokus *m*
F: petit foyer *m*
fine grain
D: feines Korn
F: grain fin *m*
fine-strand *adj*
D: feindrähtig *adj*
F: à fils fins
fine tuning
D: Feinabstimmung *f*
F: réglage de précision *m*, réglage fin *m*
finishing touch
D: Feinbearbeitung *f*
F: finition *f*
fire-resistant *adj*
D: feuerhemmend *adj*
F: ininflammable *adj*
firing voltage (of gas-filled tube)
D: Zündspannung *f* (einer Gasentladungsröhre)
F: tension d'amorçage *f*
fixed equipment
D: stationäre Einheit
F: équipement fixé *m*
fixing bath [phot.]
D: Fixierbad *n*
F: bain fixateur *m*
flame-resistant insulation
D: feuerhemmende Isolation
F: isolement ininflammable *m*
flame-retardant *adj*
D: feuerhemmend *adj*
F: ininflammable *adj*
flame-retardant insulation
D: feuerhemmende Isolation
F: isolement ininflammable *m*
flammable *adj* (US)
D: brennbar *adj*, entflammbar *adj*
F: combustible *adj*, inflammable *adj*
flexible metal tube
D: Metallschlauch *m*
F: tube flexible métallique *m*
floating table top
D: schwimmende Tischplatte
F: plateau de table flottant *m*, panneau flottant *m*
floor clearance
D: Bodenfreiheit *f* (z.B. eines Deckenstativs)
F: dégagement au sol *m*, sol dégagé *m*
floor duct
D: Fußbodenkanal *m*
F: canalisation au sol *f*
floor guide
D: Bodenführung *f*
F: guidage au sol *m*
floor-mounted stand
D: Bodenstativ *n*
F: statif au sol *m*
floor rail
D: Bodenlaufschiene *f*
F: rail au sol *m*
floor stand
D: Bodenstativ *n*
F: statif au sol *m*
floor-to-ceiling guide
D: Boden-Decken-Führung *f*
F: guidage sol-plafond *m*
floor-to-ceiling stand
D: Boden-Decken-Stativ *n*
F: statif sol-plafond *m*, colonne plancher-plafond *f*
flow chart
D: Ablaufplan *m* (Graphik eines Arbeitsablaufs), Flußdiagramm *n*
F: organigramme *m*
flow of operation
D: Bedienungsablauf *m*
F: procédure de mise en œuvre *f*
fluorescent image
D: Leuchtschirmbild *n*
F: image fluorescente *f*
fluorescent output screen [II]
D: Ausgangsleuchtschirm *m* [BV]
F: écran fluorescent de sortie *m*

[AB]

fluorescent screen
D: Leuchtschirm *m*
F: écran fluorescent *m*

fluorogram *n*
D: Schirmbild *n*
F: image radioscopique *f*

fluorographic camera
D: Schirmbildkamera *f*
F: appareil pour radiophotographie *m*

fluorographic equipment
D: Schirmbildanlage *f*
F: équipement de radioscopie *m*

fluorographic film
D: Schirmbildfilm *m*
F: film pour radiophotographie *m*

fluorographic image
D: Schirmbild *n*
F: image radioscopique *f*

fluorography *n* (COCIR)
D: Schirmbildphotographie *f* (Festhalten eines Leuchtschirmbildes auf kleinformatigem Film)
F: radiophotographie *f*

fluoroscopic contactor
D: Durchleuchtungsschütz *n*
F: contacteur de radioscopie *m*

fluoroscopic control
D: Durchleuchtungskontrolle *f*
F: contrôle radioscopique *m*

fluoroscopic dose rate
D: Durchleuchtungsdosisleistung *f*
F: débit de dose en radioscopie *m*

fluoroscopic kV-control
D: kV-Durchleuchtungsregler *m*
F: régleur de kV en radioscopie *m*

fluoroscopic reflector
D: Durchleuchtungsreflektor *m*
F: réflecteur de radioscopie *m*

fluoroscopic screen
D: Durchleuchtungsschirm *m* (Röntgen)
F: écran fluorescent *m*

fluoroscopic time
D: Durchleuchtungszeit *f*
F: temps de radioscopie *m*

fluoroscopic timer
D: Durchleuchtungsuhr *f*
F: minuterie de radioscopie *f*

fluoroscopy *n*
D: Leuchtschirmbetrachtung *f*, Durchleuchtung *f*
F: radioscopie *f*

flushing pan (for urological unit)
D: Spülwanne *f* (für Urologiegerät)
F: cuvette de rinçage *f* (pour une table urologique)

flush-mounted switch
D: Unterputzschalter *m*
F: interrupteur encastré *m*

focal distance
D: Brennweite *f*
F: distance focale *f*

focal path
D: Brennfleckbahn *f*
F: piste de foyer *f*, piste d'anode *f*

focal plane shutter [phot.]
D: Schlitzverschluß *m*
F: obturateur à fente *m*

focal spot (US)
D: Brennfleck *m*
F: foyer *m*

focal spot size
D: Brennfleckgröße *f*, Fokusgröße *f*
F: dimensions du foyer *f pl*

focus *v*
D: fokussieren *v*
F: focaliser *v*

focus *n* (GB)
D: Brennfleck *m*
F: foyer *m*

focus-ceiling distance
D: Fokus-Decken-Abstand *m*
F: distance foyer-plafond *f*

focused grid
D: fokussiertes Raster
F: grille focalisée *f*

focus-film distance (FFD)
D: Fokus-Film-Abstand *m* (FFA)
F: distance foyer-film *f* (DFF)

focusing *n*
D: Scharfeinstellung *f*, Fokussierung *f*
F: mise au point *f*, focalisation *f*

focusing change-over

D: Fokussierungsumschaltung *f*
F: commutation de focalisation *f*
focusing coil
D: Fokussierspule *f*
F: bobine de focalisation *f*
focus-object distance (FOD)
D: Fokus-Objekt-Abstand *m* (FOA)
F: distance foyer-objet *f*
focus-screen distance
D: Fokus-Schirm-Abstand *m*
F: distance foyer-écran *f*
focus selection
D: Brennfleckwahl *f*
F: sélection du foyer *f*
focus selector
D: Fokuswähler *m*, Fokusschalter *m*, Fokuswählschalter *m*
F: sélecteur de foyer *m*, commutateur de foyer *m*
focus size
D: Brennfleckgröße *f*, Fokusgröße *f*
F: dimensions du foyer *f pl*
focus-skin distance (FSD)
D: Fokus-Haut-Abstand *m* (FHA)
F: distance foyer-peau *f*
fog *n* [phot.]
D: Schleier *m*
F: voile *f*
fogging *n* [phot. rad.]
D: Grauschleier *m*
F: voile *m*
folding-arm *n*
D: Gelenkarm *m*, Scherenarm *m*
F: bras articulé *m*
folding-arm stand
D: Gelenkarmstativ *n*
F: statif à bras articulé *m*
foot board
D: Fußbank *f*
F: marchepied *m*
foot board
D: Patientenpodest *m*
F: plateforme *f*
foot brake
D: Fußbremse *f*
F: frein à pied *m*
foot rest
D: Fußbank *f*
F: marchepied *m*
foot switch
D: Fußschalter *m*
F: interrupteur à pédale *m*
foreign body localization
D: Fremdkörperlokalisation *f*
F: localisation de corps étrangers *f*
form of movement
D: Bewegungsform *f*
F: forme de balayage *f*
fornix *n*
D: Magengewölbe *n*
F: fornix *m*
forward motion
D: Vorwärtsbewegung *f*
F: marche en avant
four-core cable
D: vieradriges Kabel
F: câble à quatre conducteurs *m*
fracture *n*
D: Knochenbruch *m*
F: fracture *f*
frame *n*
D: Rahmen *m*
F: cadre *m*
frameless spotfilm device
D: rahmenloses Zielgerät
F: sélecteur sans cadre *m*
frame rate (US) [tv.]
D: Bilddauer *f*
F: durée d'image *f*
frame speed
D: Bildfrequenz *f*
F: cadence d'image *f*, fréquence d'image *f*
frame time [tv.]
D: Halbbildzeit *f*
F: temps de demi-image *m*
freedom of movement
D: Bewegungsfreiheit *f*
F: liberté de mouvement *f*
free floor space
D: Bodenfreiheit *f* (z.B. eines Deckenstativs)
F: dégagement au sol *m*, sol dégagé *m*
free operation (without automatic system) [rad.]
D: freier Betrieb (ohne Automatik)

F: service libre *m* (sans automatisme)

frequency band
D: Frequenzband *n*
F: bande de fréquences *f*

frequency bandwidth
D: Frequenzbandbreite *f*
F: largeur de bande de fréquences *f*

frequency divider
D: Frequenzteiler *m*
F: diviseur de fréquence *m*

front-loading *n*
D: Frontladung *f*
F: chargement frontal *m*

front-loading *n* [cons.]
D: Rechtsladung *f*
F: chargement par la droite *m*

front-loading of cassette
D: Kassettenfrontladung *f*
F: chargement frontal de la cassette *m*

fulcrum *n* [mech., phys.]
D: Drehpunkt *m*
F: pivot *m*

full-field localizer
D: Vollfeldlichtvisier *n*
F: viseur lumineux *m* (avec éclairage intégral du champ)

full image
D: Vollbild *n*
F: image entière *f*

full load
D: Vollast *f*
F: pleine charge *f*

full-scale control
D: Vollaussteuerung *f*
F: déviation totale *f*, modulation totale *f*, régime maximum *m*

full-scale value
D: Skalenendwert *m*
F: valeur de fin d'échelle *f*

full-wave rectifier
D: Vollweggleichrichter *m*, Zweiweggleichrichter *m*
F: redresseur à deux alternances *m*, redresseur à double alternance *m*

fully automatic
D: vollautomatisch *adj*
F: entièrement automatique

functional diagnosis
D: Funktionsdiagnostik *f*
F: diagnostic fonctionnel *m*

functional principle
D: Funktionsprinzip *n*
F: principe de fonctionnement *m*

fundamental research
D: Grundlagenforschung *f*
F: recherche fondamentale *f*

fuse *n* [elec.]
D: Sicherung *f*, Schmelzsicherung *f*
F: fusible *m*

fuse on *v*
D: anschmelzen *v*
F: fondre sur *v*

G

gain *n* [elec.]
D: Verstärkung *f*
F: amplification *f*, intensification *f*

gain control
D: Verstärkungsregelung *f*
F: réglage d'amplification *m*

gallbladder *n*
D: Gallenblase *f*
F: vésicule biliaire *f*

gallstone *n*
D: Gallenstein *m*
F: calcul biliaire *m*

gamma dosimetry
D: Gammadosimetrie *f*
F: dosimétrie pour le rayonnement gamma *f*

gamma radiation
D: Gammastrahlung *f*
F: rayonnement gamma *m*

gantry *n* [CT]
D: Abtasteinheit *f*
F: unité de balayage *f*

gasket *n*
D: Dichtung *f*
F: joint d'étanchéité *m*

gastric mucosa

D: Magenschleimhaut *f*
F: muqueuse gastrique *f*
gastric ulcer
D: Magengeschwür *n* (ulcus ventriculi)
F: ulcère gastrique *m*
gastric wall
D: Magenwand *f*
F: paroi gastrique *f*
gas-triode *n*
D: Thyratron *n*, Stromtor *n*
F: thyratron *m*
gastritis *n*
D: Gastritis *f*, Magenschleimhautentzündung *f*
F: gastrite *f*
gastro-intestinal diagnosis
D: Magen- und Darmdiagnostik *f*
F: diagnostic de l'estomac et de l'intestin *m*
gastro-intestinal tract
D: Magen-Darm-Trakt *m*
F: système gastro-intestinal *m*
gastro-intestinal transit
D: Magen-Darm-Passage *f*
F: transit gastro-intestinal *m*
gear *n*
D: Zahnradgetriebe *n*, Getriebe *n*
F: engrenage *m*
gearing *n*
D: Zahnradgetriebe *n*, Getriebe *n*
F: engrenage *m*
gear-ratio *n* [mech.]
D: Übersetzungsverhältnis *n*
F: rapport d'engrenage *m*
Geiger tube
D: Zählrohr *n*
F: tube Geiger-Müller *m*
generator rating
D: Generatorleistung *f*
F: puissance du générateur *f*
generator set
D: Maschinensatz *m*
F: groupe électrogène *m*
generator with voltage multiplication
D: Generator mit Spannungsvervielfachung
F: générateur avec multiplicateur de tension *m*
geometric blurring
D: geometrische Unschärfe
F: flou géométrique *m*
geometric unsharpness
D: geometrische Unschärfe
F: flou géométrique *m*
getter voltage (ion pump) [II]
D: Getterspannung *f* (Ionenpumpe) [BV]
F: tension getter *f* (pompe ionique) [AB]
gimbally mounted (GB)
D: kardanisch gelagert
F: monté à cardan
glass envelope
D: Glaskolben *m*
F: ampoule *f*
glass pane
D: Scheibe *f*, Glasscheibe *f*
F: vitre *f*
glass plate
D: Scheibe *f*, Glasscheibe *f*
F: vitre *f*
glow discharge
D: Glimmentladung *f*
F: décharge luminescente *f*
glow lamp
D: Glimmlampe *f*
F: lampe à décharge *f*
gonadal dose
D: Gonadendosis *f*
F: dose aux gonades *f*
gradation *n* [phot.]
D: Gradation *f*, Abstufung *f*
F: gradation *f*
graduated intensifying screen
D: Verlaufsfolie *f*
F: écran renforçateur gradué
graduation line
D: Teilstrich *m*
F: trait de graduation *m*
graininess *n* (physiological impression of developed film)
D: Körnigkeit *f* (physiolog. Eindruck beim entwickelten Film)
F: granulation *f* (impression physiologique de film exposé)
granularity *n* (film emulsion)

D: Körnigkeit *f* (einer Filmemulsion)
F: granularité *f* (émulsion du film)

graphical symbol (IEC)
D: Schaltzeichen *n* (IEC), Schaltsymbol *n* (IEC)
F: symbole graphique *m* (CEI)

Grätz rectifier
D: Gleichrichter in Grätzschaltung
F: redresseur de grätz *m*

Gray (SI-unit of absorbed dose) (for dosimetry only) [phys.]
D: Gray (Gy) *n* (SI-Einheit der Energiedosis, 1Gy = 1J/kg) (nur für Dosimetrie)
F: Gray (unité SI de dose absorbée) (seulement pour dosimétrie)

grease *n*
D: Gleitmittel *n*
F: matière lubrifiante *f*

greasing *n*
D: Schmierung *f*
F: lubrification *f*, graissage *m*

grenz rays
D: Grenzstrahlen *m pl*
F: rayonnement limite *m*

grey steps [CT]
D: Graustufen *f pl*
F: niveaux de gris *m pl*

grid *n*
D: Raster *n*
F: grille *f*

grid blocking voltage
D: Gittersperrspannung *f*
F: tension de blocage de grille *f*

grid cone
D: Siebtubus *m* (in der Strahlentherapie)
F: cône avec plaque perforée *m*

grid cone irradiation [ther.]
D: Siebbestrahlung *f*
F: irradiation avec localisateur à grille *f*

grid connection
D: Gitteranschluß *m*
F: connexion de grille *f*

grid control
D: Gittersteuerung *f*
F: commande à grille *f*

grid-controlled *adj*
D: gittergesteuert *adj*
F: commandé par grille

grid drive
D: Rasterantrieb *m*
F: commande de grille *f*

grid movement
D: Rasterbewegung *f*
F: mouvement de la grille *m*

grid ratio
D: Schachtverhältnis *n* (eines Streustrahlenrasters)
F: rapport de grille *m*

grid voltage
D: Gitterspannung *f*
F: tension de grille *f*

grip *n*
D: Griff *m*, Handgriff *m*
F: poignée *f*

ground clamp
D: Erdklemme *f*, Erdschelle *f*
F: prise de terre *f*

ground connection (US)
D: Erdverbindung *f*, Masseanschluß *m*
F: connexion de terre *f*, connexion à la masse *f*

grounded *adj* (US)
D: geerdet *adj*
F: mis à la terre

grounded-base circuit [eltr.]
D: Basisschaltung *f*
F: circuit de base *m*, montage de base *m*

grounded-collector circuit
D: Kollektorschaltung *f*
F: montage à collecteur *m*

grounded electrode X-ray tube
D: Einpolröntgenröhre *f*
F: tube radiogène avec un pôle à la masse *m*

grounded-emitter circuit [eltr.]
D: Emitterschaltung *f*
F: montage à émetteur commun *m*

grounded single terminal tube shield
D: Einpolröhrengehäuse *n*
F: gaine pour tube avec un pôle à la masse *f*

ground glass
D: Mattglas *n*, Mattscheibe *f*
F: verre dépoli *m*
grounding *n* (US)
D: Erdung *f*
F: mise à la terre *f*
ground lead
D: Erdleitung *f*
F: fil de terre *m*
ground short
D: Erdschluß *m*
F: contact à la terre *m*
ground short circuit
D: Erdschluß *m*
F: contact à la terre *m*
guide pulley for cable
D: Kabelführungsrolle *f*
F: poulie de guidage de câble *f*
guide rail
D: Führungsschiene *f*, Laufschiene *f*
F: rail de guidage *m*, rail de roulement *m*

H

half cycle
D: Halbwelle *f*
F: demi-onde *f*
half-finished product
D: Halbzeug *n*
F: demi-produit *m*
half period
D: Halbwelle *f*
F: demi-onde *f*
half value thickness (HVT)
D: Halbwertschichtdicke *f* (HWS)
F: couche de demi-atténuation *f* (CDA)
half-wave *n*
D: Halbwelle *f*
F: demi-onde *f*
half-wave rectifier
D: Einweggleichrichter *m*, Halbwellengleichrichter *m*
F: redresseur demi-onde *m*, redresseur à une alternance *m*
halogen bulb
D: Halogenlampe *f*
F: lampe halogène *f*
hand brake
D: Handbremse *f*
F: frein à main *m*
hand crank
D: Handkurbel *f*
F: manivelle *f*
handle *v*
D: betätigen *v*
F: opérer *v*, commander *v*
handle *n*
D: Griff *m*, Handgriff *m*
F: poignée *f*
handling *n*
D: Betätigung *f*, Bedienung *f*
F: commande *f*, manœuvre *m*
hand-operated *adj*
D: handbetätigt *adj*
F: commandé manuellement, à commande manuelle
hand screw lock
D: Handschraubenarretierung *f*
F: blocage par vis à main *m*
hand stamp with counting device
D: Handstempelzähler *m*
F: timbreur-compteur manuel *m*
hand switch
D: Handauslöseschalter *m*
F: interrupteur de déclenchement manuel *m*
hand timer
D: Handzeitschalter *m*
F: minuterie manuelle *f*
handy *adj*
D: handlich *adj*
F: maniable *adj*
hardening filter (COCIR)
D: Härtungsfilter *n*
F: filtre de durcissement *m*
hardness equivalent (COCIR)
D: Härtungsgleichwert *m*
F: équivalent de durcissement *m*
harmonization *n* [tv.]
D: Harmonisierung *f* (Bildbeeinflussung)
F: harmonisation *f*

harmonized radiograph
D: harmonisierte Röntgenaufnahme
F: cliché radiographique harmonisé *m*
head support
D: Kopfstütze *f*
F: support de tête *m*
health insurance
D: Krankenkasse *f*, Krankenversicherung *f*
F: caisse d'assurance-maladie *f*, assurance-maladie *f*
heart muscle
D: Myokard *n*, Herzmuskel *m*
F: myocarde *m*
heart muscles
D: Herzmuskulatur *f*
F: musculature du cœur *f*
heat absorption
D: Wärmeaufnahme *f*
F: absorption de chaleur *f*
heat balance
D: Wärmeausgleich *m*
F: compensation de chaleur *f*
heat conductor
D: Wärmeleiter *m*
F: conducteur de la chaleur *m*
heat development
D: Wärmeentwicklung *f*
F: développement de chaleur *m*
heat dissipation cooling
D: Strahlungskühlung *f*
F: refroidissement par rayonnement thermique *m*
heat dissipation diagram
D: Abkühlkurve *f*
F: courbe de refroidissement *f*
heater *n*
D: Heizfaden *m*
F: filament *m*
heat evolution
D: Wärmeentwicklung *f*
F: développement de chaleur *m*
heat exchange
D: Wärmeaustausch *m*
F: échange thermique *m*
heating curve
D: Erwärmungskurve *f*
F: diagramme d'échauffement *m*
heat insulation
D: Wärmeschutz *m*
F: protection thermique *f*
heat-proof *adj*
D: wärmefest *adj*
F: résistant contre la chaleur
heat protection
D: Wärmeschutz *m*
F: protection thermique *f*
heat removal
D: Wärmeentzug *m*
F: élimination de chaleur *f*
heat source
D: Wärmequelle *f*
F: source de chaleur *f*
heat storage capacity [gen.]
D: Wärmespeicherfähigkeit *f*
F: capacité calorifique *f*
heavily loaded
D: hochbeansprucht *adj*, hochbelastet *adj*
F: fortement chargé
heavily stressed
D: hochbeansprucht *adj*, hochbelastet *adj*
F: fortement chargé
height adjustment
D: Höhenverstellbarkeit *f*
F: réglage de la hauteur *m*
hermetically sealed
D: luftdicht *adj*, hermetisch *adj*
F: étanche à l'air
hermetic seal
D: Luftabschluß *m*
F: étanchéité à l'air *f*
high capacity unit
D: Hochleistungsgerät *n*
F: appareil à grand rendement *m*
high contrast resolution [CT]
D: geometrische Auflösung
F: résolution à haut contraste *f*, résolution géométrique *f*
high-definition *adj*
D: feinzeichnend *adj*
F: à haute définition
high definition intensifying screen
D: Feinkornfolie *f*
F: écran d'intensification du grain

fin *m*
high-definition television
D: Fernsehen mit hoher Zeilenzahl
F: télévision à haute définition *f*
high frequency
D: Hochfrequenz *f*
F: haute fréquence *f*
high frequency amplifier
D: Hochfrequenzverstärker *m*
F: amplificateur de haute fréquence *m*
high frequency generator
D: Hochfrequenzgenerator *m*
F: générateur de haute fréquence *m*
high-kV grid
D: Hartstrahlraster *m*
F: grille pour rayons durs *f*
high-kV technique
D: Hartstrahltechnik *f*
F: technique à rayons durs *f*
highly polished
D: hochglanzpoliert *adj*
F: finement poli
highly resistive
D: hochohmig *adj*
F: de haute valeur ohmique, de grande résistance
high-ohmic *adj*
D: hochohmig *adj*
F: de haute valeur ohmique, de grande résistance
high-pressure pulsed injector
D: Hochdruck-Impuls-Injektor *m*
F: injecteur à haute pression *m*
high-resolution image-intensifier tube
D: hochauflösende Bildverstärkerröhre
F: tube amplificateur de brillance à haute tension *m*
high-resolution television
D: Fernsehen mit hoher Zeilenzahl
F: télévision à haute définition *f*
high-speed developer [phot.]
D: Schnellentwickler *m* (Flüssigkeit)
F: révélateur rapide *m*
high-speed film
D: hochempfindlicher Film
F: film de haute sensibilité *m*
high-speed screen
D: hochverstärkende Folie
F: écran à haut pouvoir renforçateur *m*
high-speed tube
D: Hochtourenröhre *f*
F: tube à vitesse de rotation élevée *m*
high tension
D: Hochspannung *f*
F: haute tension *f*
high tension cable
D: Hochspannungskabel *n*
F: câble haute tension *m*
high tension generator
D: Hochspannungserzeuger *m*
F: générateur haute tension *m*
high tension switch
D: Hochspannungsschalter *m*
F: interrupteur haute tension *m*
high-tension transformer
D: Hochspannungs-Transformator *m*
F: transformateur (de) haute tension *m*
high vacuum
D: Hochvakuum *n*
F: vide poussé *m*
high vacuum plating
D: Aufdampfen *n* (Bedampfung mit Metall unter Vakuum)
F: vaporisation sous vide *f*
high voltage (US)
D: Hochspannung *f*
F: haute tension *f*
high voltage plug
D: Hochspannungsstecker *m*
F: embout de câble haute tension *m*
high voltage receptacle
D: Hochspannungsstecktopf *m*
F: traversée protégée haute tension *f*
high voltage therapy
D: Hochvolttherapie *f*
F: thérapie à haut voltage *f*
high-voltage transformer

D: Hochspannungs-Transformator *m*
F: transformateur (de) haute tension *m*

hinged *adj*
D: ausklappbar *adj*
F: pivotant *adj*

hip bone
D: Hüftbein *n*
F: os iliaque *m*

hip joint
D: Hüftgelenk *n*
F: articulation de la hanche *f*

holder *n*
D: Halterung *f*
F: support *m*

holding flange
D: Tragflansch *m* (für Röhrengehäuse nach DIN 6836)
F: bride-support *m*

holding pivot
D: Tragzapfen *m* (für Röhrengehäuse nach DIN 6836)
F: pivot support *m*, tenon *m*

hollow-anode X-ray tube
D: Hohlanodenröntgenröhre *f*
F: tube radiogène à anode à puits *m*

hollowback *n*
D: Lordose *f* (nach vorn konvexe Wirbelsäulenkrümmung)
F: lordose *f* (incurvation de la colonne vertébrale)

homogeneous radiation
D: homogene Strahlung
F: radiation homogène *f*

hook *n*
D: Aufhängehaken *m*
F: crochet *m*

horizontal position
D: Trochoskopiestellung *f*
F: position throchoscopique *f*

hospital bed
D: Krankenbett *n*
F: lit de malade *m*

hospital nurse
D: Krankenschwester *f*
F: infirmière *f*

hospital ward
D: Krankensaal *m*, Krankenstation *f*
F: salle des malades *f*, salle d'hôpital *f*

house terminal [elec.]
D: Hausanschluß *m*
F: branchement d'abonné *m*

housing *n*
D: Gehäuse *n*
F: gaine *f*

humidity *n*
D: Luftfeuchtigkeit *f*
F: humidité de l'air *f*

hydraulic drive
D: hydraulischer Antrieb
F: commande hydraulique *f*

hysterosalpingography *n*
D: Hysterosalpingographie *f* (Darstellung der Eileiter und Gebärmutter)
F: hystéro-salpingographie *f*

I

identification *n*
D: Kennzeichnung *f*
F: désignation *f*, identification *f*

identification mark
D: Kennmarke *f*
F: marque d'identification *f*

identification sign
D: Kennmarke *f*
F: marque d'identification *f*

identifying perforation
D: Kennlochung *f*
F: perforation d'identité *f*

identifying punching
D: Kennlochung *f*
F: perforation d'identité *f*

II-photograph *n*
D: Indirektaufnahme *f*, BV-Aufnahme *f*
F: ampliphotographie *f*

ileo-sacral articulation [anat.]
D: Ileosacralgelenk *n*
F: articulation sacro-iliaque *f*

ileo-sacral joint [anat.]
D: Ileosacralgelenk *n*
F: articulation sacro-iliaque *f*
image characteristics
D: Bildcharakter *m*
F: caractéristique d'image *f*
image contrast range
D: Bildkontrastumfang *m*
F: volume du contraste de l'image *m*
image defect [phot., rad.]
D: Abbildungsfehler *m*
F: défaut d'image *m*
image distributor
D: Bildverteiler *m*
F: répartiteur d'image *m*
image field
D: Bildfeld *n*
F: champ *m*
image free of superimposed structure
D: überlagerungsfreie Abbildung
F: image sans superposition *f*
image intensifier
D: Bildverstärker *m*
F: amplificateur de brillance *m*
image-intensifier cinefluorography
D: Röntgenbildverstärker-Kinematographie *f*
F: cinématographie radiologique avec AB *f*
image-intensifier input screen
D: BV-Eingangsleuchtschirm *m*
F: écran fluorescent d'entrée de l'AB *m*
image-intensifier output
D: BV-Ausgang *m*
F: sortie de l'AB *f*
image-intensifier photograph
D: Indirektaufnahme *f*, BV-Aufnahme *f*
F: ampliphotographie *f*
image interpretation [rad.]
D: Bilddeutung *f*
F: interprétation d'image *f*
image inversion [tv.]
D: Bildumkehr *f*
F: inversion d'image *f*
image matrix. [CT]
D: Bildmatrix *f*
F: matrice d'image *f*
image pattern [tv.]
D: Ladungsbild *n*
F: image de charge *f*
image plane
D: Bildebene *f*
F: plan d'image *m*
image processing [tv.]
D: Bildbeeinflussung *f*
F: influence exercée sur l'image *f*
image quality
D: Bildgüte *f*
F: qualité d'image *f*
image ratio [II]
D: Abbildungsverhältnis *n* [BV]
F: rapport de reproduction *m* [AB]
image reproduction
D: Bildwiedergabe *f*
F: reproduction d'image *f*
image reversal [tv.]
D: Bildumkehr *f*
F: inversion d'image *f*
image storage
D: Bildspeicherung *f*
F: stockage de l'image *m*
imbalance *n*
D: Unwucht *f*
F: balourd *m*, déséquilibre *m*
impedance *n*
D: Wechselstromwiderstand *m*
F: impédance *f*
impenetrable to
D: undurchdringlich für
F: impénétrable pour
impermeable to
D: undurchlässig für
F: imperméable à
impervious to
D: undurchdringlich für
F: impénétrable pour
impervious to
D: undurchlässig für
F: imperméable à
impracticable *adj*
D: unausführbar *adj*
F: non praticable, non réalisable
improvement *n*
D: Verbesserung *f*

F: amélioration *f*
impulse *n*
D: Impuls *m*
F: impulsion *f*
inaccessible *adj*
D: unzugänglich *adj*
F: inaccessible *adj*
inaccuracy *n*
D: Ungenauigkeit *f*
F: imprécision *f*, inexactitude *f*
inaccurate *adj*
D: ungenau *adj*
F: inexact *adj*, imprécis *adj*
inadmissible *adj*
D: unzulässig *adj*
F: inadmissible *adj*
inch size
D: Zollformat *n*
F: format en pouces *m*
incident dose
D: Einfallsdosis *f*
F: dose incidente *f*
incisura angularis
D: Magenwinkel *m*
F: angle de l'estomac *m*
inclinable *adj*
D: neigbar *adj*, kippbar *adj*
F: inclinable *adj*, basculant *adj*
inclination *n*
D: Neigung *f*, Umlegung *f*
F: inclinaison *f*, basculement *m*
incline *v*
D: neigen *v*, kippen *v*
F: incliner *v*, basculer *v*
inclined *adj*
D: schräg *adj*
F: incliné *adj*, oblique *adj*
incombustible matter
D: unbrennbarer Stoff, feuerfester Stoff
F: matière incombustible *f*
increased safety
D: erhöhte Sicherheit
F: augmentation de la sécurité *f*
increase in quality
D: Qualitätssteigerung *f*
F: augmentation de la qualité *f*
increase of output
D: Leistungssteigerung *f*
F: accroissement de charge *m*
increment *n*
D: Zuwachsrate *f*
F: croissance des cycles *f*, accroissement *m*
increment, in ~s of ...
D: in Stufen von ...
F: en paliers de ...
independent of
D: unabhängig von
F: indépendant de
indicating lamp (GB)
D: Signallampe *f*, Anzeigelampe *f*
F: lampe-témoin *f*
indication *n* [elec., opt.]
D: Anzeige *f*
F: indication *f*, signalisation *f*
indication of readiness
D: Bereitschaftsanzeige *f*
F: indication de la disponibilité *f*
indirect exposure
D: Indirektaufnahme *f*, BV-Aufnahme *f*
F: ampliphotographie *f*
indirect radiograph
D: Indirektaufnahme *f*, BV-Aufnahme *f*
F: ampliphotographie *f*
inductance *n*
D: Induktivität *f*
F: inductance *f*
induction coil
D: Induktionsspule *f*
F: bobine d'induction *f*
inductive resistance
D: induktiver Widerstand
F: résistance inductive *f*, inductance *f*
industrial television
D: Fernsehanlage mit geschlossenem Stromkreis, Industriefernsehen *n*
F: télévision en circuit fermé *f*, télévision industrielle *f*
ineffective *adj*
D: unwirksam *adj*
F: inefficace *adj*
inelastic *adj*
D: unelastisch *adj*

F: inélastique *adj*
inertia *n*
D: Trägheit *f*, Beharrungsvermögen *n*
F: inertie *f*
inexact *adj*
D: ungenau *adj*
F: inexact *adj*, imprécis *adj*
inexactitude *n*
D: Ungenauigkeit *f*
F: imprécision *f*, inexactitude *f*
inflammable *adj* (GB)
D: brennbar *adj*, entflammbar *adj*
F: combustible *adj*, inflammable *adj*
inflammable material
D: feuergefährliches Material
F: matière inflammable *f*
information *n*
D: Unterlagen *f pl* (beschreibende oder zeichnerische Angaben)
F: documents *m pl*
information content [tv.]
D: Informationsgehalt *m* (im Fernsehbild)
F: teneur en informations *m*
inherent filtration
D: Eigenfilterung *f*
F: filtration inhérente *f*
inoperative *adj*
D: unwirksam *adj*
F: inefficace *adj*
in-phase voltage
D: Wirkspannung *f*, Effektivspannung *f*
F: tension efficace *f*
input amplifier
D: Vorverstärker *m*
F: préamplificateur *m*
input fluorescent screen
D: Eingangsleuchtschirm *m*
F: écran fluorescent d'entrée *m*
input image area
D: Eingangsbildfläche *f*
F: surface d'entrée *f*
insensitive to
D: unempfindlich gegen
F: insensible à
insensitive to changes of temperature
D: temperaturbeständig *adj* (unempfindlich gegen Temperaturänderung)
F: resistant à la température, insensible aux changements de température
inside diameter
D: lichte Weite
F: diamètre intérieur *m*
inspection *n*
D: Nachprüfung *f*
F: contrôle *m*
installation *n*
D: Aufstellung *f*, Montage *f*, Aufbau *m* (eines Geräts)
F: montage *m*, assemblage *m*
installation code
D: Errichtungsvorschrift *f*
F: prescription d'installation *f*
installation scheme
D: Installationsschema *n*
F: schéma d'installation *m*
installation standard
D: Errichtungsvorschrift *f*
F: prescription d'installation *f*
installation tool
D: Montagewerkzeug *n*
F: outil de montage *m*
instantaneous *adj*
D: unverzögert *adj*
F: non retardé
insulating compound
D: Vergußmasse *f*
F: masse isolante *f*, matériau de remplissage *m*
insulating tape
D: Isolierband *n*
F: ruban isolant *m*
insulation *n* [eltr.]
D: Isolierung *f*
F: isolement *m*
insulation failure
D: Isolationsfehler *m*
F: défaut d'isolement *m*
insulation resistance
D: Isolationswiderstand *m*
F: résistance d'isolement *f*
insulator *n*

D: Isolator *m*
F: isolateur *m*
intact *adj*
D: unbeschädigt *adj*
F: intact *adj*
intake filter (US)
D: Ansaugefilter *n*
F: filtre d'aspiration *m*
integral dose (IEC)
D: Integraldosis *f* (IEC)
F: dose intégrale *f* (CEI)
integrated circuit (IC)
D: integrierter Baustein, integrierter Schaltkreis
F: circuit intégré *m*
intensification *n* [elec.]
D: Verstärkung *f*
F: amplification *f*, intensification *f*
intensification, of normal
D: normalverstärkend *adj*
F: à amplification normale
intensifying screen
D: Verstärkerfolie *f*
F: écran renforçateur *m*
intensity of radiation (IEC)
D: Strahlenintensität *f* (IEC)
F: intensité de rayonnement *f* (CEI)
intensive care unit
D: Intensivpflegestation *f*
F: service de soins intensifs *m*
interaction *n*
D: Wechselwirkung *f*
F: action réciproque *f*, interaction *f*
interchange *n*
D: Austausch *m*
F: échange *m*
interchangeability *n*
D: gegenseitige Austauschbarkeit
F: interchangeabilité *f*
interchangeable *adj*
D: auswechselbar *adj*, austauschbar *adj*
F: interchangeable *adj*
interchangeable components
D: Austauschteile *n pl*
F: pièces de rechange *f pl*
interchange with *v*
D: auswechseln gegen
F: remplacer *v*, échanger *v*
intercom *n*
D: Wechselsprechanlage *f*
F: interphone *m*
intercommunication *n*
D: Verständigung *f*
F: communication *f*
intercommunication system
D: Wechselsprechanlage *f*
F: interphone *m*
interconnected star system
D: Zickzackschaltung *f*
F: connexion en zig-zag *f*
interconnection cable
D: Anschlußkabel *n*, Verbindungskabel *n*
F: câble de connexion *m*
interconnection factor
D: Verkettungsfaktor *m*
F: facteur d'enchaînement *m*
interface *n*
D: Nahtstelle *f*, Schnittstelle *f*
F: interface *m*
interlaced scanning
D: Zeilensprungverfahren *n*, Zwischenzeilenverfahren *n*
F: balayage entrelacé *m*
interlock circuit
D: Verriegelungsschaltung *f*, verblockte Schaltung
F: circuit à blocage *m*, circuit à verrouillage *m*
interlocking *n*
D: Blockierung *f*, Verriegelung *f*
F: blocage *m*, verrouillage *m*
interlocking contact
D: Verriegelungskontakt *m*
F: contact de verrouillage *m*
interlocking mechanism
D: Verriegelungsmechanismus *m*
F: mécanisme de verrouillage *m*, dispositif de blocage *m*
intermediate layer
D: Zwischenschicht *f*
F: couche intermédiaire *f*
intermediate piece
D: Zwischenstück *n*
F: pièce intermédiaire *f*
intermediate rinsing

D: Zwischenwässerung *f*
F: lavage intermédiaire *m*
intermediate therapy
D: Halbtiefentherapie *f*
F: thérapie semi-profonde *f*
intermediate transformer
D: Zwischentransformator *m*
F: transformateur intermédiaire *m*
intermittent *adj*
D: intermittierend *adj*
F: intermittent *adj*
intermittent operation
D: aussetzender Betrieb, Betrieb mit aussetzender Belastung
F: service intermittent *m*, service avec charge intermittente *m*
internal resistance
D: Innenwiderstand *m*
F: résistance interne *f*
interrupt *v*
D: abschalten *v*, ausschalten *v*, unterbrechen *v*
F: couper *v* (le courant), interrompre *v* (le courant), éteindre *v* (la lumière)
interrupter *n*
D: Unterbrechungskontakt *m*
F: interrupteur *m*
interruption *n*
D: Unterbrechung *f*
F: interruption *f*
interruptor *n* [elec.]
D: Unterbrecher *m*
F: interrupteur *m*
intertia-free *adj*
D: trägheitslos *adj*
F: exempt d'inertie *adj*
interturn short circuit
D: Windungsschluß *m*
F: spires en court-circuit *f pl*
intestinal canal
D: Darmtrakt *m*
F: tube digestif *m*, tractus intestinal *m*
intestinal tract
D: Darmtrakt *m*
F: tube digestif *m*, tractus intestinal *m*
intracavitary radiotherapy
D: Röntgen-Körperhöhlentherapie *f*, Körperhöhlentherapie *f*
F: röntgenthérapie intracavitaire *f*, rœntgenthérapie intracavitaire *f*, radiothérapie intracavitaire *f*
intravenous *adj*
D: intravenös *adj*
F: intraveineux *adj*
intravenous pyelogram (IVP)
D: Ausscheidungsurographie *f*
F: pyélogramme intraveineux *m*
invention *n*
D: Erfindung *f*
F: invention *f*, nouvelle controuvée *f*, création *f*
inverse direction
D: Sperrichtung *f*
F: sens de verrouillage *m*
inverse square law of distance [phys., rad.]
D: Abstandsquadratgesetz *n*, quadratisches Abstandsgesetz
F: loi de l'inverse du carré de la distance *f*
inverse voltage
D: Sperrspannung *f*
F: tension de blocage *f*
inversion process
D: Umkehrverfahren *n*
F: processus d'inversion *m*
investigation *n*
D: Erforschung *f*
F: exploration *f*, investigation *f*
iodine contrast medium [rad.]
D: jodhaltiges Kontrastmittel
F: substance de contraste iodée *f*
iodized oil
D: Jodöl *n*
F: huile iodée *f*
ionization chamber
D: Ionisationskammer *f*
F: chambre d'ionisation *f*
ionization current
D: Ionisationsstrom *m*
F: courant d'ionisation *m*
ionization measurement
D: Ionisationsmessung *f*
F: mesure de l'ionisation *f*
ionization voltage

D: Zündspannung *f* (einer Gasentladungsröhre)
F: tension d'amorçage *f*

ion spot [II]
D: Ionenfleck *m* [BV]
F: tache ionique *f* [AB]

iris diaphragm
D: Irisblende *f*
F: diaphragme à iris *m*

irradiation time [ther.]
D: Bestrahlungszeit *f*
F: temps d'irradiation *m*

irrigoscopy *n* (intestine X-ray examination with opaque enema)
D: Irrigoskopie *f* (Röntgenologische Darmuntersuchung durch Kontrasteinlauf)
F: irrigoscopie *f* (examen radiologique de l'intestin au moyen d'un lavement opaque)

iso-exposure curve (COCIR)
D: Isodosenkurve *f*
F: courbe isoexposition *f*

iso-exposure surface (COCIR)
D: Isodosenfläche *f*
F: surface isoexposition *f*

isotope therapy *n*
D: Isotopentherapie *f*
F: thérapie par isotopes *f*

Isowatt circuit
D: Isowattschaltung *f*
F: montage isowatt *m*

IVP *s.* intravenous pyelogram

J

jaw *n*
D: Kiefer *m*
F: mâchoire *f*, maxillaire *m*

joint *n*
D: Gelenk *n*
F: articulation *f*

junction box [elec.]
D: Verteilerkasten *m*, Abzweigdose *f*, Anschlußkasten *m*
F: coffret de distribution *m*, boîte de distribution *f*, boîte de dérivation *f*, boîte de connexion *f*, coffret de raccordement *m*, boîte de jonction *f*

K

key *n*
D: Taste *f*
F: touche *f*

keyboard *n*
D: Tastatur *f*, Tastenfeld *n*
F: clavier *m*

keyset *n*
D: Tastatur *f*, Tastenfeld *n*
F: clavier *m*

kidney radiograph
D: Nephrographie *f* (Darstellung der Nieren), Nierenaufnahme *f*
F: néphrographie *f*

kinetic blurring [rad.]
D: Bewegungsunschärfe *f*
F: flou cinétique *m*, flou de mouvement *m*

kinetic unsharpness [rad.]
D: Bewegungsunschärfe *f*
F: flou cinétique *m*, flou de mouvement *m*

knee-joint *n*
D: Kniegelenk *n*
F: articulation du genou *f*

kV-dial *n*
D: kV-Skala *f*
F: échelle des kV *f*

kV-meter *n*
D: kV-Meter *n*
F: kilovoltmètre *m*

kV range
D: kV-Bereich *m*
F: étendue des kV *f*

kV-scale *n*
D: kV-Skala *f*
F: échelle des kV *f*

kymography *n*
D: Kymoaufnahme *f* (zur

Erkennung von Bewegungsstörungen)
F: kymographie *f*

L

lacquer *n*
D: Lackierung *f*, Lacküberzug *m*
F: laquage *m*
lag *n*
D: Verzögerung *f*
F: retard *m*
lamp holder
D: Lampenfassung *f*
F: douille de lampe *f*, support de lampe *m*
lamp indicator
D: Schauzeichen *n*
F: signalisation visible *f*
lamp socket
D: Lampensockel *m*, Sockel *m*
F: culot de lampe *m*, culot *m*, socle *m*
large film
D: Großfilm *m*
F: film de grand format *m*
larynx *n*
D: Kehlkopf *m*
F: larynx *m*
lateral *adj*
D: lateral *adj*, seitlich *adj*
F: latéral *adj*
lateral fluoroscopy
D: Querdurchleuchtung *f*
F: radioscopie latérale *f*
lateral shift [cons.]
D: seitliche Verschiebung
F: déplacement latéral *m*
laughing-gas *n* [med.]
D: Lachgas *n*, Stickoxydul *n*
F: gaz hilarant *m*
layer *n*
D: Schicht *f*
F: coupe *f*, couche *f*
layer distance
D: Schichtabstand *m*
F: espacement de coupe *f*
layer thickness [CT]
D: Schichtdicke *f*
F: épaisseur de coupe *f*
layout *n*
D: Lageplan *m*
F: plan de situation *m*, arrangement *m*
lead equivalent
D: Bleigleichwert *m*
F: équivalent de plomb *m*
lead-free cassette
D: bleifreie Kassette
F: cassette sans plomb *f*
lead-glass pane
D: Bleiglasscheibe *f*
F: plaque de verre au plomb *f*
lead impregnated apron
D: Bleischürze *f*
F: tablier plombé *m*, tablier de protection:.m., tablier opaque *m*
lead impregnated gloves
D: Bleihandschuhe *m pl*
F: gants plombés *m pl*, gants de protection *m pl*, gants opaques *m pl*
lead insert
D: Bleieinlage *f*
F: garniture de plomb *f*
lead-lined cassette
D: bleihinterlegte Kassette
F: cassette plombée *f*
lead lining
D: Bleieinlage *f*
F: garniture de plomb *f*
lead rubber
D: Bleigummi *m*
F: caoutchouc au plomb *m*
lead strip
D: Bleilamelle *f*
F: lamelle de plomb *f*
leaf *n* (collimator)
D: Lamelle *f* (Blende)
F: lamelle *f*
leak *n*
D: Undichtheit *f*
F: inétanchéité *f*, non-étanchéité *f*
leakage *n*
D: Undichtheit *f*

F: inétanchéité *f*, non-étanchéité *f*
leakage current
D: Isolationsstrom *m*, Ableitstrom *m*
F: courant d'isolement *m*
leakage dose rate
D: Leckdosisleistung *f*
F: débit de dose du rayonnement de fuite *m*
leakage radiation (IEC)
D: Durchlaßstrahlung *f* (IEC)
F: rayonnement de fuite *m* (CEI)
leaky *adj*
D: undicht *adj*
F: non étanché
left-handed rotation
D: Linksdrehung *f*, Linkslauf *m*
F: rotation à gauche *f*
left-handed screw
D: Linksschraube *f*, linksgängige Schraube
F: boulon fileté à gauche *m*
left-handed thread
D: Linksgewinde *n*, linksgängiges Gewinde
F: filet à gauche *m*
left-hand loading
D: Linksladung *f*
F: charge par la gauche *f*
legend *n*
D: Zeichenerklärung *f*
F: légende *f*
leg support
D: Beinhalter *m*
F: support de jambe *m*
lengthening *n*
D: Verlängerung *f*
F: rallonge *f*, allongement *m*, prolongement *m*
length movement
D: Längsbewegung *f*
F: mouvement longitudinal *m*
lens *n*
D: Linse *f*
F: lentille *f*
lesion *n*
D: Herd *m* (Tumor)
F: foyer pathologique *m*, tumeur *f*
lid *n*
D: Deckel *m*
F: couvercle *m*
life *n*
D: Lebensdauer *f*
F: durée de la vie *f*
life time
D: Lebensdauer *f*
F: durée de la vie *f*
lift *n*
D: Aufwärtsbewegung *f*
F: montée *f*
lift *n*
D: Hub *m*
F: élévation *f*
lifting column
D: Hubsäule *f*
F: colonne élévatrice *f*
lifting pedestal
D: Hebebühne *f*, Hebebühnen-Stativ *n*
F: statif mobile en hauteur *m*, marchepied mobile *m*
lift limiter
D: Hubbegrenzer *m*
F: limiteur d'élévation *m*
light barrier
D: Lichtschranke *f*
F: barrière photo-électrique *f*
light beam
D: Lichtbündel *n*
F: faisceau lumineux *m*
light beam cone
D: Lichtvisiertubus *m*
F: localisateur à champ lumineux *m*, localisateur lumineux *m*
light-beam diaphragm
D: Lichtvisier *n*
F: viseur lumineux *m*, diaphragme lumineux *m*
light-beam indicator
D: Lichtvisier *n*
F: viseur lumineux *m*, diaphragme lumineux *m*
light distributor [tv.]
D: Lichtverteiler *m*
F: répartiteur de lumière *m*
light efficiency
D: Lichtausbeute *f*
F: rendement lumineux *m*

light intensity
D: Lichtstärke *f*
F: intensité lumineuse *f*
light localizer
D: Lichtvisier *n*
F: viseur lumineux *m*, diaphragme lumineux *m*
light localizer lamp
D: Lichtvisierlampe *f*
F: lampe du viseur lumineux *f*
light-proof *adj*
D: lichtdicht *adj*
F: étanche à la lumière
light ray
D: Lichtstrahl *m*
F: rayon lumineux *m*
light sector [phot.]
D: Hellsektor *m*
F: secteur clair *m*
light-sensitive *adj*
D: lichtempfindlich *adj*
F: sensible à la lumière
light sensitivity
D: Lichtempfindlichkeit *f*
F: sensibilité lumineuse *f*
light signal
D: Lichtschauzeichen *n*
F: voyant lumineux *m*
light source
D: Lichtquelle *f*
F: source lumineuse *f*
light-tight *adj*
D: lichtdicht *adj*
F: étanche à la lumière
light-weight construction
D: Leichtbauweise *f*
F: construction légère *f*
limit *n*
D: Grenzwert *m*
F: valeur limite *f*
limitation *n*
D: Einschränkung *f*
F: limitation *f*, restriction *f*
limiting load
D: Grenzlast *f*
F: charge limite *f*
limiting value
D: Grenzwert *m*
F: valeur limite *f*
line *n*
D: Zeile *f*
F: ligne *f*
linear accelerator (COCIR)
D: Linearbeschleuniger *m*, Elektronenbeschleuniger *m*
F: accélérateur linéaire *m*
linear attenuation coefficient [CT]
D: linearer Schwächungskoeffizient
F: coefficient d'atténuation linéaire *m*
linear blurring
D: lineare Verwischung
F: effacement linéaire *m*
line cable
D: Netzanschlußkabel *n*, Netzkabel *n*
F: câble d'alimentation-réseau *m*
line compensation
D: Netzangleich *m*
F: compensation du réseau *f*
line connection
D: Netzanschluß *m* (allg. die Stromversorgung aus dem Netz)
F: branchement au réseau *m*, connexion au réseau *f*
line focus tube (IEC)
D: Strichfokusröhre *f* (IEC)
F: tube à foyer linéaire *m* (CEI)
line frequency
D: Netzfrequenz *f*
F: fréquence du réseau *f*
line frequency
D: Zeilenfrequenz *f*
F: fréquence de lignes *f*
line-operated equipment
D: netzbetriebenes Gerät
F: appareil alimenté par le réseau *m*
line power unit
D: Netzanschlußgerät *n* (gesondertes Netzgerät)
F: boîte d'alimentation-réseau *f*
line resistance (COCIR)
D: Netzwiderstand *m*
F: résistance du réseau *f*
line space [tv]
D: Zeilenabstand. *m*

F: distance de lignes *f*
line tester
D: Leitungsprüfer *m*
F: contrôleur de circuit *m*
line testing equipment
D: Netzprüfgerät *n*
F: instrument d'examen du réseau *m*
line-type indicator
D: Strichlichtvisier *n*
F: viseur à lignes lumineuses *m*
line voltage
D: Anschlußspannung *f*
F: tension d'alimentation *f*
line voltmeter
D: Netzvoltmeter *n*
F: voltmètre de réseau *m*
link *v*
D: kuppeln *v*
F: accoupler *v*, coupler *v*, embrayer *v*
link factor
D: Verkettungsfaktor *m*
F: facteur d'enchaînement *m*
litter *n*
D: Unfalltrage *f*
F: civière *f*
load *n*
D: Last *f*, mechanische Belastung
F: charge *f*
load frequency
D: Belastungsfrequenz *f*
F: fréquence de charge *f*
loading diagram [mech.]
D: Belastungsdiagramm *n*
F: diagramme de charge *m*
loading limit
D: Belastungsgrenze *f*
F: limite de charge *f*
loading point
D: Belastungsgrenze *f*
F: limite de charge *f*
load pause
D: Belastungspause *f*
F: intervalle de charge *m*
load rate
D: Belastungsfrequenz *f*
F: fréquence de charge *f*
load switch
D: Lastschalter *m* (unter Last schaltender Schalter)
F: commutateur en charge *m*
load test
D: Belastungsprobe *f*
F: essai de charge *m*
load time
D: Belastungszeit *f*
F: temps de charge *m*
local dosage
D: Ortsdosis *f*
F: dose locale *f*
local dose rate
D: Ortsdosisleistung *f*
F: débit de dose locale *m*
localization of renal calculi
D: Nierensteinlokalisation *f*
F: localisation des calculs rénaux *f*
localization unit
D: Lokalisationsgerät *n*
F: localisateur *m*
localizer *n*
D: Sucher *m*
F: chercheur *m*
local power line
D: Ortsnetz *n*
F: réseau local *m*
locating the trouble (GB)
D: Auffindung der Störstelle
F: localisation d'une panne *f*
lock *n*
D: Arretierung *f*
F: butée *f*, dispositif d'arrêt *m*
lock, electromagnetic
D: elektromagnetische Arretierung
F: arrêt électro-magnétique *m*
lock, mechanical
D: mechanische Arretierung
F: arrêt mécanique *m*
locking *n*
D: Arretierung *f*
F: butée *f*, dispositif d'arrêt *m*
locking screw
D: Feststellschraube *f*
F: vis de blocage *f*
logic building block
D: logischer Baustein
F: élément logique *m*
longitudinal carriage

D: Längswagen *m*
F: chariot longitudinal *m*
longitudinal displacement
D: Längsverschiebung *f*
F: déplacement longitudinal *m*
longitudinal movement
D: Längsbewegung *f*
F: mouvement longitudinal *m*
longitudinal shift
D: Längsverschiebung *f*
F: déplacement longitudinal *m*
longitudinal tomography
D: Longitudinalschichten *f pl*
F: coupe longitudinale *f*
long-time operation (COCIR)
D: Langzeitbetrieb *m*, Dauerbetrieb *m* (ununterbrochener Betrieb von mindestens 2,5 Stunden)
F: service de longue durée *m*
loose contact
D: Wackelkontakt *m*
F: contact intermittent *m*
lordosis *n*
D: Lordose *f* (nach vorn konvexe Wirbelsäulenkrümmung)
F: lordose *f* (incurvation de la colonne vertébrale)
loss in contrast
D: Kontrastverlust *m*
F: perte de contraste *f*
loss of details
D: Detailverarmung *f*
F: dégradation des détails *f*
loss of information
D: Informationsverlust *m*
F: perte d'information *f*
loudness *n*
D: Lautstärke *f*
F: intensité du son *f*, intensité de la voix *f*
loudspeaker *n*
D: Lautsprecher *m*
F: haut-parleur *m*
low capacity cable
D: kapazitätsarmes Kabel
F: câble à faible capacité *m*
low-contrast *adj*
D: kontrastschwach *adj*, kontrastarm *adj*
F: pauvre en contraste, peu contrasté
lower *v*
D: senken *v*
F: abaisser *v*
lowering *n*
D: Abwärtsbewegung *f*
F: mouvement descendant *m*, mouvement vers le bas *m*
lower leg
D: Unterschenkel *m*
F: jambe *f*
low frequency
D: Niederfrequenz *f*
F: basse fréquence *f*
low-ohmic *adj*
D: niederohmig *adj*
F: de faible valeur ohmique, de faible résistance
low tension
D: Niederspannung *f*
F: basse tension *f*
low voltage
D: Unterspannung *f*
F: sous-tension *f*
lubricant *n*
D: Gleitmittel *n*
F: matière lubrifiante *f*
lubricate *v*
D: abschmieren *v*
F: graisser *v*
lubrication *n*
D: Schmierung *f*
F: lubrification *f*, graissage *m*
lumbar vertebral column
D: Lendenwirbelsäule *f* (LWS)
F: colonne vertébrale lombaire *f*
luminous sensitivity
D: Lichtempfindlichkeit *f*
F: sensibilité lumineuse *f*
luminous substance
D: Leuchtmasse *f*, Leuchtstoff *m*
F: substance luminescente *f*
lung tissue
D: Lungengewebe *n*
F: tissu pulmonaire *m*
lymphography *n*
D: Lymphographie *f* (Darstellung

der Lymphgefäße)
F: lymphographie *f*
lymph vessel
D: Lymphgefäß *n*
F: vaisseau lymphatique *m*

M

machine set
D: Maschinensatz *m*
F: groupe électrogène *m*
magnetic, terrestrial ~ field
D: erdmagnetisches Feld, Erdfeld *n*
F: champ magnétique terrestre *m*
magnetic amplifier
D: Magnetverstärker *m*, Transduktor *m*
F: amplificateur magnétique *m*
magnetic core storage [DV]
D: Magnetkernspeicher *m*
F: mémoire magnétique *f*
magnetic coupling
D: Magnetkupplung *f*
F: couplage magnétique *m*
magnetic field
D: Magnetfeld *n*
F: champ magnétique *m*
magnetic induction
D: magnetische Induktion
F: induction magnétique *f*
magnetic interlocking
D: magnetische Verriegelung
F: verrouillage magnétique *m*
magnetic lock
D: Magnetverschluß *m*
F: obturateur magnétique *m*
magnetic-operated valve
D: Magnetventil *n*
F: électro-vanne *f*
magnetic recording
D: magnetische Aufzeichnung
F: relevé magnétique *m*
magnetic tape
D: Magnetband *n*
F: bande magnétique *f*
magnetic-tape reel
D: Magnetbandspule *f*
F: bobine de ruban magnétique *f*
magnification *n*
D: Vergrößerung *f*
F: agrandissement *m*
magnification of a section [phot., rad.]
D: Ausschnittvergrößerung *f*
F: agrandissement d'un secteur *m*
magnification proportion
D: Vergrößerungsverhältnis *n*
F: proportion d'agrandissement *f*
magnifying glass
D: Lupe *f*
F: loupe *f*
magnifying lens
D: Lupe *f*
F: loupe *f*
main circuit board panel
D: Hauptverteilertafel *f*
F: panneau de distribution principale *m*
main distributor station
D: Hauptverteiler *m*
F: répartiteur général *m*, répartiteur principal *m*
main fuse
D: Hauptsicherung *f*
F: fusible principal *m*
main power distribution area
D: Hauptversorgungsgebiet *n*
F: service d'alimentation principale *m*
mains *pl*
D: Netz *n* (Elektrizitätsversorgung)
F: réseau *m*
mains feeder line
D: Netzzuleitung *f*
F: câble d'alimentation *m*
mains supply
D: Versorgung aus dem Netz
F: alimentation par le réseau *f*
mains voltage (COCIR)
D: Netzspannung *f*
F: tension de réseau *f*, tension d'alimentation *f*
mains voltage drop
D: Netzspannungsabfall *m*

F: chute de tension du réseau *f*
mains voltage fluctuation
D: Netzspannungsschwankung *f*
F: variation de la tension de réseau *f*, fluctuation de tension *f*
main switch
D: Hauptschalter *m*
F: interrupteur principal *m*
maintenance *n*
D: Wartung *f*, Instandhaltung *f*, Service *m*
F: entretien *m*, service *m*
maintenance-free *adj*
D: wartungsfrei *adj*
F: sans entretien
maintenance information
D: Wartungsvorschrift *f*
F: notice d'entretien *f*
maintenance staff
D: Wartungspersonal *n*
F: personnel d'entretien *m*
male nurse
D: Krankenpfleger *m*
F: infirmier *m*
malignant degeneration [med.]
D: maligne Entartung
F: dégénerescence maligne *f*
mamilla *n*
D: Mammille *f*, Brustwarze *f*
F: mamelon *m*
mamma *n*
D: Mamma *f* (weibliche Brustdrüse)
F: sein *f*
mammography *n*
D: Mammographie *f* (Darstellung der weiblichen Brustdrüsen ohne Kontrastmittel)
F: mammographie *f*
manageable *adj*
D: handlich *adj*
F: maniable *adj*
manual control
D: Handsteuerung *f*
F: commande manuelle *f*
manual drive
D: Handantrieb *m*
F: commande manuelle *f*
manual operation
D: Handantrieb *m*
F: commande manuelle *f*
manual perforator
D: Handlocher *m*
F: perforateur manuel *m*
manual processing
D: Handentwicklung *f*
F: developpement manuel *m*
manual winding
D: Handaufzug *m*
F: remontage manuel *m*
margin, within a ~ of ...
D: mit einer Genauigkeit von ...
F: avec une précision de ...
margin, without
D: randlos *adj*
F: sans bord, sans marge
marking *n*
D: Markierung *f*
F: marquage *m*
mA selector
D: mA-Wähler *m*
F: sélecteur des mA *m*
mass chest examination unit
D: Schirmbild-Reihenuntersuchungsgerät *n*
F: installation radiophotographique de dépistage *f*
mAs-selector *n*
D: mAs-Wähler *m*
F: sélecteur des mAs *m*
mass fluorography
D: Massenuntersuchung *f*, Reihenuntersuchung *f*
F: examen de dépistage *m*, examen en série *m*, radiographie systématique *f*
mass production
D: Massenfertigung *f*
F: production en masse *f*
mass production testing
D: Massenprüfung *f*
F: contrôle de la production en masse *m*
mass survey
D: Massenuntersuchung *f*, Reihenuntersuchung *f*
F: examen de dépistage *m*, examen

en série *m*, radiographie systématique *f*

material defect
D: Materialfehler *m*
F: défaut du matériel *m*

material testing
D: Materialprüfung *f*
F: essai de matériaux *m*

maxilla *n*
D: Kiefer *m*
F: mâchoire *f*, maxillaire *m*

maxillary sinus
D: Kieferhöhle *f*
F: sinus maxillaire *m*

maximum modulation
D: Vollaussteuerung *f*
F: déviation totale *f*, modulation totale *f*, régime maximum *m*

mean value
D: Mittelwert *m*
F: valeur moyenne *f*

mean velocity
D: mittlere Geschwindigkeit
F: vitesse moyenne *f*

measured value
D: Meßwert *m*
F: valeur mesurée *f*

measurement *n*
D: Messung *f*
F: mesure *f*

measurement accuracy
D: Meßgenauigkeit *f*
F: précision des mesures *f*

measuring *n*
D: Messung *f*
F: mesure *f*

measuring arrangement
D: Meßanordnung *f*
F: dispositif de mesure *m*

measuring chamber
D: Meßkammer *f*
F: chambre de mesure *f*

measuring device
D: Meßgerät *n*, Meßinstrument *n*
F: appareil de mesure *m*, instrument de mesure *m*

measuring electronics
D: Meßelektronik *f*
F: electronique de mesure *f*

measuring error
D: Meßfehler *m*
F: erreur de mesure *f*

measuring instrument
D: Meßgerät *n*, Meßinstrument *n*
F: appareil de mesure *m*, instrument de mesure *m*

measuring of scattered radiation
D: Streustrahlenmessung *f*
F: mesure du rayonnement diffusé *f*

measuring range
D: Meßbereich *m*
F: étendue de mesure *f*

measuring range extension
D: Meßbereichserweiterung *f*
F: extension de l'étendue de mesure *f*

measuring set-up
D: Meßanordnung *f*
F: dispositif de mesure *m*

measuring tape
D: Rollbandmaß *n*
F: mètre-ruban *m*

mechanical blocking
D: mechanische Verriegelung
F: verrouillage mécanique *m*

mechanical brake
D: mechanische Bremse
F: frein mécanique *m*

mechanical drive
D: mechanischer Antrieb
F: entraînement mécanique *m*

mechanical interlocking
D: mechanische Verriegelung
F: verrouillage mécanique *m*

mechanical lock
D: mechanische Arretierung
F: arrêt mécanique *m*

mechanically operated
D: mechanisch betätigt
F: à commande mécanique

mechanical parts
D: mechanische Teile
F: pièces mécaniques *f pl*

mechanical stop
D: mechanischer Anschlag
F: butée mécanique *f*

mechanical trip

D: mechanische Auslösung
F: déclenchement mécanique *m*
median sagittal plane (plane dividing body into two mirror-images)
D: Mediansagittalebene *f* (Ebene, die in ventral-dorsaler Richtung den Körper in zwei spiegelbildlich gleiche Teile zerlegt)
F: plan médio-sagittal *m* (plan partageant le corps en deux parties dans le sens ventro-dorsal)
medical examination
D: ärztliche Untersuchung
F: examen médical *m*
medical history
D: Krankenbericht *m* (= was der Arzt erfragt)
F: bulletin de santé *m*
medical record
D: Krankenbericht *m* (= was der Arzt aufzeichnet)
F: bulletin de santé *m*
medicament *n*
D: Medikament *n*
F: remède *m*, médicament *m*
membrane *n*
D: Membran *f*
F: membrane *f*
memory *n* [elec.]
D: Speicher *m*
F: mémoire *f*
mercury diffusion pump
D: Quecksilber-Diffusionspumpe *f*
F: pompe à diffusion à mercure *f*
mesh voltage
D: verkettete Spannung
F: tension composée *f*, tension entre phases *f*
metallized-paper capacitor
D: M-P-Kondensator *m*, Metall-Papier-Kondensator *m*
F: condensateur au papier métallisé *m*
method *n*
D: Verfahren *n*
F: procédé *m*, méthode *f*, technique *f*
method for locating
D: Lokalisationsverfahren *n*
F: méthode de localisation *f*
method of attachment
D: Anbringungsweise *f*
F: mode de fixation *m*
method of measurement
D: Meßverfahren *n*, Meßmethode *f*
F: méthode de mesure *f*
micro-calcification of the mamma
D: Mikrokalzifikation der Mamma
F: microcalcification de la glande mammaire *f*
microfilming *n*
D: Mikroverfilmung *f*
F: prise de vues sur microfilme *f*
micro-switch *n*
D: Mikroschalter *m*
F: microrupteur *m*
micturition seat
D: Miktionssitz *m*
F: siège de miction *m*
micturition urography
D: Miktionsurographie *f*
F: urographie de miction *f*
middle section
D: Mittelteil *n*
F: partie médiane *f*
minimum amount
D: Mindestbetrag *m*
F: quantité minimale *f*
minimum demand
D: Mindestbedarf *m*
F: demande minimale *f*
minimum distance
D: Mindestabstand *m*
F: distance minimale *f*
minimum percentage
D: Mindestgehalt *m*
F: teneur minimale *f*
minimum space (US)
D: Mindestabstand *m*
F: distance minimale *f*
minus terminal
D: Minusklemme *f*
F: borne négative *f*
mirror galvanometer
D: Spiegelgalvanometer *n*
F: galvanomètre à miroir *m*
mirror of the light-beam indicator
D: Lichtvisierspiegel *m*

F: miroir du viseur lumineux *m*
mirror viewing optics
D: Spiegelbetrachtungsoptik *f*
F: optique d'observation à miroir *f*
mobile equipment
D: fahrbares Gerät, fahrbare Einheit
F: équipement mobile *m*
mobile unit
D: fahrbares Gerät, fahrbare Einheit
F: équipement mobile *m*
mode of operation
D: Betriebsart *f*
F: mode de fonctionnement *m*
modification *n*
D: Änderung *f*
F: changement *m*, correction *f*, modification *f*
modular concept
D: Baukastenprinzip *n*
F: conception modulaire *f*, système modulaire *m*
modular design
D: Baukastenprinzip *n*
F: conception modulaire *f*, système modulaire *m*
modulation transfer function (MTF)
D: Modulations-Übertragungs-Funktion *f* (MÜF)
F: fonction de transfert de modulation *f* (FTM)
molybdenum anode
D: Molybdänanode *f*
F: anode en molybdène *f*
momentary operation
D: Kurzzeitbetrieb *m*
F: fonctionnement bref *m*
monitor *n* [tv.]
D: Sichtgerät *n*, Fernseh-Sichtgerät *n*
F: téléviseur *m*, moniteur *m*
monitor image [tv.]
D: Sichtbild *n*
F: image du téléviseur *f*
monitor suspension
D: Sichtgerätaufhängung *f*
F: suspension moniteur *f*
motional unsharpness [rad.]
D: Bewegungsunschärfe *f*
F: flou cinétique *m*, flou de mouvement *m*
motor casing
D: Motorgehäuse *n*
F: capot du moteur *m*
motor characteristic
D: Motorkennlinie *f*
F: caractéristique du moteur *f*
motor drive
D: Motorantrieb *m*
F: entraînement par moteur *m*
motor-driven *adj*
D: motorangetrieben *adj*, motorisch *adj*
F: commandé par moteur, motorisé *adj*
motor-driven table top
D: motorisch verfahrbare Tischplatte
F: plateau de table à déplacement motorisé *m*
motor-generator *n*
D: Motorgenerator *m*
F: générateur à moteur *m*, moto-générateur *m*
motor speed
D: Motordrehzahl *f*
F: régime du moteur *m*
mount *n*
D: Halterung *f*
F: support *m*
mounting cabinet
D: Montageschrank *m*
F: armoire de montage *f*
mounting plate
D: Montageplatte *f*
F: plaque de montage *f*
movable *adj*
D: verschiebbar *adj*
F: déplaçable *adj*
movement of organ
D: Organbewegung *f*
F: mouvement d'organe *m*
moving-field therapy [ther.]
D: Bewegungsbestrahlung *f*
F: radiothérapie cinétique *f*
moving grid
D: bewegliches Raster

F: grille mobile *f*
moving grid (COCIR)
D: Laufraster *n*, bewegtes Streustrahlenraster
F: grille mobile *f*
multiconductor cable
D: mehradriges Kabel, Mehrleiterkabel *n*
F: câble à plusieurs conducteurs *m*
multicontact plug
D: Mehrfachstecker *m*
F: prise à fiches multiples *f*
multicontact receptacle
D: mehrpolige Steckdose
F: prise multicontact *f*
multi-leaf collimator
D: Tiefenblende *f*
F: diaphragme de profondeur *m*, diaphragme multiplan *m*
multiline grid
D: Viellinienraster *n*
F: grille fine *f*
multiple-pin plug
D: mehrpoliger Stecker
F: prise à fiche multipolaire *f*
multiple plug
D: Mehrfachstecker *m*
F: prise à fiches multiples *f*
multiple protective earthing (m.p.e.)
D: Nullung *f*
F: mise au zéro *f*, neutralisation *f*
multiple slice system [CT]
D: Mehrfach-Schichtsystem *n*
F: système à couche multiple *m*
multiple-stage *adj*
D: mehrstufig *adj*
F: à plusieurs étages
multipurpose unit
D: Mehrzweckgerät *n*
F: appareil à usage multiple *m*
multisection radiograph
D: Mehrschichtaufnahme *f*
F: tomographie simultanée *f*
myelography *n*
D: Myelographie *f*, Darstellung des Rückenmarkkanals
F: myélographie *f*
myocardium *n*
D: Myokard *n*, Herzmuskel *m*
F: myocarde *m*

N

nailing *n*
D: Nagelung *f* (in der Chirurgie)
F: enclouage *m*
neck of the femur
D: Schenkelhals *m* (collum femoris)
F: col du fémur *m*
needle bearing
D: Nadellager *n*
F: palier à aiguilles *m*
negative conductor
D: Minusleiter *m*
F: conducteur négatif *m*
negative half period
D: negative Halbwelle
F: alternance négative *f*
negative half-wave
D: negative Halbwelle
F: alternance négative *f*
negative lead
D: Minusleiter *m*
F: conducteur négatif *m*
negative main
D: Minusleiter des Netzes
F: conducteur négatif du réseau *m*
negative terminal
D: Minusklemme *f*
F: borne négative *f*
negligible *adj*
D: vernachlässigbar *adj*
F: négligeable *adj*
neon lamp
D: Glimmlampe *f*
F: lampe à décharge *f*
neoplasm *n*
D: Herd *m* (Tumor)
F: foyer pathologique *m*, tumeur *f*
nephrography *n*
D: Nephrographie *f* (Darstellung der Nieren), Nierenaufnahme *f*
F: néphrographie *f*
neuroradiology *n*

D: Neuroradiologie *f* (radiologische Darstellung des Nervensystems)
F: neuroradiologie *f*

neutral conductor
D: Mittelpunktsleiter *m* (Mp), Nulleiter *m*
F: fil neutre *m*, conducteur neutre *m*

neutralization *n*
D: Nullung *f*
F: mise au zéro *f*, neutralisation *f*

neutral main
D: Mittelpunktsleiter *m* (Mp), Nulleiter *m*
F: fil neutre *m*, conducteur neutre *m*

nickel-iron battery
D: Nickel-Eisen-Sammler *m*
F: accumulateur au fer-nickel *m*

nipple *n*
D: Mammille *f*, Brustwarze *f*
F: mamelon *m*

nitrous oxide [med.]
D: Lachgas *n*, Stickoxydul *n*
F: gaz hilarant *m*

noise *n* [eltr.]
D: Rauschen *n*
F: bruit *m*

noiseless *adj*
D: geräuschlos *adj*
F: silencieux *adj*

noise level
D: Störpegel *m*
F: niveau de bruit *m*

no-load current
D: Leerlaufstrom *m*
F: courant à vide *m*

no-load operation (COCIR)
D: Leerlauf *m*
F: fonctionnement à vide *m*

no-load speed
D: Leerlaufdrehzahl *f*
F: vitesse de rotation à vide *f*

no-load voltage
D: Leerlaufspannung *f*
F: tension à vide *f*

nominal output
D: Nennleistung *f*
F: puissance nominale *f*

nominal slice thickness [CT]
D: nominale Schichtdicke
F: valeur nominale de l'épaisseur de coupe *f*

nominal supply voltage
D: Netznennspannung *f*
F: tension nominale d'alimentation *f*

nominal value
D: Nennwert *m*, Nominalwert *m*
F: valeur nominale *f*

nominal voltage
D: Nennspannung *f*
F: tension nominale *f*

non-conductor *n*
D: Nichtleiter *m*
F: non-conducteur *m*

non-pulsed cineradiography [rad.]
D: Kinodurchlaufbetrieb *m*
F: service cinématographique continu *m*

non-screen film
D: folienloser Film
F: film sans écran *m*

non-transparent *adj*
D: undurchsichtig *adj*, lichtundurchlässig *adj*
F: non transparent, opaque *adj*

normal speed tube
D: normaltourige Röhre
F: tube à vitesse normale *m*

notification of change
D: Änderungsmitteilung *f*
F: informations sur un changement *f pl*

n-type semiconductor
D: n-Halbleiter *m*, Überschußhalbleiter *m*
F: semi-conducteur n *m*

nuclear medicine
D: Nuklearmedizin *f*
F: médecine nucléaire *f*

number of lines
D: Zeilenzahl *f*
F: nombre de lignes *m*

number of revolutions
D: Umdrehungszahl *f*
F: nombre de tours *m*

number of slices per scan [CT]
D: Schichtzahl pro Aufnahme
F: nombre de coupes par balayage *m*

number of strips (grid)
D: Lamellenzahl *f* (Raster)
F: nombre de lamelles *m*

number of windings
D: Windungszahl *f*
F: nombre de spires *m*

numerical value
D: Zahlenwert *m*, numerischer Wert
F: valeur numérique *f*

O

object axis
D: Objektachse *f*
F: axe de l'objet *m*

object latitude
D: Objektumfang *m*
F: étendue de l'objet *f*

object perception
D: Objekterkennbarkeit *f*
F: reconnaissance des objets *f*

object thickness
D: Objektdicke *f*
F: épaisseur de l'objet *f*

object volume
D: Objektvolumen *n*
F: volume de l'objet *m*

oblique *adj*
D: schräg *adj*
F: incliné *adj*, oblique *adj*

oblique fluoroscopy
D: Schrägdurchleuchtung *f*
F: radioscopie en incidence oblique *f*

oblique projection
D: Schrägprojektion *f*
F: projection oblique *f*

oblique radiograph [rad.]
D: Schrägaufnahme *f*
F: radiographie sous incidence oblique *f*

oblique section
D: schräge Sicht
F: couche oblique *f*

obscuration *n*
D: Verdunkelung *f*
F: obscurcissement *m*

observation distance [opt.]
D: Betrachtungsabstand *m*
F: distance d'observation *f*

occupation time (preparation time + exposure time)
D: Okkupationszeit *f* (Vorbereitungszeit + Belichtungszeit)
F: temps d'occupation *m* (temps de préparation + temps d'exposition)

ocular *n*
D: Okular *n*
F: oculaire *m*

oil-cooling *n*
D: Ölkühlung *f*
F: refroidissement à l'huile *m*

oil drain plug
D: Ölablaßschraube *f*
F: vis de vidange d'huile *f*

oil drain screw
D: Ölablaßschraube *f*
F: vis de vidange d'huile *f*

oil filling plug
D: Öleinfüllschraube *f*
F: vis de remplissage d'huile *f*

oil filling screw
D: Öleinfüllschraube *f*
F: vis de remplissage d'huile *f*

oil insulation
D: Ölisolierung *f*
F: isolement à l'huile *m*

oil level
D: Ölstand *m*
F: niveau d'huile *m*

oil-resistant *adj*
D: ölfest *adj*
F: résistant à l'huile

omnidirectional projection
D: freizügige Projektion
F: grande liberté de projection *f*

one-hand operation
D: Einhandbedienung *f*
F: commande à une seule main *f*

one-man operation
D: Einmannbedienung *f*
F: commande par une personne *f*
one-phase current
D: Einphasenstrom *m*
F: courant monophasé *m*
one-way rectifier
D: Einweggleichrichter *m*, Halbwellengleichrichter *m*
F: redresseur demi-onde *m*, redresseur à une alternance *m*
opaque *adj*
D: undurchsichtig *adj*, lichtundurchlässig *adj*
F: non transparent, opaque *adj*
opaque enema
D: Kontrasteinlauf *m*
F: lavement opaque *m*
opaque meal
D: Kontrastbrei *m*
F: moyen de contraste *m*
operate *v*
D: betätigen *v*
F: opérer *v*, commander *v*
operating convenience
D: Bedienungskomfort *m*
F: confort de commande *f*
operating data
D: Betriebsdaten *plt*
F: caractéristiques des fonctions *f pl*, données des fonctions *f pl*
operating instructions
D: Gebrauchsanleitung *f*, Gebrauchsanweisung *f*
F: mode d'emploi *f*, notice d'utilisation *f*
operating point
D: Arbeitspunkt *m*
F: point de fonctionnement dynamique *m*
operating switch
D: Betriebsschalter *m*
F: interrupteur de fonctionnement *m*
operating table
D: Operationstisch *m*
F: table d'opération *f*
operating temperature range
D: Betriebstemperaturbereich *m*
F: gamme de température de fonctionnement *f*
operating theater
D: Operationssaal *m* (OP)
F: salle d'opération *f*, salle OP *f*
operation *n*
D: Betätigung *f*, Bedienung *f*
F: commande *f*, manœuvre *m*
operation *n*
D: Betrieb *m*
F: fonctionnement *m*, service *m*, régime *m*
operational reliability
D: Betriebssicherheit *f*
F: sécurité de fonctionnement *f*
operator *n*
D: Bedienungsperson *f*
F: opérateur *m*
operator error
D: Fehlbedienung *f*
F: erreur de manipulation *f*
optical adapter
D: Zwischenoptik *f*
F: optique intermédiaire *f*
optical coupling
D: Zwischenoptik *f*
F: optique intermédiaire *f*
optical indication
D: optische Anzeige
F: affichage optique *m*
optical indicator
D: Lichtvisier *n*
F: viseur lumineux *m*, diaphragme lumineux *m*
optical observation
D: optische Betrachtung
F: observation visuelle *f*
optical pointer
D: Lichtzeiger *m*
F: indicateur lumineux *m*
optional *adj*
D: wahlweise *adj*
F: au choix
oral cavity
D: Mundhöhle *f*
F: cavité buccale *f*, cavité orale *f*
orbit *n*
D: Orbita *f*
F: orbite *f*

order of magnitude
D: Größenordnung *f*
F: ordre de grandeur *m*
organ-related automatic exposure control (US)
D: organprogrammierter Belichtungsautomat
F: automate d'exposition programmé par organes *m*
organ-related automatic exposure timer
D: organprogrammierter Belichtungsautomat
F: automate d'exposition programmé par organes *m*
oscillating coil
D: Schwingspule *f*
F: bobine oscillante *f*
oscillating grid
D: Schwingblende *f*
F: grille vibrante *f*
oscillation *n* [elec.]
D: Schwingung *f*
F: oscillation *f*
oscillation period [elec.]
D: Schwingungsdauer *f*
F: temps d'oscillation *m*
oscillator circuit
D: Schwingkreis *m*
F: circuit oscillant *m*
oscillograph, cathode ray
D: Kathodenstrahloszillograph *m*
F: oscillographe à rayons cathodiques *m*
osteosynthesis *n*
D: Osteosynthese *f*, operative Knochenbehandlung
F: ostéosynthèse *f*
outfit *v*
D: ausrüsten *v*
F: équiper *v*
out of center
D: Dezentrierung *f*
F: décentrage *m*
out of operation
D: außer Betrieb
F: hors service
out of order
D: außer Betrieb
F: hors service
out of service
D: außer Betrieb
F: hors service
outside diameter
D: Außendurchmesser *m*
F: diamètre extérieur *m*
overdosis *n*
D: Überdosierung *f*
F: surdosage *m*, dose excessive *f*
over-exposure *n*
D: Überbelichtung *f*
F: surexposition *f*
overflow *n*
D: Überlauf *m*
F: déversoir *m*
overhead support
D: Deckenstativ *n*
F: statif plafonnier *m*
overlap *n*
D: Überlappung *f*
F: recouvrement *m*
overload *n*
D: Überlastung *f*
F: surcharge *f*
overload, automatic ~ protection
D: automatische Überlastungsschutzblockierung
F: blocage automatique contre la surcharge *m*
overload protection
D: Überlastungsschutz *m*
F: protection contre les surcharges *f*
overload release
D: Überstromauslöser *m*
F: déclencheur de surintensité de courant *m*
overload trip
D: Überstromauslöser *m*
F: déclencheur de surintensité de courant *m*
over-oscillation *n*
D: Überschwingung *f*
F: suroscillation *f*
overshoot *n*
D: Überschwingung *f*
F: suroscillation *f*
overtable examination unit

D: Obertischgerät *n*
F: table radiologique avec tube sur-table *f*
overtable image-intensifier
D: Obertischbildverstärker *m*
F: amplificateur de brillance sur-table *m*
overtable radiograph [cons., rad.]
D: Obertischaufnahme *f*
F: radiographie sur-table *f*, radiographie avec tube au-dessus de la table *f*
overtable tube
D: Obertischröhre *f*
F: tube sur-table *m*
overtemperature *n*
D: Übertemperatur *f*
F: surtempérature *f*
over-vibration *n*
D: Überschwingung *f*
F: suroscillation *f*
overvoltage *n*
D: Überspannung *f*
F: surtension *f*
overvoltage protection
D: Überspannungsschutz *m*
F: protection contre la surtension *f*

P

pacemaker *n*
D: Schrittmacher *m*
F: stimulateur cardiaque *m*
palpate *v* [med.]
D: palpieren *v*
F: palper *v*
palpation *n* [med.]
D: Palpation *f*
F: palpation *f*
paneling *n*
D: Verkleidung *f*
F: revêtement *m*
panorama planigraphic system
D: Panorama-Schichtverfahren *n*
F: méthode de planigraphie panoramique *f*
panorama radiograph
D: Panoramaaufnahme *f*
F: radiographie panoramique *f*
panorama X-ray tube
D: Panorama-Röntgenröhre *f*
F: tube radiogène pour planigraphie panoramique *m*
paper capacitor
D: Wickelkondensator *m*
F: condensateur enroulé *m*
paper feed
D: Papiervorschub *m*
F: défilement du papier *m*
parallel circuit
D: Parallelschaltung *f*
F: montage en parallèle *m*, connexion en parallèle *f*
parallel grid
D: Parallelraster *n*
F: grille parallèle *f*
parking position
D: Parkstellung *f*
F: position de repos *f*, position de rangement *f*
partial current
D: Teilstrom *m*
F: courant partiel *m*
partial voltage
D: Teilspannung *f*
F: tension partielle *f*
particle accelerator
D: Teilchenbeschleuniger *m*
F: accélérateur de particules *m*
path of blurring
D: Verwischungsweg *m*
F: traces d'effacement *f pl*
pathological change
D: pathologische Veränderung
F: déformation pathologique *f*
patient access
D: Patientenzutritt *m*
F: accès du patient *m*
patient dose
D: Patientendosis *f*
F: dose au patient *f*
patient handle [cons.]
D: Patientenhaltegriff *m*
F: poignée patient *f*
patient monitoring

D: Patientenüberwachung *f*
F: surveillance du patient *f*
patient positioning
D: Patientenlagerung *f*
F: positionnement du patient *m*
patient's seat
D: Patientensitz *m*
F: siège du patient *m*
patient's support
D: Patientenlagerungsplatte *f*
F: support d'examen *m*
patient turntable
D: Patientendrehtisch *m*
F: table de rotation du patient *f*
pattern-making *n*
D: Modellanfertigung *f*
F: fabrication de maquettes *f*
pattern workshop
D: Modelltischlerei *f*
F: atelier de modelage *m*
pawl *n*
D: Sperrklinke *f*
F: déclic *m*
peak load
D: Spitzenbelastung *f*
F: charge maximale *f*
peak value
D: Scheitelwert *m*
F: valeur de crête *f*
peak voltage
D: Scheitelspannung *f*
F: tension de crête *f*
pediatric diagnosis
D: Kinderdiagnostik *f*
F: diagnostic pédiatrique *m*
pediatrics *pl*
D: Pädiatrie *f*, Kinderheilkunde *f*
F: pédiatrie *f*
pelvic support
D: Beckenstütze *f*
F: support de bassin *m*
pelvis *n*
D: Hüftbecken *n*
F: bassin *m*, pelvis *m*
pendulum angle
D: Pendelwinkel *m*
F: angle du mouvement pendulaire *m*
pendulum axis
D: Pendelachse *f*
F: axe du mouvement pendulaire *m*
pendulum radius
D: Pendelradius *m*
F: rayon du mouvement pendulaire *m*
pendulum therapy unit
D: Pendelbestrahlungsgerät *n*
F: appareil de radiothérapie pendulaire *m*
penumbra *n*
D: Halbschatten *m*
F: pénombre *f*
percentage of scattered radiation
D: Streustrahlenanteil *m*
F: part de rayonnement diffusé *m*
perforating *n* [DV]
D: Ablochen *n*
F: perforation *f*
performance factor
D: Gütegrad *m*, Qualitätsfaktor *m*
F: facteur de qualité *m*
peripheral blurring
D: Randunschärfe *f*
F: flou périphérique *m*
peripheral resolution [phot., rad.]
D: Randschärfe *f*
F: définition marginale *f*, netteté des bords d'une image *f*
peripheral speed
D: Umfangsgeschwindigkeit *f*
F: vitesse périphérique *f*
peristalsis *n*
D: Peristaltik *f* (Kontraktionen der Eingeweidemuskulatur)
F: péristaltisme *m*
peritoneum *n*
D: Peritoneum *n*
F: péritoine *m*
permanent magnet
D: Dauermagnet *m*
F: aimant permanent *m*
persistence of the photoconductor [tv.]
D: Nachzieheffekt *m* (bei einer Fernsehaufnahmeröhre)
F: persistance du photoconducteur *f*, rémanence *f*

phase angle
D: Phasenwinkel *m*
F: angle de phase *m*
phase current
D: Phasenstrom *m*
F: courant par phase *m*
phase lag
D: Phasennacheilung *f*
F: retard de phase *m*
phase lead
D: Phasenvoreilung *f*
F: avance de phase *f*
phase position
D: Phasenlage *f*
F: phase *f*
phase section
D: Phasenanschnitt *m*
F: découpage de phase *m*
phase shift
D: Phasenverschiebung *f*
F: déphasage *m*
phase voltage
D: Phasenspannung *f*
F: tension de phase *f*
phlebography *n*
D: Phlebographie *f*, Venographie *f*, Venendarstellung *f*
F: phlébographie *f*, veinographie *f*
photocathode *n*
D: Photokathode *f*
F: photocathode *f*
photocurrent *n*
D: Photostrom *m*
F: courant photo-électrique *m*
photoelectric *adj*
D: photoelektrisch *adj*
F: photo-électrique *adj*
photoelectric current
D: Photostrom *m*
F: courant photo-électrique *m*
photoelectric effect
D: lichtelektrischer Effekt, photoelektrischer Effekt
F: effet photo-électrique *m*
photoelectric resistor
D: Photowiderstand *m*
F: photorésistance *f*
photo-emission *n*
D: Photoemission *f*
F: photoemission *f*
photographic tracing
D: Lichtpause *f*
F: photocalque *m*
photomultiplier *n*
D: Photomultiplier *m*
F: photomultiplicateur *m*
photoscintigram *n*
D: Photoszintigramm *n*
F: photoscintigramme *m*
photo-semiconductor *n*
D: Photohalbleiter *m*
F: semi-conducteur photo-électrique *m*
phototimer *n*
D: photoelektrischer Belichtungsautomat
F: régulateur photo-électrique automatique du temps d'exposition *m*, automate d'exposition à cellule photo-électrique *m*
picture duration (GB) [tv.]
D: Bilddauer *f*
F: durée d'image *f*
picture element [tv.]
D: Bildpunkt *m*
F: point de l'image *m*
picture element [CT]
D: Bildmatrixelement *n*
F: élément d'image *m*
picture point [tv.]
D: Bildpunkt *m*
F: point de l'image *m*
picture signal [tv.]
D: Bildsignal *n*
F: signal vidéo *m*, signal d'image *m*
picture tube
D: Fernsehbildröhre *f*
F: tube électronique de télévision *m*
pilot lamp
D: Lichtschauzeichen *n*
F: voyant lumineux *m*
pilot lamp
D: Signallampe *f*, Anzeigelampe *f*
F: lampe-témoin *f*
pin-and-arc *n* [ther., cons.]
D: Bogenlotzeiger *m* (Einstellhilfe in der Therapie)

F: dispositif de centrage à arc et aiguille *m*
pinion *n*
D: Zahnritzel *n*, Ritzel *n*
F: pignon *m*
pinning *n*
D: Nagelung *f* (in der Chirurgie)
F: enclouage *m*
pivot *n* [mech., phys.]
D: Drehpunkt *m*
F: pivot *m*
planigraphic angle
D: Schichtwinkel *m*
F: angle de coupe *m*, angle de déroulement *m*
planigraphic attachment
D: Schichtzusatz *m*
F: adjonction planigraphique *f*
planigraphic course
D: Schichtablauf *m*
F: écoulement planigraphique *m*
planigraphic equipment
D: Schichtaufnahmegerät *n*
F: planigraphe *m*, tomographe *m*
planigraphic fulcrum
D: Schichtdrehpunkt *m*
F: axe de translation *m*
planigraphic plane
D: Schichtebene *f*
F: plan de coupe
planigraphic time
D: Schichtzeit *f*
F: temps de pose tomographé *m*
planigraphy *n*
D: Planigraphie *f*, Schichtverfahren *n*, Schichtaufnahme *f* (Verfahren)
F: planigraphie *f*, tomographie *f*
plan view
D: Lageplan *m*
F: plan de situation *m*, arrangement *m*
plaster room
D: Gipsraum *m*
F: salle de plâtre *f*
plastic material
D: Kunststoff *m*
F: matière plastique *f*
plate diaphragm
D: Blendenplatte *f*
F: volet de diaphragme *m*, plaque collimatrice *f*
playback *n*
D: Wiedergabe *f* (einer gespeicherten Information)
F: reproduction *f*
pleura *n*
D: Pleura *n*, Brustfell *n*
F: plèvre *f*
plug *n*
D: Stecker *m*
F: fiche *f*
plug adapter
D: Zwischenstecker *m*
F: fiche intermédiaire *f*
plug connection
D: Steckverbindung *f*
F: connection enfichable *f*
plug connector
D: Stecker *m*
F: fiche *f*
pointer *n*
D: Zeiger *m* (an Meßinstrument oder Uhr)
F: aiguille *f*
pointer deflection
D: Zeigerausschlag *m*
F: déviation de l'aiguille *f*
pointer knob
D: Zeigerdrehknopf *m*
F: bouton tournant avec aiguille *m*
pole changer
D: Stromwender *m*
F: inverseur de courant *m*
pole reversal
D: Umpolung *f*
F: inversion de polarité *f*
pole tester
D: Polprüfer *m*
F: contrôleur de poles *m*
polyphase winding
D: mehrpolige Wicklung
F: enroulement polyphasé *m*
poor design
D: minderwertige Konstruktion
F: construction médiocre *f*
poor in contrast
D: kontrastschwach *adj*, kontrastarm *adj*

F: pauvre en contraste, peu contrasté
poor in detail
D: detailarm *adj*
F: pauvre en détails
portal vein
D: Pfortader *f* (vena portae)
F: veine porte *f*
positive contrast medium
D: positives Kontrastmittel
F: produit de contraste positif *m*
postoperative *adj*
D: postoperativ *adj*
F: post-opératoire *adj*
potential *n*
D: Potential *n*
F: potentiel *m*
potential divider
D: Spannungsteiler *m*
F: réducteur de tension *m*
potential equalization conductor
D: Potentialausgleichsleiter *m*
F: barre d'équipotentialité *f*
potential rise
D: Spannungsanstieg *m*
F: montée de tension *f*
potential tester
D: Spannungsprüfer *m*
F: détecteur de tension *m*
pot-type magnet
D: Topfmagnet *m*
F: électro-aimant cuirassé *m*
power amplifier
D: Leistungsverstärker *m*
F: amplificateur de puissance *m*
power connecting box
D: Netzanschlußgerät *n* (gesondertes Netzgerät)
F: boîte d'alimentation-réseau *f*
power connecting panel
D: Netzanschlußtafel *f*
F: tableau de connexions au réseau *m*
power consumption
D: Leistungsaufnahme *f*
F: puissance absorbée *f*
power demand
D: Leistungsbedarf *m*, Kraftbedarf *m*
F: puissance nécessaire *f*
power factor
D: Leistungsfaktor *m*
F: facteur de puissance *m*
power failure
D: Stromausfall *m*
F: panne de courant *f*, manque de courant *m*
power failure
D: Netzausfall *m*
F: panne de secteur *f*
powerful *adj*
D: leistungsfähig *adj*
F: productif *adj*
power handling capacity
D: Leistungsfähigkeit *f*, Leistungsvermögen *n*
F: capacité productive *f*, productivité *f*
power input
D: Leistungsaufnahme *f*
F: puissance absorbée *f*
power interrupt
D: Netzschütz *n*
F: disjoncteur de réseau *m*
power line
D: Netz *n* (Elektrizitätsversorgung)
F: réseau *m*
power loss
D: Leistungsverlust *m*
F: perte de puissance *f*
power on
D: eingeschaltet *adj*, angeschaltet *adj*
F: allumée *adj* (lumière), fermé *adj* (circuit, courant)
power output
D: Leistungsabgabe *f*
F: puissance disponible *f*
power plug
D: Netzstecker *m*
F: fiche de prise de courant *f*
power rating
D: Nennleistung *f*
F: puissance nominale *f*
power receptacle
D: Kraftsteckdose *f*
F: prise de courant force *f*
power station

D: Kraftwerk *n*
F: centrale électrique *f*
power supply
D: Stromversorgung *f*, Stromzufuhr *f*
F: alimentation électrique *f*
power supply terminal
D: Netzklemme *f*
F: borne réseau *f*
power switch
D: Netzschalter *m*
F: interrupteur de réseau *m*
power transformer
D: Netztransformator *m*
F: transformateur d'alimentation *m*
practical knowledge
D: Erfahrung *f*
F: expérience *f*
preamplifier *n*
D: Vorverstärker *m*
F: préamplificateur *m*
precision *n*
D: Genauigkeit *f*
F: exactitude *f*, précision *f*
preexposure *n*
D: Vorbelichtung *f*
F: préexposition *f*
prefiltration *n*
D: Vorfilterung *f*
F: préfiltration *f*
pregnancy *n*
D: Schwangerschaft *f*
F: grossesse *f*
premagnetisation *n*
D: Vormagnetisierung *f*
F: prémagnétisation *f*
preparation *n*
D: Vorbereitung *f*
F: préparation *f*
preselection *n*
D: Vorwahl *f* (z.B. von Betriebsdaten)
F: présélection *f*
presetting *n*
D: Voreinstellung *f*
F: préréglage *m*
pressure limitation
D: Druckbegrenzung *f*
F: limitation de pression *f*
primary beam
D: Primärstrahl *m*
F: rayon primaire *m*
primary filtration
D: Vorfilterung *f*
F: préfiltration *f*
primary winding
D: Primärwicklung *f*
F: enroulement primaire *m*
printed circuit [eltr.]
D: gedruckte Schaltung
F: circuit imprimé *m*
probe *n*
D: Sonde *f*
F: sonde *f*
problem *n*
D: Aufgabe *f*
F: problème *m*
process *n*
D: Verfahren *n*
F: procédé *m*, méthode *f*, technique *f*
processing *n* [phot.]
D: Entwicklung *f*
F: développement *m*
program control
D: Programmsteuerung *f*
F: commande par programme *f*
programmed check
D: programmiertes Prüfen
F: contrôle programmé *m*
programmed operation
D: Programmsteuerung *f*
F: commande par programme *f*
programmed radiographic technique
D: programmierte Aufnahmetechnik
F: technique de radiographie programmée *f*
programming *n*
D: Programmierung *f*
F: programmation *f*
program selection
D: Programmwahl *f*
F: choix du programme *m*
program selector
D: Programmwähler *m*
F: sélecteur de programme *m*

projection view
D: Projektionsrichtung *f*
F: sens de projection *m*
proportional control
D: Proportionalregler *m*
F: dispositif de réglage proportionnel *m*
proportionality *n*
D: Verhältnisgleichheit *f*
F: proportionnalité *f*
protected *adj*
D: geschützt *adj*
F: protégé *adj*
protection *n*
D: Schutz *m*
F: protection *f*
protection *n*
D: Verkleidung *f*
F: revêtement *m*
protection survey (COCIR)
D: Strahlungskontrolle *f*, Strahlenschutzkontrolle *f*, Bewertung der Strahlengefahr
F: contrôle de protection *m*, contrôle de rayonnement *m*
protective apron (COCIR)
D: Schutzschürze *f*
F: tablier protecteur *m*
protective barrier (IEC)
D: Schutzwand *f* (IEC)
F: écran protecteur *m* (CEI)
protective cap
D: Schutzkappe *f*
F: couvercle de protection *m*
protective chair (COCIR)
D: Schutzkanzel *f*
F: sellette de protection
protective circuit
D: Schutzschaltung *f*
F: circuit de protection *m*
protective conductor
D: Schutzleiter *f*
F: conducteur de protection *m*
protective cover
D: Schutzkappe *f*
F: couvercle de protection *m*
protective effect
D: Schutzwirkung *f*
F: effet protecteur *m*
protective eye glasses
D: Augenschutzglas *n*
F: verres de protection des yeux *m pl*
protective gloves (COCIR)
D: Schutzhandschuhe *m pl*
F: gants protecteurs *m pl*
protective goggles
D: Schutzbrille *f*
F: lunettes protectrices *f pl*, lunettes de protection *f pl*
protective grounding
D: Schutzerdung *f*
F: mise à la terre *f*
protective material
D: Schutzstoff *m*
F: matière protecteur *f*
protective material (COCIR)
D: Strahlenschutzstoff *m* (Stoff zur Schwächung ionisierender Strahlen)
F: matériau protecteur *m*
protective motor switch
D: Motorschutzschalter *m*
F: disjoncteur-protecteur du moteur *m*
protective resistance
D: Schutzwiderstand *m*
F: résistance de protection *f*
protective screen (COCIR)
D: Schutzschirm *m*
F: écran protection *m*
protective strip
D: Schutzleiste *f*
F: barre de protection *f*
protective tube
D: Schutzrohr *n*
F: tube de protection *m*
protective tube housing
D: Röhrenschutzgehäuse *n*
F: gaine radiogène de protection *f*
pull out *v*
D: ausziehen *v*
F: étirer *v*
pulsating voltage
D: pulsierende Spannung
F: tension pulsatoire *f*
pulse *n*
D: Impuls *m*

F: impulsion *f*

pulse contact
D: Kontaktgeber *m*
F: contacteur *m*

pulsed cine
D: Kinoimpulsbetrieb *m*, Kinopulsbetrieb *m*
F: régime en cinéma pulsé *m*

pulsed cineradiography
D: Kinoimpulsbetrieb *m*, Kinopulsbetrieb *m*
F: régime en cinéma pulsé *m*

pulsed operation [rad.]
D: Pulsbetrieb *m*
F: régime pulsé *m*

pulse number [CT]
D: Pulszahl *f*
F: nombre de pulsation *m*

pulser *n*
D: Kontaktgeber *m*
F: contacteur *m*

pulse rate [med.]
D: Pulsfrequenz *f*
F: fréquence poulsé *f*

pulse tape recorder
D: Impuls-Bandspeicher *m*
F: enregistreur magnétique d'impulsions *m*

pulse unit
D: Impulsgeber *m*
F: générateur d'impulsions *m*

pulse width (dose pulse) [CT]
D: Pulsbreite *f* (Dosispuls)
F: largeur d'impulsion *f*

punched card
D: Lochkarte *f*
F: carte perforée *f*

punched card control
D: Lochkartensteuerung *f*
F: commande à cartes perforées *f*

punched tape reader
D: Lochstreifenleser *m*
F: lecteur de bandes perforées *m*

punching *n* [DV]
D: Ablochen *n*
F: perforation *f*

puncture *n*
D: Punktion *f*
F: ponction *f*

puncture *n* (of a dielectric)
D: elektrischer Durchschlag, Spannungsdurchschlag *m*
F: décharge disruptive *f*

puncture-proof *adj*
D: durchschlagsfest *adj*
F: résistant à claquage

puncture resistance
D: Durchschlagfestigkeit *f*, Isolierfestigkeit *f*
F: rigidité diélectrique *f*

purification *n*
D: Reinigung *f*
F: nettoyage *m*, épuration *f*

purpose *n*
D: Verwendungszweck *m*
F: usage *m*, but d'emploi *m*

push-button *n* [elec.]
D: Drucktaste *f*
F: bouton-poussoir *m*

push-button *n* [mech.]
D: Drucktaste *f*
F: touche *f*

push-button switch
D: Druckknopfschalter *m*
F: bouton-poussoir *m*

pyelogram, intravenous (with iv-contrast medium produced radiograph of renal area and ureter)
D: intravenöses Pyelogramm (durch iv-Kontrastmittel-Injektion gewonnenes Röntgenbild von Nierenbecken und Harnleiter)
F: pyélogramme i.v. *m* (représentation radiographique au moyen d'un produit de contraste du système rénal et des uretères)

pyelography *n*
D: Pyelographie *f* (Darstellung der Nierenbecken und Harnleiter)
F: pyélographie *f*

pylorus *n*
D: Pylorus *m*, Magenpförtner *m*
F: pylore *m*

Q

quality control (US)
D: Güteprüfung *f*
F: contrôle de qualité *m*
quality factor
D: Gütegrad *m*, Qualitätsfaktor *m*
F: facteur de qualité *m*
quality inspection
D: Güteprüfung *f*
F: contrôle de qualité *m*
quality test
D: Güteprüfung *f*
F: contrôle de qualité *m*
quanta absorption
D: Quantenabsorption *f*
F: absorption quantique *f*
quantum noise
D: Quantenrauschen *n*
F: bruit quantique *m*
quick release
D: Schnellauslöser *m*
F: déclencheur rapide *m*
quiet *adj*
D: geräuschlos *adj*
F: silencieux *adj*

R

rack *n*
D: Zahnstange *f*
F: crémaillère *f*
radial packing
D: Radialdichtung *f*
F: joint radial *m*, anneau-joint radial *m*
radial seal
D: Radialdichtung *f*
F: joint radial *m*, anneau-joint radial *m*
radiate *v*
D: abstrahlen *v*
F: rayonner *v*
radiation *n*
D: Abstrahlung *f*
F: rayonnement *m*, radiation *f*
radiation area
D: Strahlenbereich *m*
F: zone de rayonnement *f*
radiation beam (IEC)
D: Strahlenbündel *n* (IEC)
F: faisceau de rayonnement *m* (CEI)
radiation chest protector
D: Streustrahlenbrustschutz *m*
F: bavolet de radioprotection *m*
radiation detector
D: Strahlungsdetektor *m*
F: détecteur de rayonnement *m*
radiation dose
D: Strahlendosis *f*
F: dose de rayonnement *f*
radiation exposure
D: Strahlenbelastung *f*
F: charge de rayonnement *f*
radiation field (IEC)
D: Strahlenfeld *n* (IEC)
F: champ de rayonnement *m* (CEI)
radiation hardness (COCIR)
D: Strahlenhärte *f*
F: dureté du rayonnement *f*
radiation hazard (COCIR)
D: Strahlengefährdung *f*, Strahlengefahr *f*
F: risque d'irradiation *m*
radiation measurement
D: Strahlenmessung *f*
F: mesure du rayonnement *f*
radiation measuring instrument
D: Strahlungsmeßgerät *n*
F: ensemble de mesure de rayonnement *m*, radiamètre *m*
radiation-proof *adj*
D: strahlengeschützt *adj*
F: radioprotégé *adj*
radiation quality (COCIR)
D: Strahlenqualität *f* (durch unterschiedliche spektrale Verteilung)
F: qualité d'un rayonnement *f*

radiation ripple
D: Strahlenpulsation *f*
F: pulsation du rayonnement *f*
radiation sickness (IEC)
D: Strahlenkater *m* (IEC)
F: mal des rayons *m* (CEI)
radiation source
D: Strahlenquelle *f*
F: source de rayonnement *f*
radiation survey (COCIR)
D: Strahlungskontrolle *f*, Strahlenschutzkontrolle *f*, Bewertung der Strahlengefahr
F: contrôle de protection *m*, contrôle de rayonnement *m*
radioactivity *n*
D: Radioaktivität *f*
F: radioactivité *f*
radiograph *n*
D: Röntgenaufnahme *f*
F: radiographie *f*, cliché radiographique *m*
radiograph, harmonized
D: harmonisierte Röntgenaufnahme
F: cliché radiographique harmonisé *m*
radiograph, indirect
D: Indirektaufnahme *f*, BV-Aufnahme *f*
F: ampliphotographie *f*
radiograph, oblique [rad.]
D: Schrägaufnahme *f*
F: radiographie sous incidence oblique *f*
radiograph, overtable [cons., rad.]
D: Obertischaufnahme *f*
F: radiographie sur-table *f*, radiographie avec tube au-dessus de la table *f*
radiograph, survey [rad.]
D: Übersichtsaufnahme *f*
F: radiographie d'ensemble *f*
radiograph, undertable [cons., rad.]
D: Untertischaufnahme *f*
F: radiographie avec tube au-dessous de la table *f*
radiographic accessories
D: Aufnahmezubehör *n*
F: accessoires de radiographie *m pl*
radiographic field
D: Aufnahmefeld *n*
F: champ de radiographie *m*
radiographic kV-control
D: kV-Aufnahmeregler *m*
F: régleur de kV en radiographie *m*
radiographic technique [rad.]
D: Aufnahmetechnik *f*
F: technique radiographique *f*
radiograph of filling phase [rad.]
D: Füllungsaufnahme *f*
F: cliché injecté *m*
radiological consultation report
D: Röntgenbefund *m*
F: compte-rendu d'examen radiologique *m*
radiological diagnostics
D: Röntgendiagnostik *f*
F: röntgendiagnostic *m*, rœntgendiagnostic *m*
radiological protection (COCIR)
D: Strahlenschutz *m*
F: radioprotection *f*
radiological reporting system
D: radiologische Befundschreibung
F: enregistrement radiologique du compte rendu *m*
radiologist *n*
D: Radiologe *m*, Untersucher *m*
F: radiologue *m*, examinateur *m*, médecin *m*
radiolucent *adj*
D: strahlendurchlässig *adj*, röntgentransparent *adj*
F: radiotransparent *adj*, perméable aux rayons
radiopaque *n*
D: Röntgenkontrastmittel *n*
F: moyen de contraste *m*, substance de contraste radiologique *f*
radiotransparent *adj*
D: strahlendurchlässig *adj*, röntgentransparent *adj*
F: radiotransparent *adj*, perméable aux rayons

radius *n* [anat.]
D: Radius *m* (Knochen des Unterarms)
F: rayon *m*, radius *m*
rail *n*
D: Schiene *f*
F: rail *m*
raised temperature
D: Übertemperatur *f*
F: surtempérature *f*
range of application
D: Anwendungsbereich *m*
F: sphère d'application *f*
range of motion
D: Bewegungsbereich *m*
F: latitude de déplacement *f*
rapid catch [phot.]
D: Schnellverschluß *m*
F: obturateur rapide *m*
rapid-change cassette (cine camera)
D: Schnellwechselkassette *f* (Kinokamera)
F: cassette de changement rapide *f* (caméra cinématographique)
rapid-series cassette
D: Schnellserienkassette *f*
F: cassette pour séries rapides *f*
rapid-series magazine
D: Schnellserienkassette *f*
F: cassette pour séries rapides *f*
rapid-series technique
D: Schnellserientechnik *f*
F: technique de séries rapides *f*
rapid switching attachment
D: Schnellschaltzusatz *m*
F: adjonction pour cadence rapide *f*
ratchet *n*
D: Schaltklinke *f*
F: cliquet *m*
rated frequency (COCIR)
D: Nennfrequenz *f*
F: fréquence nominale *f*
rated load
D: Nennbelastung *f*
F: charge nominale *f*
rated output
D: Nennleistung *f*
F: puissance nominale *f*
rated speed
D: Nenndrehzahl *f*
F: vitesse nominale *f*
rated value
D: Nennwert *m*, Nominalwert *m*
F: valeur nominale *f*
rated value
D: Sollwert *m* (Regeltechnik)
F: valeur nominale *f* (circuit de réglage), valeur prévue *f*, valeur théorique *f*
rated voltage
D: Nennspannung *f*
F: tension nominale *f*
ratemeter *n*
D: Mittelwertmesser *m*
F: appareil de mesure de la valeur moyenne *m*
rating chart [vac.]
D: Belastungsdiagramm *n*
F: diagramme de charge *m*
rating plate
D: Typenschild *n*, Leistungsschild *n*
F: plaque signalétique *f*
ratio of transformation [elec.]
D: Übersetzungsverhältnis *n*
F: rapport de transformation *m*
ray beam
D: Strahl *m*
F: rayon *m*
ray exit portal
D: Austrittsfenster *n*, Strahlenaustrittsfenster *n*
F: fenêtre de sortie *f* (gaine radiogène)
RC component
D: R-C-Glied *n*
F: composant R-C *m*
reactive impedance
D: Blindwiderstand *m*
F: réactance *f*
reactive power
D: Blindleistung *f*
F: puissance apparente *f*
read error [DV]
D: Abtastfehler *m*
F: erreur de balayage *f*
readiness *n*

D: Bereitschaft *f*
F: disponibilité *f*
reading device
D: Lesegerät *n*
F: appareil de lecture *m*
reading error [DV]
D: Abtastfehler *m*
F: erreur de balayage *f*
ready for operation
D: betriebsbereit *adj*
F: prêt à fonctionner
ready for use
D: betriebsbereit *adj*
F: prêt à fonctionner
ready-indicator *n*
D: Bereitschaftsanzeige *f*
F: indication de la disponibilité *f*
receiver *n*
D: Empfänger *m*
F: récepteur *m*
receiving medium
D: Empfangsorgan *n*
F: organe récepteur *m*
receptacle *n*
D: Stecktopf *m*
F: traversée protégée *f*
recessed mounting [elec.]
D: Unterputzmontage *f*, Unterputzverlegung *f*
F: montage sous crépi *m*
recessed switch
D: Unterputzschalter *m*
F: interrupteur encastré *m*
reciprocal action
D: Wechselwirkung *f*
F: action réciproque *f*, interaction *f*
reciprocating grid
D: bewegliches Raster
F: grille mobile *f*
reconditioning *n*
D: Aufarbeitung *f*
F: restauration *f*
recooling *n*
D: Rückkühlung *f*
F: refroidissement par circulation *m*
recording *n*
D: Bandaufnahme *f*
F: enregistrement *m*
recording head
D: Magnetkopf *m*
F: tête magnétique *f*
rectification *n*
D: Gleichrichtung *f*
F: redressement *m*
rectification characteristic
D: Gleichrichterkennlinie *f*
F: caractéristique d'un redresseur *f*
rectifier *n*
D: Gleichrichter *m*
F: redresseur *m*
rectifier tube
D: Gleichrichterröhre *f*
F: tube redresseur *m*
rectilinear scanning
D: Zeilenabtastung *f*
F: balayage linéaire *m*
recumbent patient
D: liegender Patient
F: patient en décubitus *m*, patient en position horizontale *m*
reduction gear
D: Untersetzungsgetriebe *n*
F: engrenage réducteur *m*
reference temperature
D: Bezugstemperatur *f*
F: température de référence *f*
reflecting galvanometer
D: Spiegelgalvanometer *n*
F: galvanomètre à miroir *m*
refrigeration unit
D: Kühlaggregat *n*
F: agrégat réfrigérant *m*
registered nurse
D: staatlich geprüfte Krankenschwester
F: infirmière *f*
register selector
D: Registerwähler *m*
F: sélecteur par registre *m*
register technique
D: Registertechnik *f*
F: technique à registre *f*
regulated quantity
D: Stellgröße *f*
F: grandeur à régler *f*
regulating box
D: Regelkästchen *n*

F: coffret de réglage *m*
regulating range
D: Regelbereich *m*
F: étendue de réglage *f*
regulating transformer
D: Regeltransformator *m*
F: transformateur de réglage *m*
regulating unit
D: Stellorgan *n*
F: organe de réglage *m*
regulation *n*
D: Regelung *f*, Steuerung *f*
F: réglage *m*, commande *f*
regulation *n*
D: Vorschrift *f*
F: réglement *m*, instruction *m*, prescription *m*
regulator *n*
D: Regler *m*
F: régulateur *m*
reinforcement *n* [mech.]
D: Verstärkung *f*, Versteifung *f*
F: renforcement *m*, étayage *m*, étançonnage *m*
relative aperture
D: Öffnungsverhältnis *n*
F: ouverture relative *f*
relay amplifier
D: Relaisverstärker *m*
F: amplificateur du relais *m*
relay switch
D: Schaltschütz *n*, Schütz *n*
F: contacteur-disjoncteur *m*, contacteur-interrupteur *m*, contacteur électromagnétique *m*
release button
D: Auslöseknopf *m*
F: bouton de commande *m*
release gear
D: Verklinkung *f*
F: encliquetage *m*
release lever
D: Auslösehebel *m*
F: levier de commande *m*
release switch
D: Auslöseschalter *m*
F: interrupteur *m*
reliability *n*
D: Zuverlässigkeit *f*
F: fiabilité *f*
reliability, operational
D: Betriebssicherheit *f*
F: sécurité de fonctionnement *f*
remanence *n*
D: Remanenz *f*, Restmagnetismus *m*
F: rémanence *f*, magnétisme rémanent
remedy *n*
D: Medikament *n*
F: remède *m*, médicament *m*
remote control
D: Fernregelung *f*, Fernsteuerung *f*
F: télécommande *f*
remote-control attachment
D: Fernsteuerzusatz *m*
F: accessoire de télécommande *m*
remote-control desk
D: Fernsteuerpult *n*
F: pupitre de télécommande *m*
remote from focus
D: fokusfern *adj*
F: éloigné du foyer
remote kV-control
D: kV-Fernverstellung *f*
F: téléréglage des kV *m*
remote observation
D: Fernmitbeobachtung *f*
F: téléobservation *f*
removal of scattered radiation
D: Streustrahlenbeseitigung *f*
F: élimination de rayonnement diffusé *f*
renal artery
D: Nierenarterie. *f*
F: artère rénale *f*
renal pelvis
D: Pelvis renalis, Nierenbecken *n*
F: bassinet du rein *m*
repair *n*
D: Instandsetzung *f*
F: remise en état *f*, réparation *f*
replaceable *adj*
D: auswechselbar *adj*, austauschbar *adj*
F: interchangeable *adj*
replacement *n*
D: Austausch *m*

F: échange *m*
replace with *v*
D: auswechseln gegen
F: remplacer *v*, échanger *v*
research *n*
D: Forschung *f*
F: recherche *f*
reservoir *n*
D: Vorratsbehälter *m*
F: réservoir *m*
reset *v*
D: zurücksetzen *v*
F: retarder *v*
residual current
D: Reststrom *m*
F: courant résiduel *m*
residual magnetism
D: Remanenz *f*, Restmagnetismus *m*
F: rémanence *f*, magnétisme rémanent
resistance *n*
D: Widerstand *m*, Widerstandswert *m*
F: résistance *f*
resistance, of high
D: hochohmig *adj*
F: de haute valeur ohmique, de grande résistance
resistance, of low
D: niederohmig *adj*
F: de faible valeur ohmique, de faible résistance
resistance modification
D: Widerstandsänderung *f*
F: variation de résistance *f*
resistance wire
D: Widerstandsdraht *m*
F: fil de résistance *m*
resistant to abrasion
D: kratzfest *adj*
F: résistant à l'abrasion
resistant to cold
D: kältebeständig *adj*
F: résistant au froid
resistant to tropics
D: tropenfest *adj*
F: résistant sous les tropiques
resistivity *n*
D: spezifischer Widerstand
F: résistivité *f*
resistor *n*
D: Widerstand *m*
F: rhéostat *m*
resolution *n* [phot., II]
D: Auflösungsvermögen *n*
F: pouvoir de résolution *m*
resolution test target [II]
D: Testplatte *f* (BV-Bleistrichtest)
F: plaque d'essai *f* [AB]
resolving power [phot., II]
D: Auflösungsvermögen *n*
F: pouvoir de résolution *m*
resonance *n*
D: Resonanz *f*
F: résonance *f*
resonant frequency
D: Resonanzfrequenz *f*
F: fréquence de résonance *f*
re-spooling *n*
D: Rückspulung *f*, Umspulung *f*
F: rebobinage *m*, rembobinage *m*
restart *n*
D: Wiederanlauf *m*
F: redémarrage *m*
rest contact
D: Ruhekontakt *m*
F: contact-repos *m*
restriction *n*
D: Einschränkung *f*
F: limitation *f*, restriction *f*
resuscitation *n*
D: Wiederbelebung *f*
F: réanimation *f*
retrograde *adj* [med.]
D: retrograd *adj*, rückläufig *adj*
F: rétrograde *adj*
return travel
D: Rücklauf *m*
F: retour *m*, marche arrière *f*
reversal film
D: Umkehrfilm *m*
F: film inversible *m*
reverse *v*
D: umsteuern *v*
F: renverser le mouvement, changer la marche
reverse current

D: Rückstrom *m*
F: courant de retour *m*
reverse running
D: Rückwärtslauf *m*
F: marche en arrière *f*
revertive signal contact
D: Rückmeldekontakt *m*
F: contact de positionnement *m*
revolution *n* (motor)
D: Umdrehung *f*
F: tour *m*
revolutions per minute (r.p.m.)
D: Umdrehungen in der Minute (U/min)
F: nombre de tours par minute (t/m)
rewind *v*
D: zurückspulen *v*
F: rebobiner *v*
rewind *n*
D: Rückspulung *f*, Umspulung *f*
F: rebobinage *m*, rembobinage *m*
rheostat *n*
D: Schiebewiderstand *m*
F: rhéostat à curseur *m*
ribbon cable
D: Stegleitung *f*
F: conducteur jumelé *m*
rich in contrast
D: kontrastreich *adj*
F: riche en contraste, contrasté *adj*
rich in details
D: detailreich *adj*
F: riche en détails
right-handed rotation
D: Rechtsdrehung *f*, Rechtslauf *m*
F: rotation à droite *f*
right-handed screw
D: Rechtsschraube *f*, rechtsgängige Schraube
F: boulon fileté à droite *m*
right-handed thread
D: Rechtsgewinde *n*, rechtsgängiges Gewinde
F: filet à droite *m*
right-side support
D: Rechtsaufhängung *f*
F: suspension à droite *f*
rigid table
D: starre Stützwand
F: dossier fixe *m*
rimless *adj*
D: randlos *adj*
F: sans bord, sans marge
ring-core regulator
D: Ringkernregler *m*
F: régulateur toroïdal *m*
ripple *n*
D: Welligkeit *f*
F: ondulation *f*
ripple factor
D: Welligkeit *f*
F: ondulation *f*
rise time [elec., tv.]
D: Anstiegszeit *f*
F: temps de montée *m*
rivet joint
D: Nietung *f*, Nietverbindung *f*
F: rivetage *m*
robust *adj*
D: unempfindlich *adj* (im Sinne von kräftig, standhaft, robust)
F: robuste *adj*
rollfilm *n*
D: Rollfilm *m*
F: film en rouleau *m*
rollfilm changer
D: Rollfilmwechsler *m*
F: changeur de film en rouleau *m*
room height
D: Raumhöhe *f*
F: hauteur de salle *f*
room light
D: Raumlicht *n*
F: éclairage du local *m*
rotary axis
D: Drehachse *f*
F: axe de rotation *m*
rotary cradle
D: Drehmulde *f*
F: berceau rotatif *m*
rotary knob
D: Drehknopf *m*
F: bouton de réglage;m. *m*
rotatable bearing
D: Drehlager *n*
F: coussinet de pivotement *m*
rotating anode

D: Drehanode *f*
F: anode tournante *f*
rotating-anode braking device
D: Drehanodenbremse *f*
F: frein d'anode tournante *m*
rotating anode starting device
D: Drehanodenanlaßgerät *n*
F: démarreur à anode tournante *m*
rotating-anode tube
D: Drehanodenröhre *f*
F: tube à anode tournante *m*
rotating center section of shield
D: drehbares Röntgengehäusemittelteil
F: partie médiane mobile de la gaine *f*
rotating irradiation
D: Rotationsbestrahlung *f*
F: cyclothérapie *f*
rotation *n* (axis)
D: Umdrehung *f*
F: rotation *f*
rotation axis
D: Pendelachse *f*
F: axe du mouvement pendulaire *m*
roughen *v*
D: aufrauhen *v*
F: rendre rugueux
routine diagnosis
D: Routinediagnostik *f*
F: diagnostic général *m*, diagnostic de routine *m*
routine examination
D: Routine-Untersuchung *f*
F: examen de routine *m*
r.p.m. *s.* revolutions per minute
rubber bumper
D: Gummipuffer *m*
F: butée de caoutchouc *f*
rubber-covered cable
D: Gummikabel *n*
F: câble de caoutchouc *m*
rubber gasket
D: Gummidichtung *f*
F: joint en caoutchouc *m*
rubber hose
D: Gummischlauch *m*
F: tuyau de caoutchouc *m*
rubber tubing
D: Gummischlauch *m*
F: tuyau de caoutchouc *m*
rubber washer
D: Gummischeibe *f*
F: rondelle de caoutchouc *f*
rule *n*
D: Norm *f*
F: norme *f*, règle *f*
rule *n*
D: Vorschrift *f*
F: réglement *m*, instruction *m*, prescription *m*
rustless steel
D: rostfreier Stahl
F: acier inoxydable *m*
rust prevention
D: Rostschutz *m*
F: antirouille *f*
rust-resisting *adj*
D: nichtrostend *adj*, rostbeständig *adj*
F: résistant à la rouille

S

saddle back
D: Lordose *f* (nach vorn konvexe Wirbelsäulenkrümmung)
F: lordose *f* (incurvation de la colonne vertébrale)
safe distance (COCIR)
D: Sicherheitsabstand *m* (Abstand des Strahlers vom Aufenthaltsort)
F: distance de sécurité *f*
safety contact
D: Sicherheitskontakt *m*
F: contact de sécurité *m*
safety device
D: Schutzvorrichtung *f*, Sicherheitsvorrichtung *f*
F: dispositif de sécurité *m*
safety device (for the prevention of accidents)
D: Unfallschutzvorrichtung *f*
F: dispositif de sécurité *m*

safety glasses
D: Augenschutzglas *n*
F: verres de protection des yeux *m pl*
sagittal plane (each parallel plane to the median sagittal plane) [rad]
D: Sagittalebene *f* (jede Parallelebene zur Mediansagittalebene)
F: plan sagittal *m* (tout plan parallèle au plan médio-sagittal)
salivary gland
D: Speicheldrüse *f*
F: glande salivaire *f*
salpingography *n*
D: Salpingographie *f* (Darstellung der Eileiter)
F: salpingographie *f*
saturation current
D: Sättigungsstrom *m*
F: courant de saturation *m*
saturation voltage
D: Sättigungsspannung *f*
F: tension de saturation *f*
saw-tooth voltage
D: Kippspannung *f* (z.B. Zeitablenkspannung beim Oszillographen), Sägezahnspannung *f*
F: tension en dents de scie *f*
scale *n*
D: Skala *f*, Maßstab *m*
F: échelle graduée *f*, cadran *m*
scale disk
D: Skalenscheibe *f*
F: disque gradué *m*
scale drawing
D: maßstäbliche Zeichnung
F: dessin à l'échelle *m*
scale mark
D: Skalenstrich *m*
F: graduation d'échelle *f*
scale plate
D: Skalenscheibe *f*
F: disque gradué *m*
scanner *n*
D: Scanner *m*, Abtaster *m*
F: scanner *m*, dispositif de balayage *m*
scanning *n*
D: Abtastung *f*
F: balayage *m*
scanning beam
D: Abtaststrahl *m*
F: faisceau de balayage *m*
scanning method [DV]
D: Abtastverfahren *n*
F: méthode de balayage *f*
scapula *n*
D: Skapula *f*, Scapula *f*, Schulterblatt *n*
F: omoplate *f*
scattered radiation (COCIR)
D: Streustrahlung *f* (Strahlung mit Richtungsänderung beim Stoffdurchgang)
F: rayonnement diffusé *m*
scattered-radiation protection
D: Streustrahlenschutz *m*
F: protection contre le rayonnement diffusé *f*
scintigram *n*
D: Szintigramm *n*
F: scintigramme *m*
scintillation counter (IEC)
D: Szintillationszähler *m* (IEC)
F: compteur à scintillation *m* (CEI)
scissor-arm *n*
D: Gelenkarm *m*, Scherenarm *m*
F: bras articulé *m*
scratch-proof *adj*
D: kratzfest *adj*
F: résistant à l'abrasion
screen *v* [elec.]
D: abschirmen *v*
F: blinder *v*
screen *v* [phot.,rad.]
D: abblenden *v*
F: diaphragmer *v*
screened line [elec.]
D: abgeschirmte Leitung
F: câble blindé *m*
screen grid [vac.]
D: Abschirmgitter *n*, Schirmgitter *n*
F: grille-écran *m*
screw connection
D: Verschraubung *f*

F: vissage *m*, connexion par vis *f*
screw joint
D: Verschraubung *f*
F: vissage *m*, connexion par vis *f*
seal *v*
D: abdichten *v*
F: étancher *v*
seal *n*
D: Dichtung *f*
F: joint d'étanchéité *m*
sealing *n*
D: Abdichtung *f*
F: étanchéité *f*
sealing compound
D: Vergußmasse *f*
F: masse isolante *f*, matériau de remplissage *m*
seat *n*
D: Sitzbank *f*
F: banc *m*, siège *m*
secondary radiation (COCIR)
D: Sekundärstrahlung *f*
F: rayonnement secondaire *m*
secondary radiation grid (COCIR)
D: Streustrahlenraster *m*
F: grille antidiffusante *f*
secondary winding
D: Sekundärwicklung *f*
F: enroulement secondaire *m*
section *n*
D: Ausschnitt *m*
F: coupe *f*, secteur *m*
sectional rail
D: Profilschiene *f*
F: rail profilé *m*
sectionwise shifting
D: abschnittweise Verschiebung (z.B. einer Tischplatte bei Extremitätenaufnahmen)
F: déplacement par paliers *m*
selection *n*
D: Wahl *f*
F: choix *m*
selection of materials
D: Materialwahl *f*
F: choix des matériaux *m*
selective *adj* [rad.]
D: gezielt *adj*
F: visé *adj*, centré *adj*, orienté *adj*
selective teleradiograph
D: gezielte Fernaufnahme
F: téléradiographie visée *f*
selectivity *n*
D: Selektivität *f*, Trennschärfe *f*
F: sélectivité *f*
selector *n*
D: Wähler *m*
F: sélecteur *m*
self-centering holder
D: Spannzange *f*
F: pince de serrage *f*
self-induction *n*
D: Selbstinduktion *f*
F: self-induction *f*
self-rectifying tube
D: selbstgleichrichtende Röhre
F: tube auto-redresseur *m*
self-supporting *adj*
D: freitragend *adj*
F: non soutenu
semiconductor *n* [eltr.]
D: Halbleiter *m*
F: semi-conducteur *m*
semiconductor layer
D: Halbleiterschicht *f*
F: couche semi-conductrice *f*
semipermeable *adj*
D: halbdurchlässig *adj*
F: semi-perméable *adj*
semi-transparent *adj*
D: teildurchlässig *adj*
F: semi-transparent *adj*
sense of rotation
D: Drehsinn *m*
F: sens de rotation *m*
sensitivity *n*
D: Empfindlichkeit *f*
F: sensibilité *f*
sensitivity control
D: Empfindlichkeitsregelung *f*
F: réglage de la sensibilité *m*
sequence of operation
D: Bedienungsablauf *m*
F: procédure de mise en œuvre *f*
sequential circuit
D: Folgeschaltung *f*
F: circuit séquentiel *m*
serial exposure

D: Serienaufnahme *f*
F: sériographie *f*, radiographie en série *f*

serialographic unit
D: Serienaufnahmeeinrichtung *f*
F: sériographe *m*

serialography *n*
D: Serienaufnahme *f*
F: sériographie *f*, radiographie en série *f*

serialography in two planes
D: Zweiebenen-Simultanbetrieb *m*
F: service simultané *m*

series angiography
D: Serienangiographie *f*
F: angiographie en série *f*

series circuit
D: Hintereinanderschaltung *f*, Reihenschaltung *f*
F: montage en série *m*, connexion en série *f*

series connection
D: Hintereinanderschaltung *f*, Reihenschaltung *f*
F: montage en série *m*, connexion en série *f*

series production
D: Serienfertigung *f*
F: fabrication en série *f*

service *n*
D: Betrieb *m*
F: fonctionnement *m*, service *m*, régime *m*

service *n*
D: Wartung *f*, Instandhaltung *f*, Service *m*
F: entretien *m*, service *m*

service, after-sales
D: Kundendienst *m*
F: service après-vente *m*

service instructions
D: Bedienungsanleitung *f*
F: instructions d'utilisation *f pl*

servicing *n*
D: Instandsetzung *f*
F: remise en état *f*, réparation *f*

servo-motor *n*
D: Unterstützungsmotor *m*
F: servo-moteur *m*

set of screens (for simultaneous multisection radiography)
D: Verstärkerfolienkombination *f* (für Simultanschichtaufnahmen)
F: combinaison d'écrans renforçateurs *f* (pour les planigraphies simultanées)

setscrew *n*
D: Verstellschraube *f*
F: vis d'ajustage *f*

setting-up *n*
D: Aufstellung *f*, Montage *f*, Aufbau *m* (eines Geräts)
F: montage *m*, assemblage *m*

set up *v* [mech.]
D: aufrichten *v*
F: redresser *v*

set-up time
D: Rüstzeit *f*
F: temps de préparation *m*

shaft *n*
D: Welle *f*
F: arbre *m*, axe *m*

sharp image
D: deutliches Bild
F: image claire *f*

sharp tuning
D: Feinabstimmung *f*
F: réglage de précision *m*, réglage fin *m*

shield *v* [elec.]
D: abschirmen *v*
F: blinder *v*

shield *n* [elec.]
D: Abschirmung *f*
F: blindage *m*

shielded *adj* [elec.]
D: abgeschirmt *adj*
F: blindé *adj*

shielded cable [elec.]
D: abgeschirmte Leitung
F: câble blindé *m*

shielded electromagnet
D: Topfmagnet *m*
F: électro-aimant cuirassé *m*

shielding *n* (COCIR)
D: Strahlenschutzwand *f*
F: paroi protectrice *f*

shielding braid

D: Abschirmgeflecht *n*
F: treillis de blindage *m*
shift *v*
D: verstellen *v*, verschieben *v*
F: déplacer *v*
shift *n*
D: Verschiebung *f*
F: déplacement *m*
shiftable *adj*
D: verschiebbar *adj*
F: déplaçable *adj*
shifting *n*
D: Verschiebung *f*
F: déplacement *m*
shift of table top
D: Tischplattenverschiebung *f*
F: déplacement du plateau de table *m*
shift step
D: Verschiebungsschritt *m*
F: pas de déplacement *m*
shim *n*
D: Unterlegscheibe *f*
F: rondelle *f*
short between windings
D: Windungsschluß *m*
F: spires en court-circuit *f pl*
short circuit
D: Kurzschluß *m*
F: court-circuit *m*
short-circuit current
D: Kurzschlußstrom *m*
F: courant de court-circuit *m*
short-circuiting device
D: Kurzschließer *m*
F: élément court-circuit *m*
short circuit to body
D: Körperschluß *m*
F: court-circuit à la masse *m*
short circuit to ground
D: Erdschluß *m*
F: contact à la terre *m*
short circuit to housing
D: Körperschluß *m*
F: court-circuit à la masse *m*
shortest exposure time
D: kürzeste Schaltzeit
F: temps d'exposition minimum *m*
short focal distance exposure
D: Nahabstandsaufnahme *f*
F: radiographie à courte distance *f*
short-time operation
D: Kurzzeitbetrieb *m*
F: fonctionnement bref *m*
short-time rating
D: Kurzzeitbelastung *f*
F: charge instantanée *f*
shoulder support
D: Schulterstütze *f*
F: support d'épaule *m*
shunt *n*
D: Nebenschluß *m*
F: circuit dérivé *m*, shunt *m*
shunt motor
D: Nebenschlußmotor *m*
F: électromoteur shunt *m*, électromoteur en dérivation *m*
shunt winding
D: Nebenschlußwicklung *f*
F: enroulement shunt *m*
shunt-wound motor
D: Nebenschlußmotor *m*
F: électromoteur shunt *m*, électromoteur en dérivation *m*
shutter *n*
D: Verschluß *m*
F: obturateur *m*
shutter-open period [phot.]
D: Hellsektor *m*
F: secteur clair *m*
sialography *n*
D: Sialographie *f* (Darstellung der Speicheldrüsen)
F: sialographie *f*
sickbed *n*
D: Krankenbett *n*
F: lit de malade *m*
side effect
D: Nebenwirkung *f*
F: réaction secondaire *f*
signal current [tv.]
D: Signalstrom *m*
F: courant de signal *m*
signal lamp
D: Signallampe *f*, Anzeigelampe *f*
F: lampe-témoin *f*
signal plate [tv.]
D: Signalplatte *f*

F: plaque collectrice *f*, plaque signal *f*

signal-plate potential [eltr.]
D: Plattenspannung *f*
F: tension de plaque *f*

signal-to-noise ratio
D: Störabstand *m*
F: rapport signal-bruit *m*

silicon rectifier
D: Siliziumgleichrichter *m*
F: redresseur au silicium *m*

simulator *n* (for therapeutic treatment planning)
D: Simulator *m* (zur Bestrahlungsplanung)
F: simulateur *m* (pour la préparation d'irradiations)

simultaneous multisection radiography
D: Simultan-Schichtaufnahme *f*
F: planigraphie simultanée *f*

simultaneous multisection technique
D: Simultan-Schichtverfahren *n*
F: méthode de planigraphie simultanée *f*

simultaneous planigraphy
D: Simultan-Schichtaufnahme *f*
F: planigraphie simultanée *f*

single-button control
D: Einknopf-Bedienung *f*
F: commande à un bouton *f*

single drive
D: Einzelantrieb *m*
F: commande individuelle *f*

single exposure
D: Einzelaufnahme *f*
F: radiographie isolée *f*

single film
D: Einzelaufnahme *f*
F: radiographie isolée *f*

single-frame camera
D: Einzelbildkamera *f*
F: caméra image par image *f*, caméra vue à vue *f*

single framing (tape recorder)
D: Standbildwiedergabe *f* (Bandspeicher)
F: reproduction d'une image fixe *f* (magnétoscope)

single-handed operation
D: Einhandbedienung *f*
F: commande à une seule main *f*

single-phase generator
D: Einphasengenerator *m*
F: générateur monophasé *m*

single-phase transformer
D: Einphasen-Transformator *m*
F: transformateur monophasé *m*

single piece production
D: Einzelanfertigung *f*
F: construction unique *f*

single pole
D: einpolig *adj*
F: unipolaire *adj*

single-pulse generator
D: Einpulsgenerator *m*
F: générateur monophasé à une crête *m*

single slice system [CT]
D: Einzelschichtsystem *n*
F: système de vue unique *m*

single-tank generator
D: Einkesselgenerator *m*, Eintank *m*
F: générateur monocuve *m*

single tomogram system [CT]
D: Einzelschichtsystem *n*
F: système de vue unique *m*

site of fracture
D: Bruchstelle *f*
F: endroit de la fracture *m*

site plan
D: Lageplan *m*
F: plan de situation *m*, arrangement *m*

six-pulse generator
D: Sechspulsgenerator *m*
F: generateur à six crêtes *m*

size of table top
D: Tischplattengröße *f*
F: dimensions du plateau de table *f pl*

skeletal diagnosis
D: Skelettdiagnostik *f*
F: diagnostic du squelette *m*

skeleton *n*
D: Skelett *n*
F: squelette *m*, ossature *f*

skeleton of trunk
D: Rumpfskelett *n*
F: squelette de tronc *m*
sketch of unit
D: Anlagenskizze *f*
F: schéma de l'installation *m*
skin dose
D: Oberflächendosis *f*, Hautdosis *f*
F: dose à la peau *f*
skin effect
D: Skineffekt *m*, Hauteffekt *m*
F: effet kelvin *m*, effet de peau *m*
skin radiograph
D: Kontaktaufnahme *f*, Oberflächenaufnahme *f*
F: radiographie de contact *f*, radiographie superficielle *f*
skull radiograph
D: Schädelaufnahme *f*
F: cliché crânien *m*
skull unit (COCIR)
D: Schädelaufnahmegerät *n*
F: crâniographe *f*
slack connection
D: Wackelkontakt *m*
F: contact intermittent *m*
sleeve bearing
D: Gleitlager *n*
F: palier-glisseur *m*
slice *n* [CT]
D: anatomische Schicht
F: vue anatomique *f*
slice plane indication [CT]
D: Anzeige der Schichtlage
F: indication du plan de coupe *f*
slice thickness [CT]
D: Schichtdicke *f*
F: épaisseur de coupe *f*
slide bar
D: Gleitschiene *f*
F: rail glissière *m*
slide rail
D: Gleitschiene *f*
F: rail glissière *m*
slide resistance
D: Schiebewiderstand *m*
F: rhéostat à curseur *m*
sliding friction
D: Gleitreibung *f*
F: friction de glissement *f*
sliding mattress
D: Gleitmatratze *f*
F: matelas glissant *m*
sliding table top
D: verschiebbare Stützwand
F: panneau glissant *m*
slip friction clutch *n*
D: Rutschkupplung *f*
F: embrayage à friction *m*
slip ring
D: Schleifring *m*
F: bague collectrice *f*
slit diaphragm
D: Schlitzblende *f*
F: diaphragme à fente *m*
slot diaphragm
D: Schlitzblende *f*
F: diaphragme à fente *m*
slow-acting fuse
D: träge Sicherung
F: fusible temporisé *m*
slow-blow fuse
D: träge Sicherung
F: fusible temporisé *m*
slow-motion playback
D: Zeitlupenwiedergabe *f*
F: reproduction au ralenti *f*
smearing effect [tv.]
D: Nachzieheffekt *m* (bei einer Fernsehaufnahmeröhre)
F: persistance du photoconducteur *f*, rémanence *f*
socket *n*
D: Fassung *f*
F: douille *f*
socket *n*
D: Steckdose *f*
F: prise de courant *f*
socket, lamp
D: Lampensockel *m*, Sockel *m*
F: culot de lampe *m*, culot *m*, socle *m*
soft radiation
D: Weichstrahlen *m pl*
F: rayons mous *m pl*
solder *n*
D: Lötzinn *n*
F: étain à souder *m*

soldered joint
D: Lötverbindung *f*
F: connexion par soudure *f*
soldering point
D: Lötstützpunkt *m*
F: point de soudure *m*
solder-iron *n*
D: Lötkolben *m*
F: fer à souder *m*
solder lug
D: Lötöse *f*
F: contact à soudure *m*, plot de jonction *m*, lame de raccord *f*
solder tag
D: Lötfahne *f*
F: lame à souder *f*
solenoid valve
D: Magnetventil *n*
F: électro-vanne *f*
solid-state image converter
D: Festkörperbildwandler *m*
F: convertisseur d'image à corps solides *m*
solid wire
D: Massivdraht *m*
F: fil massif *m*
sound film
D: Tonfilm *m*
F: film sonore *m*
sound intensity
D: Lautstärke *f*
F: intensité du son *f*, intensité de la voix *f*
sound track
D: Tonspur *f*
F: piste sonore *f*
source of energy
D: Energiequelle *f*
F: source d'énergie *f*
source of power
D: Energiequelle *f*
F: source d'énergie *f*
space charge
D: Raumladung *f*
F: charge d'espace *f*
space-charge effect [vac.]
D: Durchgriff *m* (einer Röhre)
F: transparence de grille *f*, facteur de pénétration *m*
spacer *n*
D: Abstandsbolzen *m*, Abstandsbügel *m*, Abstandsstück *n*
F: boulon d'espacement *m*, étrier d'écartement *m*, étrier de distance *m*, entretoise *f*
space requirement
D: Platzbedarf *m*, Raumbedarf *m*
F: encombrement *m*
spacing bolt
D: Abstandsbolzen *m*
F: boulon d'espacement *m*
spare cable
D: Ersatzkabel *n*
F: câble de rechange *m*
spare part
D: Ersatzteil *n*
F: pièce de rechange *f*
spark gap
D: Funkenstrecke *f*
F: éclateur *m*
spatial frequency [II]
D: Ortsfrequenz *f* [BV]
F: fréquence locale *f* [AB]
spatial resolution [CT]
D: räumliche Auflösung
F: résolution spatiale *f*
special design
D: Sonderausführung *f*
F: modèle spécial *m*
special examination
D: Spezialuntersuchung *f*
F: examen spécial *m*
special grid
D: Spezialraster *n*
F: grille spéciale *f*
special request
D: Sonderbestellung *f*
F: commande spéciale *f*
spectrometer *n*
D: Spektrometer *n*
F: spectromètre *m*
speed *n*
D: Geschwindigkeit *f*
F: vitesse *f*
speed *n* (motor)
D: Umdrehung *f*
F: tour *m*
speed of rotation

D: Drehzahl *f*
F: vitesse de rotation *f*, vitesse *f*
sphere gap
D: Kugelfunkenstrecke *f*
F: éclateur à sphères *m*
spigot *n*
D: Tragzapfen *m* (für Röhrengehäuse nach DIN 6836)
F: pivot support *m*, tenon *m*
spinal cord
D: Rückenmark *n*
F: moelle épinière *f*
splash-proof *adj*
D: schwallwasserfest *adj*, spritzwasserfest *adj*
F: étanche à l'eau, étanche aux jets d'eau
spleno-portography *n* (radiography of spleen-vein and portal-vein)
D: Spleno-Portographie *f* (Darstellung der Milzvene und des Pfortadersystems)
F: spléno-portographie *f* (représentation de la veine spléinique et de la veine porte)
split phase
D: Hilfsphase *f*
F: phase auxiliaire *f*
spool *v*
D: aufspulen *v*
F: bobiner *v*
spotfilm *n* [cons., rad.]
D: unterteilte Aufnahme
F: radiographie subdivisée *f*, cliché subdivisé *m*
spotfilm device (COCIR)
D: Zielgerät *n*, Zielaufnahmegerät *n*
F: sélecteur *m*
spotfilm device locking
D: Zielgerät-Arretierung *f*
F: blocage du sélecteur *f*
spotfilm device parking position
D: Zielgerät-Parkstellung *f*
F: position de rangement du sélecteur *f*
spotfilm focus
D: Zielfokus *m*
F: foyer de visée *m*
spotfilming *n*
D: Zielbetrieb *m*
F: service visé *m*, régime centré *m*
spotfilming, automatic [cons., rad.]
D: automatischer Zielbetrieb
F: service automatique de radiographie orientée *m*
spotfilm program
D: Zielprogramm *n*
F: programme visé *m*
spotfilm radiograph
D: Zielaufnahme *f*
F: radiographie visée *f*
spot light
D: Lichtmarke *f*
F: tache lumineuse *f*
spring counterbalance
D: Federgewichtsausgleich *m*
F: équilibrage à ressort *m*
spring-counterbalanced *adj*
D: federausgeglichen *adj*
F: compensé par ressort
spring counterpoise system
D: Federgewichtsausgleich *m*
F: équilibrage à ressort *m*
spring force (GB)
D: Federkraft *f*
F: force du ressort *f*
spring tension (US)
D: Federkraft *f*
F: force du ressort *f*
square column stand
D: Vierkantsäulenstativ *n*
F: statif à colonne quadrangulaire *m*
square-wave voltage
D: Rechteckspannung *f*
F: tension rectangulaire *f*
squirrel-cage motor
D: Kurzschlußmotor *m*
F: moteur à cage d'écureuil *m*
squirrel-cage rotor
D: Wirbelstromläufer *m*
F: rotor à courant de foucault *m*
stability *n*
D: Widerstandsfähigkeit *f*
F: résistibilité *f*
stabilizer *n*
D: Konstanthalter *m*

F: stabilisateur *m*
stainless steel
D: rostfreier Stahl
F: acier inoxydable *m*
standard *n*
D: Norm *f*
F: norme *f*, règle *f*
standard design
D: Einheitsbauweise *f*
F: mode standard de construction *m*
standard design
D: Normalausführung *f*, Normalausstattung *f*
F: type normal *m*, type standard *m*
standardization *n*
D: Normung *f*
F: normalisation *f*, standardisation *f*
standardize *v*
D: vereinheitlichen *v*
F: normaliser *v*, standardiser *v*
standardized *adj*
D: genormt *adj*
F: standardisé *adj*, normalisé *adj*
standardizing *n*
D: Normung *f*
F: normalisation *f*, standardisation *f*
standard mounting box
D: Einheitsmontagekasten *m*
F: coffret de montage unitaire *m*
standard part
D: Normteil *n*
F: pièce standard *f*, pièce normalisée *f*
standard pattern
D: Normalausführung *f*, Normalausstattung *f*
F: type normal *m*, type standard *m*
standard requirement
D: Normvorschrift *f*
F: exigence des normes *f*, règles de normes *f pl*
standard room temperature
D: Raumtemperatur *f* (normale Zimmertemperatur = 20°C)
F: température normale ambiante *f*
standards committee
D: Normenausschuß *m*
F: comité de normalisation *m*
standard specification
D: Normblatt *n*
F: feuille de normes *f*
standard stress
D: Normalbeanspruchung *f*
F: charge normale *f*
standard thread
D: Normalgewinde *n*, Normgewinde *n*
F: filet à pas normal *m*, filet normalisé *m*, filet standardisé *m*
stand base
D: Stativfuß *m*
F: base de statif *f*
standby position
D: Bereitschaftsstellung *f*
F: position de disponibilité *f*
stand column
D: Stativsäule *f*
F: colonne du statif *f*
standing patient
D: stehender Patient
F: patient debout *m*
star-delta switch
D: Stern-Dreieck-Schalter *m*
F: commutateur étoile-triangle *m*
start *v*
D: anfahren *v*
F: démarrer *v*
start *v* [elec., mech.]
D: anlassen *v*
F: démarrer *v*, mettre en marche
starter *n* (US)
D: Anlaßgerät *n*
F: démarreur *m*
starting *n*
D: Anlauf *m*
F: démarrage *m*
starting device (GB)
D: Anlaßgerät *n*
F: démarreur *m*
starting moment [mech.]
D: Anzugsmoment *n*
F: couple de démarrage *m*
starting switch
D: Auslöseschalter *m*

F: interrupteur *m*
starting time
D: Anlaufzeit *f*
F: temps de démarrage *m*
star voltage
D: Sternspannung *f*
F: tension en étoile *f*
stationary *adj*
D: ortsfest *adj*
F: localement fixe, stationnaire *adj*
stationary anode
D: Stehanode *f*
F: anode fixe *f*
stationary-field irradiation
D: Stehfeldbestrahlung *f*
F: irradiation à champs fixes *f*
stationary grid
D: feststehendes Raster
F: grille fixe *f*
stationary pattern
D: stehendes Bild
F: image fixe *f*
station transformer
D: Stationstransformator *m*
F: transformateur de réseau *m*, transformateur de station *m*
stator cable
D: Statorkabel *n*
F: câble de stator *m*
status test
D: Zustandsprüfung *f*
F: contrôle d'état *m*
steel cable
D: Drahtseil *n*
F: câble d'acier *m*
steerable wheel
D: lenkbares Rad
F: roue orientable *f*
steering roller
D: Lenkrolle *f*
F: poulie guide *f*
step, in ~s of ...
D: in Stufen von ...
F: en paliers de ...
stepless *adj*
D: stufenlos *adj*, kontinuierlich *adj*
F: continu *adj*, sans intervalles
stepwise movement
D: abschnittweise Verschiebung (z.B. einer Tischplatte bei Extremitätenaufnahmen)
F: déplacement par paliers *m*
stepwise shift
D: Schrittverschiebung *f*
F: déplacement pas à pas *m*
stereoradiography *n* (COCIR)
D: Stereo-Röntgenaufnahme *f*
F: stéréo-radiographie *f*
stereoscopic X-ray picture
D: Röntgen-Stereo-Aufnahme *f*
F: stéréo-radiographie *f*
sternum *n*
D: Sternum *n*, Brustbein *n*
F: sternum *m*
stiffening *n* [mech.]
D: Versteifung *f*
F: étayage *m*, étançonnage *m*
stock *v*
D: auf Lager nehmen
F: prendre en stock
stock room
D: Lager *n* (Raum)
F: magasin *m*, stock *m*, entrepôt *m*
stop *n* [mech.]
D: Anschlag *m*
F: butée *f*, arrêt *m*
stop valve
D: Absperrventil *n*
F: soupape d'arrêt *f*
storage *n*
D: Lagerung *f*, Einlagerung *f*, Aufbewahrung *f*
F: stockage *m*, emmagasinage *m*
storage *n* [elec.]
D: Speicher *m*
F: mémoire *f*
storage plate [tv.]
D: Speicherplatte *f*
F: plaque mémoire *f*
storage tank
D: Vorratsbehälter *m*
F: réservoir *m*
store room
D: Lager *n* (Raum)
F: magasin *m*, stock *m*, entrepôt *m*
stranded wire
D: Litze *f*, Litzendraht *m*
F: fil torsadé *m*

stray light
D: Streulicht *n*
F: lumière diffusée *f*
stray radiation (COCIR)
D: Störstrahlung *f* (Durchlaß- und Streustrahlung)
F: rayonnement parasite *m*
strengthening *n* [mech.]
D: Verstärkung *f*
F: renforcement *m*
stretcher *n*
D: Krankentrage *f*, Trage *f*
F: brancard *m*, civière *f*
stretcher-bearer *n*
D: Krankenträger *m*
F: brancardier *m*
strip *n* (grid)
D: Lamelle *f* (Raster)
F: lamelle *f*
stroboscopic effect
D: stroboskopischer Effekt
F: effet stroboscopique *m*
structural part
D: Konstruktionselement *n*
F: élément de construction *m*
strut *v*
D: verstreben *v*
F: étrésillonner *v*, contreficher *v*
strut *n*
D: Verstrebung *f*
F: entretoise *f*, contre-fiche *f*
sturdy *adj*
D: unempfindlich *adj* (im Sinne von kräftig, standhaft, robust)
F: robuste *adj*
sub-assembly chassis
D: Einbauplatte *f*
F: platine de montage *f*
subdivided film [cons., rad.]
D: unterteilte Aufnahme
F: radiographie subdivisée *f*, cliché subdivisé *m*
subpressure *n*
D: Unterdruck *m*
F: sous-pression *f*
substandard quality
D: minderwertige Qualität
F: qualité inférieure *f*
subtraction image
D: Subtraktionsbild *n*
F: image de soustraction *f*
subtraction unit
D: Subtraktionsgerät *n*
F: appareil de soustraction *m*
sub-zero temperature
D: negative Temperatur
F: temperature négative *f*
suck *v*
D: ansaugen *v*
F: aspirer *v*
suction filter (GB)
D: Ansaugefilter *n*
F: filtre d'aspiration *m*
superficial therapy
D: Oberflächentherapie *f*
F: thérapie superficielle *f*
superficial X-ray therapy
D: Röntgenoberflächentherapie *f*
F: röntgenthérapie superficielle *f*, rœntgenthérapie superficielle *f*
superfine grid
D: Viellinienraster *n*
F: grille fine *f*
superimposition *n*
D: Überlagerung im Bild
F: superposition d'image *f*
superimposition *n* [elec.]
D: Überlagerung *f*
F: interférence *f*
superposition *n*
D: Überlagerung im Bild
F: superposition d'image *f*
superposition *n* [elec.]
D: Überlagerung *f*
F: interférence *f*
supervision *n*
D: Überwachung *f*
F: surveillance *f*, contrôle *m*
supine position
D: Rückenlage *f*
F: décubitus dorsal *m*
supine positioning
D: Rückenlagerung *f*
F: mise en place en décubitus dorsal *f*
supplementary installation
D: Nachrüstung *f*
F: montage supplémentaire *m*

supplementary unit
D: Nachrüsteinheit *f*
F: unité de complément *f*
supply tank
D: Vorratsbehälter *m*
F: réservoir *m*
support *n*
D: Halterung *f*
F: support *m*
supporting arm
D: Tragarm *m*
F: bras support *m*
supporting flange
D: Tragflansch *m* (für Röhrengehäuse nach DIN 6836)
F: bride-support *m*
surface *n*
D: Oberfläche *f*
F: surface *f*
surface dose
D: Oberflächendosis *f*, Hautdosis *f*
F: dose à la peau *f*
surface finish
D: Oberflächenbeschaffenheit *f*, Oberflächengüte *f*
F: qualité de surface *f*
surface mounting [elec.]
D: Aufputzmontage *f*
F: montage sur crépi *m*
surface quality
D: Oberflächenbeschaffenheit *f*, Oberflächengüte *f*
F: qualité de surface *f*
surface therapy
D: Oberflächentherapie *f*
F: thérapie superficielle *f*
surge arrester
D: Hochspannungsschutz *m*
F: protection contre la haute tension *f*
surge protector
D: Hochspannungsschutz *m*
F: protection contre la haute tension *f*
surgery *n*
D: Chirurgie *f*
F: chirurgie *f*
surgery *n*
D: Operationseingriff *m*, operativer Eingriff
F: intervention chirurgicale *f*
surgery *n* (US)
D: Operationssaal *m* (OP)
F: salle d'opération *f*, salle OP *f*
surgical intervention
D: Operationseingriff *m*, operativer Eingriff
F: intervention chirurgicale *f*
surgical nurse
D: Operationsschwester *f*
F: infirmière chirurgicale *f*
surveillance *n*
D: Überwachung *f*
F: surveillance *f*, contrôle *m*
survey exposure [rad.]
D: Übersichtsaufnahme *f*
F: radiographie d'ensemble *f*
survey fluoroscopy
D: Kontrolldurchleuchtung *f*
F: radioscopie de contrôle *f*
survey instrument
D: Überwachungsgerät *n*
F: instrument de surveillance *m*
survey radiograph [rad.]
D: Übersichtsaufnahme *f*
F: radiographie d'ensemble *f*
suspension *n*
D: Aufhängung *f*
F: suspension *f*
suspension arm
D: Ausleger *m*
F: bras de suspension *m*
suspension of spotfilm device
D: Zielgerät-Aufhängung *f*
F: suspension du sélecteur *f*
swing-away *adj*
D: wegklappbar *adj*
F: escamotable *adj*
swinging-out *n*
D: Ausschwenkung *f*
F: pivotement *m*
switch *n* (circuit breaker or interrupter)
D: Schalter *m* (Ein- bzw. Ausschalter)
F: interrupteur *m* (conjoncteur ou disjoncteur)
switch *n* (commutator)

D: Schalter *m* (Umschalter)
F: commutateur *m*
switchable electron-optical system
D: umschaltbare Elektronenoptik
F: optique électronique commutable *f*
switchboard *n*
D: Schalttafel *f*, Schaltplatte *f*
F: tableau de distribution *m*, tableau de commande *m*
switch box
D: Schaltkasten *m*
F: boîtier de commande *m*
switched off *adj*
D: ausgeschaltet *adj*, abgeschaltet *adj*
F: éteint *adj* (lumière), interrompu *adj*, coupé *adj* (courant)
switched on *adj*
D: eingeschaltet *adj*, angeschaltet *adj*
F: allumée *adj* (lumière), fermé *adj* (circuit, courant)
switching *n*
D: Schaltvorgang *m*, Schaltung *f*
F: commutation *f*, déclenchement *m*, enclenchement *m*, manœuvre de commande *m*
switching function
D: Schaltfunktion *f*
F: fonction commutatrice *f*
switching-off *n*
D: Abschaltung *f*, Ausschaltung *f*, Unterbrechung *f*
F: mise hors circuit *f*, déconnexion *f*, coupure *f*, interruption *f*
switching-on *n*
D: Einschaltung *f*, Anschaltung *f*
F: mise en circuit *f*
switching operation
D: Schaltvorgang *m*, Schaltung *f*
F: commutation *f*, déclenchement *m*, enclenchement *m*, manœuvre de commande *m*
switch off *v*
D: abschalten *v*, ausschalten *v*, unterbrechen *v*
F: couper *v* (le courant), interrompre *v* (le courant), éteindre *v* (la lumière)
switch-off *n*
D: Abschaltung *f*, Ausschaltung *f*, Unterbrechung *f*
F: mise hors circuit *f*, déconnexion *f*, coupure *f*, interruption *f*
switch on *v*
D: einschalten *v*, anschalten *v*
F: allumer *v* (lumière), fermer *v* (circuit, courant), mettre en circuit (courant)
switch-on time [elec.]
D: Einschaltdauer *f* (ED)
F: durée de mise en circuit *f*
switch-over *n* (US)
D: Umschaltung *f*
F: commutation *f*
switch position
D: Schalterstellung *f*
F: position de l'interrupteur *f*
swiveling-out *n*
D: Ausschwenkung *f*
F: pivotement *m*
swiveling spotfilm device
D: schwenkbares Zielgerät
F: sélecteur pivotant *m*
swivel range
D: Schwenkbereich *m*
F: étendue de pivotement *f*
swivel-type stand
D: Schwenkstativ *n*
F: statif pivotant *m*
synchronization *n*
D: Synchronisierung *f*
F: synchronisation *f*
synchronous motor
D: Synchronmotor *m*
F: moteur synchrone *m*
system fault
D: Netzstörung *f*
F: dérangement sur réseau *m*
systole *n*
D: Systole *f* (Kontraktionsphase der Herzmuskulatur)
F: systole *f*

T

table base
D: Gerätefuß *m*
F: pied de l'appareil *m*
table height
D: Tischhöhe *f*
F: hauteur de table *f*
table paneling
D: Geräteverkleidung *f*
F: carénage de la table *m*
table tilting
D: Geräteumlegung *f*, Tischumlegung *f*
F: basculement de la table *m*
table top
D: Gerätestützwand *f*
F: dossier de la table *m*
table top
D: Lagerungsplatte *f*, Tischplatte *f*, Patientenstützwand *f*
F: plateau de table *m*, table du patient *f*
table top extension
D: Tischplattenverlängerung *f*
F: rallonge du panneau d'examen *m*
table top plane
D: Stützwandebene *f*
F: plan du dossier *m*
table top shift
D: Stützwandverschiebung *f*
F: déplacement du dossier *m*
tackle, to ~ a problem
D: eine Aufgabe anpacken
F: attaquer un problème
take-up cassette
D: Auffangkassette *f*
F: cassette réceptrice *f*
take-up magazine
D: Auffangkassette *f*
F: cassette réceptrice *f*
tandem lens
D: Tandemoptik *f*
F: optique double *f*
tape punch
D: Lochstreifenstanzer *m*
F: perforatrice *f*
tape recorder
D: Bandspeicher *m*, Magnetbandspeicher *m*, Tonbandgerät *n*
F: magnétoscope *m*, enregistreur magnétique *m*, magnétophone *m*
target voltage [eltr.]
D: Plattenspannung *f*
F: tension de plaque *f*
task *n*
D: Aufgabe *f*
F: problème *m*
technique *n*
D: Verfahren *n*
F: procédé *m*, méthode *f*, technique *f*
telecentric beam projection [opt]
D: telezentrischer Strahlengang
F: rayonnement télécentrifugé *m*
tele-irradiation *n*
D: Fernbestrahlung *f*
F: télé-irradiation *f*
teleradiograph *n*
D: Fernaufnahme *f*
F: téléradiographie *f*
telescopic carriage
D: Teleskopwagen *m*
F: chariot télescopique *m*
television camera
D: Fernsehkamera *f*
F: caméra de télévision *f*
television central
D: Fernsehzentrale *f*
F: centrale de télévision *f*
television engineering
D: Fernsehtechnik *f*
F: technique de la télévision *f*
television fluoroscopic control
D: Fernsehdurchleuchtungskontrolle *f*
F: contrôle radioscopique télévisé *m*
television fluoroscopy
D: Fernsehdurchleuchtung *f*
F: radioscopie télévisée *f*

television pick-up tube
D: Fernsehaufnahmeröhre *f*
F: tube de prise de vues en télévision *m*
television transmission chain
D: Fernsehübertragungskette *f*
F: chaîne d'émission de télévision *f*
television tube
D: Fernsehbildröhre *f*
F: tube électronique de télévision *m*
temperature coefficient
D: Temperaturkoeffizient *m*
F: coefficient de température *m*
temperature control
D: Temperaturkontrolle *f*
F: contrôle de température *m*
temperature dependence
D: Temperaturabhängigkeit *f*
F: dépendance de la température *f*
temperature-dependent *adj*
D: temperaturabhängig *adj*
F: dépendant de la température
temperature distribution
D: Temperaturverteilung *f* (z.B. bei einem Thermographiegerät)
F: distribution de la température *f*
temperature drop
D: Temperaturabfall *m*
F: chute de température *f*
temperature increase
D: Temperaturanstieg *m*, Temperaturerhöhung *f*
F: élévation de température *f*
temperature influence
D: Temperatureinfluß *m*
F: influence de la température *f*
temperature measurement
D: Temperaturmessung *f*
F: mesure de température *f*
temperature pick-up
D: Temperaturfühler *m*
F: senseur thermique *m*
temperature regulator
D: Thermoschalter *m*, Thermostat *m*, Temperaturregler *m*
F: thermostat *m*, régulateur de température *m*
temperature-resistant *adj*
D: temperaturbeständig *adj* (unempfindlich gegen Temperaturänderung)
F: resistant à la température, insensible aux changements de température
temperature rise
D: Temperaturanstieg *m*, Temperaturerhöhung *f*
F: élévation de température *f*
temperature sensor
D: Temperaturfühler *m*
F: senseur thermique *m*
temporomandibular articulation
D: Kiefergelenk *n*
F: articulation temporo-maxillaire *f*
temporomaxillary joint
D: Kiefergelenk *n*
F: articulation temporo-maxillaire *f*
tension *n*
D: Spannung *f*
F: tension *f*
terminal *n*
D: Stecker *m*
F: fiche *f*
terminal block
D: Klemmenleiste *f*, Klemmleiste *f*
F: réglette à bornes *f*
terminal box [elec.]
D: Verteilerkasten *m*, Abzweigdose *f*, Anschlußkasten *m*
F: coffret de distribution *m*, boîte de distribution *f*, boîte de dérivation *f*, boîte de connexion *f*, coffret de raccordement *m*, boîte de jonction *f*
terminal marking
D: Klemmenbezeichnung *f*
F: repère des bornes *m*
terminal strip
D: Klemmenleiste *f*, Klemmleiste *f*
F: réglette à bornes *f*
terminal voltage
D: Klemmenspannung *f*
F: tension aux bornes *f*
terrestrial magnetic field
D: erdmagnetisches Feld, Erdfeld *n*
F: champ magnétique terrestre *m*

test *n*
D: Probe *f*, Erprobung *f*, Versuch *m*, Test *m*
F: essai *m*, épreuve *f*, expérience *f*

test arrangement
D: Versuchsanordnung *f*, Versuchsaufbau *m*, Testanordnung *f*, Prüfvorrichtung *f*
F: montage d'essai *m*, montage expérimental *m*, dispositif d'essai *m*

test certificate
D: Prüfprotokoll *n*
F: protocole de contrôle *m*

test condition
D: Versuchsbedingung *f*
F: conditions d'expérience *f pl*, conditions d'essai *f pl*

test duration
D: Versuchsdauer *f*
F: durée d'une expérience *f*, durée d'essai *f*

testing arrangement
D: Versuchsanordnung *f*, Versuchsaufbau *m*, Testanordnung *f*, Prüfvorrichtung *f*
F: montage d'essai *m*, montage expérimental *m*, dispositif d'essai *m*

testing equipment
D: Prüfgerät *n*
F: appareil de contrôle *m*

testing installation
D: Versuchsanlage *f*
F: installation d'essai *f*, poste expérimental *m*

test result
D: Versuchsergebnis *n*
F: résultats d'expérience *m pl*, résultats d'essai *m pl*

test run
D: Probelauf *m*
F: fonctionnement en essai *m*

test set
D: Prüfgerät *n*
F: appareil de contrôle *m*

test setup
D: Versuchsanordnung *f*, Versuchsaufbau *m*, Testanordnung *f*, Prüfvorrichtung *f*
F: montage d'essai *m*, montage expérimental *m*, dispositif d'essai *m*

test specification
D: Prüfvorschrift *f*
F: instruction d'essai *f*

test voltage
D: Prüfspannung *f*
F: tension de contrôle *f*, tension d'essai *f*

text processing
D: Textverarbeitung *f*
F: traitement de textes *m*

T-groove *n*
D: T-Nut *f* (beim Lagerungstisch)
F: rainure en T *f*

therapeutic radiology (IEC)
D: Strahlentherapie *f* (IEC)
F: radiothérapie *f* (CEI)

therapy installation
D: Therapiearbeitsplatz *m*
F: poste de travail thérapeutique *m*

therapy station
D: Therapiearbeitsplatz *m*
F: poste de travail thérapeutique *m*

thermal balance
D: Wärmeausgleich *m*
F: compensation de chaleur *f*

thermal dissipation
D: Wärmeableitung *f*, Wärmeabfuhr *f*
F: dissipation de chaleur *f*, dérivation de chaleur *f*

thermal expansion
D: Wärmeausdehnung *f*
F: dilatation thermique *f*

thermionic rectifier
D: Glühkathodengleichrichter *m*
F: redresseur thermoionique *m*

thermistor *n*
D: Thermistor *m*, Heißleiter *m* (Halbleiter mit negativem Temperaturbeiwert)
F: thermistor *m*

thermocouple *n*
D: Thermoelement *n*
F: thermocouple *m*, thermo-élément *m*

thermoelectric junction
D: Thermoelement *n*
F: thermocouple *m*, thermo-élément *m*
thermography *n*
D: Thermographie *f*
F: thermographie *f*
thermostat *n*
D: Thermoschalter *m*, Thermostat *m*, Temperaturregler *m*
F: thermostat *m*, régulateur de température *m*
thermoswitch *n*
D: Thermoschalter *m*, Thermostat *m*, Temperaturregler *m*
F: thermostat *m*, régulateur de température *m*
thickness and density of patient
D: Dicke und Dichte des Patienten
F: épaisseur et densité du patient
thickness compensation
D: Dickenausgleich *m*
F: compensation de l'épaisseur *f*
thigh *n*
D: Oberschenkel *m*
F: cuisse *f*
thoracic part of spine
D: Brustwirbelsäule *f*
F: colonne dorsale *f*
thorax *n*
D: Thorax *m*, Brustkorb *m*
F: thorax *m*, cage thoracique *f*
thoriated filament
D: thorierter Heizfaden
F: filament thorié *m*
three-button control
D: Dreiknopf-Bedienung *f*
F: commande à trois boutons *f*
three-field chamber
D: Dreifelderkammer *f*
F: chambre d'ionisation à trois champs *f*
three-field template
D: Dreifelderschablone *f*
F: plaque à trois champs *m*
three-phase current
D: Drehstrom *m*
F: courant triphasé *m*
three-phase rectifier
D: Dreiphasengleichrichter *m*
F: redresseur triphasé *m*
three-phase supply with neutral
D: Drehstromnetz mit Nulleiter
F: secteur triphasé avec conducteur neutre *m*
three-phase transformer
D: Dreiphasen-Transformator *m*
F: transformateur triphasé *m*
three-pole *adj*
D: dreipolig *adj*
F: tripolaire *adj*
threshold dose (IEC)
D: Schwellendosis *f* (IEC)
F: dose seuil *f* (CEI)
threshold of perceptibility
D: Erkennbarkeitsschwelle *f*
F: seuil de perceptibilité *m*
threshold value
D: Schwellwert *m*
F: valeur seuil *f*
thymus *n*
D: Wachstumsdrüse *f*
F: thymus *m*
thymus gland
D: Wachstumsdrüse *f*
F: thymus *m*
thyratron *n*
D: Thyratron *n*, Stromtor *n*
F: thyratron *m*
thyristor *n*
D: steuerbarer Gleichrichter, Thyristor *m*
F: thyristor *m*, transistor thyratron *m*
thyroid gland
D: Schilddrüse *f* (glandula thyreoidea)
F: glande thyroïde *f*
tilt *v*
D: neigen *v*, kippen *v*
F: incliner *v*, basculer *v*
tiltable *adj*
D: neigbar *adj*, kippbar *adj*
F: inclinable *adj*, basculant *adj*
tilt angle
D: Neigungswinkel *m*
F: angle d'inclinaison *m*
tilting *n*

D: Neigung *f*, Umlegung *f*
F: inclinaison *f*, basculement *m*
tilting axis
D: Umlegeachse *f*
F: axe de basculement *m*
tilting speed
D: Kippgeschwindigkeit *f*, Umlegegeschwindigkeit *f*
F: vitesse de basculement *f*
tilting table
D: Umlegetisch *m*
F: table basculante *f*
tilt speed
D: Kippgeschwindigkeit *f*, Umlegegeschwindigkeit *f*
F: vitesse de basculement *f*
time constant
D: Zeitkonstante *f*
F: constante de temps *f*
time delay
D: Verzögerungszeit *f*
F: temps de retard *m*
time delay circuit
D: Verzögerungsschaltung *f*
F: circuit de retard *m*
time limit
D: Grenzzeit *f*
F: temps limite *m*
time limit blocking
D: Grenzzeitblockierung *f*
F: limiteur de temps *m*
time of persistence
D: Nachleuchtdauer *f* (Trägheitsverhalten eines Leuchtstoffes)
F: durée de la luminescence *f*
timer *n*
D: Zeitschalter *m*
F: minuterie *f*
time range
D: Zeitbereich *m*
F: gamme de temps *f*
time relay
D: Zeitrelais *n*
F: relais retardé *m*
time scale
D: Zeitskala *f*
F: échelle de temps *f*
time switch
D: Zeitschalter *m*
F: minuterie *f*
toggle switch
D: Kippschalter *m*
F: interrupteur à bascule *m*
tolerance dose
D: Toleranzdosis *f*
F: dose tolérée *f*
tomofluoroscopy *n*
D: Schichtdurchleuchtung *f*
F: tomoscopie *f*
tools for maintenance
D: Wartungswerkzeug *n*
F: outillage d'entretien *m*
toothed bar
D: Zahnstange *f*
F: crémaillère *f*
toothed wheel
D: Zahnrad *n*
F: roue dentée *f*
top loading [cons.]
D: Rechtsladung *f*
F: chargement par la droite *m*
top quality
D: höchstwertige Ausführung
F: exécution de haute qualité *f*
torque *n* [phys.]
D: Drehmoment *n*
F: moment de torsion *m*
total filtration
D: Gesamtfilterung *f*
F: filtrage total *m*
transfer factor [II]
D: Übertragungsfaktor *m* [BV]
F: facteur de transfert *m* [AB]
transformer *n*
D: Umspanner *m*, Trafo *m*
F: transformateur *m*
transformer core
D: Transformatorkern *m*
F: noyau de transformateur *m*
transformer oil
D: Transformatoröl *n*
F: huile pour transformateurs *f*
transformer top
D: Transformatordeckel *m*
F: couvercle du transformateur *m*
transformer winding
D: Transformatorwicklung *f*

F: bobinage du transformateur *m*
transistorized circuit
D: Transistorschaltung *f*, transistorisierte Schaltung
F: circuit transistorisé *m*
transmission *n*
D: Übertragung *f*
F: transmission *f*
transport carriage
D: Transporttisch *m* (für Patienten)
F: table roulante *f*
transversal *adj*
D: transversal *adj*, querlaufend *adj*
F: transversal *adj*
transversal travel
D: Querverschiebung *f*
F: déplacement transversal *m*
transverse carriage
D: Querwagen *m* (am Röntgengerät)
F: chariot transversal *m*
transverse layer
D: Transversalschicht *f*
F: couche transversale *f*
transversely movable
D: querverschiebbar *adj*
F: déplaçable transversalement
transverse motion [cons.]
D: Querbewegung *f*
F: mouvement transversal *m*
transverse positioning (of a patient)
D: Querlagerung *f* (eines Patienten)
F: installation transversale (du patient) *f*
transverse section
D: Querschnitt *m*
F: section transversale *f*
transverse track
D: Querlaufschiene *f*
F: rails de roulement transversaux *m pl*
travel speed
D: Ablaufgeschwindigkeit *f*
F: vitesse de déroulement *f*
travel time
D: Ablaufzeit *f*
F: temps de déroulement *m*, temps de fonctionnement *m*
treatment table
D: Lagerungstisch *m*, Untersuchungstisch *m*
F: table d'examen *f*, table de traitement *f*
Trendelenburg position
D: Kopftieflage *f*
F: position de Trendelenburg *f*
trial *n*
D: Probe *f*, Erprobung *f*, Versuch *m*, Test *m*
F: essai *m*, épreuve *f*, expérience *f*
trial run
D: Probelauf *m*
F: fonctionnement en essai *m*
trim *v* [elec.]
D: abgleichen *v*
F: ajuster *v*, compenser *v*
trimmer *n*
D: Trimmer *m*, Trimmerkondensator *m*, Abgleichkondensator *m*
F: trimmer *m*
trimming *n* [elec.]
D: Abgleichung *f*
F: ajustement *m*, compensation *f*
trimming capacitor
D: Trimmer *m*, Trimmerkondensator *m*, Abgleichkondensator *m*
F: trimmer *m*
trolley *n*
D: Transporttisch *m* (für Patienten)
F: table roulante *f*
tropical-proof *adj*
D: tropenfest *adj*
F: résistant sous les tropiques
trouble hunting
D: Fehlersuche *f*
F: recherche d'erreur *f*
troubleshooting *n*
D: Fehlersuche *f*
F: recherche d'erreur *f*
true to size
D: maßgerecht *adj*
F: conforme à l'échelle
tube arm

D: Röhrentragarm *m*
F: bras porte-tube *m*
tube carriage
D: Röhrenlaufwagen *m*
F: chariot porte-tube *m*
tube characteristic
D: Röhrenkennlinie *f*
F: courbe caractéristique du tube *f*
tube current
D: Röhrenstrom *m*
F: courant du tube *m*
tube envelope
D: Röhrenkolben *m*
F: ampoule *f*
tube filament current
D: Röhrenheizstrom *m*
F: courant de chauffage du tube *m*
tube flange
D: Röhrengehäusehalterung *f*
F: support de gaine *m*
tube housing
D: Röhrengehäuse *n*
F: gaine radiogène *f*
tube indicator
D: Arbeitsplatzanzeige *f*
F: indication de poste de travail *f*
tube loading
D: Röhrenbelastung *f*
F: charge du tube *f*
tube loading (COCIR)
D: Leistungsaufnahme *f* (einer Röntgenröhre)
F: puissance absorbée *f* (par un tube radiogène)
tube load table
D: Röhrenbelastungstabelle *f*
F: tableau de charge du tube *m*
tube rating
D: Röhrenleistung *f*
F: puissance du tube *f*
tube rating chart
D: Röhrenbelastungstabelle *f*
F: tableau de charge du tube *m*
tube selector
D: Arbeitsplatzwähler *m*
F: sélecteur de poste de travail *m*
tube shield
D: Röhrengehäuse *n*
F: gaine radiogène *f*
tube shield holder
D: Röhrengehäusehalterung *f*
F: support de gaine *m*
tube shield swung out
D: ausgeschwenktes Röhrengehäuse
F: gaine pivotée *f*
tube shield with rotatable center section
D: Röhrengehäuse mit drehbarem Mittelteil
F: gaine avec partie médiane rotative *f*
tube tension
D: Röhrenspannung *f*
F: tension du tube *f*
tube voltage
D: Röhrenspannung *f*
F: tension du tube *f*
tube with protective housing
D: Vollschutzröhre *f*
F: tube à protection intégrale *m*
tumbler shaft
D: Nockenwelle *f*
F: arbre à cames *m*
tumor *n*
D: Herd *m* (Tumor)
F: foyer pathologique *m*, tumeur *f*
tumor depth
D: Herdtiefe *f*
F: profondeur de la tumeur *f*
tumor dose
D: Herddosis *f*
F: dose à la tumeur *f*
tumor dose calculation [ther.]
D: Herddosisberechnung *f*
F: calcul de la dose à appliques à la tumeur *m*
tune *v* [elec., phys.]
D: abstimmen *v*
F: accorder *v*
tune *v* [mech.]
D: abstimmen *v*
F: régler *v*
tungsten rotating anode
D: Wolframdrehanode *f*
F: anode tournante en tungstène *f*
tuning *n* [elec., phys.]
D: Abstimmung *f*

F: accord *m*, synchronisation *f*
tuning *n* [mech.]
D: Abstimmung *f*
F: réglage *m*
tuning device [elec.]
D: Abstimmvorrichtung *f*
F: dispositif d'accord *m*
turn *n* (motor)
D: Umdrehung *f*
F: tour *m*
turned off *adj* (US)
D: ausgeschaltet *adj*, abgeschaltet *adj*
F: éteint *adj* (lumière), interrompu *adj*, coupé *adj* (courant)
turned on *adj* (US)
D: eingeschaltet *adj*, angeschaltet *adj*
F: allumée *adj* (lumière), fermé *adj* (circuit, courant)
turning moment [phys.]
D: Drehmoment *n*
F: moment de torsion *m*
turning-off *n* (US)
D: Abschaltung *f*, Ausschaltung *f*, Unterbrechung *f*
F: mise hors circuit *f*, déconnexion *f*, coupure *f*, interruption *f*
turn off *v* (US)
D: abschalten *v*, ausschalten *v*, unterbrechen *v*
F: couper *v* (le courant), interrompre *v* (le courant), éteindre *v* (la lumière)
turn on *v* (US)
D: einschalten *v*, anschalten *v*
F: allumer *v* (lumière), fermer *v* (circuit, courant), mettre en circuit (courant)
turntable *n*
D: Drehtisch *m*
F: panneau giratoire *m*
TV frame [tv.]
D: Halbbild *n*
F: demi-image *f*
twelve-peak generator (COCIR)
D: Zwölfpulsgenerator *m*
F: générateur à douze crêtes *m*
twelve-pulse generator (COCIR)
D: Zwölfpulsgenerator *m*
F: générateur à douze crêtes *m*
two-button control
D: Zweiknopfbedienung *f*
F: service à deux boutons *m*
two-channel light distributor [tv.]
D: Zweikanal-Lichtverteiler *m*
F: répartiteur de lumière bicanal *m*
two-electrode valve
D: Zweipolröhre *f*, Diode *f*
F: diode *f*, tube à deux électrodes *m*
two-peak generator (COCIR)
D: Zweipulsgenerator *m*
F: générateur à deux crêtes *m*
two-point suspension
D: Zweipunktaufhängung *f*
F: suspension à deux points *f*
two-pulse generator (COCIR)
D: Zweipulsgenerator *m*
F: générateur à deux crêtes *m*
two-tube operation
D: Zweiröhrenbetrieb *m*
F: régime à deux tubes *m*
two-wire *adj*
D: zweiadrig *adj*
F: à deux conducteurs, bifilaire *adj*
type test
D: Bauartprüfung *f*
F: essai de type *m*

U

ultra-fine focus
D: Feinstfokus *m*
F: foyer ultrafin *m*
ultrahard X-rays
D: ultraharte Röntgenstrahlen
F: rayons X ultra-durs *m pl*
unbalance *n*
D: Unwucht *f*
F: balourd *m*, déséquilibre *m*
unbalanced *adj*
D: unabgeglichen *adj*
F: non compensé
uncouple *v*

D: auskuppeln *v*
F: débrayer *v*, désaccoupler *v*
undamped *adj*
D: ungedämpft *adj*
F: non amorti
underexposure *n*
D: Unterbelichtung *f*
F: sous-exposition *f*
underpressure *n*
D: Unterdruck *m*
F: sous-pression *f*
undertable fluoroscopy
D: Untertischdurchleuchtung *f*
F: radioscopie avec tube au-dessous de la table *f*
undertable image intensifier
D: Untertisch-Bildverstärker *m*
F: amplificateur de brillance au-dessous de la table *m*
undertable radiograph [cons., rad.]
D: Untertischaufnahme *f*
F: radiographie avec tube au-dessous de la table *f*
undertable spotfilm device
D: Untertischzielgerät *n*
F: sélecteur sous table *m*
undervoltage *n*
D: Unterspannung *f*
F: sous-tension *f*
uneconomical *adj*
D: unwirtschaftlich *adj*
F: non économique
uneven *adj*
D: uneben *adj*
F: inégal *adj*, non plan
unfinished *adj*
D: unbearbeitet *adj*
F: non usiné
ungrounded *adj*
D: ungeerdet *adj*
F: non mis à la terre
uniform design
D: Einheitsbauweise *f*
F: mode standard de construction *m*
uniform standards
D: einheitliche Vorschriften
F: instructions uniformes
unify *v*
D: vereinheitlichen *v*
F: normaliser *v*, standardiser *v*
unit *n*
D: Einrichtung *f* (Anlage)
F: installation *f*
unit of time
D: Zeiteinheit *f*
F: unité de temps *f*
universal examination table
D: Universal-Untersuchungsgerät *n*
F: table d'examen universelle *f*
unlimited life duration
D: unbegrenzte Lebensdauer
F: durée d'utilisation illimintée *f*
unloaded *adj*
D: unbelastet *adj*
F: non chargé
unsharpness *n*
D: Verwischung *f*, Unschärfe *f*
F: effacement *m*, flou *m*
unshielded *adj*
D: unabgeschirmt *adj*
F: non blindé
unsprung *adj*
D: ungefedert *adj*
F: non suspendu
untight *adj*
D: undicht *adj*
F: non étanché
untuned *adj*
D: unabgestimmt *adj*
F: non accordé
unvarnished *adj*
D: unlackiert *adj*
F: non laqué
unwanted object
D: Störobjekt *n*
F: objet gênant *m*
up-and-down movement
D: Auf- und Abbewegung *f*
F: mouvement de montée et descente *m*
upper arm
D: Oberarm *m*
F: bras *m*
upward movement
D: Aufwärtsbewegung *f*
F: montée *f*

ureter *n*
D: Ureter *m*, Harnleiter *m*
F: uretère *m*
urethra *n*
D: Urethra *f*, Harnröhre *f*
F: urètre *m*
urinary system
D: Harnsystem *n*
F: système urinaire *m*
urography *n*
D: Urographie *f* (Darstellung der Nierenbecken und Harnleiter)
F: urographie *f*
urological table
D: Urologentisch *m*
F: table urologique *f*
useful area
D: Nutzbereich *m* (ausnützbarer Bereich)
F: domaine d'utilisation *f*
useful effect
D: Nutzleistung *f*
F: puissance utile *f*
useful load
D: Nutzlast *f*
F: charge utile *f*
useful power
D: Nutzleistung *f*
F: puissance utile *f*
useful radiation beam (COCIR)
D: Nutzstrahlenbündel *n*
F: faisceau du rayonnement utile *m*
user *n*
D: Verbraucher *m*, Energieumsetzer *m*
F: consommateur *m*, utilisateur *m*
utilization *n*
D: Ausnützung *f*
F: utilisation *f*

V

vacuum coating
D: Aufdampfen *n* (Bedampfung mit Metall unter Vakuum)
F: vaporisation sous vide *f*
vacuum metallization
D: Aufdampfen *n* (Bedampfung mit Metall unter Vakuum)
F: vaporisation sous vide *f*
vacuum-sealed *adj*
D: vakuumdicht *adj*
F: étanche au vide, hermétique *adj*
vacuum-tight *adj*
D: vakuumdicht *adj*
F: étanche au vide, hermétique *adj*
vacuum tube
D: Vakuumröhre *f*
F: tube à vide *m*
valve action
D: Ventilwirkung *f*
F: effet de soupape *m*
valve effect
D: Ventilwirkung *f*
F: effet de soupape *m*
valve tube rectifier
D: Ventilgleichrichter *m*
F: redresseur à soupape *m*
variable exposure time [rad.]
D: gleitende Grenzzeit
F: temps d'exposition variable *m*
variable load
D: wechselnde Belastung
F: chargement variable *m*
variable ratio transformer
D: Regeltransformator *m*
F: transformateur de réglage *m*
variable resistance [elec.]
D: Regelwiderstand *m* (Widerstandswert)
F: résistance réglable *f*, résistance variable *f*
variable resistor [elec.]
D: Regelwiderstand *m* (Gegenstand), Abgleichwiderstand *m*
F: résistance réglable *f*, résistance variable *f*, résistance d'équilibrage *f*
variation *n*
D: Änderung *f*
F: changement *m*, correction *f*, modification *f*
varistor *n*
D: Varistor *m* (VDR),

spannungsabhängiger Widerstand
F: varistor *m*

varnish *n*
D: Lackierung *f*, Lacküberzug *m*
F: laquage *m*

vaulted *adj*
D: gewölbt *adj*
F: voûté *adj*

velocity *n* (non rotating)
D: Geschwindigkeit *f*
F: vitesse *f*

venography *n*
D: Phlebographie *f*, Venographie *f*, Venendarstellung *f*
F: phlébographie *f*, veinographie *f*

ventilated *adj*
D: luftgekühlt *adj*
F: refroidi par air

ventilation *n*
D: Entlüftung *f*, Lüftung *f*
F: aération *f*, ventilation *f*

ventilator *n*
D: Lüfter *m*, Ventilator *m*
F: ventilateur *m*

ventilator cooling
D: Ventilatorkühlung *f*
F: refroidissement par ventilateur *m*

ventrad *adv*
D: bauchwärts *adv*, ventral *adv*
F: à face ventrale

ventral *adj*
D: ventral *adj*
F: ventral *adj*

ventricle *n*
D: Ventrikel *m* (allg. Kammer oder Hohlraum, spez. Herzkammer oder Hirnventrikel)
F: ventricule *m*

ventricle filling
D: Ventrikelfüllung *f*
F: remplissage des ventricules *m*

ventriculography *n*
D: Ventriculographie *f*
F: ventriculographie *f*

vertebral column
D: Wirbelsäule *f*
F: colonne vertébrale *f*

vertical examination stand (COCIR)
D: Stützwandgerät *n*
F: dossier vertical *m*

vertically adjustable
D: in der Höhe verstellbar
F: réglable en hauteur

vibration *n* [mech.]
D: Schwingung *f*
F: vibration *f*

vibrator *n*
D: Zerhacker *m* (für Gleichspannungswandler)
F: vibreur *m*, chopper *m*

video signal [tv.]
D: Bildsignal *n*
F: signal vidéo *m*, signal d'image *m*

vidicon tube
D: Vidiconröhre *f*
F: vidicon *m*

view box
D: Schaukasten *m*, Filmbetrachtungsgerät *n*
F: négatoscope *m*

viewing distance [opt.]
D: Betrachtungsabstand *m*
F: distance d'observation *f*

viewing ocular
D: Betrachtungsoptik *f*
F: optique d'observation *f*

vignetting *n* [II]
D: Vignettierung *f* [BV]
F: vignetage *f* [AB]

vignetting, electronic ~ compensation [tv.]
D: elektronischer Vignettierungsausgleich
F: compensation du vignettage électronique *f*

vignetting effect
D: Vignettierung *f* [BV]
F: vignetage *f* [AB]

visible *adj*
D: sichtbar *adj*
F: visible *adj*

visual localizer
D: Lichtvisier *n*
F: viseur lumineux *m*, diaphragme lumineux *m*

visual localizer cone
D: Lichtvisiertubus *m*

F: localisateur à champ lumineux *m*, localisateur lumineux *m*

visual localizer lamp
D: Lichtvisierlampe *f*
F: lampe du viseur lumineux *f*

voltage *n*
D: Spannung *f*
F: tension *f*

voltage between phases
D: verkettete Spannung
F: tension composée *f*, tension entre phases *f*

voltage compensation
D: Spannungsausgleich *m*
F: compensation de tension *f*

voltage control
D: Spannungsregelung *f*
F: réglage de tension *m*

voltage-dependent resistor
D: Varistor *m* (VDR), spannungsabhängiger Widerstand
F: varistor *m*

voltage detector
D: Spannungsprüfer *m*
F: détecteur de tension *m*

voltage divider
D: Spannungsteiler *m*
F: réducteur de tension *m*

voltage drop
D: Spannungsabfall *m*
F: chute de tension *f*

voltage fluctuation
D: Spannungsschwankung *f*
F: fluctuation de tension *f*, variation de tension *f*

voltage limiter
D: Spannungsbegrenzer *m*
F: limiteur de tension *m*

voltage loss
D: Spannungsverlust *m*
F: perte de potentiel *f*

voltage range
D: Spannungsbereich *m*
F: plage de la tension *f*

voltage regulator
D: Spannungsregler *m*
F: régulateur de tension *m*

voltage safety
D: Spannungssicherheit *f*
F: sécurité de tension *f*

voltage selector
D: Spannungswahlschalter *m*
F: sélecteur de tension *m*

voltage source
D: Spannungsquelle *f*, Stromquelle *f*
F: source de courant *f*

voltage stabilization
D: Spannungsstabilisierung *f*
F: stabilisation de la tension *f*

voltage stabilizer
D: Spannungsstabilisator *m*
F: stabilisateur de tension *m*

voltage supply
D: Spannungsversorgung *f*
F: alimentation électrique *f*

voltage transformer
D: Spannungswandler *m*
F: convertisseur de tension *m*

voltage variation
D: Spannungsschwankung *f*
F: fluctuation de tension *f*, variation de tension *f*

W

wall bracket
D: Wandkonsole *f*
F: console murale *f*

wall mount
D: Wandbefestigung *f*
F: montage mural *m*, fixation murale *f*

wall-mounted unit
D: Wandgerät *n*
F: statif mural *m*

wall mounting
D: Wandbefestigung *f*
F: montage mural *m*, fixation murale *f*

wall socket
D: Wandsteckdose *f*
F: prise de courant murale *f*

warm-up *n*
D: Erwärmung *f*

F: échauffement *m*
warm-up time
D: Aufheizzeit *f*
F: temps de chauffage *m*
warning device
D: Warneinrichtung *f*
F: dispositif d'avertissement *m*
warning light
D: Warnlampe *f*
F: lampe d'avertissement *f*
warning sign
D: Warnschild *n*
F: plaque d'avertissement *f*
warning signal
D: Warnsignal *n*
F: signal d'avertissement *m*
washer *n*
D: Unterlegscheibe *f*
F: rondelle *f*
water-cooled *adj*
D: wassergekühlt *adj*
F: à refroidissement par eau
water cooling
D: Wasserkühlung *f*
F: redroidissement par eau *m*
water jacket
D: Wassermantel *m*
F: chemise d'eau *f*
water mains
D: Wasserleitung *f*
F: conduite d'eau *f*
water-pressure switch
D: Wasserdruckschalter *m*
F: interrupteur hydraulique *m*
water-proof *adj*
D: wasserdicht *adj*
F: imperméable *adj*
water supply
D: Wasserleitung *f*
F: conduite d'eau *f*
watertight *adj*
D: wasserdicht *adj*
F: imperméable *adj*
wattful current
D: Wirkstrom *m*
F: courant efficace *m*
wattmeter *n*
D: Wattmeter *n*
F: wattmètre *m*
wave *n*
D: Welle *f* (Schwingung)
F: onde *f*
wave band
D: Wellenbereich *m*
F: gamme de fréquence *f*
wavelength *n*
D: Wellenlänge *f*
F: longueur d'onde *f*
wave range
D: Wellenbereich *m*
F: gamme de fréquence *f*
waviness *n*
D: Welligkeit *f*
F: ondulation *f*
wear and tear
D: Verschleiß *m*, Abnützung *f*
F: usure *f*
wearing part
D: Verschleißteil *m*
F: pièce d'usure *f*
wedge filter
D: Keilfilter *m*
F: filtre en coin *m*
welded joint
D: Schweißnaht *f*
F: cordon de soudure *m*, joint soudé *m*
welding seam
D: Schweißnaht *f*
F: cordon de soudure *m*, joint soudé *m*
weld on *v*
D: anschweißen *v*
F: souder sur *v*
whole-body irradiation
D: Ganzkörperbestrahlung *f*
F: irradiation du corps entier *f*
winding *n*
D: Wicklung *f*
F: bobinage *m*, enroulement *m*
winding *n*
D: Windung *f*
F: spire *f*
window level [CT]
D: Fensterlage *f*
F: position de la fenêtre *f*
window width [CT]
D: Fensterbreite *f*

F: largeur de fenêtre *f*

wind up *v*
D: aufspulen *v*
F: bobiner *v*

wipe contact
D: Wischkontakt *m*
F: contact par curseur *m*

wire *n*
D: Leitungsdraht *m*
F: fil conducteur *m*, fil de ligne *m*

wire cross-section
D: Leitungsquerschnitt *m*
F: section du conducteur *f*

wire gage
D: Drahtdicke *f*
F: diamêtre du fil *m*

wiring *n*
D: Leitungsverlegung *f*
F: pose de ligne *f*

wiring *n*
D: Schaltung *f*, Verdrahtung *f*
F: câblage *m*, circuit *m*

wiring diagram
D: Schaltbild *n*, Schaltplan *m*, Leitungsplan *m*, Verdrahtungsplan *m*, Stromlaufbahn *f* (IEC)
F: schéma électrique *m*, plan de câblage *m*, schéma de câblage *m*, plan des circuits *m*, schéma des connexions *m* (CEI)

wiring diagram folder
D: Schaltplanmappe *f*
F: dossier des schémas électriques *m*

wiring diagram sheet
D: Schaltplanblatt *n*
F: feuille de schéma électrique *f*

wiring scheme
D: Schaltbild *n*, Schaltplan *m*, Leitungsplan *m*, Verdrahtungsplan *m*, Stromlaufbahn *f* (IEC)
F: schéma électrique *m*, plan de câblage *m*, schéma de câblage *m*, plan des circuits *m*, schéma des connexions *m* (CEI)

wooden base
D: Holzuntersatz *m*
F: socle en bois *m*, plaque de base en bois *f*

wooden support
D: Holzuntersatz *m*
F: socle en bois *m*, plaque de base en bois *f*

working point
D: Arbeitspunkt *m*
F: point de fonctionnement dynamique *m*

workroom *n*
D: Werkstatt *f*
F: atelier *m*

workshop *n*
D: Werkstatt *f*
F: atelier *m*

worm drive
D: Schneckenantrieb *m*, Schneckengetriebe *n*
F: actionnement par vis sans fin *m*, engrenage à vis sans fin *m*

worm gear
D: Schneckenantrieb *m*, Schneckengetriebe *n*
F: actionnement par vis sans fin *m*, engrenage à vis sans fin *m*

writing board
D: Schreibplatte *f*
F: sous-main *m*

wrong connection
D: Verschaltung *f*, Fehlschaltung *f*
F: faute du montage électrique *f*

X

X-ray beam
D: Röntgenstrahl *m*
F: rayon X *m*

X-ray cavity therapy
D: Röntgen-Körperhöhlentherapie *f*, Körperhöhlentherapie *f*
F: röntgenthérapie intracavitaire *f*, rœntgenthérapie intracavitaire *f*, radiothérapie intracavitaire *f*

X-ray contact therapy
D: Röntgennahbestrahlung *f*
F: radiothérapie de contact *f*

X-ray contrast medium

D: Röntgenkontrastmittel *n*
F: moyen de contraste *m*, substance de contraste radiologique *f*
X-ray department
D: Röntgenabteilung *f*, Röntgenstation *f*
F: service radiologique *m*, station radiologique *f*
X-ray diagnosis
D: Röntgendiagnose *f*
F: examen radiologique *m*
X-ray diagnostic unit
D: Röntgendiagnostikgerät *n*
F: tube de röntgendiagnostic *f*, tube de rœntgendiagnostic *f*
X-ray diffraction analysis
D: Feinstrukturuntersuchung *f*
F: analyse cristallographique par diffraction *f*
X-ray equipment
D: Röntgeneinrichtung *f*
F: équipement radiologique *m*
X-ray examination
D: Röntgenuntersuchung *f*
F: examen radiologique *m*
X-ray examination table
D: Röntgengerät *n*, Gerät *n*
F: appareil radiologique *m*, table radiologique *f*
X-ray exposure
D: Röntgenaufnahme *f*
F: radiographie *f*, cliché radiographique *m*
X-ray generator
D: Röntgenapparat *m*, Röntgengenerator *m*
F: générateur radiologique *m*, générateur radiogène *m*, groupe radiogène *m*
X-ray image
D: Röntgenbild *n*
F: image radiologique *f*
X-ray image intensifier
D: Röntgenbildverstärker *m* (RBV)
F: amplificateur de brillance radiologique *m*
X-ray installation
D: Röntgenanlage *f*
F: installation radiologique *f*
X-ray institute
D: Röntgeninstitut *n*
F: institut radiologique *m*
X-ray power set
D: Röntgenaggregat *n*
F: équipement radiologique *m*
X-ray practice
D: Röntgenpraxis *f*
F: cabinet radiologique *m*
X-ray quantum
D: Röntgenquant *n*
F: quantum de rayons X *m*
X-rays in the operating theater
D: Röntgen im OP *n*
F: radiologie chirurgicale *f*
X-ray source
D: Röntgenstrahlenquelle *f*
F: émetteur de rayons X *m*
X-ray stereofluoroscopy
D: Röntgen-Stereo-Durchleuchtung *f*
F: stéréo-radioscopie *f*
X-ray television
D: Röntgenfernsehen *n*
F: röntgentélévision *f*, rœntgentélévision *f*
X-ray television chain
D: Röntgenfernsehkette *f*
F: chaîne de röntgentélévision *f*, chaîne de rœntgentélévision *f*
X-ray tube
D: Röntgenröhre *f*
F: tube radiogène *m*
X-ray tube assembly (housing with tube)
D: Röntgenstrahler *m* (Gehäuse mit Röhre)
F: gaine équipée *f* (gaine avec tube)
X-ray unit
D: Röntgeneinrichtung *f*
F: équipement radiologique *m*
X-ray unit accessories
D: Gerätezubehör *n*
F: accessoires d'appareils *m pl*
X-ray unit indicator
D: Arbeitsplatzanzeige *f*
F: indication de poste de travail *f*

X-ray unit selector
D: Gerätewähler *m*
F: sélecteur d'appareil *m*
X-ray video tape recorder
D: Röntgenbandspeicher *m*
F: magnétoscope radiologique *m*
X-ray window (tube housing)
D: Austrittsfenster *n*, Strahlenaustrittsfenster *n*
F: fenêtre de sortie *f* (gaine radiogène)

Z

Zener diode
D: Zenerdiode *f*
F: diode Zener *f*
zero passage
D: Nulldurchgang *m*
F: passage au zéro *m*
zig-zag connection
D: Zickzackschaltung *f*
F: connexion en zig-zag *f*
zonography *n*
D: Zonographie *f*
F: zonographie *f*
zoom lens
D: Zoom-Optik *f*
F: optique zoom *f*

German-English-French

Deutsch-Englisch-Französisch

Allemand-Anglais-Français

A

Abbildungsfehler *m* [phot., rad.]
E: image defect
F: défaut d'image *m*
Abbildungsverhältnis *n* [BV]
E: image ratio [II]
F: rapport de reproduction *m* [AB]
abblenden *v* [phot.,rad.]
E: screen *v*
F: diaphragmer *v*
abbremsen *v*
E: brake *v*
F: freiner *v*
Abbremsung *f*
E: braking *n*
F: freinage *m*
Abdeckplatte *f*
E: cover plate
F: plaque de recouvrement *f*
abdichten *v*
E: seal *v*
F: étancher *v*
Abdichtung *f*
E: sealing *n*
F: étanchéité *f*
Abfallzeit *f* [tv.]
E: decay time
F: temps de descente *m*
Abflußleitung *f*
E: drain line, drain pipe
F: canalisation de sortie *f*, conduite de sortie *f*
abgeschaltet *adj*
E: switched off *adj*, turned off *adj* (US)
F: éteint *adj* (lumière), interrompu *adj*, coupé *adj* (courant)
abgeschirmt *adj* [elec.]
E: shielded *adj*
F: blindé *adj*
abgeschirmte Leitung [elec.]
E: shielded cable, screened line
F: câble blindé *m*
abgleichen *v* [elec.]
E: adjust *v*, compensate *v*, trim *v*
F: ajuster *v*, compenser *v*
abgleichen *v* [mech.]
E: align *v*
F: équilibrer *v*
Abgleichkondensator *m*
E: trimming capacitor, trimmer *n*
F: trimmer *m*
Abgleichung *f* [elec.]
E: adjustment *n*, compensation *n*, trimming *n*
F: ajustement *m*, compensation *f*
Abgleichung *f* [mech.]
E: alignment *n*
F: équilibrage *m*
Abgleichwiderstand *m* [elec.]
E: variable resistor, adjustable resistor
F: résistance réglable *f*, résistance variable *f*, résistance d'équilibrage *f*
abkühlen *v*
E: cool *v*
F: refroidir *v*
Abkühlkurve *f*
E: cooling curve, heat dissipation diagram
F: courbe de refroidissement *f*
Abkühlungsgeschwindigkeit *f*
E: cooling rate
F: vitesse de refroidissement *f*
Ablaufgeschwindigkeit *f*
E: travel speed
F: vitesse de déroulement *f*
Ablaufplan *m* (Graphik eines Arbeitsablaufs)
E: flow chart
F: organigramme *m*
Ablaufzeit *f*
E: travel time
F: temps de déroulement *m*, temps de fonctionnement *m*
Ableiter *m*
E: arrester *n*
F: conducteur de dérivation *m*
Ableitstrom *m*
E: leakage current
F: courant d'isolement *m*
Ablenkelektrode *f*
E: deflection electrode

F: électrode de défléxion *f*
Ablenkplatte *f*
E: deflector plate
F: plaque de défléxion *f*
Ablenkspannung *f* [BV]
E: deflecting voltage [II]
F: tension de déflexion *f* [AB]
Ablochen *n* [DV]
E: punching *n*, perforating *n*
F: perforation *f*
Abnahmeprüfung *f*
E: acceptance test
F: essai de recette *m*
abnehmbar *adj*
E: detachable *adj*
F: amovible *adj*
Abnützung *f*
E: abrasion *n*, wear and tear
F: usure *f*
abschalten *v*
E: switch off *v*, interrupt *v*, disconnect *v*, turn off *v* (US)
F: couper *v* (le courant), interrompre *v* (le courant), éteindre *v* (la lumière)
Abschaltung *f*
E: switching-off *n*, switch-off *n*, disconnection *n*, turning-off *n* (US)
F: mise hors circuit *f*, déconnexion *f*, coupure *f*, interruption *f*
abschirmen *v* [elec.]
E: shield *v*, screen *v*
F: blinder *v*
Abschirmgeflecht *n*
E: shielding braid
F: treillis de blindage *m*
Abschirmgitter *n* [vac.]
E: screen grid
F: grille-écran *m*
Abschirmung *f* [elec.]
E: shield *n*
F: blindage *m*
abschmieren *v*
E: lubricate *v*
F: graisser *v*
abschnittweise Verschiebung (z.B. einer Tischplatte bei Extremitätenaufnahmen)
E: sectionwise shifting, stepwise movement
F: déplacement par paliers *m*
Abschwächung *f* [elec., mech.]
E: damping *n*, attenuation *n*
F: atténuation *f*
absorbierte Dosis
E: absorbed dose
F: dose absorbée *f*
Absorptionsverlust *m* [phys.]
E: absorption loss
F: perte par absorption *m*
Absperrventil *n*
E: stop valve
F: soupape d'arrêt *f*
Abstandsbolzen *m*
E: spacing bolt, spacer *n*
F: boulon d'espacement *m*
Abstandsbügel *m*
E: spacer *n*
F: étrier d'écartement *m*, étrier de distance *m*
Abstandsquadratgesetz *n* [phys., rad.]
E: inverse square law of distance
F: loi de l'inverse du carré de la distance *f*
Abstandsstück *n*
E: spacer *n*
F: entretoise *f*
Abstandstubus *m*
E: distance cone
F: localisateur de distance *m*
abstimmen *v* [elec., phys.]
E: tune *v*
F: accorder *v*
abstimmen *v* [mech.]
E: tune *v*
F: régler *v*
Abstimmung *f* [elec., phys.]
E: tuning *n*
F: accord *m*, synchronisation *f*
Abstimmung *f* [mech.]
E: tuning *n*
F: réglage *m*
Abstimmvorrichtung *f* [elec.]
E: tuning device
F: dispositif d'accord *m*
abstrahlen *v*
E: radiate *v*
F: rayonner *v*

Abstrahlung *f*
E: radiation *n*
F: rayonnement *m*, radiation *f*
Abstufung *f* [phot.]
E: gradation *n*
F: gradation *f*
Abtasteinheit *f* [CT]
E: gantry *n*
F: unité de balayage *f*
Abtaster *m*
E: scanner *n*
F: scanner *m*, dispositif de balayage *m*
Abtastfehler *m* [DV]
E: reading error, read error
F: erreur de balayage *f*
Abtastformat *n* [CT]
E: field size
F: champ de balayage *m*
Abtaststrahl *m*
E: scanning beam
F: faisceau de balayage *m*
Abtastung *f*
E: scanning *n*
F: balayage *m*
Abtastverfahren *n* [DV]
E: scanning method
F: méthode de balayage *f*
Abwärtsbewegung *f*
E: downward movement, lowering *n*
F: mouvement descendant *m*, mouvement vers le bas *m*
Abweichung *f* [phys.]
E: deviation *n*
F: déviation *f*
Abweichung *f* [mech.]
E: deviation *n*
F: écart *m*
Abzweigdose *f* [elec.]
E: distribution panel, distribution box, distributor box, terminal box, junction box, connecting box (GB)
F: coffret de distribution *m*, boîte de distribution *f*, boîte de dérivation *f*, boîte de connexion *f*, coffret de raccordement *m*, boîte de jonction *f*
Achsabstand *m*
E: axle spacing
F: distance d'axe à axe *f*
Adaptation *f* [elec., mech.]
E: adaptation *n*
F: adaptation *f*
Adaptationszeit *f*
E: adaptation time
F: temps d'adaptation *m*
Al-Gleichwert *m* [rad.]
E: Al equivalent
F: équivalent d'aluminium *m*
Alterung *f*
E: ageing *n*
F: vieillissement *m*
Amperesekunde *f*
E: ampere-second *n*
F: ampère-seconde *f*
Analogrechner, elektronischer
E: electronic analog computer
F: calculateur électronique analogique *m*
anatomische Schicht [CT]
E: slice *n*, anatomic slice
F: vue anatomique *f*
Anbringungsweise *f*
E: method of attachment
F: mode de fixation *m*
Änderung *f*
E: alteration *n*, change *n*, variation *n*, modification *n*
F: changement *m*, correction *f*, modification *f*
Änderungsmitteilung *f*
E: amendment *n*, notification of change
F: informations sur un changement *f pl*
anfahren *v*
E: start *v*
F: démarrer *v*
angeschaltet *adj*
E: power on, switched on *adj*, under power, turned on *adj* (US)
F: allumée *adj* (lumière), fermé *adj* (circuit, courant)
Angiographie *f* (Darstellung der Blutgefäße)
E: angiography *n*
F: angiographie *f*

Angiokardiographie *f* (Darstellung der herznahen großen Blutgefäße)
E: angiocardiography *n*
F: angiocardiographie *f*
Ankerschiene *f*
E: anchor rail
F: rail d'ancrage *m*
Anlagenausrüstung *f*
E: equipment configuration
F: équipement d'installation *m*
Anlagenskizze *f*
E: sketch of unit
F: schéma de l'installation *m*
anlassen *v* [elec., mech.]
E: start *v*
F: démarrer *v*, mettre en marche
Anlaßgerät *n*
E: starter *n* (US), starting device (GB)
F: démarreur *m*
Anlauf *m*
E: starting *n*
F: démarrage *m*
Anlaufzeit *f*
E: starting time
F: temps de démarrage *m*
Anodenaufrauhung *f* (einer Röntgenröhre)
E: anode roughening (X-ray tube)
F: cratérisation de l'anode *f* (tube radiogène)
Anodendrehzahl *f* (einer Drehanodenröntgenröhre)
E: anode rotational speed (rotating anode tube)
F: vitesse de rotation de l'anode *f* (tube à anode tournante)
Anodenhochlauf *m* (einer Drehanodenröntgenröhre)
E: anode acceleration (rotating anode tube)
F: accélération de l'anode *f* (tube à anode tournante)
anodenseitig *adj*
E: at the anode side
F: côté anodique
Anodenteller *m*
E: anode disk
F: disque d'anode *m*
Anodentellerdurchmesser *m*
E: anode disk diameter
F: diamètre du disque d'anode *m*
Anodentellerwinkel *m*
E: anode disk angle
F: pente de l'anode *f*
Anordnung *f* (räumlich)
E: local arrangement
F: disposition locale *f*
Anpassung *f* [elec., mech.]
E: adaptation *n*
F: adaptation *f*
Anpassungsgerät *n*
E: adapter *n*
F: appareil d'adaptation *m*
Ansaugefilter *n*
E: intake filter (US), suction filter (GB)
F: filtre d'aspiration *m*
ansaugen *v*
E: suck *v*
F: aspirer *v*
anschalten *v*
E: switch on *v*, turn on *v* (US)
F: allumer *v* (lumière), fermer *v* (circuit, courant), mettre en circuit (courant)
Anschaltung *f*
E: switching-on *n*
F: mise en circuit *f*
Anschlag *m* [mech.]
E: stop *n*
F: butée *f*, arrêt *m*
Anschlußkabel *n*
E: interconnection cable, connecting cable
F: câble de connexion *m*
Anschlußkasten *m* [elec.]
E: distribution panel, distribution box, distributor box, terminal box, junction box, connecting box (GB)
F: coffret de distribution *m*, boîte de distribution *f*, boîte de dérivation *f*, boîte de connexion *f*, coffret de raccordement *m*, boîte de jonction *f*
Anschlußplatte *f* [elec.]
E: connection plate
F: platine de raccordement *f*

Anschlußspannung *f*
E: mains voltage, line voltage
F: tension d'alimentation *f*
anschmelzen *v*
E: fuse on *v*
F: fondre sur *v*
anschweißen *v*
E: weld on *v*
F: souder sur *v*
Anstiegszeit *f* [elec., tv.]
E: rise time
F: temps de montée *m*
antiseptisch *adj*
E: antiseptic *adj*
F: antiseptique *adj*
Antrieb *m*
E: drive *n*
F: entraînement *m*
Antrieb, hydraulischer
E: hydraulic drive
F: commande hydraulique *f*
Anwendungsbereich *m*
E: range of application
F: sphère d'application *f*
Anzeige *f* [elec., opt.]
E: indication *n*, display *n*
F: indication *f*, signalisation *f*
Anzeige der Schichtlage [CT]
E: slice plane indication
F: indication du plan de coupe *f*
Anzeigelampe *f*
E: pilot lamp, signal lamp, indicating lamp (GB)
F: lampe-témoin *f*
Anzugsmoment *n* [mech.]
E: starting moment
F: couple de démarrage *m*
Aortographie *f* (Darstellung der großen Körperschlagader)
E: aortography *n*
F: aortographie *f*
Arbeitsplatzanzeige *f*
E: tube indicator, X-ray unit indicator
F: indication de poste de travail *f*
Arbeitsplatzwähler *m*
E: tube selector
F: sélecteur de poste de travail *m*
Arbeitspunkt *m*
E: operating point, working point
F: point de fonctionnement dynamique *m*
Armauflage *f*
E: arm support
F: support-bras *m*
Arretierung *f*
E: lock *n*, locking *n*
F: butée *f*, dispositif d'arrêt *m*
Arretierung, elektromagnetische
E: electromagnetic lock
F: arrêt électro-magnétique *m*
Arretierung, mechanische
E: mechanical lock
F: arrêt mécanique *m*
Arteriographie *f* (Darstellung der Arterien einer bestimmten Körperpartie)
E: arteriography *n*
F: artériographie *f*
Arthrographie *f*
E: arthrography *n*
F: arthrographie *f*
ärztliche Untersuchung
E: medical examination
F: examen médical *m*
aseptischer Operationsraum
E: aseptic operating room
F: salle d'opération aseptique *f*
Auf- und Abbewegung *f*
E: up-and-down movement
F: mouvement de montée et descente *m*
Aufarbeitung *f*
E: reconditioning *n*
F: restauration *f*
Aufbau *m* (eines Geräts)
E: installation *n*, setting-up *n*, assembly *n*
F: montage *m*, assemblage *m*
Aufbewahrung *f*
E: storage *n*
F: stockage *m*, emmagasinage *m*
Aufdampfen *n* (Bedampfung mit Metall unter Vakuum)
E: vacuum coating, vacuum metallization, high vacuum plating
F: vaporisation sous vide *f*
Auffangkassette *f*

E: take-up magazine, take-up cassette
F: cassette réceptrice *f*
Auffindung der Störstelle
E: troubleshooting *n* (US), locating the trouble (GB)
F: localisation d'une panne *f*
Aufgabe *f*
E: task *n*, problem *n*
F: problème *m*
Aufgabe, eine ~ anpacken
E: to tackle a problem
F: attaquer un problème
Aufgabe, eine ~ übernehmen
E: to accept a task
F: se charger d'une tâche, se charger d'un problème
Aufhängehaken *m*
E: hook *n*
F: crochet *m*
Aufhängung *f*
E: suspension *n*
F: suspension *f*
Aufheizzeit *f*
E: warm-up time
F: temps de chauffage *m*
Auflagerdruck *m*
E: bearing pressure
F: pression sur le support *f*
Auflösung, geometrische [CT]
E: high contrast resolution
F: résolution à haut contraste *f*, résolution géométrique *f*
Auflösungsvermögen *n* [phot., BV]
E: resolving power, resolution *n*
F: pouvoir de résolution *m*
Aufnahme, Band~
E: recording *n*
F: enregistrement *m*
Aufnahme, Obertisch~ [cons., rad.]
E: overtable radiograph
F: radiographie sur-table *f*, radiographie avec tube au-dessus de la table *f*
Aufnahme, Röntgen~ [rad.]
E: radiograph *n*, X-ray exposure
F: radiographie *f*, cliché radiographique *m*
Aufnahme, Schräg~ [rad.]
E: angular view, oblique radiograph
F: radiographie sous incidence oblique *f*
Aufnahme, Übersichts~ [rad.]
E: survey exposure, survey radiograph
F: radiographie d'ensemble *f*
Aufnahme, unterteilte [cons., rad.]
E: spotfilm *n*, subdivided film, serialography *n*
F: radiographie subdivisée *f*, cliché subdivisé *m*
Aufnahme, Untertisch~ [cons., rad.]
E: undertable radiograph
F: radiographie avec tube au-dessous de la table *f*
Aufnahmeauslösung *f*
E: exposure release
F: déclenchement de la radiographie *m*, exposition *f*
Aufnahmedaten *plt*
E: exposure data
F: données d'exposition *f pl*
Aufnahmefeld *n*
E: radiographic field, exposure field
F: champ de radiographie *m*
Aufnahmeschalter *m*
E: exposure switch
F: commutateur d'exposition radiographique *m*
Aufnahmetechnik *f* [rad.]
E: radiographic technique
F: technique radiographique *f*
Aufnahmezählwerk *n*
E: exposure counter
F: compteur d'expositions *m*
Aufnahmezeit *f* [rad.]
E: exposure time
F: temps d'exposition *m*, temps de pose *m*
Aufnahmezeit *f* [CT]
E: data acquisition time
F: durée du balayage *f*
Aufnahmezubehör *n*
E: radiographic accessories
F: accessoires de radiographie *m pl*

Aufputzmontage *f* [elec.]
E: surface mounting
F: montage sur crépi *m*
aufrauhen *v*
E: roughen *v*
F: rendre rugueux
aufrichten *v* [mech.]
E: set up *v*, erect *v*
F: redresser *v*
aufspulen *v*
E: spool *v*, wind up *v*
F: bobiner *v*
Aufstellung *f* (Montage)
E: installation *n*, setting-up *n*, assembly *n*
F: montage *m*, assemblage *m*
Aufwärtsbewegung *f*
E: upward movement, lift *n*
F: montée *f*
Aufzeichnung, magnetische
E: magnetic recording
F: relevé magnétique *m*
Augenermüdung *f*
E: eyestrain *n*
F: fatigue des yeux *f*
Augenschutzglas *n*
E: protective eye glasses, safety glasses
F: verres de protection des yeux *m pl*
Ausbaustufe *f* [cons.]
E: extension stage
F: étage d'extension *m*
ausblenden *v* [phot., rad.]
E: collimate *v*
F: collimater *v*
Ausblendung *f* [phot., rad.]
E: collimation *n*
F: collimation *f*
Ausfallwinkel *m* [phot., rad.]
E: angle of emergence, exit angle
F: angle d'emergence *m*
Ausgangsleuchtschirm *m* [BV]
E: fluorescent output screen [II]
F: écran fluorescent de sortie *m* [AB]
ausgeglichen *adj*
E: balanced *adj*
F: équilibré *adj*
ausgeglichen, feder~
E: spring-counterbalanced *adj*
F: compensé par ressort
ausgeglichen, gewichts~
E: counterbalanced *adj*
F: compensé par le contrepoids
ausgeschaltet *adj* (abgeschaltet)
E: switched off *adj*, turned off *adj* (US)
F: éteint *adj* (lumière), interrompu *adj*, coupé *adj* (courant)
ausgeschwenktes Röhrengehäuse
E: tube shield swung out
F: gaine pivotée *f*
Ausgleich *m* [elec.]
E: compensation *n*
F: compensation *f*
Ausgleich *m* [mech.]
E: compensation *n*, counterbalancing *n*
F: compensation *f*
Ausgleichsfilter *n*
E: compensation filter
F: filtre de compensation *m*
Ausgleichsgewicht *n*
E: counterbalance *n*, counterpoise *n*, counterweight *n*, balance weight, compensating weight
F: équilibrage de poids *m*, contrepoids *m*, poids de compensation *m*
Ausgleichsmembran *f* (Röhrengehäuse)
E: compensating membrane (tube shield)
F: membrane de compensation *m* (gaine radiogène)
Ausgleichswiderstand *m* (Widerstandswert) [elec.]
E: compensating resistance
F: résistance de compensation *f*
Ausgleichswiderstand *m* (Gegenstand) [elec.]
E: compensating resistor
F: résistance de compensation *f*
ausklappbar *adj*
E: hinged *adj*
F: pivotant *adj*
auskuppeln *v*

E: uncouple *v*, disconnect *v*
F: débrayer *v*, désaccoupler *v*
Ausleger *m*
E: suspension arm
F: bras de suspension *m*
Auslösehebel *m*
E: release lever
F: levier de commande *m*
Auslöseknopf *m*
E: release button
F: bouton de commande *m*
Auslöseschalter *m*
E: release switch, starting switch
F: interrupteur *m*
Ausnützung *f*
E: utilization *n*
F: utilisation *f*
ausrüsten *v*
E: equip *v*, outfit *v*
F: équiper *v*
ausschalten *v*
E: switch off *v*, interrupt *v*, disconnect *v*, turn off *v* (US)
F: couper *v* (le courant), interrompre *v* (le courant), éteindre *v* (la lumière)
Ausschaltung *f*
E: switching-off *n*, switch-off *n*, disconnection *n*, turning-off *n* (US)
F: mise hors circuit *f*, déconnexion *f*, coupure *f*, interruption *f*
Ausscheidungsurographie *f*
E: intravenous pyelogram (IVP)
F: pyélogramme intraveineux *m*
Ausschlag *m*
E: deflection *n*
F: déviation *f*
Ausschnitt *m*
E: cutout *n*, section *n*
F: coupe *f*, secteur *m*
Ausschnittvergrößerung *f* [phot., rad.]
E: magnification of a section
F: agrandissement d'un secteur *m*
Ausschwenkung *f*
E: swinging-out *n*, swiveling-out *n*
F: pivotement *m*
Außendurchmesser *m*
E: outside diameter
F: diamètre extérieur *m*
außer Betrieb
E: out of operation, out of order, out of service
F: hors service
aussetzender Betrieb
E: intermittent operation
F: service intermittent *m*, service avec charge intermittente *m*
Austausch *m*
E: replacement *n*, interchange *n*, exchange *n*
F: échange *m*
austauschbar *adj*
E: interchangeable *adj*, replaceable *adj*
F: interchangeable *adj*
Austauschbarkeit, gegenseitige
E: interchangeability *n*
F: interchangeabilité *f*
Austauschteile *n pl*
E: interchangeable components
F: pièces de rechange *f pl*
Austrittsdosis *f*
E: exit dose
F: dose de sortie *f*
Austrittsfenster *n*
E: ray exit portal, X-ray window (tube housing)
F: fenêtre de sortie *f* (gaine radiogène)
auswechselbar *adj*
E: interchangeable *adj*, replaceable *adj*
F: interchangeable *adj*
auswechselbar, leicht
E: easily exchangeable, easy to replace
F: facilement échangeable
auswechseln gegen
E: replace with *v*, interchange with *v*
F: remplacer *v*, échanger *v*
Ausweichgerät *n*
E: alternate unit
F: appareil échangeable *m*
ausziehbar *adj*
E: extensible *adj*, expandable *adj*
F: extensible *adj*

ausziehen *v*
E: pull out *v*
F: étirer *v*
automatische Dosisleistungsregelung [rad.]
E: automatic dose rate control
F: réglage automatique du débit de dose *f*
automatische Entwicklung [phot.]
E: automatic processing
F: développement automatique *m*
automatische Formateinblendung [rad.]
E: automatic collimation, automatic coning device, automatic collimation set, automatic format setting
F: limitation automatique du format *f*, délimitation automatique du format *f*, collimation automatique du format *f*
automatische kV-Reduzierung [rad.]
E: automatic kV-reduction
F: réduction automatique des kV *f*
automatische Überlastungsschutzblockierung
E: automatic overload protection
F: blocage automatique contre la surcharge *m*
automatischer Zielbetrieb [cons., rad.]
E: automatic spotfilming
F: service automatique de radiographie orientée *m*

B

Bajonettverschluß *m*
E: bayonet catch
F: douille à baïonette *f*
Bandaufnahme *f*
E: recording *n*
F: enregistrement *m*
Bandbreite *f* [tv.]
E: bandwidth *n*
F: largeur de bande *f*
Bandfilter *n*
E: band-pass filter
F: filtre passe-bande *m*
Bandkompressorium *n* [cons.]
E: band-compressor *n*, belt-type compressor, compression device
F: compresseur à sangle *m*
Bandspeicher *m*
E: tape recorder
F: magnétoscope *m*, enregistreur magnétique *m*, magnétophone *m*
bariumhaltiges Kontrastmittel [rad.]
E: barium contrast medium
F: substance de contraste barytée *f*
Basisschaltung *f* [eltr.]
E: grounded-base circuit
F: circuit de base *m*, montage de base *m*
Bauartprüfung *f*
E: type test
F: essai de type *m*
bauchwärts *adv*
E: ventrad *adv*
F: à face ventrale
Bauelement *n*
E: component part
F: élément constitutif *m*
Baukastenprinzip *n*
E: modular concept, modular design
F: conception modulaire *f*, système modulaire *m*
Bauplatte *f*
E: chassis *n*
F: plaque de montage *f*
Beckenstütze *f*
E: pelvic support
F: support de bassin *m*
Becquerel (Bq) *n* (SI-Einheit der Aktivität, 1 Bq = $1 s^{-1}$) [phys.]
E: Becquerel *n* (SI-unit of activity)
F: Becquerel *m* (unité SI d'activité)
bedienbar, leicht
E: easy to operate
F: facilement manœuvrable
Bedienung *f*
E: operation *n*, handling *n*, actuation *n*, control *n*
F: commande *f*, manœuvre *m*

Bedienungsablauf *m*
E: flow of operation, sequence of operation
F: procédure de mise en œuvre *f*
Bedienungsanleitung *f*
E: service instructions
F: instructions d'utilisation *f pl*
Bedienungserleichterung *f*
E: facilitation of operation
F: simplification de la commande *f*
Bedienungskomfort *m*
E: operating convenience
F: confort de commande *f*
Bedienungsperson *f*
E: operator *n*
F: opérateur *m*
Bedienungspult *n*
E: control desk, control console
F: pupitre de commande *m*, poste de commande *m*
Bedienungstaste *f* [elec.]
E: control key
F: bouton-poussoir *m*
Beeinflussung, elektronische
E: electronic enhancement
F: traitement électronique *m*
Befund *m* [gen.]
E: findings *plt*, diagnosis *n*
F: résultat de l'examen *m*
Befundschreibung, radiologische
E: radiological reporting system
F: enregistrement radiologique du compte rendu *m*
Begleitpapiere *n pl*
E: accompanying documents
F: documents d'accompagnement *m pl*
Beharrungsvermögen *n*
E: inertia *n*
F: inertie *f*
Beinhalter *m*
E: leg support
F: support de jambe *m*
Belastungsdiagramm *n* [mech.]
E: loading diagram
F: diagramme de charge *m*
Belastungsdiagramm *n* [vac.]
E: rating chart
F: diagramme de charge *m*
Belastungsfrequenz *f*
E: load frequency, load rate
F: fréquence de charge *f*
Belastungsgrenze *f*
E: loading limit, loading point
F: limite de charge *f*
Belastungspause *f*
E: load pause
F: intervalle de charge *m*
Belastungsprobe *f*
E: load test
F: essai de charge *m*
Belastungszeit *f*
E: load time
F: temps de charge *m*
Belichtungsautomat *m* [gen.]
E: automatic exposure timer, automatic exposure control (US)
F: régulateur automatique du temps d'exposition *m*
Belichtungsautomat, organprogrammierter
E: organ-related automatic exposure timer, organ-related automatic exposure control (US)
F: automate d'exposition programmé par organes *m*
Belichtungsautomat, photoelektrischer
E: phototimer *n*
F: régulateur photo-électrique automatique du temps d'exposition *m*, automate d'exposition à cellule photo-électrique *m*
Belichtungstabelle *f*
E: exposure table, exposure chart
F: table d'exposition *f*
Belichtungswerte *m pl*
E: exposure data
F: taux d'exposition *m*
Belichtungszeit *f* [rad.]
E: exposure time
F: temps d'exposition *m*, temps de pose *m*
Bereitschaft *f*
E: readiness *n*
F: disponibilité *f*
Bereitschaftsanzeige *f*
E: indication of readiness, ready-

indicator *n*
F: indication de la disponibilité *f*
Bereitschaftsstellung *f*
E: standby position
F: position de disponibilité *f*
Berylliumfenster *n*
E: beryllium window
F: fenêtre de beryllium *f*
Bestrahlungszeit *f* [ther.]
E: irradiation time
F: temps d'irradiation *m*
betätigen *v*
E: operate *v*, handle *v*, actuate *v*
F: opérer *v*, commander *v*
Betätigung *f*
E: operation *n*, handling *n*, actuation *n*, control *n*
F: commande *f*, manœuvre *m*
Betrachtungsabstand *m* [opt.]
E: observation distance, viewing distance
F: distance d'observation *f*
Betrachtungsoptik *f*
E: viewing ocular
F: optique d'observation *f*
Betrieb *m*
E: operation *n*, service *n*
F: fonctionnement *m*, service *m*, régime *m*
Betrieb mit aussetzender Belastung
E: intermittent operation
F: service intermittent *m*, service avec charge intermittente *m*
Betrieb, außer
E: out of operation, out of order, out of service
F: hors service
Betrieb, freier (ohne Automatik) [rad.]
E: free operation (without automatic system)
F: service libre *m* (sans automatisme)
Betriebsart *f*
E: mode of operation
F: mode de fonctionnement *m*
betriebsbereit *adj*
E: ready for use, ready for operation
F: prêt à fonctionner
Betriebsdaten *plt*
E: operating data
F: caractéristiques des fonctions *f pl*, données des fonctions *f pl*
Betriebsschalter *m*
E: operating switch, control switch
F: interrupteur de fonctionnement *m*
Betriebssicherheit *f*
E: operational reliability
F: sécurité de fonctionnement *f*
Betriebstemperaturbereich *m*
E: operating temperature range
F: gamme de température de fonctionnement *f*
bewegliches Raster
E: moving grid, reciprocating grid
F: grille mobile *f*
bewegtes Streustrahlenraster (COCIR)
E: moving grid
F: grille mobile *f*
Bewegungsbereich *m*
E: range of motion
F: latitude de déplacement *f*
Bewegungsbestrahlung *f* [ther.]
E: moving-field therapy
F: radiothérapie cinétique *f*
Bewegungsfigur *f*
E: figure of movement
F: figure de balayage *f*
Bewegungsform *f*
E: form of movement
F: forme de balayage *f*
Bewegungsfreiheit *f*
E: freedom of movement
F: liberté de mouvement *f*
Bewegungsunschärfe *f* [rad.]
E: kinetic unsharpness, kinetic blurring, motional unsharpness
F: flou cinétique *m*, flou de mouvement *m*
Bewertung der Strahlengefahr (COCIR)
E: protection survey, radiation survey
F: contrôle de protection *m*, contrôle de rayonnement *m*

Bezugstemperatur *f*
E: reference temperature
F: température de référence *f*
Bildbeeinflussung *f* [tv.]
E: image processing
F: influence exercée sur l'image *f*
Bildcharakter *m*
E: image characteristics
F: caractéristique d'image *f*
Bilddauer *f* [tv.]
E: frame rate (US), picture duration (GB)
F: durée d'image *f*
Bilddeutung *f* [rad.]
E: image interpretation
F: interprétation d'image *f*
Bildebene *f*
E: image plane
F: plan d'image *m*
Bildfeld *n*
E: image field
F: champ *m*
Bildfrequenz *f*
E: frame speed, film speed
F: cadence d'image *f*, fréquence d'image *f*
Bildgüte *f*
E: image quality
F: qualité d'image *f*
Bildkontrastumfang *m*
E: image contrast range
F: volume du contraste de l'image *m*
Bildmatrix *f* [CT]
E: image matrix.
F: matrice d'image *f*
Bildmatrixelement *n* [CT]
E: picture element, elemental area
F: élément d'image *m*
Bildpunkt *m* [tv.]
E: picture point, picture element
F: point de l'image *m*
Bildsignal *n* [tv.]
E: video signal, picture signal
F: signal vidéo *m*, signal d'image *m*
Bildspeicherung *f*
E: image storage
F: stockage de l'image *m*
Bildumkehr *f* [tv.]
E: image inversion, image reversal
F: inversion d'image *f*
Bildverstärker *m*
E: image intensifier
F: amplificateur de brillance *m*
Bildverstärker, Untertisch-~
E: undertable image intensifier
F: amplificateur de brillance au-dessous de la table *m*
Bildverstärkerröhre, hochauflösende
E: high-resolution image-intensifier tube
F: tube amplificateur de brillance à haute tension *m*
Bildverteiler *m*
E: image distributor
F: répartiteur d'image *m*
Bildwiedergabe *f*
E: image reproduction
F: reproduction d'image *f*
Blattfilmwechsler *m*
E: cut-film changer
F: changeur de films en feuilles *m*
Bleieinlage *f*
E: lead lining, lead insert
F: garniture de plomb *f*
bleifreie Kassette
E: lead-free cassette
F: cassette sans plomb *f*
Bleiglasscheibe *f*
E: lead-glass pane
F: plaque de verre au plomb *f*
Bleigleichwert *m*
E: lead equivalent
F: équivalent de plomb *m*
Bleigummi *m*
E: lead rubber
F: caoutchouc au plomb *m*
Bleihandschuhe *m pl*
E: lead impregnated gloves
F: gants plombés *m pl*, gants de protection *m pl*, gants opaques *m pl*
bleihinterlegte Kassette
E: lead-lined cassette
F: cassette plombée *f*
Bleilamelle *f*
E: lead strip
F: lamelle de plomb *f*

Bleischürze *f*
E: lead impregnated apron
F: tablier plombé *m*, tablier de protection:.m., tablier opaque *m*

Blende *f*
E: collimator *n*, diaphragm *n*
F: diaphragme *m*

Blendenfernverstellung *f*
E: collimator remote control
F: téléréglage du diaphragme *m*

Blendenplatte *f*
E: plate diaphragm
F: volet de diaphragme *m*, plaque collimatrice *f*

Blindleistung *f*
E: reactive power
F: puissance apparente *f*

Blindwiderstand *m*
E: reactive impedance
F: réactance *f*

Blockierung *f*
E: blocking *n*, interlocking *n*
F: blocage *m*, verrouillage *m*

Boden-Decken-Führung *f*
E: floor-to-ceiling guide
F: guidage sol-plafond *m*

Boden-Decken-Stativ *n*
E: floor-to-ceiling stand
F: statif sol-plafond *m*, colonne plancher-plafond *f*

Bodenfreiheit *f* (z.B. eines Deckenstativs)
E: free floor space, floor clearance
F: dégagement au sol *m*, sol dégagé *m*

Bodenführung *f*
E: floor guide
F: guidage au sol *m*

Bodenlaufschiene *f*
E: floor rail
F: rail au sol *m*

Bodenstativ *n*
E: floor-mounted stand, floor stand
F: statif au sol *m*

Bogenlotzeiger *m* (Einstellhilfe in der Therapie) [ther., cons.]
E: pin-and-arc *n*
F: dispositif de centrage à arc et aiguille *m*

Bowdenzug *m*
E: Bowden cable
F: transmissions par Bowden *f pl*

Bq *s.* Becquerel

Braunsche Röhre
E: cathode ray tube
F: tube à rayons cathodiques *m*

Bremse, elektromagnetische
E: electromagnetic brake
F: frein électromagnétique *m*

Bremse, Fuß~
E: foot brake
F: frein à pied *m*

Bremse, Hand~
E: hand brake
F: frein à main *m*

Bremse, mechanische
E: mechanical brake
F: frein mécanique *m*

Bremsstrahlung *f* [phys., rad.]
E: bremsstrahlung *n*
F: rayonnement de freinage *m*

Bremsung *f*
E: braking *n*
F: freinage *m*

brennbar *adj* (entflammbar)
E: flammable *adj* (US), inflammable *adj* (GB)
F: combustible *adj*, inflammable *adj*

Brennfleck *m*
E: focal spot (US), focus *n* (GB)
F: foyer *m*

Brennfleckbahn *f*
E: focal path
F: piste de foyer *f*, piste d'anode *f*

Brennfleckgröße *f*
E: focus size, focal spot size
F: dimensions du foyer *f pl*

Brennfleckwahl *f*
E: focus selection
F: sélection du foyer *f*

Brennweite *f*
E: focal distance
F: distance focale *f*

Bronchographie *f*
E: bronchography *n*
F: bronchographie *f*

Bruchstelle *f*

E: site of fracture
F: endroit de la fracture *m*
Brückenschaltung *f*
E: bridge circuit
F: circuit en pont *m*
Brustbein *n*
E: sternum *n*, breastbone *n*
F: sternum *m*
Brustfell *n*
E: pleura *n*
F: plèvre *f*
Brustkorb *m*
E: thorax *n*, chest *n*
F: thorax *m*, cage thoracique *f*
Brustwarze *f*
E: mamilla *n*, nipple *n*
F: mamelon *m*
Brustwirbelsäule *f*
E: thoracic part of spine
F: colonne dorsale *f*
Bucky-Blende *f*
E: Bucky diaphragm
F: Potter Bucky *m*
Bucky-Tisch *m*
E: Bucky table
F: table de Bucky *f*
BV-Aufnahme *f*
E: indirect radiograph. indirect exposure, image-intensifier photograph, II-photograph *n*
F: ampliphotographie *f*
BV-Ausgang *m*
E: image-intensifier output
F: sortie de l'AB *f*
BV-Eingangsleuchtschirm *m*
E: image-intensifier input screen
F: écran fluorescent d'entrée de l'AB *m*

C

Cardangiographie *f*
E: cardiac angiography
F: angiographie cardiaque *f*
cerebrale Angiographie (Darstellung der Gehirngefäße)
E: cerebral angiography
F: angiographie cérébrale *f*
Chefarzt *m*
E: chief physician
F: médecin-chef *m*
Chirurgie *f*
E: surgery *n*
F: chirurgie *f*
Cholangiographie *f* (Gallenwegdarstellung)
E: chilangiography *n*
F: cholangiographie *f*
Cholecystographie *f*
E: cholecystography *n*
F: cholécystographie *f*
Computer-Tomograph *m* [CT]
E: computer tomograph
F: tomodensitomètre *m*
Computer-Tomographie *f* [CT]
E: computed tomography
F: tomodensitométrie *f*
Coronargefäß *n*
E: coronary vessel
F: vaisseau coronaire *m*
Coronarien *pl*
E: coronary vessels
F: vaisseaux coronaires *m pl*
Cystographie *f*
E: cystography *n*
F: cystographie *f*
Cystoskopie *f*
E: cystoscopy *n*
F: cystoscopie *f*

D

Dämpfung *f* [elec., mech.]
E: damping *n*, attenuation *n*
F: atténuation *f*
Darmtrakt *m*
E: intestinal tract, intestinal canal
F: tube digestif *m*, tractus intestinal *m*
Darstellung des Rückenmarkkanals

E: myelography *n*
F: myélographie *f*
Datei *f* [DV]
E: data set, data file
F: fichier *m*
Datenkonservierung *f*
E: data storage
F: mise à la mémoire de l'information *f*
Datenverarbeitung *f*
E: data processing
F: traitement de l'information *m*
Datenverarbeitungsanlage *f*
E: data processor
F: ordinateur *m*
Dauerbetrieb *m*
E: continuous operation, continuous duty
F: service continu *m*
Dauerbetrieb *m* (ununterbrochener Betrieb von mindestens 2,5 Stunden) (COCIR)
E: long-time operation
F: service de longue durée *m*
Dauerleistung *f*
E: continuous output, continuous rating
F: puissance permanente *f*, puissance continue *f*
Dauermagnet *m*
E: permanent magnet
F: aimant permanent *m*
Dauerversuch *m*
E: endurance test
F: essai d'endurance *m*
Decke *f* (eines Raumes)
E: ceiling *n*
F: plafond *m*
Deckel *m*
E: lid *n*, cover *n*, cap *n*
F: couvercle *m*
Deckenaufhängung *f*
E: ceiling mount (US), ceiling suspension
F: suspension plafonnière *f*
Deckenbefestigung *f*
E: ceiling fixture
F: fixation au plafond *f*
Deckenfedergewichtsausgleich *m*
E: ceiling-mounted spring counterpoise system
F: compensateur plafonnier de poids à ressort *m*
deckenfrei *adj*
E: without ceiling attachment, ceiling-free *adj*
F: sans attaches au plafond, dégagé au plafond
Deckenführung *f*
E: ceiling guide
F: guidage au plafond *m*
Deckenlaufschiene *f*
E: ceiling rail
F: rail au plafond *m*
Deckenstativ *n*
E: ceiling column, ceiling-mounted stand, overhead support
F: statif plafonnier *m*
Deckenverteiler *m*
E: ceiling distributor
F: répartiteur plafonnier *m*
Defokussierung *f*
E: defocusing *n*
F: défocalisation *f*
detailarm *adj*
E: poor in detail
F: pauvre en détails
Detailerkennbarkeit *f* [phot., rad.]
E: detail perceptibility, detail recognition
F: perceptibilité des détails *f*
detailreich *adj*
E: rich in details
F: riche en détails
Detailverarmung *f*
E: loss of details
F: dégradation des détails *f*
Detailverdeutlichung *f*
E: detail enhancement
F: accentuation des détails *f*
Detektor *m* [CT]
E: detector *n*
F: detecteur *m*
deutliches Bild
E: defined image, clear image, sharp image
F: image claire *f*
Dezentrierung *f*

E: out of center
F: décentrage *m*
Diaphragma *n* (Zwerchfell)
E: diaphragm *n*
F: diaphragme *m*
Dichtung *f*
E: seal *n*, gasket *n*
F: joint d'étanchéité *m*
Dicke und Dichte des Patienten
E: thickness and density of patient
F: épaisseur et densité du patient
Dickenausgleich *m*
E: thickness compensation
F: compensation de l'épaisseur *f*
Diode *f*
E: diode *n*, two-electrode valve
F: diode *f*, tube à deux électrodes *m*
direkt angetrieben
E: direct-driven *adj*
F: entraîné direct
direkte Heizung
E: direct heating
F: chauffage direct
Dominante *f*
E: dominant *n*
F: dominante *f*
Doppelfokusröhre *f*
E: double-focus tube, dual-focus tube, double focal spot tube (US)
F: tube à double foyer *m*
Doppelfolie *f*
E: double intensifying screen
F: écran à intensité double *m*
Doppelkontrasteinlauf *m*
E: double contrast enema
F: lavement à double contraste *m*
Doppelsäulenstativ *n*
E: double column stand
F: statif à double colonnes *m*
Doppelschicht *f* [CT]
E: double slice
F: double couche
Doppelschlitzblende *f*
E: double-slot diaphragm
F: diaphragme à double volets *m*
Doppelwinkeldrehanode *f*
E: double-angle rotating anode
F: anode tournante à deux inclinaisons *f*
Dosierung *f*
E: dosage *n*
F: dosage *m*
Dosimeter *n*
E: dosemeter *n*, dosimeter *n*
F: dosimètre *m*
Dosis, absorbierte
E: absorbed dose
F: dose absorbée *f*
Dosisabfall *m*
E: dose attenuation, drop in dose
F: chute de dose *f*
Dosisausbeute *f*
E: dose yield
F: rendement de dose *m*
Dosisbedarf *m*
E: dose requirement
F: dose requise *f*
Dosiseinheit *f*
E: dose unit
F: unité de dose *f*
Dosisermittlung *f*
E: dose determination
F: obtention de la dose *f*
Dosisleistung *f*
E: dose rate
F: débit de dose *m*
Dosisleistungsmessung *f*
E: dose rate measurement
F: mesure du débit de dose *f*
Dosisleistungsregelung *f*
E: dose-rate control
F: réglage du débit de dose *m*
Dosisleistungsregelung, automatische [rad.]
E: automatic dose rate control
F: réglage automatique du débit de dose *f*
Dosismeßgerät *n*
E: dosemeter *n*, dosimeter *n*
F: dosimètre *m*
Dosismessung *f*
E: dose measurement
F: mesure de la dose *f*
Dosisprofil *n* [CT]
E: dose profile
F: profil de dose *m*
Dosisverlust *m*

E: dose loss
F: perte de dose *f*
Dosisverminderung *f*
E: dose diminution
F: diminution de dose *f*
Dosisverteilung *f*
E: dose distribution
F: distribution de dose *f*
Drahtdicke *f*
E: wire gage
F: diamêtre du fil *m*
Drahtseil *n*
E: steel cable
F: câble d'acier *m*
Drehachse *f*
E: rotary axis
F: axe de rotation *m*
Drehanode *f*
E: rotating anode
F: anode tournante *f*
Drehanodenanlaßgerät *n*
E: rotating anode starting device
F: démarreur à anode tournante *m*
Drehanodenbremse *f*
E: rotating-anode braking device
F: frein d'anode tournante *m*
Drehanodenröhre *f*
E: rotating-anode tube
F: tube à anode tournante *m*
drehbares Röntgengehäusemittelteil
E: rotating center section of shield
F: partie médiane mobile de la gaine *f*
Drehknopf *m*
E: rotary knob
F: bouton de réglage;m. *m*
Drehlager *n*
E: rotatable bearing
F: coussinet de pivotement *m*
Drehmoment *n* [phys.]
E: torque *n*, turning moment
F: moment de torsion *m*
Drehmulde *f*
E: rotary cradle
F: berceau rotatif *m*
Drehpunkt *m* [geom.]
E: center of rotation
F: centre de rotation *m*
Drehpunkt *m* [mech., phys.]
E: pivot *n*, fulcrum *n*
F: pivot *m*
Drehsinn *m*
E: sense of rotation
F: sens de rotation *m*
Drehstrom *m*
E: three-phase current
F: courant triphasé *m*
Drehstromnetz mit Nulleiter
E: three-phase supply with neutral
F: secteur triphasé avec conducteur neutre *m*
Drehtisch *m*
E: turntable *n*
F: panneau giratoire *m*
Drehzahl *f*
E: speed of rotation, speed *n*
F: vitesse de rotation *f*, vitesse *f*
Dreifelderkammer *f*
E: three-field chamber
F: chambre d'ionisation à trois champs *f*
Dreifelderschablone *f*
E: three-field template
F: plaque à trois champs *m*
Dreiknopf-Bedienung *f*
E: three-button control
F: commande à trois boutons *f*
Dreiphasengleichrichter *m*
E: three-phase rectifier
F: redresseur triphasé *m*
Dreiphasen-Transformator *m*
E: three-phase transformer
F: transformateur triphasé *m*
dreipolig *adj*
E: three-pole *adj*
F: tripolaire *adj*
Druckbegrenzung *f*
E: pressure limitation
F: limitation de pression *f*
Druckknopfschalter *m*
E: push-button switch
F: bouton-poussoir *m*
Drucktaste *f* [elec.]
E: push-button *n*
F: bouton-poussoir *m*
Drucktaste *f* [mech.]
E: push-button *n*
F: touche *f*

Dunkeladaptation *f*
E: dark adaptation
F: adaptation à l'obscurité *f*
Dunkelkammer *f*
E: darkroom *n*
F: chambre noire *f*
Dunkelkammerlampe *f*
E: darkroom safety lamp
F: lampe inactinite *f*
Dunkelsektor *m*
E: dark sector
F: secteur obscur *m*
Dunkelstrom *m*
E: dark current
F: courant d'obscurité *m*
Dunkeltastung *f* [BV]
E: blanking *n* [II]
F: clamping d'obscurité *m* [AB]
Duodenum *n* (Zwölffingerdarm)
E: duodenum *n*
F: duodénum *m*
Durchblutungsstörung *f*
E: circulatory disturbance
F: trouble de circulation *m*
Durchgriff *m* (einer Röhre) [vac.]
E: space-charge effect
F: transparence de grille *f*, facteur de pénétration *m*
Durchlaßstrahlung *f* (IEC)
E: leakage radiation (IEC)
F: rayonnement de fuite *m* (CEI)
Durchleuchtung *f*
E: fluoroscopy *n*
F: radioscopie *f*
Durchleuchtungsdosisleistung *f*
E: fluoroscopic dose rate
F: débit de dose en radioscopie *m*
Durchleuchtungskontrolle *f*
E: fluoroscopic control
F: contrôle radioscopique *m*
Durchleuchtungsreflektor *m*
E: fluoroscopic reflector
F: réflecteur de radioscopie *m*
Durchleuchtungsschirm *m* (Röntgen)
E: fluoroscopic screen
F: écran fluorescent *m*
Durchleuchtungsschütz *n*
E: fluoroscopic contactor
F: contacteur de radioscopie *m*
Durchleuchtungsuhr *f*
E: fluoroscopic timer
F: minuterie de radioscopie *f*
Durchleuchtungszeit *f*
E: fluoroscopic time
F: temps de radioscopie *m*
Durchschlag, elektrischer
E: puncture *n* (of a dielectric), dielectric breakdown
F: décharge disruptive *f*
Durchschlagfestigkeit *f*
E: dielectric strength, puncture resistance
F: rigidité diélectrique *f*
durchschlagsfest *adj*
E: puncture-proof *adj*
F: résistant à claquage
Durchschlagspannung *f*
E: breakdown voltage
F: tension de claquage *f*

E

Effektivspannung *f*
E: active voltage, in-phase voltage, effective voltage
F: tension efficace *f*
Eichkurve *f*
E: calibration curve
F: courbe d'étalonnage *f*
Eigenfilterung *f*
E: inherent filtration
F: filtration inhérente *f*
Einbauplatte *f*
E: sub-assembly chassis
F: platine de montage *f*
Einblendung *f* [phot., rad.]
E: collimation *n*
F: collimation *f*, délimitation *f*
Eindringtiefe *f*
E: depth of penetration
F: profondeur de pénétration *f*
Einfallsdosis *f*
E: incident dose, entrance dose
F: dose incidente *f*

Einfallswinkel *m*
E: angle of incidence
F: angle d'incidence *m*
Eingangsbildfläche *f*
E: input image area
F: surface d'entrée *f*
Eingangsleuchtschirm *m*
E: input fluorescent screen
F: écran fluorescent d'entrée *m*
Eingangsleuchtschirm, BV-~
E: image-intensifier input screen
F: écran fluorescent d'entrée de l'AB *m*
eingeschaltet *adj* (angeschaltet)
E: power on, switched on *adj*, under power, turned on *adj* (US)
F: allumée *adj* (lumière), fermé *adj* (circuit, courant)
Einhandbedienung *f*
E: one-hand operation, single-handed operation
F: commande à une seule main *f*
einheitliche Vorschriften
E: uniform standards
F: instructions uniformes
Einheitsbauweise *f*
E: standard design, uniform design
F: mode standard de construction *m*
Einheitsmontagekasten *m*
E: standard mounting box
F: coffret de montage unitaire *m*
Einkesselgenerator *m*
E: single-tank generator
F: générateur monocuve *m*
Einknopf-Bedienung *f*
E: single-button control
F: commande à un bouton *f*
Einlagerung *f*
E: storage *n*
F: stockage *m*, emmagasinage *m*
Einmannbedienung *f*
E: one-man operation
F: commande par une personne *f*
Einphasengenerator *m*
E: single-phase generator
F: générateur monophasé *m*
Einphasenstrom *m*
E: one-phase current
F: courant monophasé *m*
Einphasen-Transformator *m*
E: single-phase transformer
F: transformateur monophasé *m*
einpolig *adj*
E: single pole
F: unipolaire *adj*
Einpolröhrengehäuse *n*
E: grounded single terminal tube shield
F: gaine pour tube avec un pôle à la masse *f*
Einpolröntgenröhre *f*
E: grounded electrode X-ray tube
F: tube radiogène avec un pôle à la masse *m*
Einpulsgenerator *m*
E: single-pulse generator
F: générateur monophasé à une crête *m*
Einrichtung *f* (Anlage)
E: equipment *n*, unit *n*
F: installation *f*
Einschaltdauer *f* (ED) [elec.]
E: switch-on time
F: durée de mise en circuit *f*
einschalten *v*
E: switch on *v*, turn on *v* (US)
F: allumer *v* (lumière), fermer *v* (circuit, courant), mettre en circuit (courant)
Einschaltung *f*
E: switching-on *n*
F: mise en circuit *f*
Einschränkung *f*
E: limitation *n*, restriction *n*
F: limitation *f*, restriction *f*
Einspeisevorrichtung *f* (für Filme an Entwicklungsmaschinen und Magazinen)
E: feeder *n*
F: alimentateur *m*, feeder *m*
einstellbar *adj*
E: adjustable *adj*
F: ajustable *adj*, réglable *adj*
Einstellgenauigkeit *f*
E: accuracy of adjustment
F: exactitude de réglage *f*
Einstellknopf *m*

E: control knob
F: bouton de réglage *m*
Eintank *m*
E: single-tank generator
F: générateur monocuve *m*
Einweggleichrichter *m*
E: one-way rectifier, half-wave rectifier
F: redresseur demi-onde *m*, redresseur à une alternance *m*
Einzelanfertigung *f*
E: single piece production
F: construction unique *f*
Einzelantrieb *m*
E: single drive
F: commande individuelle *f*
Einzelaufnahme *f*
E: single exposure, single film, radiograph *n*
F: radiographie isolée *f*
Einzelbildkamera *f*
E: single-frame camera
F: caméra image par image *f*, caméra vue à vue *f*
Einzelschichtsystem *n* [CT]
E: single slice system, single tomogram system
F: système de vue unique *m*
Elektrodenabstand *m*
E: electrode distance, electrode separation
F: distance entre électrodes *f*
Elektrokardiographie *f*
E: electrocardiography *n*
F: électrocardiographie *f*
Elektrolumineszenz *f*
E: electroluminescence *n*
F: électroluminescence *f*
elektromagnetische Arretierung
E: electromagnetic lock
F: arrêt électro-magnétique *m*
Elektronenbeschleuniger *m*
E: electron accelerator
F: accélérateur d'électrons *m*
Elektronenoptik *f*
E: electron optics
F: optique électronique *f*
Elektronenstrahl *m*
E: electron beam
F: faisceau d'électron *m*
elektronische Beeinflussung
E: electronic enhancement
F: traitement électronique *m*
elektronische Kreisaustastung [tv.]
E: electronic circular blanking
F: balayage circulaire électronique *m*
elektronische Röntgenbildsubtraktion
E: electronic subtraction in radiography
F: soustraction électronique de l'image radiologique *f*
elektronischer Analogrechner
E: electronic analog computer
F: calculateur électronique analogique *m*
elektronischer Brennfleck
E: actual focal spot
F: foyer électronique *m*
elektronischer Vignettierungsausgleich [tv.]
E: electronic vignetting compensation
F: compensation du vignettage électronique *f*
elektronischer Zeitschalter
E: electronic timer
F: chronocontacteur électronique *m*, minuterie électronique *f*
elektrostatische Linse
E: electrostatic lens
F: lentille électrostatique *f*
Ellenbogengelenk *n*
E: elbow-joint *n*
F: articulation du coude *f*
Ellenbogenstütze *f*
E: elbow support
F: support-coude *m*
elliptische Verwischung [rad.]
E: elliptical blurring
F: effacement elliptique *m*
Emitterschaltung *f* [eltr.]
E: grounded-emitter circuit
F: montage à émetteur commun *m*
Empfänger *m*
E: receiver *n*
F: récepteur *m*

Empfangsorgan *n*
E: receiving medium
F: organe récepteur *m*
Empfindlichkeit *f*
E: sensitivity *n*
F: sensibilité *f*
Empfindlichkeitsregelung *f*
E: sensitivity control
F: réglage de la sensibilité *m*
Encephalographie *f* (Darstellung der Liquorräume des Gehirns)
E: encephalography *n*
F: encéphalographie *f*
Endanschlag *m*
E: endstop *n*
F: butée *f*
Endeffekt *m*
E: end effect, final effect
F: effet final *m*
Endoskopie *f* (Ausleuchtung von Körperinnenräumen)
E: endoscopy *n*
F: endoscopie *f*
Energiequelle *f*
E: source of energy, source of power
F: source d'énergie *f*
Energieumsetzer *m*
E: consumer *n*, user *n*, customer *n*
F: consommateur *m*, utilisateur *m*
Energieverbrauch *m*
E: energy consumption
F: consommation d'énergie *f*
entflammbar *adj*
E: flammable *adj* (US), inflammable *adj* (GB)
F: combustible *adj*, inflammable *adj*
Entladestrom *m*
E: discharge current
F: courant de décharge *m*
Entladung *f*
E: discharge *n*
F: décharge *f*
Entladungsspannung *f*
E: discharge voltage
F: tension de décharge *f*
Entlüftung *f*
E: ventilation *n*
F: aération *f*, ventilation *f*
Entstörung *f*
E: debugging *n*
F: déparasitage *m*
Entwicklung *f* [phot.]
E: processing *n*, development *n*
F: développement *m*
Entwicklung, automatische [phot.]
E: automatic processing
F: développement automatique *m*
Entwicklungsschale *f*
E: developing tray
F: cuve de développement *f*
Enzephalographie *f* (Darstellung der Liquorräume des Gehirns)
E: encephalography *n*
F: encéphalographie *f*
Erdfeld *n*
E: terrestrial magnetic field
F: champ magnétique terrestre *m*
Erdklemme *f*
E: ground clamp
F: prise de terre *f*
Erdleitung *f*
E: earth wire, ground lead
F: fil de terre *m*
erdmagnetisches Feld
E: terrestrial magnetic field
F: champ magnétique terrestre *m*
Erdschelle *f*
E: ground clamp
F: prise de terre *f*
Erdschluß *m*
E: ground short, ground short circuit, short circuit to ground
F: contact à la terre *m*
Erdung *f*
E: grounding *n* (US), earthing *n* (GB)
F: mise à la terre *f*
Erdverbindung *f*
E: ground connection (US), earth connection (GB), earthing connection (GB)
F: connexion de terre *f*, connexion à la masse *f*
Erfahrung *f*
E: experience *n*, practical knowledge

F: expérience *f*
Erfindung *f*
E: invention *n*
F: invention *f*, nouvelle controuvée *f*, création *f*
Erforschung *f*
E: exploration *n*, investigation *n*
F: exploration *f*, investigation *f*
erhöhte Sicherheit
E: increased safety
F: augmentation de la sécurité *f*
Erkennbarkeitsschwelle *f*
E: threshold of perceptibility
F: seuil de perceptibilité *m*
Erprobung *f*
E: test *n*, trial *n*, experiment *n*
F: essai *m*, épreuve *f*, expérience *f*
Erregerspannung *f*
E: excitation voltage
F: tension d'excitation *f*
Erregerstrom *m*
E: excitation current
F: courant d'excitation *m*
Erregerwicklung *f*
E: excitation winding
F: bobine d'excitation *f*
Errichtungsvorschrift *f*
E: installation code, installation standard
F: prescription d'installation *f*
Ersatzkabel *n*
E: spare cable
F: câble de rechange *m*
Ersatzteil *n*
E: spare part
F: pièce de rechange *f*
Erwärmung *f*
E: warm-up *n*
F: échauffement *m*
Erwärmungskurve *f*
E: heating curve
F: diagramme d'échauffement *m*
ex-geschützt *adj*
E: explosion-safe *adj*
F: antidéflagrant *adj*
explosionsgeschützt *adj*
E: explosion-safe *adj*
F: antidéflagrant *adj*
Extensionstisch *m*
E: extension table
F: table d'extension *f*
extrafokale Strahlung (COCIR)
E: extra-focal radiation
F: rayonnement extra-focal *m*
Extremität *f*
E: extremity *n*
F: extrémité *f*
Exzenter *m*
E: eccentric *n*
F: excentrique *m*

F

Fächerstrahl *m* [CT]
E: fan-beam *n*
F: faisceau en éventail *m*
Fadenkreuz *n*
E: cross-hairs *pl*
F: réticule *m*
fahrbare Einheit
E: mobile unit, mobile equipment
F: équipement mobile *m*
fahrbares Gerät
E: mobile unit, mobile equipment
F: équipement mobile *m*
Farbfernsehen *n*
E: color television
F: télévision en couleurs *f*
Fassung *f*
E: socket *n*
F: douille *f*
federausgeglichen *adj*
E: spring-counterbalanced *adj*
F: compensé par ressort
Federgewichtsausgleich *m*
E: spring counterpoise system, spring counterbalance
F: équilibrage à ressort *m*
Federkraft *f*
E: spring tension (US), spring force (GB)
F: force du ressort *f*
Fehlaufnahme *f*
E: faulty exposure
F: radiographie manquée *f*

Fehlbedienung *f*
E: faulty operation, operator error
F: erreur de manipulation *f*

Fehlbelichtung *f*
E: faulty exposure
F: erreur d'exposition *m*

Fehlersuche *f*
E: trouble hunting, troubleshooting *n*
F: recherche d'erreur *f*

Fehlschaltung *f*
E: faulty connection, wrong connection
F: faute du montage électrique *f*

Feinabstimmung *f*
E: fine tuning, sharp tuning
F: réglage de précision *m*, réglage fin *m*

Feinbearbeitung *f*
E: fine finishing, finishing touch
F: finition *f*

feindrähtig *adj*

feines Korn
E: fine grain
F: grain fin *m*

Feinfokus *m*
E: fine focus
F: petit foyer *m*

Feinkornfolie *f*
E: high definition intensifying screen
F: écran d'intensification du grain fin *m*

Feinstfokus *m*
E: ultra-fine focus
F: foyer ultrafin *m*

Feinstrukturuntersuchung *f*
E: X-ray diffraction analysis
F: analyse cristallographique par diffraction *f*

feinzeichnend *adj*
E: high-definition *adj*
F: à haute définition

Feldeffekttransistor *m*
E: field-effect transistor
F: transistor à effet de champ *m*

Feldstärke *f*
E: field strength
F: intensité du champ *f*

Fensterbreite *f* [CT]
E: window width
F: largeur de fenêtre *f*

Fensterlage *f* [CT]
E: window level
F: position de la fenêtre *f*

Fernaufnahme *f*
E: teleradiograph *n*
F: téléradiographie *f*

Fernaufnahme, gezielte
E: selective teleradiograph
F: téléradiographie visée *f*

Fernbestrahlung *f*
E: tele-irradiation *n*
Stromkreis
E: closed-circuit television, industrial television
F: télévision en circuit fermé *f*, télévision industrielle *f*

Fernsehaufnahmeröhre *f*
E: television pick-up tube
F: tube de prise de vues en télévision *m*

Fernsehbildröhre *f*
E: television tube, picture tube
F: tube électronique de télévision *m*

Fernsehdurchleuchtung *f*
E: television fluoroscopy
F: radioscopie télévisée *f*

Fernsehdurchleuchtungskontrolle *f*
E: television fluoroscopic control
F: contrôle radioscopique télévisé

m

Fernsehen mit hoher Zeilenzahl
E: high-definition television, high-resolution television
F: télévision à haute définition *f*

Fernsehkamera *f*
E: television camera
F: caméra de télévision *f*

Fernseh-Sichtgerät *n* [tv.]
E: monitor *n*
F: téléviseur *m*, moniteur *m*

Fernsehtechnik *f*
E: television engineering
F: technique de la télévision *f*

Fernsehübertragungskette *f*
E: television transmission chain
F: chaîne d'émission de télévision *f*

Fernsehzentrale *f*
E: television central
F: centrale de télévision *f*

Fernsteuerpult *n*
E: remote-control desk
F: pupitre de télécommande *m*

Fernsteuerung *f*
E: remote control
F: télécommande *f*

Fernsteuerzusatz *m*
E: remote-control attachment
F: accessoire de télécommande *m*

Festkörperbildwandler *m*
E: solid-state image converter
F: convertisseur d'image à corps solides *m*

feststehendes Raster
E: stationary grid
F: grille fixe *f*

Feststellschraube *f*
E: locking screw
F: vis de blocage *f*

feuerfester Stoff
E: incombustible matter
F: matière incombustible *f*

feuergefährliches Material
E: inflammable material, combustible material
F: matière inflammable *f*

feuerhemmend *adj*
E: fire-resistant *adj*, flame-retardant *adj*
F: ininflammable *adj*

feuerhemmende Isolation
E: flame-resistant insulation, flame-retardant insulation
F: isolement ininflammable *m*

Filmablaufgeschwindigkeit *f*
E: film speed
F: vitesse de translation du film *f*

Filmauffangmagazin *n*
E: film receiving magazine
F: magasin récepteur de films *m*

Filmbeschriftung *f*
E: film marking
F: inscription sur film *f*

Filmbetrachtungsgerät *n*
E: film viewer, view box
F: négatoscope *m*

Filmempfindlichkeit *f*
E: film sensitivity
F: sensibilité du film *f*

Filmformat *n*
E: film size
F: format du film *m*

Filmkopiergerät *n*
E: film printing machine
F: appareil à copier pour films *m*

Filmkorn *n*
E: film grain
F: grain du film *m*

Filmnumerierung *f*
E: film numbering
F: numérotage de film *m*

Filmschwärzung *f*
E: film blackening
F: noircissement du film *m*

Filmsorte *f*
E: film type
F: type de film *m*

Filmspule *f*
E: film spool
F: bobine de pellicule *f*

Filmtransport *m*
E: film transport
F: avancement du film *m*

Filmtrockner *m*
E: film dryer
F: sécheuse pour film *f*

Filmwechsler *m*
E: film changer

F: changeur de film *m*
Filterrückmeldekabel *n*
E: filter indicator cable
F: câble d'annonce pour filtre *m*
Filterung *f*
E: filtration *n*
F: filtration *f*
Filterwirkung *f*
E: filter action
F: effet de filtration *m*
Fixierbad *n* [phot.]
E: fixing bath
F: bain fixateur *m*
flinke Sicherung
E: fast acting fuse
F: fusible rapide *m*
Flußdiagramm *n*
E: flow chart
F: organigramme *m*
Fokus-Decken-Abstand *m*
E: focus-ceiling distance
F: distance foyer-plafond *f*
fokusfern *adj*
E: remote from focus
F: éloigné du foyer
Fokus-Film-Abstand *m* (FFA)
E: focus-film distance (FFD)
F: distance foyer-film *f* (DFF)
Fokusgröße *f*
E: focus size, focal spot size
F: dimensions du foyer *f pl*
Fokus-Haut-Abstand *m* (FHA)
E: focus-skin distance (FSD)
F: distance foyer-peau *f*
fokusnah *adj*
E: close to focus
F: proche du foyer
Fokus-Objekt-Abstand *m* (FOA)
E: focus-object distance (FOD)
F: distance foyer-objet *f*
Fokusschalter *m*
E: focus selector
F: sélecteur de foyer *m*, commutateur de foyer *m*
Fokus-Schirm-Abstand *m*
E: focus-screen distance
F: distance foyer-écran *f*
fokussieren *v*
E: focus *v*
F: focaliser *v*
Fokussierspule *f*
E: focusing coil
F: bobine de focalisation *f*
fokussiertes Raster
E: focused grid
F: grille focalisée *f*
Fokussierung *f*
E: critical focusing, focusing *n*
F: mise au point *f*, focalisation *f*
Fokussierungsumschaltung *f*
E: focusing change-over
F: commutation de focalisation *f*
Fokuswähler *m*
E: focus selector
F: sélecteur de foyer *m*, commutateur de foyer *m*
Fokuswählschalter *m*
E: focus selector
F: sélecteur de foyer *m*, commutateur de foyer *m*
Folgeschaltung *f*
E: sequential circuit
F: circuit séquentiel *m*
Folie, hochverstärkende
E: high-speed screen
F: écran à haut pouvoir renforçateur *m*
Folie, Verstärker~
E: intensifying screen
F: écran renforçateur *m*
folienloser Film
E: non-screen film
F: film sans écran *m*
Formatautomatik *f* [rad.]
E: automatic collimation, automatic coning device, automatic collimation set, automatic format setting
F: limitation automatique du format *f*, délimitation automatique du format *f*, collimation automatique du format *f*
Formateinblendung, automatische [rad.]
E: automatic collimation, automatic coning device, automatic collimation set, automatic format setting

F: limitation automatique du format *f*, délimitation automatique du format *f*, collimation automatique du format *f*

Formateinblendung, kassettengesteuerte [rad.]
E: cassette-controlled collimation
F: collimation commandée par cassette *f*

Forschung *f*
E: research *n*
F: recherche *f*

foto..., Foto... *siehe* photo..., Photo...

freier Betrieb (ohne Automatik) [rad.]
E: free operation (without automatic system)
F: service libre *m* (sans automatisme)

freitragend *adj*
E: self-supporting *adj*
F: non soutenu

freizügige Projektion
E: omnidirectional projection
F: grande liberté de projection *f*

Fremdkörperlokalisation *f*
E: foreign body localization
F: localisation de corps étrangers *f*

Frequenzband *n*
E: frequency band
F: bande de fréquences *f*

Frequenzbandbreite *f*
E: frequency bandwidth
F: largeur de bande de fréquences *f*

Frequenzteiler *m*
E: frequency divider
F: diviseur de fréquence *m*

Frontladung *f*
E: front-loading *n*
F: chargement frontal *m*

Führungsschiene *f*
E: guide rail
F: rail de guidage *m*, rail de roulement *m*

Füllungsaufnahme *f* [rad.]
E: radiograph of filling phase
F: cliché injecté *m*

Funkenstrecke *f*
E: spark gap
F: éclateur *m*

Funktionsbeschreibung *f*
E: description of function
F: description de fonctionnement *f*

Funktionsdiagnostik *f*
E: functional diagnosis
F: diagnostic fonctionnel *m*

Funktionsprinzip *n*
E: functional principle
F: principe de fonctionnement *m*

Fußbank *f*
E: foot board, foot rest
F: marchepied *m*

Fußbodenkanal *m*
E: floor duct
F: canalisation au sol *f*

Fußbremse *f*
E: foot brake
F: frein à pied *m*

Fußschalter *m*
E: foot switch
F: interrupteur à pédale *m*

G

Gallenblase *f*
E: gallbladder *n*
F: vésicule biliaire *f*

Gallengang *m*
E: bile duct
F: canal cholédoque *m*

Gallenstein *m*
E: gallstone *n*, biliary calculus, cholelith *n*
F: calcul biliaire *m*

Gallenwegdarstellung *f*
E: cholangiography *n*
F: cholangiographie *f*

Gammadosimetrie *f*
E: gamma dosimetry
F: dosimétrie pour le rayonnement gamma *f*

Gammastrahlung *f*
E: gamma radiation
F: rayonnement gamma *m*

Ganzkörperbestrahlung *f*
E: whole-body irradiation
F: irradiation du corps entier *f*

Gastritis *f*
(Magenschleimhautentzündung)
E: gastritis *n*
F: gastrite *f*

Gebrauchsanleitung *f*
E: operating instructions
F: mode d'emploi *f*, notice d'utilisation *f*

gedruckte Schaltung [eltr.]
E: printed circuit
F: circuit imprimé *m*

geerdet *adj*
E: grounded *adj* (US), earthed *adj* (GB)
F: mis à la terre

Gegengewicht *n*
E: counterbalance *n*, counterpoise *n*, counterweight *n*, balance weight, compensating weight
F: équilibrage de poids *m*, contrepoids *m*, poids de compensation *m*

Gegenpunktzeiger *m*
E: back-pointer *n*
F: rétrocentreur *m*

gegenseitige Austauschbarkeit
E: interchangeability *n*
F: interchangeabilité *f*

Gehäuse *n*
E: housing *n*, shield *n*
F: gaine *f*

Gehirn *n*
E: brain *n*
F: cerveau *m*

Gelenk *n*
E: joint *n*, articulation *n*
F: articulation *f*

Gelenkarm *m*
E: folding-arm *n*, scissor-arm *n*
F: bras articulé *m*

Gelenkarmstativ *n*
E: folding-arm stand
F: statif à bras articulé *m*

Genauigkeit *f*
E: accuracy *n*, precision *n*
F: exactitude *f*, précision *f*

Genauigkeit, mit einer ~ von ...
E: within a margin of ...
F: avec une précision de ...

Generator mit Spannungsvervielfachung
E: generator with voltage multiplication
F: générateur avec multiplicateur de tension *m*

Generatorleistung *f*
E: generator rating
F: puissance du générateur *f*

genormt *adj*
E: standardized *adj*
F: standardisé *adj*, normalisé *adj*

geometrische Auflösung [CT]
E: high contrast resolution
F: résolution à haut contraste *f*, résolution géométrique *f*

geometrische Unschärfe
E: geometric unsharpness, geometric blurring
F: flou géométrique *m*

Gerät *n* (Röntgen)
E: examination unit, X-ray unit, examination table
F: appareil radiologique *m*, table d'examen *f*

Gerätefuß *m*
E: table base
F: pied de l'appareil *m*

Gerätestützwand *f*
E: table top
F: dossier de la table *m*

Geräteumlegung *f*
E: table tilting
F: basculement de la table *m*

Geräteverkleidung *f*
E: table paneling
F: carénage de la table *m*

Gerätewähler *m*
E: X-ray unit selector
F: sélecteur d'appareil *m*

Gerätezubehör *n*
E: X-ray unit accessories
F: accessoires d'appareils *m pl*

geräuschlos *adj*
E: noiseless *adj*, quiet *adj*
F: silencieux *adj*

Gesamtfilterung *f*
E: total filtration
F: filtrage total *m*
geschützt *adj*
E: protected *adj*
F: protégé *adj*
Geschwindigkeit *f*
E: speed *n* (of rotation, anode disk, etc.), velocity *n* (non rotating)
F: vitesse *f*
Geschwindigkeit, mittlere
E: mean velocity
F: vitesse moyenne *f*
Getriebe *n*
E: gearing *n*, gear *n*
F: engrenage *m*
Getterspannung *f* (Ionenpumpe) [BV]
E: getter voltage (ion pump) [II]
F: tension getter *f* (pompe ionique) [AB]
gewichtsausgeglichen *adj*
E: counterbalanced *adj*
F: compensé par le contrepoids
Gewichtsausgleich *m*
E: counterbalance *n*, counterpoise *n*, counterweight *n*, balance weight, compensating weight
F: équilibrage de poids *m*, contrepoids *m*, poids de compensation *m*
Gewinde, linksgängiges
E: left-handed thread
F: filet à gauche *m*
Gewinde, rechtsgängiges
E: right-handed thread
F: filet à droite *m*
gewölbt *adj*
E: arched *adj*, vaulted *adj*
F: voûté *adj*
gezielt *adj* [rad.]
E: selective *adj*
F: visé *adj*, centré *adj*, orienté *adj*
gezielte Fernaufnahme
E: selective teleradiograph
F: téléradiographie visée *f*
Gipsraum *m*
E: plaster room
F: salle de plâtre *f*
Gitteranschluß *m*
E: grid connection
F: connexion de grille *f*
gittergesteuert *adj*
E: grid-controlled *adj*
F: commandé par grille
Gitterspannung *f*
E: grid voltage
F: tension de grille *f*
Gittersperrspannung *f*
E: cut-off grid potential, grid blocking voltage
F: tension de blocage de grille *f*
Gittersteuerung *f*
E: grid control
F: commande à grille *f*
Glaskolben *m*
E: glass envelope
F: ampoule *f*
Glasscheibe *f*
E: glass pane, glass plate
F: vitre *f*
Gleichgewicht *n*
E: balance *n*
F: équilibre *m*
Gleichrichter *m*
E: rectifier *n*
F: redresseur *m*
Gleichrichter in Grätzschaltung
E: Grätz rectifier, bridge rectifier
F: redresseur de grätz *m*
Gleichrichterkennlinie *f*
E: rectification characteristic
F: caractéristique d'un redresseur *f*
Gleichrichterröhre *f*
E: rectifier tube
F: tube redresseur *m*
Gleichrichtung *f*
E: rectification *n*
F: redressement *m*
Gleichspannung *f*
E: direct voltage, DC voltage
F: tension continue *f*
Gleichstrom *m*
E: direct current (DC), continuous current
F: courant continu *m*
Gleichstrommotor *m*
E: DC motor
F: moteur à courant continu *m*

gleitende Grenzzeit [rad.]
E: variable exposure time
F: temps d'exposition variable *m*
Gleitlager *n*
E: sleeve bearing
F: palier-glisseur *m*
Gleitmatratze *f*
E: sliding mattress
F: matelas glissant *m*
Gleitmittel *n*
E: grease *n*, lubricant *n*
F: matière lubrifiante *f*
Gleitreibung *f*
E: sliding friction
F: friction de glissement *f*
Gleitschiene *f*
E: slide bar, slide rail
F: rail glissière *m*
Gliedmaße *f*
E: extremity *n*
F: extrémité *f*
Glimmentladung *f*
E: glow discharge
F: décharge luminescente *f*
Glimmlampe *f*
E: glow lamp, neon lamp
F: lampe à décharge *f*
Glühkathodengleichrichter *m*
E: thermionic rectifier
F: redresseur thermoionique *m*
Gonadendosis *f*
E: gonadal dose
F: dose aux gonades *f*
Gradation *f* [phot.]
E: gradation *n*
F: gradation *f*
Grauschleier *m* [phot. rad.]
E: fogging *n*
F: voile *m*
Graustufen *f pl* [CT]
E: grey steps
F: niveaux de gris *m pl*
Gray (Gy) *n* (SI-Einheit der Energiedosis, 1Gy = 1J/kg) (nur für Dosimetrie) [phys.]
E: Gray (SI-unit of absorbed dose) (for dosimetry only)
F: Gray (unité SI de dose absorbée) (seulement pour dosimétrie)
Grenzlast *f*
E: limiting load
F: charge limite *f*
Grenzstrahlen *m pl*
E: grenz rays
F: rayonnement limite *m*
Grenzwert *m*
E: limit *n*, limiting value
F: valeur limite *f*
Grenzzeit *f*
E: time limit
F: temps limite *m*
Grenzzeit, gleitende [rad.]
E: variable exposure time
F: temps d'exposition variable *m*
Grenzzeitblockierung *f*
E: time limit blocking
F: limiteur de temps *m*
Griff *m*
E: grip *n*, handle *n*
F: poignée *f*
Grobeinstellung *f*
E: coarse adjustment
F: réglage grossier *m*
Größenordnung *f*
E: order of magnitude
F: ordre de grandeur *m*
Großfilm *m*
E: large film
F: film de grand format *m*
Grundgerät *n*
E: basic unit
F: équipement de base *m*
Grundlagenforschung *f*
E: fundamental research
F: recherche fondamentale *f*
Grundplatte *f*
E: base plate
F: plaque de base *f*
Gummidichtung *f*
E: rubber gasket
F: joint en caoutchouc *m*
Gummikabel *n*
E: rubber-covered cable
F: câble de caoutchouc *m*
Gummipuffer *m*
E: rubber bumper
F: butée de caoutchouc *f*

Gummischeibe *f*
E: rubber washer
F: rondelle de caoutchouc *f*
Gummischlauch *m*
E: rubber hose, rubber tubing
F: tuyau de caoutchouc *m*
Gutachten *n*
E: expert opinion
F: expertise *f*
Gütegrad *m*
E: quality factor, performance factor
F: facteur de qualité *m*
Güteprüfung *f*
E: quality inspection, quality test, quality control (US)
F: contrôle de qualité *m*
Gy *s.* Gray

H

Haargefäß *n*
E: capillary tube
F: vaisseau capillaire *m*
Halbbild *n* [tv.]
E: TV frame
F: demi-image *f*
Halbbildzeit *f* [tv.]
E: frame time
F: temps de demi-image *m*
halbdurchlässig *adj*
E: semipermeable *adj*
F: semi-perméable *adj*
Halbleiter *m* [eltr.]
E: semiconductor *n*
F: semi-conducteur *m*
Halbleiterschicht *f*
E: semiconductor layer
F: couche semi-conductrice *f*
Halbschatten *m*
E: penumbra *n*
F: pénombre *f*
Halbtiefentherapie *f*
E: intermediate therapy
F: thérapie semi-profonde *f*
Halbwelle *f*
E: half-wave *n*, half cycle, half period
F: demi-onde *f*
Halbwelle, negative
E: negative half period, negative half-wave
F: alternance négative *f*
Halbwellengleichrichter *m*
E: one-way rectifier, half-wave rectifier
F: redresseur demi-onde *m*, redresseur à une alternance *m*
Halbwertschichtdicke *f* (HWS)
E: half value thickness (HVT)
F: couche de demi-atténuation *f* (CDA)
Halbzeug *n*
E: half-finished product
F: demi-produit *m*
Halogenlampe *f*
E: halogen bulb
F: lampe halogène *f*
Halswirbelsäule *f*
E: cervical vertebral column, cervico-vertebral spine
F: vertèbres cervicales *f pl*
Halterung *f*
E: holder *n*, support *n*, mount *n*
F: support *m*
Handantrieb *m*
E: manual drive, manual operation
F: commande manuelle *f*
Handaufzug *m*
E: manual winding
F: remontage manuel *m*
Handauslöseschalter *m*
E: hand switch
F: interrupteur de déclenchement manuel *m*
handbetätigt *adj*
E: hand-operated *adj*
F: commandé manuellement, à commande manuelle
Handbremse *f*
E: hand brake
F: frein à main *m*
Handentwicklung *f*
E: manual processing
F: developpement manuel *m*

Handgriff *m*
E: grip *n*, handle *n*
F: poignée *f*
Handkurbel *f*
E: hand crank
F: manivelle *f*
handlich *adj*
E: handy *adj*, manageable *adj*
F: maniable *adj*
Handlocher *m*
E: manual perforator
F: perforateur manuel *m*
Handschraubenarretierung *f*
E: hand screw lock
F: blocage par vis à main *m*
Handstempelzähler *m*
E: hand stamp with counting device
F: timbreur-compteur manuel *m*
Handsteuerung *f*
E: manual control
F: commande manuelle *f*
Handzeitschalter *m*
E: hand timer
F: minuterie manuelle *f*
harmonisierte Röntgenaufnahme
E: harmonized radiograph
F: cliché radiographique harmonisé *m*
Harmonisierung *f* (Bildbeeinflussung) [tv.]
E: harmonization *n*
F: harmonisation *f*
Harnblase *f*
E: bladder *n*
F: vessie *f*
Harnblasendarstellung *f*
E: cystography *n*
F: cystographie *f*
Harnblasenspiegelung *f*
E: cystoscopy *n*
F: cystoscopie *f*
Harnleiter *m*
E: ureter *n*
F: uretère *m*
Harnröhre *f*
E: urethra *n*
F: urètre *m*
Harnsystem *n*
E: urinary system
F: système urinaire *m*
Härtegrad *m*
E: degree of hardness
F: degré de dureté *m*
Hartstrahlraster *m*
E: high-kV grid
F: grille pour rayons durs *f*
Hartstrahltechnik *f*
E: high-kV technique
F: technique à rayons durs *f*
Härtungsfilter *n* (COCIR)
E: hardening filter
F: filtre de durcissement *m*
Härtungsgleichwert *m* (COCIR)
E: hardness equivalent
F: équivalent de durcissement *m*
Hauptschalter *m*
E: main switch
F: interrupteur principal *m*
Hauptsicherung *f*
E: main fuse
F: fusible principal *m*
Hauptversorgungsgebiet *n*
E: main power distribution area
F: service d'alimentation principale *m*
Hauptverteiler *m*
E: main distributor station
F: répartiteur général *m*, répartiteur principal *m*
Hauptverteilertafel *f*
E: main circuit board panel
F: panneau de distribution principale *m*
Hausanschluß *m* [elec.]
E: house terminal
F: branchement d'abonné *m*
Hautdosis *f*
E: surface dose, skin dose
F: dose à la peau *f*
Hauteffekt *m*
E: skin effect
F: effet kelvin *m*, effet de peau *m*
Hebebühne *f*
E: lifting pedestal
F: statif mobile en hauteur *m*, marchepied mobile *m*
Hebebühnen-Stativ *n*

E: lifting pedestal
F: statif mobile en hauteur *m*, marchepied mobile *m*
Heißleiter *m* (Halbleiter mit negativem Temperaturbeiwert)
E: thermistor *n*
F: thermistor *m*
Heizcharakteristik *f* [vac.]
E: filament characteristic
F: caractéristique du filament *f*
Heizfaden *m*
E: filament *n*, heater *n*
F: filament *m*
Heizkreis *m*
E: filament circuit
F: circuit de chauffage *m*
Heizspannung *f*
E: filament voltage
F: tension de chauffage *f*
Heiztransformator *m*
E: filament transformer
F: transformateur de chauffage *m*
Heizwiderstand *m*
E: filament resistor
F: résistance de chauffage *f*
Helligkeit *f*
E: brightness *n*
F: luminosité *f*, clarté *f*
Helligkeitsregelung *f*
E: brightness control
F: réglage de la luminosité *m*
Helligkeitsstabilisierung *f* [tv.]
E: brightness stabilization
F: stabilisation de la luminosité *f*
Helligkeitsverstärkung *f*
E: brightness amplification
F: amplification de la luminosité *f*
Hellsektor *m* [phot.]
E: shutter-open period, light sector
F: secteur clair *m*
Herd *m* (Tumor)
E: tumor *n*, lesion *n*, neoplasm *n*
F: foyer pathologique *m*, tumeur *f*
Herddosis *f*
E: tumor dose
F: dose à la tumeur *f*
Herddosisberechnung *f* [ther.]
E: tumor dose calculation
F: calcul de la dose à appliques à la tumeur *m*
Herdtiefe *f*
E: tumor depth
F: profondeur de la tumeur *f*
hermetisch *adj*
E: air-tight *adj*, hermetically sealed
F: étanche à l'air
Herzkammer *f* (Ventrikel)
E: ventricle *n*
F: ventricule *m*
Herzkatheterisierung *f*
E: cardiac catheterisation
F: cathéthérisme cardiaque *m*
Herzklappe *f*
E: cardiac valve
F: valvule cardiaque *f*
Herzkranzgefäß *n*
E: coronary vessel
F: vaisseau coronaire *m*
Herzmuskel *m*
E: myocardium *n*, heart muscle
F: myocarde *m*
Herzmuskulatur *f*
E: heart muscles
F: musculature du cœur *f*
herzphasengesteuerte Pulsinjektion
E: cardiac-phase-controlled pulsed injection
F: injection pulsée commandée par phase cardiaque *f*
Herzüberwachung *f*
E: cardiac monitoring
F: surveillance du cœur *f*
Hilfsgerät *n*
E: auxiliary unit
F: appareil auxiliaire *m*
Hilfsgerätewähler *m*
E: auxiliary unit selector, auxiliary device selector
F: sélecteur d'appareils auxiliaires *m*
Hilfskassettenhalter *m*
E: auxiliary cassette holder
F: porte-cassettes auxiliaire *m*
Hilfsphase *f*
E: auxiliary winding, split phase
F: phase auxiliaire *f*
Hilfsspannung *f*
E: auxiliary voltage

F: tension auxiliaire *f*
Hintereinanderschaltung *f*
E: series circuit, series connection
F: montage en série *m*, connexion en série *f*
Hirnventrikel *m*
E: cerebral ventricle
F: ventricule du cerveau *m*
hochauflösende Bildverstärkerröhre
E: high-resolution image-intensifier tube
F: tube amplificateur de brillance à haute tension *m*
hochbeansprucht *adj*
E: heavily loaded, heavily stressed
F: fortement chargé
hochbelastet *adj*
E: heavily loaded, heavily stressed
F: fortement chargé
Hochdruck-Impuls-Injektor *m*
E: high-pressure pulsed injector
F: injecteur à haute pression *m*
hochempfindlicher Film
E: high-speed film
F: film de haute sensibilité *m*
Hochfrequenz *f*
E: high frequency
F: haute fréquence *f*
Hochfrequenzgenerator *m*
E: high frequency generator
F: générateur de haute fréquence *m*
Hochfrequenzverstärker *m*
E: high frequency amplifier
F: amplificateur de haute fréquence *m*
hochglanzpoliert *adj*
E: highly polished
F: finement poli
Hochleistungsgerät *n*
E: high capacity unit
F: appareil à grand rendement *m*
hochohmig *adj*
E: high-ohmic *adj*, of high resistance, highly resistive
F: de haute valeur ohmique, de grande résistance
Hochspannung *f*
E: high tension, high voltage (US)
F: haute tension *f*
Hochspannungserzeuger *m*
E: high tension generator
F: générateur haute tension *m*
Hochspannungskabel *n*
E: high tension cable
F: câble haute tension *m*
Hochspannungsschalter *m*
E: high tension switch
F: interrupteur haute tension *m*
Hochspannungsschutz *m*
E: surge arrester, surge protector
F: protection contre la haute tension *f*
Hochspannungsstecker *m*
E: high voltage plug
F: embout de câble haute tension *m*
Hochspannungsstecktopf *m*
E: high voltage receptacle
F: traversée protégée haute tension *f*
Hochspannungs-Transformator *m*
E: high-voltage transformer, high-tension transformer
F: transformateur (de) haute tension *m*
höchstwertige Ausführung
E: top quality
F: exécution de haute qualité *f*
Hochtourenröhre *f*
E: high-speed tube
F: tube à vitesse de rotation élevée *m*
Hochvakuum *n*
E: high vacuum
F: vide poussé *m*
hochverstärkende Folie
E: high-speed screen
F: écran à haut pouvoir renforçateur *m*
Hochvolttherapie *f*
E: high voltage therapy
F: thérapie à haut voltage *f*
Höhenverstellbarkeit *f*
E: height adjustment
F: réglage de la hauteur *m*
Hohlanodenröntgenröhre *f*
E: hollow-anode X-ray tube

F: tube radiogène à anode à puits *m*

Holzuntersatz *m*
E: wooden base, wooden support
F: socle en bois *m*, plaque de base en bois *f*

homogene Strahlung
E: homogeneous radiation
F: radiation homogène *f*

Hub *m*
E: lift *n*
F: élévation *f*

Hubbegrenzer *m*
E: lift limiter
F: limiteur d'élévation *m*

Hubsäule *f*
E: lifting column
F: colonne élévatrice *f*

Hüftbecken *n*
E: pelvis *n*
F: bassin *m*, pelvis *m*

Hüftbein *n*
E: hip bone
F: os iliaque *m*

Hüftgelenk *n*
E: hip joint
F: articulation de la hanche *f*

Hustenschutz *m*
E: cough guard
F: pare-toux *m*, pare-souffle *m*

hydraulischer Antrieb
E: hydraulic drive
F: commande hydraulique *f*

Hysterosalpingographie *f* (Darstellung der Eileiter und Gebärmutter)
E: hysterosalpingography *n*
F: hystéro-salpingographie *f*

I

Ileosacralgelenk *n* [anat.]
E: ileo-sacral articulation, ileo-sacral joint
F: articulation sacro-iliaque *f*

Impuls *m*
E: impulse *n*, pulse *n*
F: impulsion *f*

Impuls-Bandspeicher *m*
E: pulse tape recorder
F: enregistreur magnétique d'impulsions *m*

Impulsgeber *m*
E: pulse unit
F: générateur d'impulsions *m*

Indirektaufnahme *f* (BV-Aufnahme)
E: indirect radiograph, indirect exposure, image-intensifier photograph, II-photograph *n*
F: ampliphotographie *f*

Induktionsspule *f*
E: induction coil
F: bobine d'induction *f*

induktiver Widerstand
E: inductive resistance
F: résistance inductive *f*, inductance *f*

Induktivität *f*
E: inductance *n*
F: inductance *f*

Industriefernsehen *n*
E: closed-circuit television, industrial television
F: télévision en circuit fermé *f*, télévision industrielle *f*

Informationsgehalt *m* (im Fernsehbild) [tv.]
E: information content
F: teneur en informations *m*

Informationsverlust *m*
E: loss of information
F: perte d'information *f*

Innenwiderstand *m*
E: internal resistance
F: résistance interne *f*

Installationsschema *n*
E: installation scheme
F: schéma d'installation *m*

Instandhaltung *f*
E: maintenance *n*, service *n*
F: entretien *m*, service *m*

Instandsetzung *f*
E: servicing *n*, repair *n*
F: remise en état *f*, réparation *f*

Integraldosis *f* (IEC)

E: integral dose (IEC)
F: dose intégrale *f* (CEI)
integrierter Baustein
E: integrated circuit (IC)
F: circuit intégré *m*
integrierter Schaltkreis
E: integrated circuit (IC)
F: circuit intégré *m*
Intensivpflegestation *f*
E: intensive care unit
F: service de soins intensifs *m*
intermittierend *adj*
E: intermittent *adj*
F: intermittent *adj*
interoperativ *adj*
E: during surgery
F: intraopératoire *adj*
intraoperativ *adj*
E: during surgery
F: intraopératoire *adj*
intravenös *adj*
E: intravenous *adj*
F: intraveineux *adj*
intravenöses Pyelogramm (durch iv-Kontrastmittel-Injektion gewonnenes Röntgenbild von Nierenbecken und Harnleiter)
E: intravenous pyelogram (with iv-contrast medium produced radiograph of renal area and ureter)
F: pyélogramme i.v. *m* (représentation radiographique au moyen d'un produit de contraste du système rénal et des uretères)
Ionenfleck *m* [BV]
E: ion spot [II]
F: tache ionique *f* [AB]
Ionisationskammer *f*
E: ionization chamber
F: chambre d'ionisation *f*
Ionisationsmessung *f*
E: ionization measurement
F: mesure de l'ionisation *f*
Ionisationsstrom *m*
E: ionization current
F: courant d'ionisation *m*
Irisblende *f*
E: iris diaphragm
F: diaphragme à iris *m*
Irrigoskopie *f* (Röntgenologische Darmuntersuchung durch Kontrasteinlauf)
E: irrigoscopy *n* (intestine X-ray examination with opaque enema)
F: irrigoscopie *f* (examen radiologique de l'intestin au moyen d'un lavement opaque)
Isodosenfläche *f* (COCIR)
E: iso-exposure surface
F: surface isoexposition *f*
Isodosenkurve *f* (COCIR)
E: iso-exposure curve
F: courbe isoexposition *f*
Isolationsfehler *m*
E: insulation failure
F: défaut d'isolement *m*
Isolationsstrom *m*
E: leakage current
F: courant d'isolement *m*
Isolationswiderstand *m*
E: insulation resistance
F: résistance d'isolement *f*
Isolator *m*
E: insulator *n*
F: isolateur *m*
Isolierband *n*
E: insulating tape
F: ruban isolant *m*
Isolierfestigkeit *f*
E: dielectric strength, puncture resistance
F: rigidité diélectrique *f*
Isolierung *f* [eltr.]
E: insulation *n*
F: isolement *m*
Isotopentherapie *f*
E: isotope therapy *n*
F: thérapie par isotopes *f*
Isowattschaltung *f*
E: Isowatt circuit
F: montage isowatt *m*
Istwert *m*
E: actual value
F: valeur effective *f*

J

jodhaltiges Kontrastmittel [rad.]
E: iodine contrast medium
F: substance de contraste iodée *f*
Jodöl *n*
E: iodized oil
F: huile iodée *f*
justieren *v*
E: adjust *v*
F: ajuster *v*
Justierung *f*
E: adjustment *n*
F: ajustage *m*

K

Kabelanschluß *m*
E: cable connection
F: raccord de câble *m*
Kabelaufbau *m*
E: cable make-up
F: spécification de câblage *f*
Kabelauslaß *m*
E: cable outlet
F: sortie de câble *f*
Kabelbaum *m*
E: cable harness
F: faisceau de câbles *m*
Kabelendverschluß *m*
E: cable termination
F: embout de câble *m*
Kabelfehler *m*
E: cable defect
F: défaut de câble *m*
Kabelführung *f*
E: cable routing
F: guidage de câble *m*
Kabelführungsrolle *f*
E: guide pulley for cable
F: poulie de guidage de câble *f*
Kabelhalterung *f*
E: cable holder
F: porte-câbles *m*
Kabelkanal *m*
E: cable duct, cable tunnel
F: conduit de câble *m*
Kabelkapazität *f*
E: cable capacitance
F: capacité du câble *f*
Kabellänge *f*
E: cable length
F: longueur du câble *f*
Kabelschelle *f*
E: cable clamp
F: collier de câble *m*
Kabelschuh *m*
E: cable lug, cable shoe
F: cosse de câble *f*
Kabelstecktopf *m*
E: cable receptacle
F: traversée protégée de câbles *f*
Kabelträger *m*
E: cable support
F: support-câbles *m*
Kabeltrommel *f*
E: cable drum
F: tambour de câble *m*
kalte Lötstelle
E: cold solder joint
F: soudure froide *f*
kältebeständig *adj*
E: resistant to cold, cold-resistant *adj*
F: résistant au froid
Kaltkathodenröhre *f*
E: cold cathode tube
F: tube à cathode froide *m*
Kamerahalterung *f*
E: camera mount
F: support de caméra *m*
Kamineffekt *m*
E: chimney effect
F: effet de cheminée *m*
Kantensteilheit *f*
E: edge gradient
F: netteté de bord *f*
Kapazität *f* [elec.]
E: capacitance *n*
F: capacité *f*

kapazitätsarmes Kabel
E: low capacity cable
F: câble à faible capacité *m*
kapazitiver Widerstand
E: capacitive resistance
F: résistance capacitive *f*
Kapillar *n* (Haargefäß)
E: capillary tube
F: vaisseau capillaire *m*
Kardangiographie *f*
E: cardiac angiography
F: angiographie cardiaque *f*
kardanisch gelagert
E: with universal joint (US), gimbally mounted (GB)
F: monté à cardan
Kardiogramm *n* (EKG)
E: cardiogram *n*
F: cardiogramme *m*
Kartei *f*
E: file *n*
F: fichier *m*
Karteikarte *f*
E: file card
F: fiche *f*
Karzinom *n* (Krebsgeschwulst)
E: carcinoma *n*, cancer *n*
F: carcinome *m*
Kassette, bleifreie
E: lead-free cassette
F: cassette sans plomb *f*
Kassette, bleihinterlegte
E: lead-lined cassette
F: cassette plombée *f*
Kassettendämpfung *f*
E: cassette dampening
F: atténuation due à la cassette *f*
Kassetteneinfahrt *f*
E: cassette travel, cassette insertion
F: mise en place de la cassette *f*, introduction de la cassette *f*
Kassetteneinschub *m*
E: cassette insertion
F: introduction de la cassette *f*
Kassettenformat *n*
E: cassette size
F: format de cassette *m*
Kassettenfrontladung *f*
E: front-loading of cassette
F: chargement frontal de la cassette *m*
kassettengesteuerte Formateinblendung [rad.]
E: cassette-controlled collimation
F: collimation commandée par cassette *f*
Kassettenhalter *m*
E: cassette holder
F: porte-cassette *m*
Kassettenkasten *m*
E: cassette box
F: coffret de stockage des cassettes *m*
Kassettenlade *f*
E: cassette tray
F: tiroir à cassette *m*
Kassettenprogramm *n*
E: cassette program
F: programme à cassettes *m*
Kassettenrahmen *m*
E: cassette frame
F: cadre porte-cassettes *m*
Kassettenwagen *m*
E: cassette carriage
F: chariot porte-cassettes *m*
Kassettenwechsler *m*
E: cassette changer
F: changeur de cassettes *m*
Katapult-Rasterlade *f*
E: catapult Bucky
F: Potter Bucky catapulte *m*
Katheterisierungskontrolle *f*
E: catheterization control
F: contrôle de cathétérisme *m*
Kathetertisch *m*
E: catheterization table
F: table cathéter *f*
Kathodenanschluß *m*
E: cathode terminal
F: borne cathodique *f*
Kathodenfallableiter *m*
E: cathode drop arrester
F: dérivateur de fuite cathodique *m*
Kathodenstrahl *m*
E: cathode ray
F: rayon cathodique *m*
Kathodenstrahlenbündel *n*

E: cathode ray beam, cathode ray pencil
F: faisceau de rayons cathodiques *m*
Kathodenstrahloszillograph *m*
E: cathode ray oscillograph
F: oscillographe à rayons cathodiques *m*
Kathodenstrahloszillograph ohne Registrierung
E: cathode ray oscilloscope *n*
F: oscilloscope à rayons cathodiques *m*
Kathodenstrahlröhre *f*
E: cathode ray tube
F: tube à rayons cathodiques *m*
Kehlkopf *m*
E: larynx *n*
F: larynx *m*
Keilfilter *m*
E: wedge filter
F: filtre en coin *m*
Kennlinie *f*
E: characteristic curve
F: caractéristique *f*
Kennlochung *f*
E: identifying perforation, identifying punching
F: perforation d'identité *f*
Kennmarke *f*
E: identification mark, identification sign
F: marque d'identification *f*
Kennzeichnung *f*
E: identification *n*
F: désignation *f*, identification *f*
Kernspeicher *m*
E: core storage, core store
F: mémoire *f*
Kiefer *m*
E: jaw *n*, maxilla *n*
F: mâchoire *f*, maxillaire *m*
Kiefergelenk *n*
E: temporomaxillary joint, temporomandibular articulation
F: articulation temporo-maxillaire *f*
Kieferhöhle *f*
E: maxillary sinus
F: sinus maxillaire *m*
Kinderdiagnostik *f*
E: pediatric diagnosis
F: diagnostic pédiatrique *m*
Kinderheilkunde *f*
E: pediatrics *pl*
F: pédiatrie *f*
Kinnstütze *f*
E: chin support
F: support de menton *m*
Kinoaufnahme *f*
E: cinematography *n*
F: prise de vue cinématographique *f*
Kinobetrieb *m*
E: cineradiography *n*, cine *n*
F: service cinématographique *m*
Kinodurchlaufbetrieb *m* [rad.]
E: non-pulsed cineradiography
F: service cinématographique continu *m*
Kinoeinrichtung *f*
E: cine equipment
F: installation cinématographique *f*
Kinoimpulsbetrieb *m*
E: pulsed cineradiography, pulsed cine
F: régime en cinéma pulsé *m*
Kinokamera *f*
E: cine camera
F: caméra cinématographique *f*
Kinopulsbetrieb *m*
E: pulsed cineradiography, pulsed cine
F: régime en cinéma pulsé *m*
Kinopulszusatz *m*
E: cine-pulse attachment
F: supplément pour cinéma pulsé *m*
kippbar *adj*
E: inclinable *adj*, tiltable *adj*
F: inclinable *adj*, basculant *adj*
kippen *v*
E: incline *v*, tilt *v*
F: incliner *v*, basculer *v*
Kippgeschwindigkeit *f*
E: tilting speed, tilt speed
F: vitesse de basculement *f*
Kippschalter *m*
E: toggle switch

F: interrupteur à bascule *m*
Kippspannung *f* (z.B. Zeitablenkspannung beim Oszillographen)
E: saw-tooth voltage
F: tension en dents de scie *f*
Klemmenbezeichnung *f*
E: terminal marking
F: repère des bornes *m*
Klemmenleiste *f*
E: terminal strip, terminal block
F: réglette à bornes *f*
Klemmenspannung *f*
E: terminal voltage
F: tension aux bornes *f*
Klemmleiste *f*
E: terminal strip, terminal block
F: réglette à bornes *f*
Kniegelenk *n*
E: knee-joint *n*
F: articulation du genou *f*
Knochenbruch *m*
E: fracture *n*
F: fracture *f*
Knochenstruktur *f*
E: bone structure
F: structure osseuse *f*
Koaxialkabel *n*
E: coaxial cable
F: câble coaxial *m*
Kollektorschaltung *f*
E: grounded-collector circuit
F: montage à collecteur *m*
Kommandoarm *m* [cons.]
E: control arm
F: bras de commande *m*
Kommandogriff *m* [cons.]
E: control handle
F: poignée de commande *f*
Kommandopult *n*
E: control desk, control console
F: pupitre de commande *m*, poste de commande *m*
Kompressionsdruck *m*
E: compression pressure
F: effort de compression *m*
Kompressionstubus *m*
E: compression cone
F: compresseur *m*
Kondensatorgenerator *m*
E: capacitor-discharge generator
F: générateur à condensateur *m*
Kondensatorkammer *f*
E: condenser chamber
F: chambre condensateur *f*
Kondensatorplatte *f*
E: condenser plate
F: plaque de condensateur *f*
Kondensator-Zeitschalter *m*
E: condenser timer
F: minuterie à condensateur *f*
Kondensatorzusatz *m*
E: capacitor accessory
F: adjonction par condensateur *f*
Konsole *f*
E: bracket *n*
F: console *f*
Konstanthalter *m*
E: stabilizer *n*
F: stabilisateur *m*
Konstruktionsdaten *plt*
E: design data
F: données de base de construction *f pl*
Konstruktionselement *n*
E: structural part
F: élément de construction *m*
Konstruktionsmerkmal *n*
E: constructional feature, design feature
F: caractéristique de construction *f*
Kontaktaufnahme *f*
E: skin radiograph
F: radiographie de contact *f*, radiographie superficielle *f*
Kontaktfeder *f*
E: contact spring
F: ressort de contact *m*
Kontaktgeber *m*
E: pulse contact, pulser *n*
F: contacteur *m*
kontinuierlich *adj*
E: stepless *adj*, continuous *adj*
F: continu *adj*, sans intervalles
kontinuierlich fallende Last
E: continuously dropping load
F: puissance dégressive en continu *f*

Kontrastabfall *m*
E: contrast drop
F: diminution de contraste *f*
kontrastarm *adj*
E: poor in contrast, low-contrast *adj*
F: pauvre en contraste, peu contrasté
Kontrastbrei *m*
E: contrast meal, opaque meal
F: moyen de contraste *m*
Kontrasteinlauf *m*
E: opaque enema, barium enema
F: lavement opaque *m*
Kontrastharmonisierung *f*
E: contrast harmonization
F: harmonisation du contraste *f*
Kontrastmaßstabsfaktor *m* [CT]
E: contrast scale
F: échelle du facteur de contraste *f*
Kontrastmittel *n* [rad.]
E: contrast medium
F: substance de contraste *f*
Kontrastmittel, bariumhaltiges [rad.]
E: barium contrast medium
F: substance de contraste barytée *f*
Kontrastmittel, jodhaltiges [rad.]
E: iodine contrast medium
F: substance de contraste iodée *f*
kontrastreich *adj*
E: rich in contrast, contrasty *adj*
F: riche en contraste, contrasté *adj*
kontrastschwach *adj*
E: poor in contrast, low-contrast *adj*
F: pauvre en contraste, peu contrasté
Kontrastübertragungsfunktion *f*
E: contrast transfer function
F: fonction de transfert de contraste *f*
Kontrastumfang *m*
E: contrast ratio
F: étendue du contraste *f*
Kontrastumkehr *f*
E: contrast inversion
F: inversion de contraste *f*
Kontrastverlust *m*
E: loss in contrast
F: perte de contraste *f*
Kontrastverminderung *f*
E: diminution of contrast
F: réduction du contraste *f*
Kontrastverstärkung *f*
E: contrast amplification
F: renforcement du contraste *m*
Kontrollaufnahme *f*
E: control radiograph
F: radiographie de contrôle *f*
Kontrollbereich *m*
E: controlled area
F: zone contrôlée *f*
Kontrolldurchleuchtung *f*
E: survey fluoroscopy
F: radioscopie de contrôle *f*
Konvergenzbestrahlung *f*
E: convergence radiation
F: rayonnement de convergence *m*
Konversionsfaktor *m* [BV]
E: conversion ratio [II], conversion factor [II]
F: facteur de conversion *m* [AB]
Koordinatenschalter *m*
E: cross-bar switch, coordinate switch
F: interrupteur par coordonnées *m*
Koordinatensteuerung *f*
E: coordinate control
F: commande par coordonnées *f*
Kopfstütze *f*
E: head support
F: support de tête *m*
Kopftieflage *f*
E: Trendelenburg position
F: position de Trendelenburg *f*
Körnigkeit *f* (physiolog. Eindruck beim entwickelten Film)
E: graininess *n* (physiological impression of developed film)
F: granulation *f* (impression physiologique de film exposé)
Körnigkeit *f* (einer Filmemulsion)
E: granularity *n* (film emulsion)
F: granularité *f* (émulsion du film)
Koronaentladung *f*
E: corona discharge
F: effet couronne *m*

Koronargefäß *n*
E: coronary vessel
F: vaisseau coronaire *m*
Koronarien *pl* (Herzkranzgefäße)
E: coronary vessels
F: vaisseaux coronaires *m pl*
Körperdickenausgleich *m*
E: body thickness compensation
F: compensation de l'épaisseur du corps *f*
Körperhöhlentherapie *f*
E: X-ray cavity therapy, intracavitary radiotherapy, intracavitary therapy
F: röntgenthérapie intracavitaire *f*, rœntgenthérapie intracavitaire *f*, radiothérapie intracavitaire *f*
Körperschluß *m*
E: short circuit to body, short circuit to housing
F: court-circuit à la masse *m*
korrosionsfest *adj*
E: corrosion-proof *adj*, anti-corrosive *adj*
F: résistant à la corrosion
Kraftbedarf *m*
E: power demand
F: puissance nécessaire *f*
kraftsparende Arbeitsweise
E: effortless operation
F: mode de travail sans effort *m*
Kraftsteckdose *f*
E: power receptacle
F: prise de courant force *f*
Kraftstrom *m*
E: electric power
F: courant force *m*
Kraftwerk *n*
E: power station
F: centrale électrique *f*
Krankenbericht *m* (= was der Arzt erfragt)
E: medical history
F: bulletin de santé *m*
Krankenbericht *m* (= was der Arzt aufzeichnet)
E: medical record
F: bulletin de santé *m*
Krankenbett *n*
E: sickbed *n*, hospital bed
F: lit de malade *m*
Krankenkasse *f*
E: health insurance
F: caisse d'assurance-maladie *f*, assurance-maladie *f*
Krankenpfleger *m*
E: male nurse
F: infirmier *m*
Krankensaal *m*
E: hospital ward
F: salle des malades *f*, salle d'hôpital *f*
Krankenschwester *f*
E: hospital nurse, registered nurse
F: infirmière *f*
Krankenstation *f*
E: hospital ward
F: salle des malades *f*, salle d'hôpital *f*
Krankentrage *f*
E: stretcher *n*
F: brancard *m*, civière *f*
Krankenträger *m*
E: stretcher-bearer *n*
F: brancardier *m*
Krankenversicherung *f*
E: health insurance
F: caisse d'assurance-maladie *f*, assurance-maladie *f*
Krankenwagen *m*
E: ambulance *n*
F: ambulance *f*
kratzfest *adj*
E: scratch-proof *adj*, resistant to abrasion
F: résistant à l'abrasion
Krebsgeschwulst *f*
E: carcinoma *n*, cancer *n*
F: carcinome *m*
Kreisaustastung *f* [tv.]
E: circular blanking
F: balayage circulaire *m*
Kreisaustastung, elektronische [tv.]
E: electronic circular blanking
F: balayage circulaire électronique *m*
Kreisbewegung *f*
E: circular movement

F: mouvement circulaire *m*
Kreisbogen *m*
E: circular arc
F: arc de cercle *m*
Kreisbogenführung *f*
E: circular arc guidance
F: guidage en arc de cercle *m*
kreisförmig *adj*
E: circular *adj*
F: circulaire *adj*
Kreislaufmeßwerte *m pl*
E: circulatory data
F: paramètres circulatoires *m pl*
Kreislaufsystem *n*
E: circulatory system
F: système circulatoire *m*
Kreisverwischung *f*
E: circular blurring
F: effacement circulaire *m*
Kreuzfeuerbestrahlung *f* (Therapie)
E: cross-fire irradiation (therapy)
F: irradiation à feux croisés *f* (thérapie)
Kreuzschienenverteiler *m*
E: cross-bar distributor
F: grille de distribution électrique *f*
Krümmung *f*
E: curvature *n*
F: courbure *f*, incurvation *f*
Kryptoskop *n*
E: cryptoscope *n*
F: cryptoscope *m*
Kugelfunkenstrecke *f*
E: sphere gap
F: éclateur à sphères *m*
Kugelgelenk *n*
E: ball joint
F: joint à rotule *m*, articulation sphérique *f*
Kugellager *n*
E: ball-bearing *n*
F: palier à billes *m*, roulement à billes *m*
Kühlaggregat *n*
E: cooling set, refrigeration unit
F: agrégat réfrigérant *m*
Kühlöl *n*
E: cooling oil
F: huile de refroidissement *f*
Kühlung *f*
E: cooling *n*
F: refroidissement *m*
Kühlwassermenge *f*
E: cooling water required
F: quantité d'eau réfrigérante *f*
Kundendienst *m*
E: after-sales service
F: service après-vente *m*
Kunststoff *m*
E: plastic material
F: matière plastique *f*
Kupferfilter *m*
E: copper filter
F: filtre de cuivre *m*
kuppeln *v*
E: connect *v*, couple *v*, link *v*
F: accoupler *v*, coupler *v*, embrayer *v*
Kupplungsstange *f*
E: coupling rod
F: barre de couplage *f*
Kurbelstativ *n*
E: crank-operated stand
F: statif à commande par manivelle *m*
kürzeste Schaltzeit
E: shortest exposure time
F: temps d'exposition minimum *m*
Kurzschließer *m*
E: short-circuiting device
F: élément court-circuit *m*
Kurzschluß *m*
E: short circuit
F: court-circuit *m*
Kurzschlußmotor *m*
E: squirrel-cage motor
F: moteur à cage d'écureuil *m*
Kurzschlußstrom *m*
E: short-circuit current
F: courant de court-circuit *m*
Kurzzeitbelastung *f*
E: short-time rating
F: charge instantanée *f*
Kurzzeitbetrieb *m*
E: short-time operation, momentary operation
F: fonctionnement bref *m*
kV-Aufnahmeregler *m*

E: radiographic kV-control
F: régleur de kV en radiographie *m*
kV-Bereich *m*
E: kV range
F: étendue des kV *f*
kV-Durchleuchtungsregler *m*
E: fluoroscopic kV-control
F: régleur de kV en radioscopie *m*
kV-Fernverstellung *f*
E: remote kV-control
F: téléréglage des kV *m*
kV-Meter *n*
E: kV-meter *n*
F: kilovoltmètre *m*
kV-Reduzierung, automatische [rad.]
E: automatic kV-reduction
F: réduction automatique des kV *f*
kV-Skala *f*
E: kV-dial *n*, kV-scale *n*
F: échelle des kV *f*
kW-Programm-Automatik *f*
E: automatic kW-program, automatic kW-system
F: programmation automatique de la puissance *f*
Kymoaufnahme *f* (zur Erkennung von Bewegungsstörungen)
E: kymography *n*
F: kymographie *f*

L

Lachgas *n* (Stickoxydul) [med.]
E: laughing-gas *n*, nitrous oxide
F: gaz hilarant *m*
Lackierung *f*
E: varnish *n*, lacquer *n*
F: laquage *m*
Lacküberzug *m*
E: varnish *n*, lacquer *n*
F: laquage *m*
Ladestrom *m*
E: charging current
F: courant de charge *m*
Ladung *f* [elec.]
E: charge *n*
F: charge *f*
Ladungsbild *n* [tv.]
E: charge image, image pattern
F: image de charge *f*
Ladungsträger *m* [tv.]
E: charge carrier
F: porteur de charge *m*
Lageplan *m*
E: plan view, site plan, layout *n*
F: plan de situation *m*, arrangement *m*
Lager *n* (Raum)
E: stock room, store room, depot *n*
F: magasin *m*, stock *m*, entrepôt *m*
Lager *n* (Stützlager, Wellenlager)
E: bearing *n*
F: palier *m*
Lager, auf ~ nehmen
E: stock *v*
F: prendre en stock
Lagerbelastung *f*
E: bearing load
F: charge sur le palier *f*
Lagerbuchse *f*
E: bearing bushing
F: coussinet *m*
Lagerdruck *m*
E: bearing load
F: charge sur le palier *f*
Lagerreibung *f*
E: bearing friction
F: frottement des coussinets *m*, frottement dans les paliers *m*
Lagerung *f* (Einlagerung, Aufbewahrung)
E: storage *n*
F: stockage *m*, emmagasinage *m*
Lagerungsplatte *f*
E: table top
F: plateau de table *m*, table du patient *f*
Lagerungstisch *m*
E: treatment table, examination table
F: table d'examen *f*, table de traitement *f*
Lamelle *f* (Blende)
E: leaf *n* (collimator)

F: lamelle *f*
Lamelle *f* (Raster)
E: strip *n* (grid)
F: lamelle *f*
Lamellenzahl *f* (Raster)
E: number of strips (grid)
F: nombre de lamelles *m*
Lampenfassung *f*
E: lamp holder
F: douille de lampe *f*, support de lampe *m*
Lampensockel *m*
E: lamp socket, socket *n*
F: culot de lampe *m*, culot *m*, socle *m*
Längsbewegung *f*
E: length movement, longitudinal movement
F: mouvement longitudinal *m*
Längsverschiebung *f*
E: longitudinal shift, longitudinal displacement
F: déplacement longitudinal *m*
Längswagen *m*
E: longitudinal carriage
F: chariot longitudinal *m*
Langzeitbetrieb *m* (ununterbrochener Betrieb von mindestens 2,5 Stunden) (COCIR)
E: long-time operation
F: service de longue durée *m*
Last *f* (mechanische Belastung)
E: load *n*
F: charge *f*
Lastschalter *m* (unter Last schaltender Schalter)
E: load switch
F: commutateur en charge *m*
Lastwechsel *m*
E: alternation of load, change of load
F: alternance de l'effort *f*, cycle de l'effort *m*
lateral *adj*
E: lateral *adj*
F: latéral *adj*
Laufraster *n* (bewegtes Streustrahlenraster) (COCIR)
E: moving grid
F: grille mobile *f*
Laufschiene *f*
E: guide rail
F: rail de guidage *m*, rail de roulement *m*
Laufwagen *m*
E: carriage *n*
F: chariot *m*
Lautsprecher *m*
E: loudspeaker *n*
F: haut-parleur *m*
Lautstärke *f*
E: sound intensity, loudness *n*
F: intensité du son *f*, intensité de la voix *f*
Lebensdauer *f*
E: life *n*, life time
F: durée de la vie *f*
Lebensgefahr *f*
E: danger to life
F: danger de mort *m*
Leckdosisleistung *f*
E: leakage dose rate
F: débit de dose du rayonnement de fuite *m*
Leeraufnahme *f*
E: blank exposure, blank radiograph
F: essai à vide *m*
Leerfilter *n*
E: blank filter
F: filtre vide *m*
Leerlauf *m* (COCIR)
E: no-load operation
F: fonctionnement à vide *m*
Leerlaufdrehzahl *f*
E: no-load speed
F: vitesse de rotation à vide *f*
Leerlaufspannung *f*
E: no-load voltage
F: tension à vide *f*
Leerlaufstrom *m*
E: no-load current
F: courant à vide *m*
Leerspule *f*
E: empty reel
F: bobine vide *f*
leicht auswechselbar
E: easily exchangeable, easy to

replace
F: facilement échangeable
leicht bedienbar
E: easy to operate
F: facilement manœuvrable
leicht zugänglich
E: easily accessible
F: facilement accessible
Leichtbauweise *f*
E: light-weight construction
F: construction légère *f*
leichtgängig *adj*
E: easy-running *adj*
F: à fonctionnement aisé
Leistungsabgabe *f*
E: power output
F: puissance disponible *f*
Leistungsaufnahme *f*
E: power consumption, power input
F: puissance absorbée *f*
Leistungsaufnahme *f* (einer Röntgenröhre) (COCIR)
E: tube loading
F: puissance absorbée *f* (par un tube radiogène)
Leistungsbedarf *m*
E: power demand
F: puissance nécessaire *f*
leistungsfähig *adj*
E: powerful *adj*
F: productif *adj*
Leistungsfähigkeit *f*
E: power handling capacity
F: capacité productive *f*, productivité *f*
Leistungsfaktor *m*
E: power factor
F: facteur de puissance *m*
Leistungsschild *n*
E: rating plate
F: plaque signalétique *f*
Leistungssteigerung *f*
E: increase of output
F: accroissement de charge *m*
Leistungsverlust *m*
E: power loss
F: perte de puissance *f*
Leistungsvermögen *n*
E: power handling capacity
F: capacité productive *f*, productivité *f*
Leistungsverstärker *m*
E: power amplifier
F: amplificateur de puissance *m*
Leitfähigkeit *f*
E: conductivity *n*
F: conductibilité *f*, pouvoir conducteur *m*
Leitung, abgeschirmte [elec.]
E: shielded cable, screened line
F: câble blindé *m*
Leitungsdraht *m*
E: conducting wire, wire *n*
F: fil conducteur *m*, fil de ligne *m*
Leitungseinführung *f*
E: cable inlet
F: entrée de câbles *f*
Leitungsführung *f*
E: cable routing
F: tracé de la ligne *m*
Leitungsplan *m*
E: wiring diagram, wiring scheme, circuit diagram (IEC)
F: schéma électrique *m*, plan de câblage *m*, schéma de câblage *m*, plan des circuits *m*, schéma des connexions *m* (CEI)
Leitungsprüfer *m*
E: line tester
F: contrôleur de circuit *m*
Leitungsquerschnitt *m*
E: wire cross-section
F: section du conducteur *f*
Leitungsschelle *f*
E: clamp *n*
F: collier de ligne *m*
Leitungsverlegung *f*
E: electrical installation, wiring *n*
F: pose de ligne *f*
Leitvermögen *n*
E: conductivity *n*
F: conductibilité *f*, pouvoir conducteur *m*
Lendenwirbelsäule *f* (LWS)
E: lumbar vertebral column
F: colonne vertébrale lombaire *f*
lenkbares Rad

E: steerable wheel
F: roue orientable *f*

Lenkrolle *f*
E: steering roller, caster *n*
F: poulie guide *f*

Lesegerät *n*
E: reading device
F: appareil de lecture *m*

Leuchtdichte *f*
E: light intensity, brightness *n*
F: luminance *f*

Leuchtmasse *f*
E: luminous substance
F: substance luminescente *f*

Leuchtschirm *m*
E: fluorescent screen
F: écran fluorescent *m*

Leuchtschirmbetrachtung *f*
E: fluoroscopy *n*
F: radioscopie *f*

Leuchtschirmbild *n*
E: fluorescent image
F: image fluorescente *f*

Leuchtstoff *m*
E: luminous substance
F: substance luminescente *f*

Lichtausbeute *f*
E: light efficiency
F: rendement lumineux *m*

Lichtbündel *n*
E: light beam
F: faisceau lumineux *m*

lichtdicht *adj*
E: light-proof *adj*, light-tight *adj*
F: étanche à la lumière

lichte Weite
E: inside diameter
F: diamètre intérieur *m*

lichtelektrischer Effekt
E: photoelectric effect
F: effet photo-électrique *m*

lichtempfindlich *adj*
E: light-sensitive *adj*
F: sensible à la lumière

Lichtempfindlichkeit *f*
E: light sensitivity, luminous sensitivity
F: sensibilité lumineuse *f*

Lichtempfindlichkeit eines Films (Röntgen)
E: film speed (X-ray)
F: rapidité d'un film *f* (pour la radiographie)

Lichtmarke *f*
E: spot light
F: tache lumineuse *f*

Lichtpause *f*
E: photographic tracing, blue print
F: photocalque *m*

Lichtquelle *f*
E: light source
F: source lumineuse *f*

Lichtschauzeichen *n*
E: light signal, pilot lamp
F: voyant lumineux *m*

Lichtschranke *f*
E: light barrier
F: barrière photo-électrique *f*

Lichtstärke *f*
E: light intensity
F: intensité lumineuse *f*

Lichtstrahl *m*
E: light ray, light beam
F: rayon lumineux *m*

lichtundurchlässig *adj*
E: non-transparent *adj*, opaque *adj*
F: non transparent, opaque *adj*

Lichtverteiler *m* [tv.]
E: image distributor, light distributor
F: répartiteur de lumière *m*

Lichtverteiler, Zweikanal-~ [tv.]
E: two-channel light distributor
F: répartiteur de lumière bicanal *m*

Lichtvisier *n*
E: light-beam indicator, light localizer, visual localizer, optical indicator, light-beam diaphragm
F: viseur lumineux *m*, diaphragme lumineux *m*

Lichtvisierlampe *f*
E: light localizer lamp, visual localizer lamp
F: lampe du viseur lumineux *f*

Lichtvisierspiegel *m*
E: mirror of the light-beam indicator
F: miroir du viseur lumineux *m*

Lichtvisiertubus *m*
E: visual localizer cone, light beam cone
F: localisateur à champ lumineux *m*, localisateur lumineux *m*

Lichtzeiger *m*
E: optical pointer
F: indicateur lumineux *m*

liegender Patient
E: recumbent patient
F: patient en décubitus *m*, patient en position horizontale *m*

Linearbeschleuniger *m* (COCIR)
E: linear accelerator
F: accélérateur linéaire *m*

lineare Verwischung
E: linear blurring
F: effacement linéaire *m*

linearer Schwächungskoeffizient [CT]
E: linear attenuation coefficient
F: coefficient d'atténuation linéaire *m*

Linksdrehung *f*
E: left-handed rotation, counterclockwise turn
F: rotation à gauche *f*

linksgängige Schraube
E: left-handed screw
F: boulon fileté à gauche *m*

linksgängiges Gewinde
E: left-handed thread
F: filet à gauche *m*

Linksgewinde *n* (linksgängiges Gewinde)
E: left-handed thread
F: filet à gauche *m*

Linksladung *f*
E: left-hand loading
F: charge par la gauche *f*

Linkslauf *m*
E: left-handed rotation, counterclockwise turn
F: rotation à gauche *f*

Linksschraube *f* (linksgängige Schraube)
E: left-handed screw
F: boulon fileté à gauche *m*

Linse *f*
E: lens *n*
F: lentille *f*

Litze *f*
E: stranded wire
F: fil torsadé *m*

Litzendraht *m*
E: stranded wire
F: fil torsadé *m*

Lochkarte *f*
E: punched card
F: carte perforée *f*

Lochkartensteuerung *f*
E: punched card control
F: commande à cartes perforées *f*

Lochstreifenleser *m*
E: punched tape reader
F: lecteur de bandes perforées *m*

Lochstreifenstanzer *m*
E: tape punch
F: perforatrice *f*

logischer Baustein
E: logic building block
F: élément logique *m*

Lokalisationsgerät *n*
E: localization unit
F: localisateur *m*

Lokalisationsverfahren *n*
E: method for locating
F: méthode de localisation *f*

Longitudinalschichten *f pl*
E: longitudinal tomography
F: coupe longitudinale *f*

Lordose *f* (nach vorn konvexe Wirbelsäulenkrümmung)
E: lordosis *n*, hollowback *n*, saddle back
F: lordose *f* (incurvation de la colonne vertébrale)

Lose *f*
E: backlash *n*
F: jeu mécanique *m*

Lötfahne *f*
E: solder tag
F: lame à souder *f*

Lötkolben *m*
E: solder-iron *n*
F: fer à souder *m*

Lötöse *f*
E: solder lug

F: contact à soudure *m*, plot de jonction *m*, lame de raccord *f*

Lötstelle, kalte
E: cold solder joint
F: soudure froide *f*

Lötstützpunkt *m*
E: soldering point
F: point de soudure *m*

Lötverbindung *f*
E: soldered joint
F: connexion par soudure *f*

Lötzinn *n*
E: solder *n*
F: étain à souder *m*

Luftabschluß *m*
E: exclusion of air, hermetic seal
F: étanchéité à l'air *f*

luftdicht *adj*
E: air-tight *adj*, hermetically sealed
F: étanche à l'air

Lüfter *m*
E: fan *n*, ventilator *n*, blower *n*
F: ventilateur *m*

Luftfeuchtigkeit *f*
E: humidity *n*
F: humidité de l'air *f*

luftgekühlt *adj*
E: air-cooled *adj*, ventilated *adj*
F: refroidi par air

Luftkühlung *f*
E: air-cooling *n*
F: refroidissement par air *m*

Luftspalt *m*
E: air gap
F: fente d'aération *f*

Lüftung *f*
E: ventilation *n*
F: aération *f*, ventilation *f*

Lungenaufnahme *f*
E: chest radiograph
F: radiographie pulmonaire *f*

Lungengewebe *n*
E: lung tissue
F: tissu pulmonaire *m*

Lungenspitze *f*
E: apex of the lung
F: sommet du poumon *m*

Lupe *f*
E: magnifying glass, magnifying lens
F: loupe *f*

Lymphgefäß *n*
E: lymph vessel
F: vaisseau lymphatique *m*

Lymphographie *f* (Darstellung der Lymphgefäße)
E: lymphography *n*
F: lymphographie *f*

M

Magen- und Darmdiagnostik *f*
E: gastro-intestinal diagnosis
F: diagnostic de l'estomac et de l'intestin *m*

Magen-Darm-Passage *f*
E: gastro-intestinal transit
F: transit gastro-intestinal *m*

Magen-Darm-Trakt *m*
E: gastro-intestinal tract
F: système gastro-intestinal *m*

Magengeschwür *n* (ulcus ventriculi)
E: gastric ulcer
F: ulcère gastrique *m*

Magengewölbe *n*
E: fornix *n*
F: fornix *m*

Magenmund *m*
E: cardiac orifice
F: cardia *f*

Magenpförtner *m*
E: pylorus *n*
F: pylore *m*

Magenschleimhaut *f*
E: gastric mucosa
F: muqueuse gastrique *f*

Magenschleimhautentzündung *f*
E: gastritis *n*
F: gastrite *f*

Magenwand *f*
E: gastric wall
F: paroi gastrique *f*

Magenwinkel *m*
E: incisura angularis
F: angle de l'estomac *m*

Magnetband *n*
E: magnetic tape
F: bande magnétique *f*
Magnetbandspeicher *m*
E: tape recorder
F: magnétoscope *m*, enregistreur magnétique *m*, magnétophone *m*
Magnetbandspule *f*
E: magnetic-tape reel
F: bobine de ruban magnétique *f*
Magnetfeld *n*
E: magnetic field
F: champ magnétique *m*
magnetische Aufzeichnung
E: magnetic recording
F: relevé magnétique *m*
magnetische Induktion
E: magnetic induction
F: induction magnétique *f*
magnetische Speicherung
E: magnetic recording
F: enregistrement magnétique *m*
magnetische Verriegelung
E: magnetic interlocking
F: verrouillage magnétique *m*
Magnetkernspeicher *m* [DV]
E: magnetic core storage
F: mémoire magnétique *f*
Magnetkopf *m*
E: recording head
F: tête magnétique *f*
Magnetkupplung *f*
E: magnetic coupling
F: couplage magnétique *m*
Magnetventil *n*
E: solenoid valve, magnetic-operated valve
F: électro-vanne *f*
Magnetverschluß *m*
E: magnetic lock
F: obturateur magnétique *m*
Magnetverstärker *m*
E: magnetic amplifier
F: amplificateur magnétique *m*
maligne Entartung [med.]
E: malignant degeneration
F: dégénerescence maligne *f*
Mamma *f* (weibliche Brustdrüse)
E: mamma *n*
F: sein *f*
Mammille *f* (Brustwarze)
E: mamilla *n*, nipple *n*
F: mamelon *m*
Mammographie *f* (Darstellung der weiblichen Brustdrüsen ohne Kontrastmittel)
E: mammography *n*
F: mammographie *f*
Markierung *f*
E: marking *n*, identification *n*
F: marquage *m*
Maschinensatz *m*
E: machine set, generator set
F: groupe électrogène *m*
Maßbild *n*
E: dimensional drawing
F: feuille de mesure *f*
Maßblatt *n*
E: dimensional drawing
F: feuille de mesure *f*
Masseanschluß *m*
E: ground connection (US), earth connection (GB), earthing connection (GB)
F: connexion de terre *f*, connexion à la masse *f*
Maßeinhaltung *f*
E: accuracy of measurements
F: exactitude des dimensions prescrites *f*
Massenfertigung *f*
E: mass production
F: production en masse *f*
Massenprüfung *f*
E: mass production testing
F: contrôle de la production en masse *m*
Massenuntersuchung *f*
E: mass survey, mass fluorography
F: examen de dépistage *m*, examen en série *m*, radiographie systématique *f*
Maßgenauigkeit *f*
E: accuracy of measurements
F: exactitude des dimensions prescrites *f*
maßgerecht *adj*
E: true to size

F: conforme à l'échelle
Maßhaltigkeit *f*
E: accuracy of measurements
F: exactitude des dimensions prescrites *f*
Massivdraht *m*
E: solid wire
F: fil massif *m*
Maßstab *m*
E: scale *n*
F: échelle graduée *f*, cadran *m*
maßstäbliche Zeichnung
E: scale drawing, dimensional drawing
F: dessin à l'échelle *m*
mAs-Wähler *m*
E: mAs-selector *n*
F: sélecteur des mAs *m*
Materialfehler *m*
E: material defect
F: défaut du matériel *m*
Materialprüfung *f*
E: material testing
F: essai de matériaux *m*
Materialwahl *f*
E: selection of materials
F: choix des matériaux *m*
Mattglas *n*
E: ground glass
F: verre dépoli *m*
Mattscheibe *f*
E: ground glass
F: verre dépoli *m*
mA-Wähler *m*
E: mA selector
F: sélecteur des mA *m*
mechanisch betätigt
E: mechanically operated
F: à commande mécanique
mechanische Arretierung
E: mechanical lock
F: arrêt mécanique *m*
mechanische Auslösung
E: mechanical trip
F: déclenchement mécanique *m*
mechanische Belastung
E: load *n*
F: charge *f*
mechanische Teile
E: mechanical parts
F: pièces mécaniques *f pl*
mechanische Verriegelung
E: mechanical blocking, mechanical interlocking
F: verrouillage mécanique *m*
mechanischer Anschlag
E: mechanical stop
F: butée mécanique *f*
mechanischer Antrieb
E: mechanical drive
F: entraînement mécanique *m*
Mediansagittalebene *f* (Ebene, die in ventral-dorsaler Richtung den Körper in zwei spiegelbildlich gleiche Teile zerlegt)
E: median sagittal plane (plane dividing body into two mirror-images)
F: plan médio-sagittal *m* (plan partageant le corps en deux parties dans le sens ventro-dorsal)
Medikament *n*
E: remedy *n*, medicament *n*
F: remède *m*, médicament *m*
mehradriges Kabel
E: multiconductor cable
F: câble à plusieurs conducteurs *m*
Mehrfach-Schichtsystem *n* [CT]
E: multiple slice system
F: système à couche multiple *m*
Mehrfachstecker *m*
E: multicontact plug, multiple plug
F: prise à fiches multiples *f*
Mehrleiterkabel *n*
E: multiconductor cable
F: câble à plusieurs conducteurs *m*
mehrpolige Steckdose
E: multicontact receptacle
F: prise multicontact *f*
mehrpolige Wicklung
E: polyphase winding
F: enroulement polyphasé *m*
mehrpoliger Stecker
E: multiple-pin plug
F: prise à fiche multipolaire *f*
Mehrschichtaufnahme *f*
E: multisection radiograph
F: tomographie simultanée *f*

mehrstufig *adj*
E: multiple-stage *adj*
F: à plusieurs étages
Mehrzweckgerät *n*
E: multipurpose unit
F: appareil à usage multiple *m*
Membran *f*
E: membrane *n*
F: membrane *f*
Meßanordnung *f*
E: measuring arrangement, measuring set-up
F: dispositif de mesure *m*
Meßbereich *m*
E: measuring range
F: étendue de mesure *f*
Meßbereichserweiterung *f*
E: measuring range extension
F: extension de l'étendue de mesure *f*
Meßelektronik *f*
E: measuring electronics
F: electronique de mesure *f*
Meßfehler *m*
E: measuring error
F: erreur de mesure *f*
Meßgenauigkeit *f*
E: measurement accuracy
F: précision des mesures *f*
Meßgerät *n*
E: measuring device, measuring instrument
F: appareil de mesure *m*, instrument de mesure *m*
Meßinstrument *n*
E: measuring device, measuring instrument
F: appareil de mesure *m*, instrument de mesure *m*
Meßkammer *f*
E: measuring chamber
F: chambre de mesure *f*
Meßmethode *f*
E: method of measurement
F: méthode de mesure *f*
Messung *f*
E: measuring *n*, measurement *n*
F: mesure *f*
Meßverfahren *n*
E: method of measurement
F: méthode de mesure *f*
Meßwert *m*
E: measured value
F: valeur mesurée *f*
Metall-Papier-Kondensator *m*
E: metallized-paper capacitor
F: condensateur au papier métallisé *m*
Metallschlauch *m*
E: flexible metal tube
F: tube flexible métallique *m*
Mikrokalzifikation der Mamma
E: micro-calcification of the mamma
F: microcalcification de la glande mammaire *f*
Mikroschalter *m*
E: micro-switch *n*
F: microrupteur *m*
Mikroverfilmung *f*
E: microfilming *n*
F: prise de vues sur microfilme *f*
Miktionssitz *m*
E: micturition seat
F: siège de miction *m*
Miktionsurographie *f*
E: micturition urography
F: urographie de miction *f*
minderwertige Konstruktion
E: poor design
F: construction médiocre *f*
minderwertige Qualität
E: substandard quality
F: qualité inférieure *f*
Mindestabstand *m*
E: minimum distance, minimum space (US)
F: distance minimale *f*
Mindestbedarf *m*
E: minimum demand
F: demande minimale *f*
Mindestbetrag *m*
E: minimum amount
F: quantité minimale *f*
Mindestgehalt *m*
E: minimum percentage
F: teneur minimale *f*
Minusklemme *f*

E: minus terminal, negative terminal
F: borne négative *f*
Minusleiter *m*
E: negative lead, negative conductor
F: conducteur négatif *m*
Minusleiter des Netzes
E: negative main
F: conducteur négatif du réseau *m*
Mitbeobachtung *f*
E: co-viewing *n*
F: coobservation *f*
Mittelarretierung *f*
E: central lock
F: blocage central *m*
Mittelpunktsabstand *m*
E: center-to-center distance
F: distance au centre *f*
Mittelpunktsleiter *m* (Mp)
E: neutral conductor, neutral main
F: fil neutre *m*, conducteur neutre *m*
Mittelteil *n*
E: center section, middle section
F: partie médiane *f*
Mittelwert *m*
E: mean value, average value
F: valeur moyenne *f*
Mittelwertmesser *m*
E: ratemeter *n*
F: appareil de mesure de la valeur moyenne *m*
mittlere Geschwindigkeit
E: mean velocity
F: vitesse moyenne *f*
Modellanfertigung *f*
E: pattern-making *n*
F: fabrication de maquettes *f*
Modelltischlerei *f*
E: pattern workshop
F: atelier de modelage *m*
Modulations-Übertragungs-Funktion *f* (MÜF)
E: modulation transfer function (MTF)
F: fonction de transfert de modulation *f* (FTM)
Molybdänanode *f*
E: molybdenum anode
F: anode en molybdène *f*
Montage *f*
E: installation *n*, setting-up *n*, assembly *n*
F: montage *m*, assemblage *m*
Montageplatte *f*
E: mounting plate
F: plaque de montage *f*
Montageschrank *m*
E: mounting cabinet
F: armoire de montage *f*
Montagewerkzeug *n*
E: installation tool
F: outil de montage *m*
motorangetrieben *adj*
E: motor-driven *adj*
F: commandé par moteur, motorisé *adj*
Motorantrieb *m*
E: motor drive
F: entraînement par moteur *m*
Motordrehzahl *f*
E: motor speed
F: régime du moteur *m*
Motorgehäuse *n*
E: motor casing
F: capot du moteur *m*
Motorgenerator *m*
E: motor-generator *n*
F: générateur à moteur *m*, moto-générateur *m*
motorisch *adj*
E: motor-driven *adj*
F: commandé par moteur, motorisé *adj*
motorisch verfahrbare Tischplatte
E: motor-driven table top
F: plateau de table à déplacement motorisé *m*
Motorkennlinie *f*
E: motor characteristic
F: caractéristique du moteur *f*
Motorschutzschalter *m*
E: protective motor switch
F: disjoncteur-protecteur du moteur *m*
M-P-Kondensator *m*
E: metallized-paper capacitor

F: condensateur au papier métallisé *m*

Mulde *f*
E: cradle *n*
F: berceau *m*

Muldenform *f*
E: cradle shape, cradle form
F: forme de berceau *f*

Muldentisch *m*
E: concave table
F: table en berceau *f*, table incurvée *f*

Mundhöhle *f*
E: oral cavity
F: cavité buccale *f*, cavité orale *f*

Myelographie *f* (Darstellung des Rückenmarkkanals)
E: myelography *n*
F: myélographie *f*

Myokard *n* (Herzmuskel)
E: myocardium *n*, heart muscle
F: myocarde *m*

N

Nachlaufsteuerung *f*
E: automatic control system
F: réglage automatique *m*

Nachleuchtdauer *f* (Trägheitsverhalten eines Leuchtstoffes)
E: afterglow duration, time of persistence
F: durée de la luminescence *f*

Nachprüfung *f*
E: checking *n*, inspection *n*
F: contrôle *m*

Nachrüsteinheit *f*
E: supplementary unit
F: unité de complément *f*

Nachrüstung *f*
E: supplementary installation
F: montage supplémentaire *m*

Nachzieheffekt *m* (bei einer Fernsehaufnahmeröhre) [tv.]
E: persistence of the photoconductor, smearing effect
F: persistance du photoconducteur *f*, rémanence *f*

Nadellager *n*
E: needle bearing
F: palier à aiguilles *m*

Nagelung *f* (in der Chirurgie)
E: nailing *n*, pinning *n*
F: enclouage *m*

Nahabstandsaufnahme *f*
E: short focal distance exposure
F: radiographie à courte distance *f*

nahbedientes Gerät
E: direct controlled table
F: table à commande directe *f*

Nahbestrahlung *f* (Therapie mit kleinem Fokus-Haut-Abstand) (COCIR)
E: contact therapy
F: thérapie de contact *f*

Nahbestrahlungsröhre *f*
E: contact therapy tube
F: tube pour thérapie de contact *m*

Näherungswert *m*
E: approximate value
F: valeur approchée *f*

Nahtstelle *f*
E: interface *n*
F: interface *m*

Nebengeräusch *n*
E: background noise
F: bruit parasite *m*

Nebenschluß *m*
E: shunt *n*
F: circuit dérivé *m*, shunt *m*

Nebenschlußmotor *m*
E: shunt motor, shunt-wound motor
F: électromoteur shunt *m*, électromoteur en dérivation *m*

Nebenschlußwicklung *f*
E: shunt winding
F: enroulement shunt *m*

Nebenwirkung *f*
E: side effect
F: réaction secondaire *f*

negative Halbwelle
E: negative half period, negative half-wave

F: alternance négative *f*
negative Temperatur
E: sub-zero temperature
F: temperature négative *f*
neigbar *adj*
E: inclinable *adj*, tiltable *adj*
F: inclinable *adj*, basculant *adj*
neigen *v*
E: incline *v*, tilt *v*
F: incliner *v*, basculer *v*
Neigung *f*
E: inclination *n*, tilting *n*
F: inclinaison *f*, basculement *m*
Neigungswinkel *m*
E: angle of inclination, tilt angle
F: angle d'inclinaison *m*
Nennbelastung *f*
E: rated load
F: charge nominale *f*
Nenndrehzahl *f*
E: rated speed
F: vitesse nominale *f*
Nennfrequenz *f* (COCIR)
E: rated frequency
F: fréquence nominale *f*
Nennleistung *f*
E: rated output, nominal output, power rating
F: puissance nominale *f*
Nennspannung *f*
E: rated voltage, nominal voltage
F: tension nominale *f*
Nennwert *m*
E: nominal value, rated value
F: valeur nominale *f*
Nephrographie *f* (Darstellung der Nieren)
E: nephrography *n*, kidney radiograph
F: néphrographie *f*
Netz *n* (Elektrizitätsversorgung)
E: mains *pl*, power line
F: réseau *m*
Netzangleich *m*
E: line compensation
F: compensation du réseau *f*
Netzanschluß *m* (allg. die Stromversorgung aus dem Netz)
E: line connection, mains supply, power supply
F: branchement au réseau *m*, connexion au réseau *f*
Netzanschlußgerät *n* (gesondertes Netzgerät)
E: line power unit, power connecting box
F: boîte d'alimentation-réseau *f*
Netzanschlußkabel *n*
E: line cable
F: câble d'alimentation-réseau *m*
Netzanschlußtafel *f*
E: power connecting panel
F: tableau de connexions au réseau *m*
Netzausfall *m*
E: power failure
F: panne de secteur *f*
netzbetriebenes Gerät
E: line-operated equipment
F: appareil alimenté par le réseau *m*
Netzfrequenz *f*
E: line frequency
F: fréquence du réseau *f*
Netzkabel *n*
E: line cable
F: câble d'alimentation-réseau *m*
Netzklemme *f*
E: power supply terminal
F: borne réseau *f*
Netznennspannung *f*
E: nominal supply voltage
F: tension nominale d'alimentation *f*
Netzprüfgerät *n*
E: line testing equipment
F: instrument d'examen du réseau *m*
Netzschalter *m*
E: power switch
F: interrupteur de réseau *m*
Netzschütz *n*
E: power interrupt
F: disjoncteur de réseau *m*
Netzspannung *f* (COCIR)
E: mains voltage, actual supply voltage
F: tension de réseau *f*, tension

d'alimentation *f*
Netzspannungsabfall *m*
E: mains voltage drop
F: chute de tension du réseau *f*
Netzspannungsschwankung *f*
E: mains voltage fluctuation
F: variation de la tension de réseau *f*, fluctuation de tension *f*
Netzstecker *m*
E: power plug
F: fiche de prise de courant *f*
Netzstörung *f*
E: system fault
F: dérangement sur réseau *m*
Netztransformator *m*
E: power transformer
F: transformateur d'alimentation *m*
Netzvoltmeter *n*
E: line voltmeter
F: voltmètre de réseau *m*
Netzwiderstand *m* (COCIR)
E: line resistance
F: résistance du réseau *f*
Netzzuleitung *f*
E: mains feeder line
F: câble d'alimentation *m*
Neuroradiologie *f* (radiologische Darstellung des Nervensystems)
E: neuroradiology *n*
F: neuroradiologie *f*
n-Halbleiter *m*
E: n-type semiconductor
F: semi-conducteur n *m*
Nichtleiter *m*
E: non-conductor *n*
F: non-conducteur *m*
nichtrostend *adj*
E: rust-resisting *adj*
F: résistant à la rouille
Nickel-Eisen-Sammler *m*
E: nickel-iron battery
F: accumulateur au fer-nickel *m*
Niederfrequenz *f*
E: low frequency
F: basse fréquence *f*
niederohmig *adj*
E: low-ohmic *adj*, of low resistance
F: de faible valeur ohmique, de faible résistance
Niederspannung *f*
E: low tension
F: basse tension *f*
Nierenarterie. *f*
E: renal artery
F: artère rénale *f*
Nierenaufnahme *f*
E: nephrography *n*, kidney radiograph
F: néphrographie *f*
Nierenbecken *n*
E: renal pelvis
F: bassinet du rein *m*
Nierensteinlokalisation *f*
E: localization of renal calculi
F: localisation des calculs rénaux *f*
Nietung *f*
E: rivet joint
F: rivetage *m*
Nietverbindung *f*
E: rivet joint
F: rivetage *m*
Nockenscheibe *f*
E: cam wheel
F: disque à cames *m*
Nockensteuerung *f*
E: cam control
F: commande à cames *f*
Nockenwelle *f*
E: camshaft *n*, tumbler shaft
F: arbre à cames *m*
nominale Schichtdicke [CT]
E: nominal slice thickness
F: valeur nominale de l'épaisseur de coupe *f*
Nominalwert *m*
E: nominal value, rated value
F: valeur nominale *f*
Norm *f*
E: standard *n*, rule *n*
F: norme *f*, règle *f*
Normalausführung *f*
E: standard design, standard pattern
F: type normal *m*, type standard *m*
Normalausstattung *f*
E: standard design, standard pattern
F: type normal *m*, type standard *m*

Normalbeanspruchung *f*
E: standard stress
F: charge normale *f*
Normalgewinde *n*
E: standard thread
F: filet à pas normal *m*, filet normalisé *m*, filet standardisé *m*
normaltourige Röhre
E: normal speed tube
F: tube à vitesse normale *m*
normalverstärkend *adj*
E: of normal intensification
F: à amplification normale
Normblatt *n*
E: standard specification
F: feuille de normes *f*
Normenausschuß *m*
E: standards committee
F: comité de normalisation *m*
Normgewinde *n*
E: standard thread
F: filet à pas normal *m*, filet normalisé *m*, filet standardisé *m*
Normteil *n*
E: standard part
F: pièce standard *f*, pièce normalisée *f*
Normung *f*
E: standardization *n*, standardizing *n*
F: normalisation *f*, standardisation *f*
Normvorschrift *f*
E: standard requirement
F: exigence des normes *f*, règles de normes *f pl*
Notfalluntersuchung *f*
E: emergency examination
F: examen d'urgence *m*
Nuklearmedizin *f*
E: nuclear medicine
F: médecine nucléaire *f*
Nulldurchgang *m*
E: zero passage
F: passage au zéro *m*
Nulleiter *m*
E: neutral conductor, neutral main
F: fil neutre *m*, conducteur neutre *m*
Nullung *f*
E: multiple protective earthing (m.p.e.), neutralization *n*
F: mise au zéro *f*, neutralisation *f*
numerischer Wert
E: numerical value
F: valeur numérique *f*
Nutzbereich *m* (ausnützbarer Bereich)
E: useful area
F: domaine d'utilisation *f*
Nutzlast *f*
E: useful load
F: charge utile *f*
Nutzleistung *f*
E: useful effect, useful power
F: puissance utile *f*
Nutzstrahlenbündel *n* (COCIR)
E: useful radiation beam
F: faisceau du rayonnement utile *m*

O

Oberarm *m*
E: upper arm
F: bras *m*
Oberfläche *f*
E: surface *n*
F: surface *f*
Oberflächenaufnahme *f*
E: skin radiograph
F: radiographie de contact *f*, radiographie superficielle *f*
Oberflächenbeschaffenheit *f*
E: surface finish, surface quality
F: qualité de surface *f*
Oberflächendosis *f*
E: surface dose, skin dose
F: dose à la peau *f*
Oberflächengüte *f*
E: surface finish, surface quality
F: qualité de surface *f*
Oberflächentherapie *f*
E: surface therapy, superficial therapy

F: thérapie superficielle *f*
Oberschenkel *m*
E: thigh *n*
F: cuisse *f*
Oberschenkelknochen *m* (os femoris)
E: femur *n*
F: fémur *m*
Obertischaufnahme *f* [cons., rad.]
E: overtable radiograph
F: radiographie sur-table *f*, radiographie avec tube au-dessus de la table *f*
Obertischbildverstärker *m*
E: overtable image-intensifier
F: amplificateur de brillance sur-table *m*
Obertischgerät *n*
E: overtable examination unit
F: table radiologique avec tube sur-table *f*
Obertischröhre *f*
E: overtable tube
F: tube sur-table *m*
Objektachse *f*
E: object axis
F: axe de l'objet *m*
Objektdicke *f*
E: object thickness
F: épaisseur de l'objet *f*
Objekterkennbarkeit *f*
E: object perception
F: reconnaissance des objets *f*
Objektumfang *m*
E: object latitude
F: étendue de l'objet *f*
Objektvolumen *n*
E: object volume
F: volume de l'objet *m*
Oesophagus *m* (Speiseröhre)
E: esophagus *n*
F: œsophage *m*
Öffnungsverhältnis *n*
E: relative aperture
F: ouverture relative *f*
Okkupationszeit *f* (Vorbereitungszeit + Belichtungszeit)
E: occupation time (preparation time + exposure time)
F: temps d'occupation *m* (temps de préparation + temps d'exposition)
Okular *n*
E: eyepiece *n*, ocular *n*
F: oculaire *m*
Ölablaßschraube *f*
E: oil drain plug, oil drain screw
F: vis de vidange d'huile *f*
Öleinfüllschraube *f*
E: oil filling plug, oil filling screw
F: vis de remplissage d'huile *f*
ölfest *adj*
E: oil-resistant *adj*
F: résistant à l'huile
Ölisolierung *f*
E: oil insulation
F: isolement à l'huile *m*
Ölkühlung *f*
E: oil-cooling *n*
F: refroidissement à l'huile *m*
Ölstand *m*
E: oil level
F: niveau d'huile *m*
Operationseingriff *m*
E: surgery *n*, surgical intervention
F: intervention chirurgicale *f*
Operationsraum, aseptischer
E: aseptic operating room
F: salle d'opération aseptique *f*
Operationssaal *m* (OP)
E: operating theater, surgery *n* (US)
F: salle d'opération *f*, salle OP *f*
Operationsschwester *f*
E: surgical nurse
F: infirmière chirurgicale *f*
Operationstisch *m*
E: operating table
F: table d'opération *f*
operative Knochenbehandlung
E: osteosynthesis *n*
F: ostéosynthèse *f*
operativer Eingriff
E: surgery *n*, surgical intervention
F: intervention chirurgicale *f*
optische Anzeige
E: optical indication
F: affichage optique *m*
optische Betrachtung

E: optical observation
F: observation visuelle *f*
optischer Brennfleck
E: effective focal spot
F: foyer optique *m*
Orbita *f*
E: orbit *n*, eye socket
F: orbite *f*
Organautomatik *f*
E: automatic selection of organ parameters
F: automatisme de sélection des paramètres d'organs *m*
Organbewegung *f*
E: movement of organ
F: mouvement d'organe *m*
organprogrammierter Belichtungsautomat
E: organ-related automatic exposure timer, organ-related automatic exposure control (US)
F: automate d'exposition programmé par organes *m*
Ortsdosis *f*
E: local dosage
F: dose locale *f*
Ortsdosisleistung *f*
E: local dose rate
F: débit de dose locale *m*
ortsfest *adj*
E: stationary *adj*
F: localement fixe, stationnaire *adj*
Ortsfrequenz *f* [BV]
E: spatial frequency [II]
F: fréquence locale *f* [AB]
Ortsnetz *n*
E: local power line
F: réseau local *m*
Osteosynthese *f* (operative Knochenbehandlung)
E: osteosynthesis *n*
F: ostéosynthèse *f*

P

Pädiatrie *f* (Kinderheilkunde)
E: pediatrics *pl*
F: pédiatrie *f*
Palpation *f* [med.]
E: palpation *n*
F: palpation *f*
palpieren *v* [med.]
E: palpate *v*
F: palper *v*
Panoramaaufnahme *f*
E: panorama radiograph
F: radiographie panoramique *f*
Panorama-Röntgenröhre *f*
E: panorama X-ray tube
F: tube radiogène pour planigraphie panoramique *m*
Panorama-Schichtverfahren *n*
E: panorama planigraphic system
F: méthode de planigraphie panoramique *f*
Papiervorschub *m*
E: paper feed
F: défilement du papier *m*
Parallelraster *n*
E: parallel grid
F: grille parallèle *f*
Parallelschaltung *f*
E: parallel circuit
F: montage en parallèle *m*, connexion en parallèle *f*
Parkstellung *f*
E: parking position
F: position de repos *f*, position de rangement *f*
pathologische Veränderung
E: pathological change
F: déformation pathologique *f*
Patient, liegender
E: recumbent patient
F: patient en décubitus *m*, patient en position horizontale *m*
Patientendatenaufbelichtung *f*
E: exposure of the patient identification data
F: visualisation des coordonnées du patient *f*
Patientendosis *f*
E: patient dose
F: dose au patient *f*
Patientendrehtisch *m*

E: patient turntable
F: table de rotation du patient *f*
Patientenhaltegriff *m* [cons.]
E: patient handle
F: poignée patient *f*
Patientenlagerung *f*
E: patient positioning
F: positionnement du patient *m*
Patientenlagerungsplatte *f*
E: patient's support
F: support d'examen *m*
Patientenpodest *m*
E: foot board
F: plateforme *f*
Patientensitz *m*
E: patient's seat
F: siège du patient *m*
Patientenstützwand *f*
E: table top
F: plateau de table *m*, table du patient *f*
Patientenüberwachung *f*
E: patient monitoring
F: surveillance du patient *f*
Patientenzutritt *m*
E: patient access
F: accès du patient *m*
Pelvis renalis (Nierenbecken)
E: renal pelvis
F: bassinet du rein *m*
Pendelachse *f*
E: pendulum axis, rotation axis
F: axe du mouvement pendulaire *m*
Pendelbestrahlungsgerät *n*
E: pendulum therapy unit
F: appareil de radiothérapie pendulaire *m*
Pendelradius *m*
E: pendulum radius
F: rayon du mouvement pendulaire *m*
Pendelwinkel *m*
E: pendulum angle
F: angle du mouvement pendulaire *m*
Peristaltik *f* (Kontraktionen der Eingeweidemuskulatur)
E: peristalsis *n*
F: péristaltisme *m*
Peritoneum *n* (Bauchfell)
E: peritoneum *n*
F: péritoine *m*
Pfortader *f* (vena portae)
E: portal vein
F: veine porte *f*
Phasenanschnitt *m*
E: phase section
F: découpage de phase *m*
Phasenlage *f*
E: phase position
F: phase *f*
Phasennacheilung *f*
E: phase lag
F: retard de phase *m*
Phasenspannung *f*
E: phase voltage
F: tension de phase *f*
Phasenstrom *m*
E: phase current
F: courant par phase *m*
Phasenverschiebung *f*
E: phase shift
F: déphasage *m*
Phasenvoreilung *f*
E: phase lead
F: avance de phase *f*
Phasenwinkel *m*
E: phase angle
F: angle de phase *m*
Phlebographie *f* (Venendarstellung)
E: phlebography *n*, venography *n*
F: phlébographie *f*, veinographie *f*
photoelektrisch *adj*
E: photoelectric *adj*
F: photo-électrique *adj*
photoelektrischer Belichtungsautomat
E: phototimer *n*
F: régulateur photo-électrique automatique du temps d'exposition *m*, automate d'exposition à cellule photo-électrique *m*
photoelektrischer Effekt
E: photoelectric effect
F: effet photo-électrique *m*
Photoemission *f*
E: photo-emission *n*

F: photoemission *f*
Photohalbleiter *m*
E: photo-semiconductor *n*
F: semi-conducteur photo-électrique *m*
Photokathode *f*
E: photocathode *n*
F: photocathode *f*
Photomultiplier *m*
E: photomultiplier *n*
F: photomultiplicateur *m*
Photostrom *m*
E: photoelectric current, photocurrent *n*
F: courant photo-électrique *m*
Photoszintigramm *n*
E: photoscintigram *n*
F: photoscintigramme *m*
Photowiderstand *m*
E: photoelectric resistor
F: photorésistance *f*
Planigraphie *f* (Schichtverfahren)
E: planigraphy *n*
F: planigraphie *f*, tomographie *f*
Plattenspannung *f* [eltr.]
E: target voltage, signal-plate potential
F: tension de plaque *f*
Platzbedarf *m*
E: space requirement
F: encombrement *m*
Pleura *n* (Brustfell)
E: pleura *n*
F: plèvre *f*
Polprüfer *m*
E: pole tester
F: contrôleur de poles *m*
positives Kontrastmittel
E: positive contrast medium
F: produit de contraste positif *m*
postoperativ *adj*
E: postoperative *adj*
F: post-opératoire *adj*
Potential *n*
E: potential *n*
F: potentiel *m*
Potentialausgleichsleiter *m*
E: potential equalization conductor
F: barre d'équipotentialité *f*
Primärstrahl *m*
E: primary beam
F: rayon primaire *m*
Primärwicklung *f*
E: primary winding
F: enroulement primaire *m*
Probe *f*
E: test *n*, trial *n*, experiment *n*
F: essai *m*, épreuve *f*, expérience *f*
Probelauf *m*
E: trial run, test run
F: fonctionnement en essai *m*
Profilschiene *f*
E: sectional rail
F: rail profilé *m*
programmierte Aufnahmetechnik
E: programmed radiographic technique
F: technique de radiographie programmée *f*
programmiertes Prüfen
E: programmed check
F: contrôle programmé *m*
Programmierung *f*
E: programming *n*
F: programmation *f*
Programmsteuerung *f*
E: program control, programmed operation
F: commande par programme *f*
Programmwahl *f*
E: program selection
F: choix du programme *m*
Programmwähler *m*
E: program selector
F: sélecteur de programme *m*
Projektion, freizügige
E: omnidirectional projection
F: grande liberté de projection *f*
Projektionsrichtung *f*
E: projection view
F: sens de projection *m*
Proportionalregler *m*
E: proportional control
F: dispositif de réglage proportionnel *m*
Prüfgerät *n*
E: testing equipment, test set

F: appareil de contrôle *m*
Prüfliste *f*
E: check list
F: liste de contrôle *f*
Prüfprotokoll *n*
E: test certificate
F: protocole de contrôle *m*
Prüfspannung *f*
E: test voltage
F: tension de contrôle *f*, tension d'essai *f*
Prüfvorrichtung *f*
E: experimental arrangement, testing arrangement, test arrangement, test setup
F: montage d'essai *m*, montage expérimental *m*, dispositif d'essai *m*
Prüfvorschrift *f*
E: test specification
F: instruction d'essai *f*
Pulsbetrieb *m* [rad.]
E: pulsed operation
F: régime pulsé *m*
Pulsbreite *f* (Dosispuls) [CT]
E: pulse width (dose pulse)
F: largeur d'impulsion *f*
Pulsfrequenz *f* [med.]
E: pulse rate
F: fréquence poulsé *f*
pulsierende Spannung
E: pulsating voltage
F: tension pulsatoire *f*
Pulsinjektion, herzphasengesteuerte
E: cardiac-phase-controlled pulsed injection
F: injection pulsée commandée par phase cardiaque *f*
Pulszahl *f* [CT]
E: pulse number
F: nombre de pulsation *m*
Punktion *f*
E: puncture *n*
F: ponction *f*
Pyelogramm, intravenöses (durch iv-Kontrastmittel-Injektion gewonnenes Röntgenbild von Nierenbecken und Harnleiter)
E: intravenous pyelogram (with iv-contrast medium produced radiograph of renal area and ureter)
F: pyélogramme i.v. *m* (représentation radiographique au moyen d'un produit de contraste du système rénal et des uretères)
Pyelographie *f* (Darstellung der Nierenbecken und Harnleiter)
E: pyelography *n*
F: pyélographie *f*
Pylorus *m* (Magenpförtner)
E: pylorus *n*
F: pylore *m*

Q

quadratisches Abstandsgesetz [phys., rad.]
E: inverse square law of distance
F: loi de l'inverse du carré de la distance *f*
Qualitätsfaktor *m*
E: quality factor, performance factor
F: facteur de qualité *m*
Qualitätssteigerung *f*
E: increase in quality
F: augmentation de la qualité *f*
Quantenabsorption *f*
E: quanta absorption
F: absorption quantique *f*
Quantenrauschen *n*
E: quantum noise
F: bruit quantique *m*
Quecksilber-Diffusionspumpe *f*
E: mercury diffusion pump
F: pompe à diffusion à mercure *f*
Querbewegung *f* [cons.]
E: crosswise movement, transverse motion
F: mouvement transversal *m*
Querdurchleuchtung *f*
E: lateral fluoroscopy
F: radioscopie latérale *f*
Querformat *n*

E: broadsheet *n*
F: format oblong *m*
Querlagerung *f* (eines Patienten)
E: transverse positioning (of a patient)
F: installation transversale (du patient) *f*
querlaufend *adj*
E: transversal *adj*
F: transversal *adj*
Querlaufschiene *f*
E: transverse track
F: rails de roulement transversaux *m pl*
Querschnitt *m*
E: transverse section, cross section
F: section transversale *f*
Querschnittsänderung *f*
E: change of cross section
F: changement de la coupe transversale *m*
Querverdrahtung *f* [elec.]
E: cross wiring, cross cabling
F: câblage transversal *m*
querverschiebbar *adj*
E: transversely movable
F: déplaçable transversalement
Querverschiebung *f*
E: transversal travel
F: déplacement transversal *m*
Querwagen *m* (am Röntgengerät)
E: transverse carriage
F: chariot transversal *m*

R

Radialdichtung *f*
E: radial seal, radial packing
F: joint radial *m*, anneau-joint radial *m*
Radioaktivität *f*
E: radioactivity *n*
F: radioactivité *f*
Radiologe *m*
E: radiologist *n*, examiner *n*, examining doctor
F: radiologue *m*, examinateur *m*, médecin *m*
radiologische Befundschreibung
E: radiological reporting system
F: enregistrement radiologique du compte rendu *m*
Radius *m* (Knochen des Unterarms) [anat.]
E: radius *n*
F: rayon *m*, radius *m*
Rahmen *m*
E: frame *n*
F: cadre *m*
rahmenloses Zielgerät
E: frameless spotfilm device
F: sélecteur sans cadre *m*
randlos *adj*
E: borderless *adj*, without margin, rimless *adj*
F: sans bord, sans marge
Randschärfe *f* [phot., rad.]
E: peripheral resolution
F: définition marginale *f*, netteté des bords d'une image *f*
Randunschärfe *f*
E: peripheral blurring
F: flou périphérique *m*
Raster *n*
E: grid *n*
F: grille *f*
Raster, bewegliches
E: moving grid, reciprocating grid
F: grille mobile *f*
Raster, feststehendes
E: stationary grid
F: grille fixe *f*
Raster, fokussiertes
E: focused grid
F: grille focalisée *f*
Rasterantrieb *m*
E: grid drive
F: commande de grille *f*
Rasteraufnahmetisch *m*
E: Bucky table
F: table de Bucky *f*
Rasterbewegung *f*
E: grid movement
F: mouvement de la grille *m*
Rasterverwischung *f*

E: elimination of grid shadows
F: effacement de la grille *m*
Rasterwandgerät *n*
E: Bucky wall stand
F: Bucky mural *m*
Raumbedarf *m*
E: space requirement
F: encombrement *m*
Raumhöhe *f*
E: room height
F: hauteur de salle *f*
Raumklima *n*
E: air conditioning
F: climatisation *f*
Raumladung *f*
E: space charge
F: charge d'espace *f*
räumliche Auflösung [CT]
E: spatial resolution
F: résolution spatiale *f*
Raumlicht *n*
E: room light
F: éclairage du local *m*
Raumtemperatur *f* (normale Zimmertemperatur = 20°C)
E: standard room temperature
F: température normale ambiante *f*
Rauschen *n* [eltr.]
E: noise *n*
F: bruit *m*
R-C-Glied *n*
E: RC component
F: composant R-C *m*
Rechenanlage *f*
E: electronic computer
F: calculateur électronique *m*, ordinateur *m*
Rechenzentrum *n*
E: computer center, data processing center
F: ordinateur central *m*
Rechner *m*
E: electronic computer
F: calculateur électronique *m*, ordinateur *m*
Rechteckschwinger *m*
E: multivibrator *n*
F: multivibreur *m*
Rechteckspannung *f*
E: square-wave voltage
F: tension rectangulaire *f*
Rechtsaufhängung *f*
E: right-side support
F: suspension à droite *f*
Rechtsdrehung *f*
E: right-handed rotation, clockwise turn
F: rotation à droite *f*
rechtsgängige Schraube
E: right-handed screw
F: boulon fileté à droite *m*
rechtsgängiges Gewinde
E: right-handed thread
F: filet à droite *m*
Rechtsgewinde *n* (rechtsgängiges Gewinde)
E: right-handed thread
F: filet à droite *m*
Rechtsladung *f* [cons.]
E: front-loading *n*, top loading
F: chargement par la droite *m*
Rechtslauf *m*
E: right-handed rotation, clockwise turn
F: rotation à droite *f*
Rechtsschraube *f* (rechtsgängige Schraube)
E: right-handed screw
F: boulon fileté à droite *m*
Regelbereich *m*
E: control range, regulating range
F: étendue de réglage *f*
Regelglied *n*
E: final control element
F: élément régulateur *m*
Regelgröße *f*
E: controlled condition
F: valeur contrôle *f*
Regelkästchen *n*
E: regulating box, control box
F: coffret de réglage *m*
Regelknopf *m*
E: control knob
F: bouton de réglage *m*
Regelkreis *m*
E: control circuit
F: circuit de réglage *m*, circuit de

commande *m*
regeln *v*
E: control *v*
F: régler *v*, commander *v*
Regelschalter *m*
E: control switch
F: commutateur de réglage *m*
Regelspannung *f*
E: control voltage, control tension
F: tension de réglage *f*, tension de commande *f*
Regeltransformator *m*
E: regulating transformer, variable ratio transformer
F: transformateur de réglage *m*
Regelung *f*
E: regulation *n*, control *n*
F: réglage *m*, commande *f*
Regelwiderstand *m* (Widerstandswert) [elec.]
E: variable resistance
F: résistance réglable *f*, résistance variable *f*
Regelwiderstand *m* (Gegenstand) [elec.]
E: variable resistor, adjustable resistor
F: résistance réglable *f*, résistance variable *f*, résistance d'équilibrage *f*
Registertechnik *f*
E: register technique
F: technique à registre *f*
Registerwähler *m*
E: register selector
F: sélecteur par registre *m*
Regler *m*
E: regulator *n*, compensator *n*, control *n*
F: régulateur *m*
Regulierventil *n*
E: control valve
F: soupape de réglage *f*
Reihenschaltung *f*
E: series circuit, series connection
F: montage en série *m*, connexion en série *f*
Reihenuntersuchung *f*
E: mass survey, mass fluorography
F: examen de dépistage *m*, examen en série *m*, radiographie systématique *f*
Reinigung *f*
E: purification *n*, cleaning *n*
F: nettoyage *m*, épuration *f*
Relaisverstärker *m*
E: relay amplifier
F: amplificateur du relais *m*
Remanenz *f* (Restmagnetismus)
E: remanence *n*, residual magnetism
F: rémanence *f*, magnétisme rémanent
Resonanz *f*
E: resonance *n*
F: résonance *f*
Resonanzfrequenz *f*
E: resonant frequency
F: fréquence de résonance *f*
Restmagnetismus *m*
E: remanence *n*, residual magnetism
F: rémanence *f*, magnétisme rémanent
Reststrom *m*
E: residual current
F: courant résiduel *m*
retrograd *adj* (rückläufig) [med.]
E: retrograde *adj*
F: rétrograde *adj*
Rettungswagen *m*
E: ambulance *n*
F: ambulance *f*
Rillschlauch *m*
E: cable tubing
F: tuyau cannelé *m*
Ringkernregler *m*
E: ring-core regulator
F: régulateur toroïdal *m*
Ritzel *n*
E: pinion *n*
F: pignon *m*
Röhrenbelastung *f*
E: tube loading
F: charge du tube *f*
Röhrenbelastungstabelle *f*
E: tube load table, tube rating chart
F: tableau de charge du tube *m*

Röhrengehäuse *n*
E: tube shield, tube housing
F: gaine radiogène *f*
Röhrengehäuse mit drehbarem Mittelteil
E: tube shield with rotatable center section
F: gaine avec partie médiane rotative *f*
Röhrengehäuse, ausgeschwenktes
E: tube shield swung out
F: gaine pivotée *f*
Röhrengehäusehalterung *f*
E: tube shield holder, tube flange
F: support de gaine *m*
Röhrengehäusemittelteil *n*
E: center section of tube shield
F: centre de la gaine *m*
Röhrenheizstrom *m*
E: tube filament current
F: courant de chauffage du tube *m*
Röhrenheizung *f*
E: filament heating
F: chauffage du tube *m*
Röhrenkennlinie *f*
E: tube characteristic
F: courbe caractéristique du tube *f*
Röhrenkolben *m*
E: tube envelope
F: ampoule *f*
Röhrenlaufwagen *m*
E: tube carriage
F: chariot porte-tube *m*
Röhrenleistung *f*
E: tube rating
F: puissance du tube *f*
Röhrenschutzgehäuse *n*
E: protective tube housing
F: gaine radiogène de protection *f*
Röhrenspannung *f*
E: tube tension, tube voltage
F: tension du tube *f*
Röhrenstrom *m*
E: tube current
F: courant du tube *m*
Röhrentragarm *m*
E: cross arm, tube arm
F: bras porte-tube *m*
Rollbandmaß *n*
E: measuring tape
F: mètre-ruban *m*
Rollfilm *m*
E: rollfilm *n*
F: film en rouleau *m*
Rollfilmwechsler *m*
E: rollfilm changer
F: changeur de film en rouleau *m*
Röntgen im OP *n*
E: X-rays in the operating theater
F: radiologie chirurgicale *f*
Röntgenabteilung *f*
E: X-ray department
F: service radiologique *m*, station radiologique *f*
Röntgenaggregat *n*
E: X-ray power set
F: équipement radiologique *m*
Röntgenanlage *f*
E: X-ray installation
F: installation radiologique *f*
Röntgenapparat *m*
E: X-ray generator
F: générateur radiologique *m*, générateur radiogène *m*, groupe radiogène *m*
Röntgenaufnahme *f*
E: radiograph *n*, X-ray exposure
F: radiographie *f*, cliché radiographique *m*
Röntgenaufnahme, harmonisierte
E: harmonized radiograph
F: cliché radiographique harmonisé *m*
Röntgenbandspeicher *m*
E: X-ray video tape recorder
F: magnétoscope radiologique *m*
Röntgenbefund *m*
E: radiological consultation report
F: compte-rendu d'examen radiologique *m*
Röntgenbild *n*
E: X-ray image
F: image radiologique *f*
Röntgenbildsubtraktion, elektronische
E: electronic subtraction in radiography
F: soustraction électronique de

l'image radiologique *f*
Röntgenbildverstärker *m* (RBV)
E: X-ray image intensifier
F: amplificateur de brillance radiologique *m*
Röntgenbildverstärker-Kinematographie *f*
E: image-intensifier cinefluorography
F: cinématographie radiologique avec AB *f*
Röntgendiagnose *f*
E: X-ray diagnosis
F: examen radiologique *m*
Röntgendiagnostik *f*
E: radiological diagnostics
F: röntgendiagnostic *m*, rœntgendiagnostic *m*
Röntgendiagnostikgerät *n*
E: X-ray diagnostic unit
F: tube de röntgendiagnostic *f*, tube de rœntgendiagnostic *f*
Röntgeneinrichtung *f*
E: X-ray equipment, X-ray unit
F: équipement radiologique *m*
Röntgenfernsehanlage *f*
E: X-ray television
F: installation de röntgentélévision *f*, installation de rœntgentélévision *f*
Röntgenfernsehen *n*
E: X-ray television
F: röntgentélévision *f*, rœntgentélévision *f*
Röntgenfernsehkette *f*
E: X-ray television chain
F: chaîne de röntgentélévision *f*, chaîne de rœntgentélévision *f*
Röntgengehäusemittelteil, drehbares
E: rotating center section of shield
F: partie médiane mobile de la gaine *f*
Röntgengenerator *m*
E: X-ray generator
F: générateur radiologique *m*, générateur radiogène *m*, groupe radiogène *m*
Röntgengerät *n*
E: X-ray examination table
F: appareil radiologique *m*, table radiologique *f*
Röntgeninstitut *n*
E: X-ray institute
F: institut radiologique *m*
Röntgenkontrastmittel *n*
E: X-ray contrast medium, radiopaque *n*
F: moyen de contraste *m*, substance de contraste radiologique *f*
Röntgen-Körperhöhlentherapie *f*
E: X-ray cavity therapy, intracavitary radiotherapy, intracavitary therapy
F: röntgenthérapie intracavitaire *f*, rœntgenthérapie intracavitaire *f*, radiothérapie intracavitaire *f*
Röntgennahbestrahlung *f*
E: X-ray contact therapy
F: radiothérapie de contact *f*
Röntgenoberflächentherapie *f*
E: superficial X-ray therapy
F: röntgenthérapie superficielle *f*, rœntgenthérapie superficielle *f*
Röntgenpraxis *f*
E: X-ray practice
F: cabinet radiologique *m*
Röntgenquant *n*
E: X-ray quantum
F: quantum de rayons X *m*
Röntgenröhre *f*
E: X-ray tube
F: tube radiogène *m*
Röntgenröhre, Panorama-~
E: panorama X-ray tube
F: tube radiogène pour planigraphie panoramique *m*
Röntgenstation *f*
E: X-ray department
F: service radiologique *m*, station radiologique *f*
Röntgen-Stereo-Aufnahme *f*
E: stereoscopic X-ray picture
F: stéréo-radiographie *f*
Röntgen-Stereo-Durchleuchtung *f*
E: X-ray stereofluoroscopy
F: stéréo-radioscopie *f*
Röntgenstrahl *m*

E: X-ray beam
F: rayon X *m*
Röntgenstrahlenquelle *f*
E: X-ray source
F: émetteur de rayons X *m*
Röntgenstrahler *m* (Gehäuse mit Röhre)
E: X-ray tube assembly (housing with tube)
F: gaine équipée *f* (gaine avec tube)
Röntgen-Tiefentherapie *f*
E: deep X-ray therapy
F: radiothérapie pénétrante *f*
röntgentransparent *adj*
E: radiolucent *adj*, radiotransparent *adj*
F: radiotransparent *adj*, perméable aux rayons
Röntgenuntersuchung *f*
E: X-ray examination
F: examen radiologique *m*
rostbeständig *adj*
E: rust-resisting *adj*
F: résistant à la rouille
rostfreier Stahl
E: stainless steel, rustless steel
F: acier inoxydable *m*
Rostschutz *m*
E: rust prevention
F: antirouille *f*
Rotationsbestrahlung *f*
E: rotating irradiation
F: cyclothérapie *f*
Routinediagnostik *f*
E: routine diagnosis
F: diagnostic général *m*, diagnostic de routine *m*
Routine-Untersuchung *f*
E: routine examination
F: examen de routine *m*
Rückenlage *f*
E: supine position
F: décubitus dorsal *m*
Rückenlagerung *f*
E: supine positioning
F: mise en place en décubitus dorsal *f*
Rückenmark *n*
E: spinal cord
F: moelle épinière *f*
Rückenmarkkanal, Darstellung des ~s
E: myelography *n*
F: myélographie *f*
Rückenstütze *f*
E: back support, backrest *n*
F: support dorsal *m*
Rückkühlung *f*
E: recooling *n*
F: refroidissement par circulation *m*
Rücklauf *m*
E: return travel
F: retour *m*, marche arrière *f*
rückläufig *adj* [med.]
E: retrograde *adj*
F: rétrograde *adj*
Rückmeldekontakt *m*
E: revertive signal contact
F: contact de positionnement *m*
Rückspulung *f*
E: re-spooling *n*, rewind *n*
F: rebobinage *m*, rembobinage *m*
Rückstrom *m*
E: reverse current
F: courant de retour *m*
Rückwärtslauf *m*
E: reverse running
F: marche en arrière *f*
Ruhekontakt *m*
E: rest contact, normally closed contact
F: contact-repos *m*
Rumpfskelett *n*
E: skeleton of trunk
F: squelette de tronc *m*
Rüstzeit *f*
E: set-up time
F: temps de préparation *m*
Rutschkupplung *f*
E: slip friction clutch *n*
F: embrayage à friction *m*

S

Sägezahnspannung *f*
E: saw-tooth voltage
F: tension en dents de scie *f*
Sagittalebene *f* (jede Parallelebene zur Mediansagittalebene) [rad]
E: sagittal plane (each parallel plane to the median sagittal plane)
F: plan sagittal *m* (tout plan parallèle au plan médio-sagittal)
Salpingographie *f* (Darstellung der Eileiter)
E: salpingography *n*
F: salpingographie *f*
Sammelschiene *f*
E: bus-bar *n*
F: conducteur principal *m*
Sättigungsgrad *m* (einer Röntgenröhre) (COCIR)
E: degree of saturation
F: degré de saturation *m*
Sättigungsspannung *f*
E: saturation voltage
F: tension de saturation *f*
Sättigungsstrom *m*
E: saturation current
F: courant de saturation *m*
Säulenstativ *n*
E: column stand
F: statif à colonne *m*
säurebeständig *adj*
E: acid-resistant *adj*, acid-proof *adj*
F: résistant aux acides
säurefest *adj*
E: acid-resistant *adj*, acid-proof *adj*
F: résistant aux acides
Scanner *m* (Abtaster)
E: scanner *n*
F: scanner *m*, dispositif de balayage *m*
Schachtverhältnis *n* (eines Streustrahlenrasters)
E: grid ratio
F: rapport de grille *m*
Schädelaufnahme *f*
E: skull radiograph
F: cliché crânien *m*
Schädelaufnahmegerät *n* (COCIR)
E: skull unit
F: crâniographe *f*
Schaltbild *n*
E: wiring diagram, wiring scheme, circuit diagram (IEC)
F: schéma électrique *m*, plan de câblage *m*, schéma de câblage *m*, plan des circuits *m*, schéma des connexions *m* (CEI)
Schalter *m* (Ein- bzw. Ausschalter)
E: switch *n* (circuit breaker or interrupter)
F: interrupteur *m* (conjoncteur ou disjoncteur)
Schalter *m* (Umschalter)
E: switch *n* (commutator)
F: commutateur *m*
Schalterstellung *f*
E: switch position
F: position de l'interrupteur *f*
Schaltfunktion *f*
E: switching function
F: fonction commutatrice *f*
Schaltkasten *m*
E: connection box, control box, switch box
F: boîtier de commande *m*
Schaltklinke *f*
E: ratchet *n*
F: cliquet *m*
Schaltkreis, integrierter
E: integrated circuit (IC)
F: circuit intégré *m*
Schaltplan *m*
E: wiring diagram, wiring scheme, circuit diagram (IEC)
F: schéma électrique *m*, plan de câblage *m*, schéma de câblage *m*, plan des circuits *m*, schéma des connexions *m* (CEI)
Schaltplanblatt *n*
E: wiring diagram sheet
F: feuille de schéma électrique *f*
Schaltplanmappe *f*

E: wiring diagram folder
F: dossier des schémas électriques *m*
Schaltplatte *f*
E: control panel, switchboard *n*
F: tableau de distribution *m*, tableau de commande *m*
Schaltpult *n*
E: control desk, control console
F: pupitre de commande *m*, poste de commande *m*
Schaltraum *m*
E: control room
F: cabine de contrôle *f*
Schaltschema *n*
E: diagram connection
F: schéma électrique *m*
Schaltschrank *m*
E: control cabinet, control rack
F: armoire de commande *f*, cabinet de commande *m*
Schaltschütz *n*
E: contactor *n*, relay switch
F: contacteur-disjoncteur *m*, contacteur-interrupteur *m*, contacteur électromagnétique *m*
Schaltsymbol *n* (IEC)
E: graphical symbol (IEC)
F: symbole graphique *m* (CEI)
Schalttafel *f*
E: control panel, switchboard *n*
F: tableau de distribution *m*, tableau de commande *m*
Schaltung *f*
E: circuitry *n*, circuit arrangement, wiring *n*, cabling *n*
F: câblage *m*, circuit *m*
Schaltvorgang *m*
E: switching *n*, switching operation
F: commutation *f*, déclenchement *m*, enclenchement *m*, manœuvre de commande *m*
Schaltzeichen *n* (IEC)
E: graphical symbol (IEC)
F: symbole graphique *m* (CEI)
Schaltzeit *f* (im Sinne von Aufnahmezeit) [rad.]
E: exposure time
F: temps d'exposition *m*
Schaltzeit, kürzeste
E: shortest exposure time
F: temps d'exposition minimum *m*
Scharfeinstellung *f*
E: critical focusing, focusing *n*
F: mise au point *f*, focalisation *f*
Schärfeverteilung *f*
E: distribution of definition
F: répartition de la netteté *f*
Schaukasten *m*
E: film viewer, view box
F: négatoscope *m*
Schauzeichen *n*
E: lamp indicator
F: signalisation visible *f*
Scheibe *f* (Glasscheibe)
E: glass pane, glass plate
F: vitre *f*
Scheinleistung *f*
E: apparent power
F: puissance apparente *f*
Scheinwiderstand *m*
E: impedance *n*
F: impédance *f*
Scheitelspannung *f*
E: peak voltage, crest voltage
F: tension de crête *f*
Scheitelwert *m*
E: peak value, crest value
F: valeur de crête *f*
Schelle *f*
E: clip *n*, clamp *n*
F: bride *f*, collier *m*
Schenkelhals *m* (collum femoris)
E: neck of the femur
F: col du fémur *m*
Scherenarm *m*
E: folding-arm *n*, scissor-arm *n*
F: bras articulé *m*
Schicht *f*
E: layer *n*
F: coupe *f*, couche *f*
Schicht, anatomische [CT]
E: slice *n*, anatomic slice
F: vue anatomique *f*
Schichtablauf *m*
E: planigraphic course
F: écoulement planigraphique *m*
Schichtabstand *m*

E: layer distance
F: espacement de coupe *f*
Schichtaufnahme *f* (Verfahren)
E: planigraphy *n*
F: planigraphie *f*, tomographie *f*
Schichtaufnahmegerät *n*
E: planigraphic equipment
F: planigraphe *m*, tomographe *m*
Schichtdicke *f* [CT]
E: slice thickness, layer thickness
F: épaisseur de coupe *f*
Schichtdicke, nominale [CT]
E: nominal slice thickness
F: valeur nominale de l'épaisseur de coupe *f*
Schichtdrehpunkt *m*
E: planigraphic fulcrum
F: axe de translation *m*
Schichtdurchleuchtung *f*
E: tomofluoroscopy *n*
F: tomoscopie *f*
Schichtebene *f*
E: planigraphic plane
F: plan de coupe
Schichtlage, Anzeige der [CT]
E: slice plane indication
F: indication du plan de coupe *f*
Schichtverfahren *n*
E: planigraphy *n*
F: planigraphie *f*, tomographie *f*
Schichtwinkel *m*
E: planigraphic angle
F: angle de coupe *m*, angle de déroulement *m*
Schichtzahl pro Aufnahme [CT]
E: number of slices per scan
F: nombre de coupes par balayage *m*
Schichtzeit *f*
E: planigraphic time
F: temps de pose tomographé *m*
Schichtzusatz *m*
E: planigraphic attachment
F: adjonction planigraphique *f*
Schiebewiderstand *m*
E: slide resistance, rheostat *n*, variable resistance
F: rhéostat à curseur *m*
Schiene *f*
E: rail *n*
F: rail *m*
Schienenverlängerung *f*
E: extension rail
F: rail de prolongement *m*
Schilddrüse *f* (glandula thyreoidea)
E: thyroid gland
F: glande thyroïde *f*
Schirmbild *n*
E: fluorographic image, fluorogram *n*
F: image radioscopique *f*
Schirmbildanlage *f*
E: fluorographic equipment
F: équipement de radioscopie *m*
Schirmbildaufnahme *f* (Verfahren)
E: fluorography *n*
F: radiophotographie *f*
Schirmbildfilm *m*
E: fluorographic film
F: film pour radiophotographie *m*
Schirmbildkamera *f*
E: fluorographic camera
F: appareil pour radiophotographie *m*
Schirmbildphotographie *f* (Festhalten eines Leuchtschirmbildes auf kleinformatigem Film) (COCIR)
E: fluorography *n*
F: radiophotographie *f*
Schirmbild-Reihenuntersuchungsgerät *n*
E: mass chest examination unit
F: installation radiophotographique de dépistage *f*
Schirmgitter *n* [vac.]
E: screen grid
F: grille-écran *m*
Schleier *m* [phot.]
E: fog *n*
F: voile *f*
Schleifring *m*
E: slip ring
F: bague collectrice *f*
Schlitzblende *f*
E: slot diaphragm, slit diaphragm
F: diaphragme à fente *m*

Schlitzverschluß *m* [phot.]
E: focal plane shutter
F: obturateur à fente *m*
Schluckakt *m*
E: deglutition *n*
F: déglutition *f*
Schlüsselbein *n*
E: clavicle *n*, collar bone
F: clavicule *f*
Schmelzsicherung *f* [elec.]
E: fuse *n*
F: fusible *m*
Schmierung *f*
E: lubrication *n*, greasing *n*
F: lubrification *f*, graissage *m*
Schneckenantrieb *m*
E: worm drive, worm gear
F: actionnement par vis sans fin *m*, engrenage à vis sans fin *m*
Schneckengetriebe *n*
E: worm drive, worm gear
F: actionnement par vis sans fin *m*, engrenage à vis sans fin *m*
Schnellauslöser *m*
E: quick release
F: déclencheur rapide *m*
Schnellentwickler *m* (Flüssigkeit) [phot.]
E: high-speed developer
F: révélateur rapide *m*
Schnellschaltzusatz *m*
E: rapid switching attachment
F: adjonction pour cadence rapide *f*
Schnellserienkassette *f*
E: rapid-series magazine, rapid-series cassette
F: cassette pour séries rapides *f*
Schnellserientechnik *f*
E: rapid-series technique
F: technique de séries rapides *f*
Schnellverschluß *m* [phot.]
E: rapid catch
F: obturateur rapide *m*
Schnellwechselkassette *f* (Kinokamera)
E: rapid-change cassette (cine camera)
F: cassette de changement rapide *f* (caméra cinématographique)
Schnittstelle *f*
E: interface *n*
F: interface *m*
schräg *adj*
E: inclined *adj*, oblique *adj*
F: incliné *adj*, oblique *adj*
Schrägaufnahme *f* [rad.]
E: angular view, oblique radiograph
F: radiographie sous incidence oblique *f*
Schrägdurchleuchtung *f*
E: oblique fluoroscopy
F: radioscopie en incidence oblique *f*
schräge Sicht
E: oblique section
F: couche oblique *f*
Schrägprojektion *f*
E: oblique projection
F: projection oblique *f*
Schreibplatte *f*
E: writing board
F: sous-main *m*
Schrittmacher *m*
E: pacemaker *n*
F: stimulateur cardiaque *m*
Schrittverschiebung *f*
E: stepwise shift
F: déplacement pas à pas *m*
Schulterstütze *f*
E: shoulder support
F: support d'épaule *m*
Schutz *m*
E: protection *n*
F: protection *f*
Schütz *n*
E: contactor *n*, relay switch
F: contacteur-disjoncteur *m*, contacteur-interrupteur *m*, contacteur électromagnétique *m*
Schutzbrille *f*
E: protective goggles
F: lunettes protectrices *f pl*, lunettes de protection *f pl*
Schutzerdung *f*
E: protective grounding
F: mise à la terre *f*

Schutzhandschuhe *m pl* (COCIR)
E: protective gloves
F: gants protecteurs *m pl*
Schutzkanzel *f* (COCIR)
E: protective chair
F: sellette de protection
Schutzkappe *f*
E: protective cap, protective cover
F: couvercle de protection *m*
Schutzleiste *f*
E: protective strip
F: barre de protection *f*
Schutzleiter *f*
E: protective conductor
F: conducteur de protection *m*
Schutzrohr *n*
E: protective tube
F: tube de protection *m*
Schutzschaltung *f*
E: protective circuit
F: circuit de protection *m*
Schutzschirm *m* (COCIR)
E: protective screen
F: écran protection *m*
Schutzschürze *f* (COCIR)
E: protective apron
F: tablier protecteur *m*
Schutzstoff *m*
E: protective material
F: matière protecteur *f*
Schutzvorrichtung *f*
E: safety device
F: dispositif de sécurité *m*
Schutzwand *f* (IEC)
E: protective barrier (IEC)
F: écran protecteur *m* (CEI)
Schutzwiderstand *m*
E: protective resistance
F: résistance de protection *f*
Schutzwirkung *f*
E: protective effect
F: effet protecteur *m*
Schwächungsgleichwert *m* (SGW) (z.B. Bleigleichwert) (COCIR)
E: attenuation equivalent
F: équivalent d'atténuation *m* (EA)
Schwächungskoeffizient, linearer [CT]
E: linear attenuation coefficient
F: coefficient d'atténuation linéaire *m*
Schwächungswerte-Skala *f* [CT]
E: attenuation value scale
F: échelle d'atténuation de densité *f*
schwallwasserfest *adj*
E: splash-proof *adj*
F: étanche à l'eau, étanche aux jets d'eau
Schwangerschaft *f*
E: pregnancy *n*
F: grossesse *f*
Schwärzung *f* [phot.]
E: blackening *n*, density *n*
F: noircissement *m*
Schwärzungsbereich *m*
E: density range, blackening range
F: domaine de noircissement *f*
Schwarz-Weiß-Kontrast *m*
E: black-and-white contrast
F: contraste blanc-noir *m*
Schweißnaht *f*
E: welding seam, welded joint
F: cordon de soudure *m*, joint soudé *m*
Schwellendosis *f* (IEC)
E: threshold dose (IEC)
F: dose seuil *f* (CEI)
Schwellwert *m*
E: threshold value
F: valeur seuil *f*
schwenkbares Zielgerät
E: swiveling spotfilm device
F: sélecteur pivotant *m*
Schwenkbereich *m*
E: swivel range
F: étendue de pivotement *f*
Schwenkstativ *n*
E: swivel-type stand
F: statif pivotant *m*
Schwerpunkt *m*
E: center of gravity
F: centre de gravité *m*
schwimmende Tischplatte
E: floating table top
F: plateau de table flottant *m*, panneau flottant *m*
Schwingblende *f*

E: oscillating grid
F: grille vibrante *f*
Schwingkreis *m*
E: oscillator circuit
F: circuit oscillant *m*
Schwingspule *f*
E: oscillating coil
F: bobine oscillante *f*
Schwingung *f* [elec.]
E: oscillation *n*
F: oscillation *f*
Schwingung *f* [mech.]
E: vibration *n*
F: vibration *f*
Schwingungsdauer *f* [elec.]
E: oscillation period
F: temps d'oscillation *m*
Sechspulsgenerator *m*
E: six-pulse generator
F: generateur à six crêtes *m*
Seitenverhältnis *n*
E: aspect ratio
F: rapport de côtés *m*
seitlich *adj*
E: lateral *adj*
F: latéral *adj*
seitliche Verschiebung [cons.]
E: lateral shift
F: déplacement latéral *m*
Sekundärelektronenvervielfacher *m*
E: electron multiplier
F: multiplicateur d'électrons secondaires *m*
Sekundärstrahlenraster *f* (IEC)
E: anti-diffusion grid (IEC)
F: grille antidiffusante *f* (CEI)
Sekundärstrahlung *f* (COCIR)
E: secondary radiation
F: rayonnement secondaire *m*
Sekundärwicklung *f*
E: secondary winding
F: enroulement secondaire *m*
selbstgleichrichtende Röhre
E: self-rectifying tube
F: tube auto-redresseur *m*
Selbstinduktion *f*
E: self-induction *n*
F: self-induction *f*
Selektivität *f* (Trennschärfe)
E: selectivity *n*
F: sélectivité *f*
senken *v*
E: lower *v*
F: abaisser *v*
Serienangiographie *f*
E: series angiography
F: angiographie en série *f*
Serienaufnahme *f*
E: serialography *n*, serial exposure
F: sériographie *f*, radiographie en série *f*
Serienaufnahmeeinrichtung *f*
E: serialographic unit
F: sériographe *m*
Serienfertigung *f*
E: series production
F: fabrication en série *f*
Service *m*
E: maintenance *n*, service *n*
F: entretien *m*, service *m*
Sialographie *f* (Darstellung der Speicheldrüsen)
E: sialography *n*
F: sialographie *f*
Sicherheitsabstand *m* (Abstand des Strahlers vom Aufenthaltsort) (COCIR)
E: safe distance
F: distance de sécurité *f*
Sicherheitskontakt *m*
E: safety contact
F: contact de sécurité *m*
Sicherheitsvorrichtung *f*
E: safety device
F: dispositif de sécurité *m*
Sicherung *f* [elec.]
E: fuse *n*
F: fusible *m*
Sicherungsautomat *m*
E: automatic cutout, circuit breaker
F: coupe-circuit automatique *f*
sichtbar *adj*
E: visible *adj*
F: visible *adj*
Sichtbild *n* [tv.]
E: monitor image
F: image du téléviseur *f*

Sichtgerät *n* [tv.]
E: monitor *n*
F: téléviseur *m*, moniteur *m*
Sichtgerätaufhängung *f*
E: monitor suspension
F: suspension moniteur *f*
Siebbestrahlung *f* [ther.]
E: grid cone irradiation
F: irradiation avec localisateur à grille *f*
Siebtubus *m* (in der Strahlentherapie)
E: grid cone
F: cône avec plaque perforée *m*
Signallampe *f*
E: pilot lamp, signal lamp, indicating lamp (GB)
F: lampe-témoin *f*
Signalplatte *f* [tv.]
E: signal plate
F: plaque collectrice *f*, plaque signal *f*
Signalstrom *m* [tv.]
E: signal current
F: courant de signal *m*
Siliziumgleichrichter *m*
E: silicon rectifier
F: redresseur au silicium *m*
Simulator *m* (zur Bestrahlungsplanung)
E: simulator *n* (for therapeutic treatment planning)
F: simulateur *m* (pour la préparation d'irradiations)
Simultanbetrieb, Zweiebenen-~
E: serialography in two planes, biplane work
F: service simultané *m*
Simultan-Schichtaufnahme *f*
E: simultaneous planigraphy, simultaneous multisection radiography
F: planigraphie simultanée *f*
Simultan-Schichtverfahren *n*
E: simultaneous multisection technique
F: méthode de planigraphie simultanée *f*
Sitzbank *f*
E: seat *n*
F: banc *m*, siège *m*
Skala *f*
E: scale *n*
F: échelle graduée *f*, cadran *m*
Skalenendwert *m*
E: full-scale value
F: valeur de fin d'échelle *f*
Skalenscheibe *f*
E: scale *n*, scale disk, scale plate, dial *n*
F: disque gradué *m*
Skalenstrich *m*
E: scale mark
F: graduation d'échelle *f*
Skapula *f* (Schulterblatt)
E: scapula *n*, shoulder blade
F: omoplate *f*
Skelett *n*
E: skeleton *n*
F: squelette *m*, ossature *f*
Skelettdiagnostik *f*
E: skeletal diagnosis
F: diagnostic du squelette *m*
Skineffekt *m*
E: skin effect
F: effet kelvin *m*, effet de peau *m*
Sockel *m*
E: lamp socket, socket *n*
F: culot de lampe *m*, culot *m*, socle *m*
Sollwert *m* (Regeltechnik)
E: actual value (control circuit), calculated value, rated value
F: valeur nominale *f* (circuit de réglage), valeur prévue *f*, valeur théorique *f*
Sonde *f*
E: probe *n*
F: sonde *f*
Sonderausführung *f*
E: special design
F: modèle spécial *m*
Sonderbestellung *f*
E: special request
F: commande spéciale *f*
Spannung *f*
E: voltage *n*, tension *n*
F: tension *f*

Spannungsabfall *m*
E: voltage drop
F: chute de tension *f*
spannungsabhängiger Widerstand
E: varistor *n*, voltage-dependent resistor
F: varistor *m*
Spannungsanstieg *m*
E: potential rise
F: montée de tension *f*
Spannungsausgleich *m*
E: voltage compensation
F: compensation de tension *f*
Spannungsbegrenzer *m*
E: voltage limiter
F: limiteur de tension *m*
Spannungsbereich *m*
E: voltage range
F: plage de la tension *f*
Spannungsdurchschlag *m*
E: puncture *n* (of a dielectric), dielectric breakdown
F: décharge disruptive *f*
Spannungsprüfer *m*
E: voltage detector, potential tester
F: détecteur de tension *m*
Spannungsquelle *f*
E: voltage source
F: source de courant *f*
Spannungsregelung *f*
E: voltage control
F: réglage de tension *m*
Spannungsregler *m*
E: voltage regulator
F: régulateur de tension *m*
Spannungsschwankung *f*
E: voltage fluctuation, voltage variation
F: fluctuation de tension *f*, variation de tension *f*
Spannungssicherheit *f*
E: voltage safety
F: sécurité de tension *f*
Spannungsstabilisator *m*
E: voltage stabilizer
F: stabilisateur de tension *m*
Spannungsstabilisierung *f*
E: voltage stabilization
F: stabilisation de la tension *f*
Spannungsteiler *m*
E: voltage divider, potential divider
F: réducteur de tension *m*
Spannungsverlust *m*
E: voltage loss
F: perte de potentiel *f*
Spannungsversorgung *f*
E: voltage supply
F: alimentation électrique *f*
Spannungswahlschalter *m*
E: voltage selector
F: sélecteur de tension *m*
Spannungswandler *m*
E: voltage transformer
F: convertisseur de tension *m*
Spannzange *f*
E: self-centering holder
F: pince de serrage *f*
Spartransformator *m*
E: auto-transformer *n*
F: autotransformateur *m*
Speicheldrüse *f*
E: salivary gland
F: glande salivaire *f*
Speicher *m* [elec.]
E: memory *n*, storage *n*
F: mémoire *f*
Speicherplatte *f* [tv.]
E: storage plate
F: plaque mémoire *f*
Speicherung, magnetische
E: magnetic recording
F: enregistrement magnétique *m*
Speiseleitung *f*
E: feeder *n*
F: alimentateur *m*, feeder *m*
Speiseröhre *f*
E: esophagus *n*
F: œsophage *m*
Spektrometer *n*
E: spectrometer *n*
F: spectromètre *m*
Sperrichtung *f*
E: backward direction, inverse direction
F: sens de verrouillage *m*
Sperrklinke *f*
E: pawl *n*

F: déclic *m*
Sperrschicht *f*
E: barrier layer
F: couche d'arrêt *f*
Sperrschichtgleichrichter *m* (COCIR)
E: barrier-layer rectifier
F: redresseur à couche d'arrêt *m*
Sperrspannung *f*
E: blocking voltage, inverse voltage
F: tension de blocage *f*
Spezialraster *n*
E: special grid
F: grille spéciale *f*
Spezialuntersuchung *f*
E: special examination
F: examen spécial *m*
spezifischer Widerstand
E: resistivity *n*
F: résistivité *f*
Spiegelbetrachtungsoptik *f*
E: mirror viewing optics
F: optique d'observation à miroir *f*
Spiegelgalvanometer *n*
E: mirror galvanometer, reflecting galvanometer
F: galvanomètre à miroir *m*
Spitzenbelastung *f*
E: peak load
F: charge maximale *f*
Spleno-Portographie *f* (Darstellung der Milzvene und des Pfortadersystems)
E: spleno-portography *n* (radiography of spleen-vein and portal-vein)
F: spléno-portographie *f* (représentation de la veine spléinique et de la veine porte)
spritzwasserfest *adj*
E: splash-proof *adj*
F: étanche à l'eau, étanche aux jets d'eau
Sprühentladung *f*
E: corona discharge
F: effet couronne *m*
Spule *f*
E: coil *n*
F: bobine *f*
Spülwanne *f* (für Urologiegerät)
E: flushing pan (for urological unit)
F: cuvette de rinçage *f* (pour une table urologique)
Stabmagnet *m*
E: bar magnet
F: aimant droit *m*
Standbildwiedergabe *f* (Bandspeicher)
E: single framing (tape recorder)
F: reproduction d'une image fixe *f* (magnétoscope)
stationäre Einheit
E: fixed equipment
F: équipement fixé *m*
Stationstransformator *m*
E: station transformer
F: transformateur de réseau *m*, transformateur de station *m*
Stativfuß *m*
E: stand base
F: base de statif *f*
Stativsäule *f*
E: stand column
F: colonne du statif *f*
Statorkabel *n*
E: stator cable
F: câble de stator *m*
staubdicht *adj*
E: dust-proof *adj*, dust-tight *adj*
F: étanche à la poussière
Steckdose *f*
E: socket *n*
F: prise de courant *f*
Steckdose, mehrpolige
E: multicontact receptacle
F: prise multicontact *f*
Stecker *m*
E: plug *n*, terminal *n*, plug connector
F: fiche *f*
Stecker, mehrpoliger
E: multiple-pin plug
F: prise à fiche multipolaire *f*
Stecktopf *m*
E: receptacle *n*
F: traversée protégée *f*
Steckverbindung *f*

E: plug connection
F: connection enfichable *f*
Stegleitung *f*
E: ribbon cable
F: conducteur jumelé *m*
Stehanode *f*
E: stationary anode
F: anode fixe *f*
stehender Patient
E: standing patient
F: patient debout *m*
stehendes Bild
E: stationary pattern
F: image fixe *f*
Stehfeldbestrahlung *f*
E: stationary-field irradiation
F: irradiation à champs fixes *f*
Stellgröße *f*
E: regulated quantity
F: grandeur à régler *f*
Stellorgan *n*
E: regulating unit
F: organe de réglage *m*
Stereo-Röntgenaufnahme *f* (COCIR)
E: stereoradiography *n*
F: stéréo-radiographie *f*
Stern-Dreieck-Schalter *m*
E: star-delta switch
F: commutateur étoile-triangle *m*
Sternspannung *f*
E: star voltage
F: tension en étoile *f*
Sternum *n* (Brustbein)
E: sternum *n*, breastbone *n*
F: sternum *m*
steuerbarer Gleichrichter
E: thyristor *n*
F: thyristor *m*, transistor thyratron *m*
Steuereinheit *f*
E: control unit
F: unité de commande *f*
Steuergitter *n*
E: control grid
F: grille de commande *f*
Steuerimpuls *m*
E: control pulse
F: impulsion de commande *f*
Steuerkreis *m*
E: control circuit
F: circuit de réglage *m*, circuit de commande *m*
steuern *v*
E: control *v*
F: régler *v*, commander *v*
Steuerpult *n*
E: control desk, control console
F: pupitre de commande *m*, poste de commande *m*
Steuerspannung *f*
E: control voltage, control tension
F: tension de réglage *f*, tension de commande *f*
Steuerstrom *m*
E: control current
F: courant de commande *m*
Steuerung *f*
E: regulation *n*, control *n*
F: réglage *m*, commande *f*
Steuerungsbefehl *m*
E: control order
F: ordre de commande *m*
Stickoxydul *n* [med.]
E: laughing-gas *n*, nitrous oxide
F: gaz hilarant *m*
Stielstrahlung *f* (COCIR)
E: extra-focal radiation
F: rayonnement extra-focal *m*
Störabstand *m*
E: signal-to-noise ratio
F: rapport signal-bruit *m*
Störobjekt *n*
E: unwanted object
F: objet gênant *m*
Störpegel *m*
E: noise level
F: niveau de bruit *m*
Störstrahlung *f* (Durchlaß- und Streustrahlung) (COCIR)
E: stray radiation
F: rayonnement parasite *m*
Störungssuche *f*
E: troubleshooting *n*
F: recherche des défauts *f*
Strahl *m*
E: beam *n*, ray beam
F: rayon *m*
Strahlenaustrittsfenster *n*

E: ray exit portal, X-ray window (tube housing)
F: fenêtre de sortie *f* (gaine radiogène)
Strahlenbelastung *f*
E: radiation exposure
F: charge de rayonnement *f*
Strahlenbereich *m*
E: radiation area
F: zone de rayonnement *f*
Strahlenbündel *n* (IEC)
E: radiation beam (IEC)
F: faisceau de rayonnement *m* (CEI)
Strahlendiagnostik *f* (IEC)
E: diagnostic radiology (IEC)
F: radiodiagnostic *m* (CEI)
Strahlendosis *f*
E: radiation dose
F: dose de rayonnement *f*
strahlendurchlässig *adj*
E: radiolucent *adj*, radiotransparent *adj*
F: radiotransparent *adj*, perméable aux rayons
Strahlenfeld *n* (IEC)
E: radiation field (IEC)
F: champ de rayonnement *m* (CEI)
Strahlengang, telezentrischer [opt]
E: telecentric beam projection
F: rayonnement télécentrifugé *m*
Strahlengefahr *f* (COCIR)
E: radiation hazard
F: risque d'irradiation *m*
Strahlengefahr, Bewertung der (COCIR)
E: protection survey, radiation survey
F: contrôle de protection *m*, contrôle de rayonnement *m*
Strahlengefährdung *f* (COCIR)
E: radiation hazard
F: risque d'irradiation *m*
strahlengeschützt *adj*
E: radiation-proof *adj*
F: radioprotégé *adj*
Strahlenhärte *f* (COCIR)
E: radiation hardness
F: dureté du rayonnement *f*
Strahlenintensität *f* (IEC)
E: intensity of radiation (IEC)
F: intensité de rayonnement *f* (CEI)
Strahlenkater *m* (IEC)
E: radiation sickness (IEC)
F: mal des rayons *m* (CEI)
Strahlenmessung *f*
E: radiation measurement
F: mesure du rayonnement *f*
Strahlenpulsation *f*
E: radiation ripple
F: pulsation du rayonnement *f*
Strahlenqualität *f* (durch unterschiedliche spektrale Verteilung) (COCIR)
E: radiation quality, beam quality
F: qualité d'un rayonnement *f*
Strahlenquelle *f*
E: radiation source
F: source de rayonnement *f*
Strahlenschutz *m* (COCIR)
E: radiological protection
F: radioprotection *f*
Strahlenschutzkontrolle *f* (COCIR)
E: protection survey, radiation survey
F: contrôle de protection *m*, contrôle de rayonnement *m*
Strahlenschutzstoff *m* (Stoff zur Schwächung ionisierender Strahlen) (COCIR)
E: protective material
F: matériau protecteur *m*
Strahlenschutzwand *f* (COCIR)
E: shielding *n*
F: paroi protectrice *f*
Strahlentherapie *f* (IEC)
E: therapeutic radiology (IEC)
F: radiothérapie *f* (CEI)
Strahlungsdetektor *m*
E: radiation detector
F: détecteur de rayonnement *m*
Strahlungskontrolle *f* (COCIR)
E: protection survey, radiation survey
F: contrôle de protection *m*, contrôle de rayonnement *m*
Strahlungskühlung *f*

E: heat dissipation cooling
F: refroidissement par rayonnement thermique *m*

Strahlungsmeßgerät *n*
E: radiation measuring instrument
F: ensemble de mesure de rayonnement *m*, radiamètre *m*

Streulicht *n*
E: stray light
F: lumière diffusée *f*

Streustrahlenanteil *m*
E: percentage of scattered radiation
F: part de rayonnement diffusé *m*

Streustrahlenbeseitigung *f*
E: removal of scattered radiation
F: élimination de rayonnement diffusé *f*

Streustrahlenbrustschutz *m*
E: radiation chest protector
F: bavolet de radioprotection *m*

Streustrahlenmessung *f*
E: measuring of scattered radiation
F: mesure du rayonnement diffusé *f*

Streustrahlenraster *m* (COCIR)
E: secondary radiation grid
F: grille antidiffusante *f*

Streustrahlenraster, bewegtes (COCIR)
E: moving grid
F: grille mobile *f*

Streustrahlenschutz *m*
E: scattered-radiation protection
F: protection contre le rayonnement diffusé *f*

Streustrahlung *f* (Strahlung mit Richtungsänderung beim Stoffdurchgang) (COCIR)
E: scattered radiation
F: rayonnement diffusé *m*

Strichfokusröhre *f* (IEC)
E: line focus tube (IEC)
F: tube à foyer linéaire *m* (CEI)

Strichlichtvisier *n*
E: line-type indicator
F: viseur à lignes lumineuses *m*

stroboskopischer Effekt
E: stroboscopic effect
F: effet stroboscopique *m*

Strom *m*
E: current *n*
F: courant *m*

Stromausfall *m*
E: power failure, current breakdown
F: panne de courant *f*, manque de courant *m*

Stromdichte *f*
E: current density
F: densité de courant *f*

Stromkreis *m*
E: circuit *n*
F: circuit électrique *m*

Stromlaufbahn *f* (IEC)
E: wiring diagram, wiring scheme, circuit diagram (IEC)
F: schéma électrique *m*, plan de câblage *m*, schéma de câblage *m*, plan des circuits *m*, schéma des connexions *m* (CEI)

stromlos *adj*
E: currentless *adj*
F: sans courant

Strommesser *m*
E: ammeter *n*, current meter
F: ampèremètre *m*

Stromquelle *f*
E: voltage source
F: source de courant *f*

Stromrichtung *f*
E: current direction
F: direction du courant *f*

Stromstärke *f*
E: current intensity
F: intensité de courant *f*

Stromtor *n*
E: thyratron *n*, gas-triode *n*
F: thyratron *m*

Stromverbrauch *m*
E: current consumption
F: consommation de courant *f*

Stromversorgung *f*
E: power supply
F: alimentation électrique *f*

Stromwandler *m*
E: current transformer
F: transformateur du courant *m*,

transformateur d'intensité *m*
Stromwender *m*
E: pole changer
F: inverseur de courant *m*
Stromzufuhr *f*
E: power supply
F: alimentation électrique *f*
Stufe, in ~n von ...
E: in steps of ..., in increments of ...
F: en paliers de ...
stufenlos *adj*
E: stepless *adj*, continuous *adj*
F: continu *adj*, sans intervalles
Stützplatte *f*
E: backrest *n*
F: dossier *m*
Stützwand, starre
E: rigid table
F: dossier fixe *m*
Stützwand, verschiebbare
E: sliding table top
F: panneau glissant *m*
Stützwandebene *f*
E: table top plane
F: plan du dossier *m*
Stützwandgerät *n* (COCIR)
E: vertical examination stand
F: dossier vertical *m*
Stützwandmitte *f*
E: center of table top
F: milieu du dossier *m*
Stützwandverschiebung *f*
E: table top shift
F: déplacement du dossier *m*
Subtraktionsbild *n*
E: subtraction image
F: image de soustraction *f*
Subtraktionsgerät *n*
E: subtraction unit
F: appareil de soustraction *m*
Sucher *m*
E: localizer *n*
F: chercheur *m*
Summer *m*
E: buzzer *n*
F: ronfleur *m*
Synchronisierung *f*
E: synchronization *n*
F: synchronisation *f*
Synchronmotor *m*
E: synchronous motor
F: moteur synchrone *m*
Systole *f* (Kontraktionsphase der Herzmuskulatur)
E: systole *n*
F: systole *f*
Szintigramm *n*
E: scintigram *n*
F: scintigramme *m*
Szintillationszähler *m* (IEC)
E: scintillation counter (IEC)
F: compteur à scintillation *m* (CEI)

T

Tandemoptik *f*
E: tandem lens
F: optique double *f*
Tastatur *f*
E: keyboard *n*, keyset *n*
F: clavier *m*
Taste *f*
E: key *n*
F: touche *f*
Tastenfeld *n*
E: keyboard *n*, keyset *n*
F: clavier *m*
Teilchenbeschleuniger *m*
E: particle accelerator
F: accélérateur de particules *m*
teildurchlässig *adj*
E: semi-transparent *adj*
F: semi-transparent *adj*
Teilspannung *f*
E: partial voltage
F: tension partielle *f*
Teilstrich *m*
E: graduation line
F: trait de graduation *m*
Teilstrom *m*
E: partial current
F: courant partiel *m*
Teleskopwagen *m*
E: telescopic carriage
F: chariot télescopique *m*

telezentrischer Strahlengang [opt]
E: telecentric beam projection
F: rayonnement télécentrifugé *m*
Tellerfeder *f*
E: elastic bolt washer
F: rondelle élastique *f*, rondelle Belleville *f*
Temperaturabfall *m*
E: temperature drop
F: chute de température *f*
temperaturabhängig *adj*
E: temperature-dependent *adj*
F: dépendant de la température
Temperaturabhängigkeit *f*
E: temperature dependence
F: dépendance de la température *f*
Temperaturanstieg *m*
E: temperature rise, temperature increase
F: élévation de température *f*
Temperaturausgleich *m*
E: equalization of temperature, compensation of temperature
F: égalisation de la température *f*, compensation de la température *f*
temperaturbeständig *adj* (unempfindlich gegen Temperaturänderung)
E: temperature-resistant *adj*, insensitive to changes of temperature
F: resistant à la température, insensible aux changements de température
Temperatureinfluß *m*
E: temperature influence
F: influence de la température *f*
Temperaturerhöhung *f*
E: temperature rise, temperature increase
F: élévation de température *f*
Temperaturfühler *m*
E: temperature pick-up, temperature sensor
F: senseur thermique *m*
Temperaturkoeffizient *m*
E: temperature coefficient
F: coefficient de température *m*
Temperaturkontrolle *f*
E: temperature control
F: contrôle de température *m*
Temperaturmessung *f*
E: temperature measurement
F: mesure de température *f*
Temperaturregler *m*
E: thermoswitch *n*, thermostat *n*, temperature regulator
F: thermostat *m*, régulateur de température *m*
Temperaturverteilung *f* (z.B. bei einem Thermographiegerät)
E: temperature distribution
F: distribution de la température *f*
Test *m*
E: test *n*, trial *n*, experiment *n*
F: essai *m*, épreuve *f*, expérience *f*
Testanordnung *f*
E: experimental arrangement, testing arrangement, test arrangement, test setup
F: montage d'essai *m*, montage expérimental *m*, dispositif d'essai *m*
Testplatte *f* (BV-Bleistrichtest)
E: resolution test target [II]
F: plaque d'essai *f* [AB]
Textverarbeitung *f*
E: text processing
F: traitement de textes *m*
Therapie, Oberflächen~
E: surface therapy, superficial therapy
F: thérapie superifielle *f*
Therapie, Tiefen~
E: deep therapy
F: thérapie profonde *f*
Therapiearbeitsplatz *m*
E: therapy station, therapy installation
F: poste de travail thérapeutique *m*
Thermistor *m* (Heißleiter)
E: thermistor *n*
F: thermistor *m*
Thermoelement *n*
E: thermocouple *n*, thermoelectric junction
F: thermocouple *m*, thermo-élément *m*

Thermographie *f*
E: thermography *n*
F: thermographie *f*
Thermoschalter *m*
E: thermoswitch *n*, thermostat *n*, temperature regulator
F: thermostat *m*, régulateur de température *m*
Thermostat *m*
E: thermoswitch *n*, thermostat *n*, temperature regulator
F: thermostat *m*, régulateur de température *m*
Thorax *m* (Brustkorb)
E: thorax *n*, chest *n*
F: thorax *m*, cage thoracique *f*
thorierter Heizfaden
E: thoriated filament
F: filament thorié *m*
Thyratron *n*
E: thyratron *n*, gas-triode *n*
F: thyratron *m*
Thyristor *m*
E: thyristor *n*
F: thyristor *m*, transistor thyratron *m*
Tiefenbestimmung *f*
E: depth determination, depth measurement
F: détermination de la profondeur *f*
Tiefenblende *f*
E: multi-leaf collimator
F: diaphragme de profondeur *m*, diaphragme multiplan *m*
Tiefendosis *f*
E: depth dose
F: dose en profondeur *f*
Tiefentherapie *f*
E: deep therapy
F: thérapie profonde *f*
Tischhöhe *f*
E: table height
F: hauteur de table *f*
Tischplatte *f*
E: table top
F: plateau de table *m*, table du patient *f*
Tischplatte, motorisch verfahrbare
E: motor-driven table top
F: plateau de table à déplacement motorisé *m*
Tischplatte, schwimmende
E: floating table top
F: plateau de table flottant *m*, panneau flottant *m*
Tischplattengröße *f*
E: size of table top
F: dimensions du plateau de table *f pl*
Tischplattenverlängerung *f*
E: table top extension
F: rallonge du panneau d'examen *m*
Tischplattenverschiebung *f*
E: shift of table top
F: déplacement du plateau de table *m*
Tischumlegung *f*
E: table tilting
F: basculement de la table *m*
T-Nut *f* (beim Lagerungstisch)
E: T-groove *n*
F: rainure en T *f*
Toleranzdosis *f*
E: tolerance dose
F: dose tolérée *f*
Tonbandgerät *n*
E: tape recorder
F: magnétoscope *m*, enregistreur magnétique *m*, magnétophone *m*
Tonfilm *m*
E: sound film
F: film sonore *m*
Tonfrequenz *f*
E: audio-frequency *n*
F: fréquence acoustique *f*, fréquence harmonique *f*
Tonspur *f*
E: sound track
F: piste sonore *f*
Topfmagnet *m*
E: pot-type magnet, shielded electromagnet
F: électro-aimant cuirassé *m*
toter Gang
E: backlash *n*
F: jeu mécanique *m*

Trafo *m*
E: transformer *n*
F: transformateur *m*
Tragarm *m*
E: supporting arm
F: bras support *m*
Trage *f*
E: stretcher *n*
F: brancard *m,* civière *f*
träge Sicherung
E: delay fuse, slow-acting fuse, slow-blow fuse
F: fusible temporisé *m*
Trägerfrequenz *f*
E: carrier frequency
F: fréquence du courant porteur *f,* fréquence porteuse *f*
Trägermaterial *n*
E: carrier material
F: matériel-porteur *m*
Tragflansch *m* (für Röhrengehäuse nach DIN 6836)
E: holding flange, supporting flange
F: bride-support *m*
Trägheit *f*
E: inertia *n*
F: inertie *f*
trägheitslos *adj*
E: intertia-free *adj*
F: exempt d'inertie *adj*
Tragstange *f*
E: carrying rod
F: barre portative *f*
Tragzapfen *m* (für Röhrengehäuse nach DIN 6836)
E: holding pivot, spigot *n*
F: pivot support *m,* tenon *m*
Transduktor *m*
E: magnetic amplifier
F: amplificateur magnétique *m*
Transformator, Dreiphasen-~
E: three-phase transformer
F: transformateur triphasé *m*
Transformator, Einphasen-~
E: single-phase transformer
F: transformateur monophasé *m*
Transformator, Hochspannungs-~
E: high-voltage transformer, high-tension transformer
F: transformateur (de) haute tension *m*
Transformator, Regel~
E: regulating transformer, variable ratio transformer
F: transformateur de réglage *m*
Transformator, Stations~
E: station transformer
F: transformateur de station *m,* transformateur de réseau *m*
Transformator, Zwischen~
E: intermediate transformer
F: transformateur intermédiaire *m*
Transformatordeckel *m*
E: transformer top
F: couvercle du transformateur *m*
Transformatorkern *m*
E: transformer core
F: noyau de transformateur *m*
Transformatoröl *n*
E: transformer oil
F: huile pour transformateurs *f*
Transformatorwicklung *f*
E: transformer winding
F: bobinage du transformateur *m*
transistorisierte Schaltung
E: transistorized circuit
F: circuit transistorisé *m*
Transistorschaltung *f*
E: transistorized circuit
F: circuit transistorisé *m*
Transporttisch *m* (für Patienten)
E: transport carriage, trolley *n*
F: table roulante *f*
transversal *adj*
E: transversal *adj*
F: transversal *adj*
Transversalschicht *f*
E: transverse layer
F: couche transversale *f*
Trennschärfe *f*
E: selectivity *n*
F: sélectivité *f*
Trimmer *m*
E: trimming capacitor, trimmer *n*
F: trimmer *m*
Trimmerkondensator *m*
E: trimming capacitor, trimmer *n*

F: trimmer *m*
Trochoskopiestellung *f*
E: horizontal position
F: position throchoscopique *f*
Trockenbatterie *f*
E: dry battery
F: batterie de piles *f*
tropenfest *adj*
E: resistant to tropics, tropical-proof *adj*
F: résistant sous les tropiques
Tubus *m*
E: cone *n*, localizer *n*
F: localisateur *m*
Tubus, Lichtvisier~
E: visual localizer cone, light beam cone
F: localisateur à champ lumineux *m*, localisateur lumineux *m*
Tubusanschluß *m*
E: cone adapter
F: connecteur du localisateur *m*
Tubushalter *m*
E: cone holder
F: support de localisateur *m*
Typenschild *n*
E: rating plate
F: plaque signalétique *f*

U

Überbelichtung *f*
E: over-exposure *n*
F: surexposition *f*
Überdosierung *f*
E: overdosis *n*
F: surdosage *m*, dose excessive *f*
Überlagerung *f* [elec.]
E: superposition *n*, superimposition *n*
F: interférence *f*
Überlagerung im Bild
E: superposition *n*, superimposition *n*
F: superposition d'image *f*
überlagerungsfreie Abbildung
E: image free of superimposed structure
F: image sans superposition *f*
Überlappung *f*
E: overlap *n*
F: recouvrement *m*
Überlastung *f*
E: overload *n*
F: surcharge *f*
Überlastungsschutz *m*
E: overload protection
F: protection contre les surcharges *f*
Überlastungsschutzblockierung, automatische
E: automatic overload protection
F: blocage automatique contre la surcharge *m*
Überlauf *m*
E: overflow *n*
F: déversoir *m*
Überschußhalbleiter *m*
E: n-type semiconductor
F: semi-conducteur n *m*
Überschwingung *f*
E: overshoot *n*, over-vibration *n*, over-oscillation *n*
F: suroscillation *f*
Übersetzung *f*
E: conversion *n*
F: transcodage *m*
Übersetzungsverhältnis *n* [mech.]
E: gear-ratio *n*
F: rapport d'engrenage *m*
Übersetzungsverhältnis *n* [elec.]
E: ratio of transformation
F: rapport de transformation *m*
Übersichtsaufnahme *f* [rad.]
E: survey exposure, survey radiograph
F: radiographie d'ensemble *f*
Überspannung *f*
E: overvoltage *n*
F: surtension *f*
Überspannungsschutz *m*
E: overvoltage protection
F: protection contre la surtension *f*
Überstrahlung *f*
E: over-exposure *n*

F: irradiation *f*
Überstromauslöser *m*
E: overload release, overload trip
F: déclencheur de surintensité de courant *m*
Übertemperatur *f*
E: raised temperature, overtemperature *n*
F: surtempérature *f*
Übertrager *m*
E: audio-frequency transformer
F: translateur *m*, répétiteur *m*
Übertragung *f*
E: transmission *n*
F: transmission *f*
Übertragungsfaktor *m* [BV]
E: transfer factor [II]
F: facteur de transfert *m* [AB]
Überwachung *f*
E: supervision *n*, surveillance *n*, control *n*
F: surveillance *f*, contrôle *m*
Überwachungsgerät *n*
E: survey instrument
F: instrument de surveillance *m*
Uhrzeigersinn, gegen den
E: counterclockwise *adj*
F: en sens inverse des aiguilles d'une montre
Uhrzeigersinn, im
E: clockwise *adj*
F: dans le sens des aiguilles d'une montre
ultraharte Röntgenstrahlen
E: ultrahard X-rays
F: rayons X ultra-durs *m pl*
Umcodierung *f*
E: conversion *n*
F: transcodage *m*
Umdrehung *f* (Motor)
E: turn *n*, revolution *n speed n*
F: tour *m*
Umdrehung *f* (Achse)
E: rotation *n*
F: rotation *f*
Umdrehungen in der Minute (U/min)
E: revolutions per minute (r.p.m.)
F: nombre de tours par minute (t/m)
Umdrehungszahl *f*
E: number of revolutions
F: nombre de tours *m*
Umfangsgeschwindigkeit *f*
E: peripheral speed
F: vitesse périphérique *f*
Umformer *m*
E: converter *n*
F: convertisseur *m*
Umgebungstemperatur *f*
E: ambient temperature
F: température ambiante *f*
U/min *s.* Umdrehungen in der Minute
Umkehrfilm *m*
E: reversal film
F: film inversible *m*
Umkehrverfahren *n*
E: inversion process
F: processus d'inversion *m*
Umlegeachse *f*
E: tilting axis
F: axe de basculement *m*
Umlegegeschwindigkeit *f*
E: tilting speed, tilt speed
F: vitesse de basculement *f*
Umlegetisch *m*
E: tilting table
F: table basculante *f*
Umlegung *f*
E: inclination *n*, tilting *n*
F: inclinaison *f*, basculement *m*
Umpolung *f*
E: change of polarity, pole reversal
F: inversion de polarité *f*
Umrüstteile *n pl*
E: conversion parts
F: pièces de transformation *f pl*
umschaltbare Elektronenoptik
E: switchable electron-optical system
F: optique électronique commutable *f*
umschaltbarer Stator
E: change-over stator
F: stator commutable *m*
Umschalter *m*
E: change-over switch
F: commutateur *m*, inverseur *m*

Umschaltung *f*
E: change-over *n*, switch-over *n* (US)
F: commutation *f*
Umspanner *m*
E: transformer *n*
F: transformateur *m*
Umspulung *f*
E: re-spooling *n*, rewind *n*
F: rebobinage *m*, rembobinage *m*
umsteuern *v*
E: reverse *v*
F: renverser le mouvement, changer la marche
unabgeglichen *adj*
E: unbalanced *adj*
F: non compensé
unabgeschirmt *adj*
E: unshielded *adj*
F: non blindé
unabgestimmt *adj*
E: untuned *adj*
F: non accordé
unabhängig von
E: independent of
F: indépendant de
unausführbar *adj*
E: impracticable *adj*
F: non praticable, non réalisable
unbearbeitet *adj*
E: unfinished *adj*
F: non usiné
unbegrenzte Lebensdauer
E: unlimited life duration
F: durée d'utilisation illimintée *f*
unbelastet *adj*
E: unloaded *adj*
F: non chargé
unbeschädigt *adj*
E: intact *adj*
F: intact *adj*
unbrennbarer Stoff
E: incombustible matter
F: matière incombustible *f*
undicht *adj*
E: leaky *adj*, untight *adj*
F: non étanché
Undichtheit *f*
E: leak *n*, leakage *n*
F: inétanchéité *f*, non-étanchéité *f*
undurchdringlich für
E: impenetrable to, impervious to
F: impénétrable pour
undurchlässig für
E: impermeable to, impervious to
F: imperméable à
undurchsichtig *adj*
E: non-transparent *adj*, opaque *adj*
F: non transparent, opaque *adj*
uneben *adj*
E: uneven *adj*
F: inégal *adj*, non plan
unelastisch *adj*
E: inelastic *adj*
F: inélastique *adj*
unempfindlich *adj* (im Sinne von kräftig, standhaft, robust)
E: sturdy *adj*, robust *adj*
F: robuste *adj*
unempfindlich gegen
E: insensitive to
F: insensible à
Unfall *m*
E: accident *n*
F: accident *m*
Unfalldiagnostik *f*
E: accident diagnosis
F: diagnostic traumatologique *m*
Unfallklinik *f*
E: casualty department
F: service des urgences *m*
Unfallpatient *m*
E: accident patient, emergency patient
F: accidenté *m*
Unfallschutzvorrichtung *f*
E: safety device (for the prevention of accidents)
F: dispositif de sécurité *m*
Unfallstation *f*
E: emergency station
F: poste de secours *m*
Unfalltrage *f*
E: litter *n*
F: civière *f*
Unfallverhütung *f*
E: accident prevention
F: prévention des accidents *f*

ungedämpft *adj*
E: undamped *adj*
F: non amorti
ungeerdet *adj*
E: ungrounded *adj*
F: non mis à la terre
ungefedert *adj*
E: unsprung *adj*
F: non suspendu
ungelochte Karte
E: blank card
F: carte nonperforée *f*
ungenau *adj*
E: inexact *adj*, inaccurate *adj*
F: inexact *adj*, imprécis *adj*
Ungenauigkeit *f* (ei-r Anzeige, Messung usw.)
E: inaccuracy *n*, inexactitude *n*
F: imprécision *f*, inexactitude *f*
Universal-Untersuchungsgerät *n*
E: universal examination table
F: table d'examen universelle *f*
unlackiert *adj*
E: unvarnished *adj*
F: non laqué
Unschärfe *f*
E: blurring *n*, unsharpness *n*
F: effacement *m*, flou *m*
Unschärfe, Bewegungs~
E: kinetic unsharpness, kinetic blurring, motional unsharpness
F: flou cinétique *m*, flou de mouvement *m*
Unschärfe, geometrische
E: geometric unsharpness, geometric blurring
F: flou géométrique *m*
Unterbelichtung *f*
E: underexposure *n*
F: sous-exposition *f*
Unterbrecher *m* [elec.]
E: interruptor *n*
F: interrupteur *m*
Unterbrechung *f*
E: interruption *n*
F: interruption *f*
Unterbrechungskontakt *m*
E: break contact, interrupter *n*
F: interrupteur *m*
Unterdruck *m*
E: diminished pressure, subpressure *n*, underpressure *n*
F: sous-pression *f*
Unterlagen *f pl* (beschreibende oder zeichnerische Angaben)
E: information *n*, data *pl*, documentations *pl*
F: documents *m pl*
Unterputzmontage *f* [elec.]
E: recessed mounting
F: montage sous crépi *m*
Unterputzschalter *m*
E: recessed switch, flush-mounted switch
F: interrupteur encastré *m*
Unterputzverlegung *f* [elec.]
E: recessed mounting
F: montage sous crépi *m*
Unterscheidung *f*
E: differentiation *n*, discrimination *n*
F: différentiation *f*
Unterschenkel *m*
E: lower leg
F: jambe *f*
Untersetzungsgetriebe *n*
E: reduction gear
F: engrenage réducteur *m*
Unterspannung *f*
E: low voltage, undervoltage *n*
F: sous-tension *f*
Unterstützungsmotor *m*
E: servo-motor *n*
F: servo-moteur *m*
Untersucher *m*
E: radiologist *n*, examiner *n*, examining doctor
F: radiologue *m*, examinateur *m*, médecin *m*
Untersuchung, ärztliche
E: medical examination
F: examen médical *m*
Untersuchung, Röntgen~
E: X-ray examination
F: examen radiologique *m*
Untersuchungsbefund *m*
E: diagnostic findings
F: constatation *f*, bulletin médical

m

Untersuchungsgerät *n*
E: examination unit, X-ray unit, examination table
F: appareil radiologique *m*, table d'examen *f*

Untersuchungsgerät, Universal-~
E: universal examination table
F: table d'examen universelle *f*

Untersuchungsmethode *f*
E: examination technique
F: méthode d'examen *f*

Untersuchungsraum *m*
E: examination room
F: salle d'examen *f*

Untersuchungstisch *m*
E: treatment table, examination table
F: table d'examen *f*, table de traitement *f*

Untersuchungsverfahren *n*
E: examination technique
F: méthode d'examen *f*

unterteilte Aufnahme [cons., rad.]
E: spotfilm *n*, subdivided film, serialography *n*
F: radiographie subdivisée *f*, cliché subdivisé *m*

Untertischaufnahme *f* [cons., rad.]
E: undertable radiograph
F: radiographie avec tube au-dessous de la table *f*

Untertisch-Bildverstärker *m*
E: undertable image intensifier
F: amplificateur de brillance au-dessous de la table *m*

Untertischdurchleuchtung *f*
E: undertable fluoroscopy
F: radioscopie avec tube au-dessous de la table *f*

Untertischzielgerät *n*
E: undertable spotfilm device
F: sélecteur sous table *m*

unverzögert *adj*
E: instantaneous *adj*
F: non retardé

unwirksam *adj*
E: ineffective *adj*, inoperative *adj*
F: inefficace *adj*

unwirtschaftlich *adj*
E: uneconomical *adj*
F: non économique

Unwucht *f*
E: unbalance *n*, imbalance *n*
F: balourd *m*, déséquilibre *m*

unzugänglich *adj*
E: inaccessible *adj*
F: inaccessible *adj*

unzulässig *adj*
E: inadmissible *adj*
F: inadmissible *adj*

Ureter *m* (Harnleiter)
E: ureter *n*
F: uretère *m*

Urethra *f* (Harnröhre)
E: urethra *n*
F: urètre *m*

Urographie *f* (Darstellung der Nierenbecken und Harnleiter)
E: urography *n*
F: urographie *f*

Urologentisch *m*
E: urological table
F: table urologique *f*

Ursache und Wirkung
E: cause and effect
F: cause et effet

V

vakuumdicht *adj*
E: vacuum-tight *adj*, vacuum-sealed *adj*
F: étanche au vide, hermétique *adj*

Vakuumröhre *f*
E: vacuum tube
F: tube à vide *m*

Varistor *m* (VDR)
E: varistor *n*, voltage-dependent resistor
F: varistor *m*

Venendarstellung *f*
E: phlebography *n*, venography *n*
F: phlébographie *f*, veinographie *f*

Venographie *f*

E: phlebography *n*, venography *n*
F: phlébographie *f*, veinographie *f*
Ventilator *m*
E: fan *n*, ventilator *n*, blower *n*
F: ventilateur *m*
Ventilatorkühlung *f*
E: ventilator cooling, fan cooling
F: refroidissement par ventilateur *m*
Ventilgleichrichter *m*
E: valve tube rectifier
F: redresseur à soupape *m*
Ventilwirkung *f*
E: valve effect, valve action
F: effet de soupape *m*
ventral *adj* (zum Bauch gehörend)
E: ventral *adj*
F: ventral *adj*
Ventriculographie *f* (Darstellung der Hirnventrikel)
E: ventriculography *n*
F: ventriculographie *f*
Ventrikel *m* (allg. Kammer oder Hohlraum, spez. Herzkammer oder Hirnventrikel)
E: ventricle *n*
F: ventricule *m*
Ventrikelfüllung *f*
E: ventricle filling
F: remplissage des ventricules *m*
Verbesserung *f*
E: improvement *n*, advance *n*
F: amélioration *f*
Verbindungskabel *n*
E: interconnection cable, connecting cable
F: câble de connexion *m*
Verbindungsschiene *f*
E: connecting bar
F: barre de jonction *f*
verblockte Schaltung
E: interlock circuit, blocking circuit
F: circuit à blocage *m*, circuit à verrouillage *m*
Verbraucher *m*
E: consumer *n*, user *n*, customer *n*
F: consommateur *m*, utilisateur *m*
Verbundanode *f* (bei einer Röntgenröhre)
E: compound anode
F: anode composée *f*, anode compound *f*
verbundenes Fernsehnetz
E: closed-circuit television chain
F: chaîne de télévision *f*
Verdrahtung *f*
E: circuitry *n*, circuit arrangement, wiring *n*, cabling *n*
F: câblage *m*, circuit *m*
Verdrahtungsplan *m*
E: wiring diagram, wiring scheme, circuit diagram (IEC)
F: schéma électrique *m*, plan de câblage *m*, schéma de câblage *m*, plan des circuits *m*, schéma des connexions *m* (CEI)
Verdunkelung *f*
E: darkening *n*, obscuration *n*
F: obscurcissement *m*
vereinheitlichen *v*
E: unify *v*, standardize *v*
F: normaliser *v*, standardiser *v*
Verfahren *n*
E: process *n*, method *n*, technique *n*
F: procédé *m*, méthode *f*, technique *f*
Vergleich *m*
E: comparison *n*, correlation *n*
F: comparaison *f*
Vergleichsmessung *f*
E: comparative measurement
F: mesure comparative *f*
Vergrößerung *f*
E: enlargement *n*, magnification *n*
F: agrandissement *m*
Vergrößerungsverhältnis *n*
E: enlargement ratio, magnification proportion
F: proportion d'agrandissement *f*
Vergußmasse *f*
E: sealing compound, insulating compound
F: masse isolante *f*, matériau de remplissage *m*
Verhältnisgleichheit *f*
E: proportionality *n*

F: proportionnalité *f*
verkettete Spannung
E: mesh voltage, voltage between phases
F: tension composée *f*, tension entre phases *f*
Verkettungsfaktor *m*
E: link factor, interconnection factor
F: facteur d'enchaînement *m*
Verkleidung *f*
E: cover *n*, protection *n*, paneling *n*
F: revêtement *m*
Verkleinerungsverhältnis *n* (eines BV)
E: diminution ratio (of an II)
F: diminution proportionnelle *f* (d'un AB)
Verklinkung *f*
E: release gear
F: encliquetage *m*
Verknüpfungsschaltung *f*
E: combinatorial curcuit
F: circuit combinatoire *m*
Verlängerung *f*
E: extension *n*, lengthening *n*
F: rallonge *f*, allongement *m*, prolongement *m*
Verlängerungskabel *n*
E: extension cable, elongated cable
F: câble d'allongement *m*
Verlängerungsschiene *f*
E: extension rail
F: rail d'allongement *m*
Verlängerungsstück *n*
E: extension piece
F: pièce de rallonge *f*
Verlaufsfolie *f*
E: graduated intensifying screen
F: écran renforçateur gradué
verlustarm *adj*
E: of low loss
F: à faibles pertes
Verlustleistung *f*
E: power loss
F: puissance de perte *f*
vernachlässigbar *adj*
E: negligible *adj*
F: négligeable *adj*
Verriegelung *f*
E: blocking *n*, interlocking *n*
F: blocage *m*, verrouillage *m*
Verriegelungskontakt *m*
E: interlocking contact
F: contact de verrouillage *m*
Verriegelungsmechanismus *m*
E: interlocking mechanism
F: mécanisme de verrouillage *m*, dispositif de blocage *m*
Verriegelungsschaltung *f*
E: interlock circuit, blocking circuit
F: circuit à blocage *m*, circuit à verrouillage *m*
Verschaltung *f*
E: faulty connection, wrong connection
F: faute du montage électrique *f*
verschiebbar *adj*
E: displaceable *adj*, shiftable *adj*, movable *adj*
F: déplaçable *adj*
verschiebbare Stützwand
E: sliding table top
F: panneau glissant *m*
verschieben *v*
E: shift *v*, displace *v*
F: déplacer *v*
Verschiebung *f*
E: shift *n*, shifting *n*, displacement *n*
F: déplacement *m*
Verschiebungsschritt *m*
E: shift step
F: pas de déplacement *m*
Verschleiß *m*
E: abrasion *n*, wear and tear
F: usure *f*
Verschleißteil *m*
E: wearing part
F: pièce d'usure *f*
Verschluß *m*
E: shutter *n*
F: obturateur *m*
Verschraubung *f*
E: screw connection, screw joint
F: vissage *m*, connexion par vis *f*

Versorgung aus dem Netz
E: mains supply
F: alimentation par le réseau *f*
Verständigung *f*
E: intercommunication *n*
F: communication *f*
Verstärkerfolie *f*
E: intensifying screen
F: écran renforçateur *m*
Verstärkerfolienkombination *f* (für Simultanschichtaufnahmen)
E: set of screens (for simultaneous multisection radiography)
F: combinaison d'écrans renforçateurs *f* (pour les planigraphies simultanées)
Verstärkerröhre *f*
E: amplifier tube
F: tube amplificateur *m*
Verstärkerstufe *f*
E: amplifier stage
F: étage amplificateur *m*, étage d'amplification *m*
Verstärkung *f* [elec.]
E: amplification *n*, intensification *n*, gain *n*
F: amplification *f*, intensification *f*
Verstärkung *f* [mech.]
E: reinforcement *n*, strengthening *n*
F: renforcement *m*
Verstärkungsfaktor *m*
E: amplification factor
F: facteur d'amplification *m*
Verstärkungsregelung *f*
E: gain control
F: réglage d'amplification *m*
Versteifung *f* [mech.]
E: stiffening *n*, reinforcement *n*
F: étayage *m*, étançonnage *m*
verstellbar *adj*
E: adjustable *adj*
F: ajustable *adj*, réglable *adj*
verstellbar, in der Höhe
E: vertically adjustable
F: réglable en hauteur
verstellen *v*
E: shift *v*, displace *v*
F: déplacer *v*
Verstellschraube *f*
E: setscrew *n*
F: vis d'ajustage *f*
verstreben *v*
E: brace *v*, strut *v*
F: étrésillonner *v*, contreficher *v*
Verstrebung *f*
E: bracing *n*, strut *n*
F: entretoise *f*, contre-fiche *f*
Versuch *m*
E: test *n*, trial *n*, experiment *n*
F: essai *m*, épreuve *f*, expérience *f*
Versuchsanlage *f*
E: testing installation, experimental plant
F: installation d'essai *f*, poste expérimental *m*
Versuchsanordnung *f*
E: experimental arrangement, testing arrangement, test arrangement, test setup
F: montage d'essai *m*, montage expérimental *m*, dispositif d'essai *m*
Versuchsaufbau *m*
E: experimental arrangement, testing arrangement, test arrangement, test setup
F: montage d'essai *m*, montage expérimental *m*, dispositif d'essai *m*
Versuchsbedingung *f*
E: test condition
F: conditions d'expérience *f pl*, conditions d'essai *f pl*
Versuchsdauer *f*
E: test duration
F: durée d'une expérience *f*, durée d'essai *f*
Versuchsergebnis *n*
E: test result
F: résultats d'expérience *m pl*, résultats d'essai *m pl*
Verteilerkasten *m* [elec.]
E: distribution panel, distribution box, distributor box, terminal box, junction box, connecting box (GB)
F: coffret de distribution *m*, boîte de distribution *f*, boîte de

dérivation *f*, boîte de connexion *f*, coffret de raccordement *m*, boîte de jonction *f*

Verwendungsmöglichkeit *f*
E: application *n*
F: possibilité d'emploi *f*

Verwendungszweck *m*
E: purpose *n*
F: usage *m*, but d'emploi *m*

Verwischung *f*
E: blurring *n*, unsharpness *n*
F: effacement *m*, flou *m*

Verwischung, elliptische [rad.]
E: elliptical blurring
F: effacement elliptique *m*

Verwischung, Kreis~
E: circular blurring
F: effacement circulaire *m*

Verwischung, lineare
E: linear blurring
F: effacement linéaire *m*

Verwischungsgrad *m*
E: degree of blurring
F: degré d'effacement *m*

Verwischungsgradient *m*
E: blurring gradient
F: gradient d'effacement *m*

Verwischungsweg *m*
E: path of blurring
F: traces d'effacement *f pl*

Verzeichnung *f*
E: distortion *n*
F: distorsion *f*

Verzerrung *f*
E: distortion *n*
F: distorsion *f*

Verzögerung *f*
E: delay *n*, lag *n*
F: retard *m*

Verzögerungsschaltung *f*
E: time delay circuit
F: circuit de retard *m*

Verzögerungszeit *f*
E: time delay, delay time
F: temps de retard *m*

Verzweigungsstelle *f*
E: branching point
F: lieu d'embranchement *m*

Vidiconröhre *f*
E: vidicon tube
F: vidicon *m*

Viellinienraster *n*
E: multiline grid, superfine grid
F: grille fine *f*

vieradriges Kabel
E: four-core cable
F: câble à quatre conducteurs *m*

Vierkantsäulenstativ *n*
E: square column stand
F: statif à colonne quadrangulaire *m*

Vignettierung *f* [BV]
E: vignetting *n* [II], vignetting effect
F: vignetage *f* [AB]

Vignettierungsausgleich, elektronischer [tv.]
E: electronic vignetting compensation
F: compensation du vignettage électronique *f*

Visiereinrichtung *f*
E: visual localizer, centering device
F: dispositif du viseur *m*, centreur *m*

Vollast *f*
E: full load
F: pleine charge *f*

Vollaussteuerung *f*
E: maximum modulation, full-scale control
F: déviation totale *f*, modulation totale *f*, régime maximum *m*

vollautomatisch *adj*
E: fully automatic
F: entièrement automatique

Vollbild *n*
E: complete image, full image
F: image entière *f*

Vollfeldlichtvisier *n*
E: full-field localizer
F: viseur lumineux *m* (avec éclairage intégral du champ)

Vollschutzröhre *f*
E: tube with protective housing
F: tube à protection intégrale *m*

Vollweggleichrichter *m*

E: full-wave rectifier
F: redresseur à deux alternances *m*, redresseur à double alternance *m*

Vorbelichtung *f*
E: preexposure *n*
F: préexposition *f*

Vorbereitung *f*
E: preparation *n*
F: préparation *f*

Voreinstellung *f*
E: presetting *n*
F: préréglage *m*

Vorfilterung *f*
E: primary filtration, prefiltration *n*
F: préfiltration *f*

Vorgelege *n*
E: back gear
F: transmission intermédiaire *f*

Vormagnetisierung *f*
E: premagnetisation *n*
F: prémagnétisation *f*

Vorratsbehälter *m*
E: storage tank, supply tank, reservoir *n*
F: réservoir *m*

Vorrichtung *f*
E: device *n*
F: dispositif *m*

Vorschrift *f*
E: rule *n*, regulation *n*, code *n*
F: réglement *m*, instruction *m*, prescription *m*

Vorschub *m*
E: feed *n*, feed rate
F: avance *f*, avancement *m*

Vorverstärker *m*
E: preamplifier *n*, input amplifier
F: préamplificateur *m*

Vorwahl *f* (z.B. von Betriebsdaten)
E: preselection *n*
F: présélection *f*

Vorwärtsbewegung *f*
E: forward motion
F: marche en avant

W

Wachstumsdrüse *f*
E: thymus *n*, thymus gland
F: thymus *m*

Wackelkontakt *m*
E: loose contact, slack connection
F: contact intermittent *m*

Wahl *f*
E: selection *n*, choice *n*
F: choix *m*

Wähler *m*
E: selector *n*
F: sélecteur *m*

Wähler, Arbeitsplatz~
E: tube selector
F: sélecteur de poste de travail *m*

Wähler, Fokus~
E: focus selector
F: sélecteur de foyer *m*

Wähler, Hilfsgeräte~
E: auxiliary unit selector, auxiliary device selector
F: sélecteur d'appareils auxiliaires *m*

Wähler, mA-~
E: mA selector
F: sélecteur des mA *m*

Wähler, mAs-~
E: mAs-selector *n*
F: sélecteur des mAs *m*

wahlweise *adj*
E: optional *adj*
F: au choix

Wälzlager *n*
E: anti-friction bearing
F: palier à roulement *m*

Wandbefestigung *f*
E: wall mounting, wall mount
F: montage mural *m*, fixation murale *f*

Wandgerät *n*
E: wall-mounted unit
F: statif mural *m*

Wandkonsole *f*

E: wall bracket
F: console murale *f*
Wandsteckdose *f*
E: wall socket
F: prise de courant murale *f*
Wärmeabfuhr *f*
E: dissipation of heat, thermal dissipation
F: dissipation de chaleur *f*, dérivation de chaleur *f*
Wärmeableitung *f*
E: dissipation of heat, thermal dissipation
F: dissipation de chaleur *f*, dérivation de chaleur *f*
Wärmeaufnahme *f*
E: heat absorption
F: absorption de chaleur *f*
Wärmeausdehnung *f*
E: thermal expansion
F: dilatation thermique *f*
Wärmeausgleich *m*
E: heat balance, thermal balance
F: compensation de chaleur *f*
Wärmeaustausch *m*
E: heat exchange
F: échange thermique *m*
Wärmeentwicklung *f*
E: heat evolution, heat development
F: développement de chaleur *m*
Wärmeentzug *m*
E: heat removal
F: élimination de chaleur *f*
wärmefest *adj*
E: heat-proof *adj*
F: résistant contre la chaleur
Wärmeleiter *m*
E: heat conductor
F: conducteur de la chaleur *m*
Wärmequelle *f*
E: heat source
F: source de chaleur *f*
Wärmeschutz *m*
E: heat protection, heat insulation
F: protection thermique *f*
Wärmespeicherfähigkeit *f* [gen.]
E: heat storage capacity
F: capacité calorifique *f*
Wärmespeicherfähigkeit der Anode (einer Diagnostik-Röntgenröhre)
E: anode heat storage capacity (X-ray tube)
F: capacité calorifique de l'anode *f* (tube radiogène)
Warneinrichtung *f*
E: alarm device, warning device
F: dispositif d'avertissement *m*
Warnlampe *f*
E: warning light
F: lampe d'avertissement *f*
Warnschild *n*
E: warning sign
F: plaque d'avertissement *f*
Warnsignal *n*
E: danger signal, warning signal
F: signal d'avertissement *m*
Wartung *f*
E: maintenance *n*, service *n*
F: entretien *m*, service *m*
wartungsfrei *adj*
E: maintenance-free *adj*
F: sans entretien
Wartungspersonal *n*
E: maintenance staff
F: personnel d'entretien *m*
Wartungsvorschrift *f*
E: maintenance information
F: notice d'entretien *f*
Wartungswerkzeug *n*
E: tools for maintenance
F: outillage d'entretien *m*
wasserdicht *adj*
E: water-proof *adj*, watertight *adj*
F: imperméable *adj*
Wasserdruckschalter *m*
E: water-pressure switch
F: interrupteur hydraulique *m*
wassergekühlt *adj*
E: water-cooled *adj*
F: à refroidissement par eau
Wasserkühlung *f*
E: water cooling
F: redroidissement par eau *m*
Wasserleitung *f*
E: water mains, water supply
F: conduite d'eau *f*
Wassermantel *m*

E: water jacket
F: chemise d'eau *f*
Wattmeter *n*
E: wattmeter *n*
F: wattmètre *m*
wechselnde Belastung
E: variable load
F: chargement variable *m*
Wechselspannung *f*
E: alternating voltage
F: tension alternative *f*
Wechselsprechanlage *f*
E: intercommunication system, intercom *n*
F: interphone *m*
Wechselstrom *m*
E: alternating current (AC)
F: courant alternatif *m*
Wechselstromgenerator *m*
E: AC generator
F: générateur à courant alternatif *m*
Wechselstromkreis *m*
E: AC circuit
F: circuit à courant alternatif *m*
Wechselstrommotor *m*
E: AC motor
F: moteur à courant alternatif *m*
Wechselstromwiderstand *m*
E: AC resistance, impedance *n*
F: impédance *f*
Wechselwirkung *f*
E: reciprocal action, interaction *n*
F: action réciproque *f*, interaction *f*
wegklappbar *adj*
E: swing-away *adj*
F: escamotable *adj*
Weichstrahlen *m pl*
E: soft radiation
F: rayons mous *m pl*
Welle *f* (Achse)
E: shaft *n*
F: arbre *m*, axe *m*
Welle *f* (Schwingung)
E: wave *n*
F: onde *f*
Wellenbereich *m*
E: wave range, wave band
F: gamme de fréquence *f*
Wellenlänge *f*
E: wavelength *n*
F: longueur d'onde *f*
Welligkeit *f*
E: ripple *n*, ripple factor, waviness *n*
F: ondulation *f*
Werksarzt *m*
E: factory physician
F: médecin d'entreprise *m*
Werkstatt *f*
E: workroom *n*, workshop *n*
F: atelier *m*
Wickelkondensator *m*
E: billi capacitor, paper capacitor
F: condensateur enroulé *m*
Wicklung *f*
E: winding *n*
F: bobinage *m*, enroulement *m*
Widerstand *m* (Gegenstand)
E: resistor *n*
F: rhéostat *m*
Widerstand *m* (Widerstandswert)
E: resistance *n*
F: résistance *f*
Widerstand, induktiver
E: inductive resistance
F: résistance inductive *f*, inductance *f*
Widerstand, kapazitiver
E: capacitive resistance
F: résistance capacitive *f*
Widerstandsänderung *f*
E: resistance modification
F: variation de résistance *f*
Widerstandsdraht *m*
E: resistance wire
F: fil de résistance *m*
Widerstandsfähigkeit *f*
E: stability *n*
F: résistibilité *f*
Wiederanlauf *m*
E: restart *n*
F: redémarrage *m*
Wiederbelebung *f*
E: resuscitation *n*
F: réanimation *f*
Wiedergabe *f* (einer gespeicherten Information)

E: playback *n*
F: reproduction *f*
Windung *f*
E: winding *n*
F: spire *f*
Windungsschluß *m*
E: short between windings, interturn short circuit
F: spires en court-circuit *f pl*
Windungszahl *f*
E: number of windings
F: nombre de spires *m*
Winkelgrad *m*
E: degree *n*
F: degré d'angle *m*
Winkelstecker *m*
E: angle plug
F: fiche coudée *f*
Wirbelsäule *f*
E: vertebral column
F: colonne vertébrale *f*
Wirbelstrom *m*
E: eddy current
F: courant parasite *m*, courant de foucault *m*
Wirbelstromläufer *m*
E: squirrel-cage rotor
F: rotor à courant de foucault *m*
Wirkleistung *f*
E: effective power, active power
F: puissance réelle *f*, puissance active *f*
Wirkspannung *f*
E: active voltage, in-phase voltage, effective voltage
F: tension efficace *f*
Wirkstrom *m*
E: wattful current
F: courant efficace *m*
Wirkungsgrad *m*
E: efficiency *n*
F: rendement *m*
Wirkwiderstand *m*
E: effective resistance
F: résistance pure *f*
Wischkontakt *m*
E: wipe contact
F: contact par curseur *m*
Wolframdrehanode *f*
E: tungsten rotating anode
F: anode tournante en tungstène *f*

Z

Zahlenwert *m*
E: numerical value
F: valeur numérique *f*
Zähler *m*
E: counter *n*, counting mechanism
F: compteur *m*, mécanisme compteur *m*
Zählrohr *n*
E: Geiger tube
F: tube Geiger-Müller *m*
Zählröhre *f*
E: counter tube
F: tube compteur *m*
Zählwerk *n*
E: counter *n*, counting mechanism
F: compteur *m*, mécanisme compteur *m*
Zahnaufnahme *f*
E: dental radiograph
F: radiographie dentaire *f*
Zahnheilkunde *f*
E: dentistry *n*
F: dentisterie *f*
Zahnmedizin *f*
E: dentistry *n*
F: dentisterie *f*
Zahnrad *n*
E: toothed wheel, cog-wheel *n*
F: roue dentée *f*
Zahnradgetriebe *n*
E: gearing *n*, gear *n*
F: engrenage *m*
Zahnritzel *n*
E: pinion *n*
F: pignon *m*
Zahnstange *f*
E: toothed bar, rack *n*
F: crémaillère *f*
Zeichenerklärung *f*
E: legend *n*
F: légende *f*

Zeichenschärfe *f*
E: detail sharpness, definition *n*
F: définition *f*
Zeichnung *f*
E: drawing *n*, design *n*
F: dessin *m*
Zeiger *m* (an Meßinstrument oder Uhr)
E: pointer *n*
F: aiguille *f*
Zeigerausschlag *m*
E: pointer deflection
F: déviation de l'aiguille *f*
Zeigerdrehknopf *m*
E: pointer knob
F: bouton tournant avec aiguille *m*
Zeile *f*
E: line *n*
F: ligne *f*
Zeilenabstand. *m* [tv]
E: line space
F: distance de lignes *f*
Zeilenabtastung *f*
E: rectilinear scanning
F: balayage linéaire *m*
Zeilenfrequenz *f*
E: line frequency
F: fréquence de lignes *f*
Zeilensprungverfahren *n*
E: interlaced scanning
F: balayage entrelacé *m*
Zeilenzahl *f*
E: number of lines
F: nombre de lignes *m*
Zeitbereich *m*
E: time range
F: gamme de temps *f*
Zeiteinheit *f*
E: unit of time
F: unité de temps *f*
Zeitkonstante *f*
E: time constant
F: constante de temps *f*
Zeitlupenwiedergabe *f*
E: slow-motion playback
F: reproduction au ralenti *f*
Zeitrelais *n*
E: time relay
F: relais retardé *m*
Zeitschalter *m*
E: time switch, timer *n*
F: minuterie *f*
Zeitschalter, elektronischer
E: electronic timer
F: chronocontacteur électronique *m*, minuterie électronique *f*
Zeitschalter, Kondensator-~
E: condenser timer
F: minuterie à condensateur *f*
Zeitskala *f*
E: time scale
F: échelle de temps *f*
Zenerdiode *f*
E: Zener diode
F: diode Zener *f*
Zentralarretierung *f*
E: central locking
F: blocage général *m*
Zentralstrahl *m* (COCIR)
E: central ray
F: rayon central *m*, rayon axial *m*
Zentrierung *f*
E: centering *n*
F: centrage *m*
Zentriervorrichtung *f*
E: centering device
F: dispositif de centrage *m*
zerebrale Angiographie (Darstellung der Gehirngefäße)
E: cerebral angiography
F: angiographie cérébrale *f*
Zerhacker *m* (für Gleichspannungswandler)
E: chopper *n*, vibrator *n*
F: vibreur *m*, chopper *m*
Zickzackschaltung *f*
E: zig-zag connection, interconnected star system
F: connexion en zig-zag *f*
Zielaufnahme *f*
E: spotfilm radiograph
F: radiographie visée *f*
Zielaufnahmegerät *n* (COCIR)
E: spotfilm device
F: sélecteur *m*
Zielbetrieb *m*
E: spotfilming *n*
F: service visé *m*, régime centré *m*

Zielbetrieb, automatischer [cons., rad.]
E: automatic spotfilming
F: service automatique de radiographie orientée *m*

Zielfokus *m*
E: spotfilm focus
F: foyer de visée *m*

Zielgerät *n* (COCIR)
E: spotfilm device
F: sélecteur *m*

Zielgerät-Arretierung *f*
E: spotfilm device locking
F: blocage du sélecteur *f*

Zielgerät-Aufhängung *f*
E: suspension of spotfilm device
F: suspension du sélecteur *f*

Zielgerät-Parkstellung *f*
E: spotfilm device parking position
F: position de rangement du sélecteur *f*

Zielprogramm *n*
E: spotfilm program
F: programme visé *m*

Zollformat *n*
E: inch size
F: format en pouces *m*

Zonographie *f*
E: zonography *n*
F: zonographie *f*

Zoom-Optik *f*
E: zoom lens
F: optique zoom *f*

Zubehör *n*
E: accessories *pl*
F: accessoires *m pl*

zugänglich, leicht
E: easily accessible
F: facilement accessible

Zugänglichkeit *f*
E: accessibility *n*
F: accessibilité *f*

Zugriffszeit *f* [DV]
E: access time
F: temps de réception *m*

zulässige Röhrenspannung
E: admissible tube voltage
F: tension admissible au tube *f*

Zündspannung *f* (einer Gasentladungsröhre)
E: ionization voltage, firing voltage (of gas-filled tube)
F: tension d'amorçage *f*

Zuordnung *f*
E: allocation *n*
F: coordination *f*

zurücksetzen *v*
E: reset *v*
F: retarder *v*

zurückspulen *v*
E: rewind *v*
F: rebobiner *v*

Zusatzeinrichtung *f*
E: additional equipment
F: dispositif additionnel *m*

Zusatzfilter *n* (COCIR)
E: added filter
F: filtre additionnel *m*

Zusatzkasten *m*
E: additional box
F: coffret supplémentaire *m*

Zusatzteil *n*
E: additional part, attachment *n*
F: pièce d'adjonction *f*

Zusatztransformator *m*
E: booster transformer
F: transformateur supplémentaire *m*

Zustandsprüfung *f*
E: status test
F: contrôle d'état *m*

Zuverlässigkeit *f*
E: reliability *n*
F: fiabilité *f*

Zuwachsrate *f*
E: increment *n*
F: croissance des cycles *f*, accroissement *m*

zweiadrig *adj*
E: two-wire *adj*, bifilar *adj*
F: à deux conducteurs, bifilaire *adj*

Zweiebenen-Simultanbetrieb *m*
E: serialography in two planes, biplane work
F: service simultané *m*

Zweikanal-Lichtverteiler *m* [tv.]
E: two-channel light distributor
F: répartiteur de lumière bicanal *m*

Zweiknopfbedienung *f*
E: two-button control
F: service à deux boutons *m*
Zweipolröhre *f*
E: diode *n*, two-electrode valve
F: diode *f*, tube à deux électrodes *m*
Zweipulsgenerator *m* (COCIR)
E: two-pulse generator, two-peak generator
F: générateur à deux crêtes *m*
Zweipunktaufhängung *f*
E: two-point suspension
F: suspension à deux points *f*
Zweiröhrenbetrieb *m*
E: two-tube operation
F: régime à deux tubes *m*
Zweiweggleichrichter *m*
E: full-wave rectifier
F: redresseur à deux alternances *m*, redresseur à double alternance *m*
Zwerchfell *n*
E: diaphragm *n*
F: diaphragme *m*
Zwischenoptik *f*
E: optical adapter, optical coupling
F: optique intermédiaire *f*
Zwischenschicht *f*
E: intermediate layer
F: couche intermédiaire *f*
Zwischenstecker *m*
E: plug adapter
F: fiche intermédiaire *f*
Zwischenstück *n*
E: intermediate piece, adapter *n*, connecting piece
F: pièce intermédiaire *f*
Zwischentransformator *m*
E: intermediate transformer
F: transformateur intermédiaire *m*
Zwischenwässerung *f*
E: intermediate rinsing
F: lavage intermédiaire *m*
Zwischenzeilenverfahren *n*
E: interlaced scanning
F: balayage entrelacé *m*
Zwölffingerdarm *m*
E: duodenum *n*
F: duodénum *m*
Zwölfpulsgenerator *m* (COCIR)
E: twelve-pulse generator, twelve-peak generator
F: générateur à douze crêtes *m*
Zystographie *f* (Darstellung der Harnblase)
E: cystography *n*
F: cystographie *f*
Zystoskopie *f* (Harnblasenspiegelung)
E: cystoscopy *n*
F: cystoscopie *f*

French-German-English

Französisch-Deutsch-Englisch

Français-Allemand-Anglais

A

abaisser *v*
D: senken *v*
E: lower *v*
absorption de chaleur *f*
D: Wärmeaufnahme *f*
E: heat absorption
absorption quantique *f*
D: Quantenabsorption *f*
E: quanta absorption
accélérateur de particules *m*
D: Teilchenbeschleuniger *m*
E: particle accelerator
accélérateur d'électrons *m*
D: Elektronenbeschleuniger *m*
E: electron accelerator
accélérateur linéaire *m* (COCIR)
D: Linearbeschleuniger *m*, Elektronenbeschleuniger *m*
E: linear accelerator
accélération de l'anode *f* (tube à anode tournante)
D: Anodenhochlauf *m* (einer Drehanodenröntgenröhre)
E: anode acceleration (rotating anode tube)
accentuation des détails *f*
D: Detailverdeutlichung *f*
E: detail enhancement
accès du patient *m*
D: Patientenzutritt *m*
E: patient access
accessibilité *f*
D: Zugänglichkeit *f*
E: accessibility *n*
accessible, facilement
D: leicht zugänglich
E: easily accessible
accessoire de télécommande *m*
D: Fernsteuerzusatz *m*
E: remote-control attachment
accessoires *m pl*
D: Zubehör *n*
E: accessories *pl*
accessoires d'appareils *m pl*
D: Gerätezubehör *n*
E: X-ray unit accessories
accessoires de radiographie *m pl*
D: Aufnahmezubehör *n*
E: radiographic accessories
accident *m*
D: Unfall *m*
E: accident *n*
accidenté *m*
D: Unfallpatient *m*
E: accident patient, emergency patient
accord *m* [elec., phys.]
D: Abstimmung *f*
E: tuning *n*
accorder *v* [elec., phys.]
D: abstimmen *v*
E: tune *v*
accoupler *v*
D: kuppeln *v*
E: connect *v*, couple *v*, link *v*
accroissement *m*
D: Zuwachsrate *f*
E: increment *n*
accroissement de charge *m*
D: Leistungssteigerung *f*
E: increase of output
accumulateur au fer-nickel *m*
D: Nickel-Eisen-Sammler *m*
E: nickel-iron battery
acier inoxydable *m*
D: rostfreier Stahl
E: stainless steel, rustless steel
action réciproque *f*
D: Wechselwirkung *f*
E: reciprocal action, interaction *n*
actionnement par vis sans fin *m*
D: Schneckenantrieb *m*, Schneckengetriebe *n*
E: worm drive, worm gear
adaptation *f* [elec., mech.]
D: Adaptation *f*, Anpassung *f*
E: adaptation *n*
adaptation à l'obscurité *f*
D: Dunkeladaptation *f*
E: dark adaptation
adjonction par condensateur *f*
D: Kondensatorzusatz *m*

E: capacitor accessory
adjonction planigraphique *f*
D: Schichtzusatz *m*
E: planigraphic attachment
adjonction pour cadence rapide *f*
D: Schnellschaltzusatz *m*
E: rapid switching attachment
aération *f*
D: Entlüftung *f*, Lüftung *f*
E: ventilation *n*
affichage optique *m*
D: optische Anzeige
E: optical indication
agrandissement *m*
D: Vergrößerung *f*
E: enlargement *n*, magnification *n*
agrandissement d'un secteur *m* [phot., rad.]
D: Ausschnittvergrößerung *f*
E: magnification of a section
agrégat réfrigérant *m*
D: Kühlaggregat *n*
E: cooling set, refrigeration unit
aiguille *f*
D: Zeiger *m* (an Meßinstrument oder Uhr)
E: pointer *n*
aimant droit *m*
D: Stabmagnet *m*
E: bar magnet
aimant permanent *m*
D: Dauermagnet *m*
E: permanent magnet
ajustable *adj*
D: verstellbar *adj*, einstellbar *adj*
E: adjustable *adj*
ajustage *m*
D: Justierung *f*
E: adjustment *n*
ajustement *m* [elec.]
D: Abgleichung *f*
E: adjustment *n*, compensation *n*, trimming *n*
ajuster *v*
D: justieren *v*, feineinstellen *v*
E: adjust *v*
ajuster *v* [elec.]
D: abgleichen *v*
E: adjust *v*, compensate *v*, trim *v*
alimentateur *m*
D: Speiseleitung *f*, Einspeisevorrichtung *f* (für Filme an Entwicklungsmaschinen und Magazinen)
E: feeder *n*
alimentation électrique *f*
D: Stromversorgung *f*, Stromzufuhr *f*
E: power supply
alimentation par le réseau *f*
D: Versorgung aus dem Netz
E: mains supply
allongement *m*
D: Verlängerung *f*
E: extension *n*, lengthening *n*
allumé *adj*
D: eingeschaltet *adj*, angeschaltet *adj*
E: power on, switched on *adj*, under power, turned on *adj* (US)
allumer *v* (lumière)
D: einschalten *v*, anschalten *v*
E: switch on *v*, turn on *v* (US)
alternance de l'effort *f*
D: Lastwechsel *m*
E: alternation of load, change of load
alternance négative *f*
D: negative Halbwelle
E: negative half period, negative half-wave
ambulance *f*
D: Rettungswagen *m*, Krankenwagen *m*
E: ambulance *n*
amélioration *f*
D: Verbesserung *f*
E: improvement *n*, advance *n*
amovible *adj*
D: abnehmbar *adj*
E: detachable *adj*
ampèremètre *m*
D: Strommesser *m*
E: ammeter *n*, current meter
ampère-seconde *f*
D: Amperesekunde *f*
E: ampere-second *n*
amplificateur de brillance *m*

D: Bildverstärker *m*
E: image intensifier
amplificateur de brillance au-dessous de la table *m*
D: Untertisch-Bildverstärker *m*
E: undertable image intensifier
amplificateur de brillance radiologique *m*
D: Röntgenbildverstärker *m* (RBV)
E: X-ray image intensifier
amplificateur de brillance sur-table *m*
D: Obertischbildverstärker *m*
E: overtable image-intensifier
amplificateur de haute fréquence *m*
D: Hochfrequenzverstärker *m*
E: high frequency amplifier
amplificateur de puissance *m*
D: Leistungsverstärker *m*
E: power amplifier
amplificateur du relais *m*
D: Relaisverstärker *m*
E: relay amplifier
amplificateur magnétique *m*
D: Magnetverstärker *m*, Transduktor *m*
E: magnetic amplifier
amplification *f* [elec.]
D: Verstärkung *f*
E: amplification *n*, intensification *n*, gain *n*
amplification de la luminosité *f*
D: Helligkeitsverstärkung *f*
E: brightness amplification
amplification, à ~ normale
D: normalverstärkend *adj*
E: of normal intensification
ampliphotographie *f*
D: Indirektaufnahme *f*, BV-Aufnahme *f*
E: indirect radiograph, indirect exposure, image-intensifier photograph, II-photograph *n*
ampoule *f*
D: Röhrenkolben *m*
E: tube envelope
analyse cristallographique par diffraction *f*
D: Feinstrukturuntersuchung *f*
E: X-ray diffraction analysis
angiocardiographie *f*
D: Angiocardiographie *f*, Angiokardiographie *f* (Darstellung der herznahen großen Blutgefäße)
E: angiocardiography *n*
angiographie *f*
D: Angiographie *f* (Darstellung der Blutgefäße)
E: angiography *n*
angiographie cardiaque *f*
D: Cardangiographie *f*, Kardangiographie *f*
E: cardiac angiography
angiographie cérébrale *f*
D: cerebrale Angiographie (Darstellung der Gehirngefäße)
E: cerebral angiography
angiographie en série *f*
D: Serienangiographie *f*
E: series angiography
angle de coupe *m*
D: Schichtwinkel *m*
E: planigraphic angle
angle de déroulement *m*
D: Schichtwinkel *m*
E: planigraphic angle
angle de l'estomac *m*
D: Magenwinkel *m*
E: incisura angularis
angle de phase *m*
D: Phasenwinkel *m*
E: phase angle
angle d'emergence *m* [phot., rad.]
D: Ausfallwinkel *m*
E: angle of emergence, exit angle
angle d'incidence *m*
D: Einfallswinkel *m*
E: angle of incidence
angle d'inclinaison *m*
D: Neigungswinkel *m*
E: angle of inclination, tilt angle
angle du mouvement pendulaire *m*
D: Pendelwinkel *m*
E: pendulum angle
anneau-joint radial *m*
D: Radialdichtung *f*
E: radial seal, radial packing
anode composée *f*

D: Verbundanode *f* (bei einer Röntgenröhre)
E: compound anode
anode compound *f*
D: Verbundanode *f* (bei einer Röntgenröhre)
E: compound anode
anode en molybdène *f*
D: Molybdänanode *f*
E: molybdenum anode
anode fixe *f*
D: Stehanode *f*
E: stationary anode
anode tournante *f*
D: Drehanode *f*
E: rotating anode
anode tournante à deux inclinaisons *f*
D: Doppelwinkeldrehanode *f*
E: double-angle rotating anode
anode tournante en tungstène *f*
D: Wolframdrehanode *f*
E: tungsten rotating anode
antidéflagrant *adj*
D: explosionsgeschützt *adj*, ex-geschützt *adj*
E: explosion-safe *adj*
antirouille *f*
D: Rostschutz *m*
E: rust prevention
antiseptique *adj*
D: antiseptisch *adj*
E: antiseptic *adj*
aortographie *f*
D: Aortographie *f* (Darstellung der großen Körperschlagader)
E: aortography *n*
appareil à copier pour films *m*
D: Filmkopiergerät *n*
E: film printing machine
appareil à grand rendement *m*
D: Hochleistungsgerät *n*
E: high capacity unit
appareil à usage multiple *m*
D: Mehrzweckgerät *n*
E: multipurpose unit
appareil alimenté par le réseau *m*
D: netzbetriebenes Gerät
E: line-operated equipment
appareil auxiliaire *m*
D: Hilfsgerät *n*
E: auxiliary unit
appareil d'adaptation *m*
D: Anpassungsgerät *n*
E: adapter *n*
appareil de contrôle *m*
D: Prüfgerät *n*
E: testing equipment, test set
appareil de lecture *m*
D: Lesegerät *n*
E: reading device
appareil de mesure *m*
D: Meßgerät *n*, Meßinstrument *n*
E: measuring device, measuring instrument
appareil de mesure de la valeur moyenne *m*
D: Mittelwertmesser *m*
E: ratemeter *n*
appareil de radiothérapie pendulaire *m*
D: Pendelbestrahlungsgerät *n*
E: pendulum therapy unit
appareil de soustraction *m*
D: Subtraktionsgerät *n*
E: subtraction unit
appareil échangeable *m*
D: Ausweichgerät *n*
E: alternate unit
appareil pour radiophotographie *m*
D: Schirmbildkamera *f*
E: fluorographic camera
appareil radiologique *m*
D: Röntgengerät *n*, Gerät *n*
E: X-ray examination table
arbre *m*
D: Welle *f*
E: shaft *n*
arbre à cames *m*
D: Nockenwelle *f*
E: camshaft *n*, tumbler shaft
arc de cercle *m*
D: Kreisbogen *m*
E: circular arc
armoire de commande *f*
D: Schaltschrank *m*
E: control cabinet, control rack
armoire de montage *f*

D: Montageschrank *m*
E: mounting cabinet
arrangement *m*
D: Lageplan *m*
E: plan view, site plan, layout *n*
arrêt *m* [mech.]
D: Anschlag *m*
E: stop *n*
arrêt électro-magnétique *m*
D: elektromagnetische Arretierung
E: electromagnetic lock
arrêt mécanique *m*
D: mechanische Arretierung
E: mechanical lock
artère rénale *f*
D: Nierenarterie. *f*
E: renal artery
artériographie *f*
D: Arteriographie *f* (Darstellung der Arterien einer bestimmten Körperpartie)
E: arteriography *n*
arthrographie *f*
D: Arthrographie *f*
E: arthrography *n*
articulation *f*
D: Gelenk *n*
E: joint *n*, articulation *n*
articulation de la hanche *f*
D: Hüftgelenk *n*
E: hip joint
articulation du coude *f*
D: Ellenbogengelenk *n*
E: elbow-joint *n*
articulation du genou *f*
D: Kniegelenk *n*
E: knee-joint *n*
articulation sacro-iliaque *f* [anat.]
D: Ileosacralgelenk *n*
E: ileo-sacral articulation, ileo-sacral joint
articulation sphérique *f*
D: Kugelgelenk *n*
E: ball joint
articulation temporo-maxillaire *f*
D: Kiefergelenk *n*
E: temporomaxillary joint, temporomandibular articulation
aspirer *v*
D: ansaugen *v*
E: suck *v*
assemblage *m*
D: Aufstellung *f*, Montage *f*, Aufbau *m* (eines Geräts)
E: installation *n*, setting-up *n*, assembly *n*
assurance-maladie *f*
D: Krankenkasse *f*, Krankenversicherung *f*
E: health insurance
atelier *m*
D: Werkstatt *f*
E: workroom *n*, workshop *n*
atelier de modelage *m*
D: Modelltischlerei *f*
E: pattern workshop
attaquer un problème
D: eine Aufgabe anpacken
E: to tackle a problem
atténuation *f* [elec., mech.]
D: Dämpfung *f*, Abschwächung *f*
E: damping *n*, attenuation *n*
atténuation due à la cassette *f*
D: Kassettendämpfung *f*
E: cassette dampening
augmentation de la qualité *f*
D: Qualitätssteigerung *f*
E: increase in quality
augmentation de la sécurité *f*
D: erhöhte Sicherheit
E: increased safety
automate d'exposition à cellule photo-électrique *m*
D: photoelektrischer Belichtungsautomat
E: phototimer *n*
automate d'exposition programmé par organes *m*
D: organprogrammierter Belichtungsautomat
E: organ-related automatic exposure timer, organ-related automatic exposure control (US)
automatisme de sélection des paramètres d'organs *m*
D: Organautomatik *f*
E: automatic selection of organ parameters

autotransformateur *m*
D: Spartransformator *m*
E: auto-transformer *n*
avance *f*
D: Vorschub *m*
E: feed *n*, feed rate
avance de phase *f*
D: Phasenvoreilung *f*
E: phase lead
avancement *m*
D: Vorschub *m*
E: feed *n*, feed rate
avancement du film *m*
D: Filmtransport *m*
E: film transport
axe *m*
D: Welle *f*
E: shaft *n*
axe de basculement *m*
D: Umlegeachse *f*
E: tilting axis
axe de l'objet *m*
D: Objektachse *f*
E: object axis
axe de rotation *m*
D: Drehachse *f*
E: rotary axis
axe de translation *m*
D: Schichtdrehpunkt *m*
E: planigraphic fulcrum
axe du mouvement pendulaire *m*
D: Pendelachse *f*
E: pendulum axis, rotation axis

B

bague collectrice *f*
D: Schleifring *m*
E: slip ring
bain fixateur *m* [phot.]
D: Fixierbad *n*
E: fixing bath
balayage *m*
D: Abtastung *f*
E: scanning *n*
balayage circulaire *m* [tv.]
D: Kreisaustastung *f*
E: circular blanking
balayage circulaire électronique *m* [tv.]
D: elektronische Kreisaustastung
E: electronic circular blanking
balayage entrelacé *m*
D: Zeilensprungverfahren *n*, Zwischenzeilenverfahren *n*
E: interlaced scanning
balayage linéaire *m*
D: Zeilenabtastung *f*
E: rectilinear scanning
balourd *m*
D: Unwucht *f*
E: unbalance *n*, imbalance *n*
banc *m*
D: Sitzbank *f*
E: seat *n*
bande de fréquences *f*
D: Frequenzband *n*
E: frequency band
bande magnétique *f*
D: Magnetband *n*
E: magnetic tape
barre de couplage *f*
D: Kupplungsstange *f*
E: coupling rod
barre de jonction *f*
D: Verbindungsschiene *f*
E: connecting bar
barre de protection *f*
D: Schutzleiste *f*
E: protective strip
barre d'équipotentialité *f*
D: Potentialausgleichsleiter *m*
E: potential equalization conductor
barre portative *f*
D: Tragstange *f*
E: carrying rod
barrière photo-électrique *f*
D: Lichtschranke *f*
E: light barrier
basculant *adj*
D: neigbar *adj*, kippbar *adj*
E: inclinable *adj*, tiltable *adj*
basculement *m*
D: Neigung *f*, Umlegung *f*

E: inclination *n*, tilting *n*
basculement de la table *m*
D: Geräteumlegung *f*, Tischumlegung *f*
E: table tilting
basculer *v*
D: neigen *v*, kippen *v*
E: incline *v*, tilt *v*
base de statif *f*
D: Stativfuß *m*
E: stand base
basse fréquence *f*
D: Niederfrequenz *f*
E: low frequency
basse tension *f*
D: Niederspannung *f*
E: low tension
bassin *m*
D: Hüftbecken *n*
E: pelvis *n*
bassinet du rein *m*
D: Pelvis renalis, Nierenbecken *n*
E: renal pelvis
batterie de piles *f*
D: Trockenbatterie *f*
E: dry battery
bavolet de radioprotection *m*
D: Streustrahlenbrustschutz *m*
E: radiation chest protector
Becquerel *m* (unité SI d'activité) [phys.]
D: Becquerel (Bq) *n* (SI-Einheit der Aktivität, 1 Bq = $1 s^{-1}$)
E: Becquerel *n* (SI-unit of activity)
berceau *m*
D: Mulde *f*
E: cradle *n*
berceau rotatif *m*
D: Drehmulde *f*
E: rotary cradle
bifilaire *adj*
D: zweiadrig *adj*
E: two-wire *adj*, bifilar *adj*
blindage *m* [elec.]
D: Abschirmung *f*
E: shield *n*
blindé *adj* [elec.]
D: abgeschirmt *adj*
E: shielded *adj*
blinder *v* [elec.]
D: abschirmen *v*
E: shield *v*, screen *v*
blocage *m*
D: Blockierung *f*, Verriegelung *f*
E: blocking *n*, interlocking *n*
blocage automatique contre la surcharge *m*
D: automatische Überlastungsschutzblockierung
E: automatic overload protection
blocage central *m*
D: Mittelarretierung *f*
E: central lock
blocage du sélecteur *f*
D: Zielgerät-Arretierung *f*
E: spotfilm device locking
blocage général *m*
D: Zentralarretierung *f*
E: central locking
blocage par vis à main *m*
D: Handschraubenarretierung *f*
E: hand screw lock
bobinage *m*
D: Wicklung *f*
E: winding *n*
bobinage du transformateur *m*
D: Transformatorwicklung *f*
E: transformer winding
bobine *f*
D: Spule *f*
E: coil *n*
bobine de focalisation *f*
D: Fokussierspule *f*
E: focusing coil
bobine de pellicule *f*
D: Filmspule *f*
E: film spool
bobine de ruban magnétique *f*
D: Magnetbandspule *f*
E: magnetic-tape reel
bobine d'excitation *f*
D: Erregerwicklung *f*
E: excitation winding
bobine d'induction *f*
D: Induktionsspule *f*
E: induction coil
bobine oscillante *f*
D: Schwingspule *f*

E: oscillating coil
bobine vide *f*
D: Leerspule *f*
E: empty reel
bobiner *v*
D: aufspulen *v*
E: spool *v*, wind up *v*
boîte d'alimentation-réseau *f*
D: Netzanschlußgerät *n* (gesondertes Netzgerät)
E: line power unit, power connecting box
boîte de connexion *f* [elec.]
D: Verteilerkasten *m*, Abzweigdose *f*, Anschlußkasten *m*
E: distribution panel, distribution box, distributor box, terminal box, junction box, connecting box (GB)
boîte de dérivation *f* [elec.]
D: Verteilerkasten *m*, Abzweigdose *f*, Anschlußkasten *m*
E: distribution panel, distribution box, distributor box, terminal box, junction box, connecting box (GB)
boîte de distribution *f* [elec.]
D: Verteilerkasten *m*, Abzweigdose *f*, Anschlußkasten *m*
E: distribution panel, distribution box, distributor box, terminal box, junction box, connecting box (GB)
boîte de jonction *f* [elec.]
D: Verteilerkasten *m*, Abzweigdose *f*, Anschlußkasten *m*
E: distribution panel, distribution box, distributor box, terminal box, junction box, connecting box (GB)
boîtier de commande *m*
D: Schaltkasten *m*
E: connection box, control box, switch box
borne cathodique *f*
D: Kathodenanschluß *m*
E: cathode terminal
borne négative *f*
D: Minusklemme *f*
E: minus terminal, negative terminal
borne réseau *f*
D: Netzklemme *f*
E: power supply terminal
boulon d'espacement *m*
D: Abstandsbolzen *m*
E: spacing bolt, spacer *n*
boulon fileté à droite *m*
D: Rechtsschraube *f*, rechtsgängige Schraube
E: right-handed screw
boulon fileté à gauche *m*
D: Linksschraube *f*, linksgängige Schraube
E: left-handed screw
bouton de commande *m*
D: Auslöseknopf *m*
E: release button
bouton de réglage *m*
D: Einstellknopf *m*, Regelknopf *m*
E: control knob
bouton tournant avec aiguille *m*
D: Zeigerdrehknopf *m*
E: pointer knob
bouton-poussoir *m* [elec.]
D: Druckknopfschalter *m*, Drucktaste *f*
E: push-button switch, push-button *n*
bouton-poussoir *m* [elec.]
D: Bedienungstaste *f*
E: control key
brancard *m*
D: Krankentrage *f*, Trage *f*
E: stretcher *n*
brancardier *m*
D: Krankenträger *m*
E: stretcher-bearer *n*
branchement au réseau *m*
D: Netzanschluß *m* (allg. die Stromversorgung aus dem Netz)
E: line connection, mains supply, power supply
branchement d'abonné *m* [elec.]
D: Hausanschluß *m*
E: house terminal
bras *m*
D: Oberarm *m*
E: upper arm
bras articulé *m*
D: Gelenkarm *m*, Scherenarm *m*
E: folding-arm *n*, scissor-arm *n*

bras de commande *m* [cons.]
D: Kommandoarm *m*
E: control arm
bras de suspension *m*
D: Ausleger *m*
E: suspension arm
bras porte-tube *m*
D: Röhrentragarm *m*
E: cross arm, tube arm
bras support *m*
D: Tragarm *m*
E: supporting arm
bride *f*
D: Schelle *f*
E: clip *n*, clamp *n*
bride-support *m*
D: Tragflansch *m* (für Röhrengehäuse nach DIN 6836)
E: holding flange, supporting flange
bronchographie *f*
D: Bronchographie *f*
E: bronchography *n*
bruit *m* [eltr.]
D: Rauschen *n*
E: noise *n*
bruit parasite *m*
D: Nebengeräusch *n*
E: background noise
bruit quantique *m*
D: Quantenrauschen *n*
E: quantum noise
Bucky mural *m*
D: Rasterwandgerät *n*
E: Bucky wall stand
bulletin de santé *m*
D: Krankenbericht *m*
E: medical history, medical record
bulletin médical *m*
D: Untersuchungsbefund *m*
E: diagnostic findings
but d'emploi *m*
D: Verwendungszweck *m*
E: purpose *n*
butée *f* [mech.]
D: Anschlag *m*
E: stop *n*
butée de caoutchouc *f*
D: Gummipuffer *m*
E: rubber bumper
butée mécanique *f*
D: mechanischer Anschlag
E: mechanical stop

C

cabine de contrôle *f*
D: Schaltraum *m*
E: control room
cabinet de commande *m*
D: Schaltschrank *m*
E: control cabinet, control rack
cabinet radiologique *m*
D: Röntgenpraxis *f*
E: X-ray practice
câblage *m*
D: Schaltung *f*, Verdrahtung *f*
E: circuitry *n*, circuit arrangement, wiring *n*, cabling *n*
câblage transversal *m* [elec.]
D: Querverdrahtung *f*
E: cross wiring, cross cabling
câble à faible capacité *m*
D: kapazitätsarmes Kabel
E: low capacity cable
câble à plusieurs conducteurs *m*
D: mehradriges Kabel, Mehrleiterkabel *n*
E: multiconductor cable
câble à quatre conducteurs *m*
D: vieradriges Kabel
E: four-core cable
câble blindé *m* [elec.]
D: abgeschirmte Leitung
E: shielded cable, screened line
câble coaxial *m*
D: Koaxialkabel *n*
E: coaxial cable
câble d'acier *m*
D: Drahtseil *n*
E: steel cable
câble d'alimentation *m*
D: Netzzuleitung *f*
E: mains feeder line
câble d'alimentation-réseau *m*

D: Netzanschlußkabel *n*, Netzkabel *n*
E: line cable
câble d'allongement *m*
D: Verlängerungskabel *n*
E: extension cable, elongated cable
câble d'annonce pour filtre *m*
D: Filterrückmeldekabel *n*
E: filter indicator cable
câble de caoutchouc *m*
D: Gummikabel *n*
E: rubber-covered cable
câble de connexion *m*
D: Anschlußkabel *n*, Verbindungskabel *n*
E: interconnection cable, connecting cable
câble de rechange *m*
D: Ersatzkabel *n*
E: spare cable
câble de stator *m*
D: Statorkabel *n*
E: stator cable
câble haute tension *m*
D: Hochspannungskabel *n*
E: high tension cable
cadence d'image *f*
D: Bildfrequenz *f*
E: frame speed, film speed
cadran *m*
D: Skala *f*, Maßstab *m*
E: scale *n*
cadre *m*
D: Rahmen *m*
E: frame *n*
cadre porte-cassettes *m*
D: Kassettenrahmen *m*
E: cassette frame
cage thoracique *f*
D: Thorax *m*, Brustkorb *m*
E: thorax *n*, chest *n*
caisse d'assurance-maladie *f*
D: Krankenkasse *f*, Krankenversicherung *f*
E: health insurance
calcul biliaire *m*
D: Gallenstein *m*
E: gallstone *n*, biliary calculus, cholelith *n*
calcul de la dose à appliques à la tumeur *m* [ther.]
D: Herddosisberechnung *f*
E: tumor dose calculation
calculateur électronique *m*
D: Rechenanlage *f*, Rechner *m*
E: electronic computer
calculateur électronique analogique *m*
D: elektronischer Analogrechner
E: electronic analog computer
caméra cinématographique *f*
D: Kinokamera *f*
E: cine camera
caméra de télévision *f*
D: Fernsehkamera *f*
E: television camera
caméra image par image *f*
D: Einzelbildkamera *f*
E: single-frame camera
caméra vue à vue *f*
D: Einzelbildkamera *f*
E: single-frame camera
canal cholédoque *m*
D: Gallengang *m*
E: bile duct
canalisation au sol *f*
D: Fußbodenkanal *m*
E: floor duct
canalisation de sortie *f*
D: Abflußleitung *f*
E: drain line, drain pipe
caoutchouc au plomb *m*
D: Bleigummi *m*
E: lead rubber
capacité *f* [elec.]
D: Kapazität *f*
E: capacitance *n*
capacité calorifique *f* [gen.]
D: Wärmespeicherfähigkeit *f*
E: heat storage capacity
capacité calorifique de l'anode *f* (tube radiogène)
D: Wärmespeicherfähigkeit der Anode (einer Diagnostik-Röntgenröhre)
E: anode heat storage capacity (X-ray tube)
capacité du câble *f*

D: Kabelkapazität *f*
E: cable capacitance
capacité productive *f*
D: Leistungsfähigkeit *f*, Leistungsvermögen *n*
E: power handling capacity
capot du moteur *m*
D: Motorgehäuse *n*
E: motor casing
caractéristique *f*
D: Kennlinie *f*
E: characteristic curve
caractéristique de construction *f*
D: Konstruktionsmerkmal *n*
E: constructional feature, design feature
caractéristique d'image *f*
D: Bildcharakter *m*
E: image characteristics
caractéristique du filament *f* [vac.]
D: Heizcharakteristik *f*
E: filament characteristic
caractéristique du moteur *f*
D: Motorkennlinie *f*
E: motor characteristic
caractéristique d'un redresseur *f*
D: Gleichrichterkennlinie *f*
E: rectification characteristic
caractéristiques des fonctions *f pl*
D: Betriebsdaten *plt*
E: operating data
carcinome *m*
D: Karzinom *n*, Krebsgeschwulst *f*
E: carcinoma *n*, cancer *n*
cardia *f*
D: Magenmund *m*
E: cardiac orifice
cardiogramme *m*
D: Kardiogramm *n* (EKG)
E: cardiogram *n*
carénage de la table *m*
D: Geräteverkleidung *f*
E: table paneling
carte nonperforée *f*
D: ungelochte Karte
E: blank card
carte perforée *f*
D: Lochkarte *f*
E: punched card
cassette de changement rapide *f* (caméra cinématographique)
D: Schnellwechselkassette *f* (Kinokamera)
E: rapid-change cassette (cine camera)
cassette plombée *f*
D: bleihinterlegte Kassette
E: lead-lined cassette
cassette pour séries rapides *f*
D: Schnellserienkassette *f*
E: rapid-series magazine, rapid-series cassette
cassette réceptrice *f*
D: Auffangkassette *f*
E: take-up magazine, take-up cassette
cassette sans plomb *f*
D: bleifreie Kassette
E: lead-free cassette
cathéthérisme cardiaque *m*
D: Herzkatheterisierung *f*
E: cardiac catheterisation
cause et effet
D: Ursache und Wirkung
E: cause and effect
cavité buccale *f*
D: Mundhöhle *f*
E: oral cavity
cavité orale *f*
D: Mundhöhle *f*
E: oral cavity
centrage *m*
D: Zentrierung *f*
E: centering *n*
centrale de télévision *f*
D: Fernsehzentrale *f*
E: television central
centrale électrique *f*
D: Kraftwerk *n*
E: power station
centré *adj* [rad.]
D: gezielt *adj*
E: selective *adj*
centre de gravité *m*
D: Schwerpunkt *m*
E: center of gravity
centre de la gaine *m*
D: Röhrengehäusemittelteil *n*

E: center section of tube shield
centre de rotation *m* [geom.]
D: Drehpunkt *m*
E: center of rotation
centreur *m*
D: Visiereinrichtung *f*
E: visual localizer, centering device
cerveau *m*
D: Gehirn *n*
E: brain *n*
chaîne de röntgentélévision *f*
D: Röntgenfernsehkette *f*
E: X-ray television chain
chaîne de télévision *f*
D: verbundenes Fernsehnetz
E: closed-circuit television chain
chaîne d'émission de télévision *f*
D: Fernsehübertragungskette *f*
E: television transmission chain
chambre condensateur *f*
D: Kondensatorkammer *f*
E: condenser chamber
chambre de mesure *f*
D: Meßkammer *f*
E: measuring chamber
chambre d'ionisation *f*
D: Ionisationskammer *f*
E: ionization chamber
chambre d'ionisation à trois champs *f*
D: Dreifelderkammer *f*
E: three-field chamber
chambre noire *f*
D: Dunkelkammer *f*
E: darkroom *n*
champ *m*
D: Bildfeld *n*
E: image field
champ de balayage *m* [CT]
D: Abtastformat *n*
E: field size
champ de radiographie *m*
D: Aufnahmefeld *n*
E: radiographic field, exposure field
champ de rayonnement *m* (CEI)
D: Strahlenfeld *n* (IEC)
E: radiation field (IEC)
champ magnétique *m*
D: Magnetfeld *n*
E: magnetic field
champ magnétique terrestre *m*
D: erdmagnetisches Feld, Erdfeld *n*
E: terrestrial magnetic field
changement *m*
D: Änderung *f*
E: alteration *n*, change *n*, variation *n*, modification *n*
changement de la coupe transversale *m*
D: Querschnittsänderung *f*
E: change of cross section
changer la marche
D: umsteuern *v*
E: reverse *v*
changeur de cassettes *m*
D: Kassettenwechsler *m*
E: cassette changer
changeur de film *m*
D: Filmwechsler *m*
E: film changer
changeur de film en rouleau *m*
D: Rollfilmwechsler *m*
E: rollfilm changer
changeur de films en feuilles *m*
D: Blattfilmwechsler *m*
E: cut-film changer
charge *f*
D: Last *f*, mechanische Belastung
E: load *n*
charge *f* [elec.]
D: Ladung *f*
E: charge *n*
charge de rayonnement *f*
D: Strahlenbelastung *f*
E: radiation exposure
charge d'espace *f*
D: Raumladung *f*
E: space charge
charge du tube *f*
D: Röhrenbelastung *f*
E: tube loading
charge instantanée *f*
D: Kurzzeitbelastung *f*
E: short-time rating
charge limite *f*

D: Grenzlast *f*
E: limiting load
charge maximale *f*
D: Spitzenbelastung *f*
E: peak load
charge nominale *f*
D: Nennbelastung *f*
E: rated load
charge normale *f*
D: Normalbeanspruchung *f*
E: standard stress
charge par la gauche *f*
D: Linksladung *f*
E: left-hand loading
charge sur le palier *f*
D: Lagerbelastung *f*, Lagerdruck *m*
E: bearing load
charge utile *f*
D: Nutzlast *f*
E: useful load
chargement frontal *m*
D: Frontladung *f*
E: front-loading *n*
chargement frontal de la cassette *m*
D: Kassettenfrontladung *f*
E: front-loading of cassette
chargement par la droite *m* [cons.]
D: Rechtsladung *f*
E: front-loading *n*, top loading
chargement variable *m*
D: wechselnde Belastung
E: variable load
charger, se ~ d'une tâche
D: eine Aufgabe übernehmen
E: to accept a task
chariot *m*
D: Laufwagen *m*
E: carriage *n*
chariot longitudinal *m*
D: Längswagen *m*
E: longitudinal carriage
chariot porte-cassettes *m*
D: Kassettenwagen *m*
E: cassette carriage
chariot porte-tube *m*
D: Röhrenlaufwagen *m*
E: tube carriage
chariot télescopique *m*
D: Teleskopwagen *m*
E: telescopic carriage
chariot transversal *m*
D: Querwagen *m* (am Röntgengerät)
E: transverse carriage
chauffage direct
D: direkte Heizung
E: direct heating
chauffage du tube *m*
D: Röhrenheizung *f*
E: filament heating
chemise d'eau *f*
D: Wassermantel *m*
E: water jacket
chercheur *m*
D: Sucher *m*
E: localizer *n*
chirurgie *f*
D: Chirurgie *f*
E: surgery *n*
choix *m*
D: Wahl *f*
E: selection *n*, choice *n*
choix des matériaux *m*
D: Materialwahl *f*
E: selection of materials
choix du programme *m*
D: Programmwahl *f*
E: program selection
cholangiographie *f*
D: Cholangiographie *f*, Gallenwegdarstellung *f*
E: cholangiography *n*
cholécystographie *f*
D: Cholecystographie *f*
E: cholecystography *n*
chopper *m*
D: Zerhacker *m* (für Gleichspannungswandler)
E: chopper *n*, vibrator *n*
chronocontacteur électronique *m*
D: elektronischer Zeitschalter
E: electronic timer
chute de dose *f*
D: Dosisabfall *m*
E: dose attenuation, drop in dose
chute de température *f*
D: Temperaturabfall *m*
E: temperature drop

chute de tension *f*
D: Spannungsabfall *m*
E: voltage drop
chute de tension du réseau *f*
D: Netzspannungsabfall *m*
E: mains voltage drop
cinématographie radiologique avec AB *f*
D: Röntgenbildverstärker-Kinematographie *f*
E: image-intensifier cinefluorography
circuit *m*
D: Schaltung *f*, Verdrahtung *f*
E: circuitry *n*, circuit arrangement, wiring *n*, cabling *n*
circuit à blocage *m*
D: Verriegelungsschaltung *f*, verblockte Schaltung
E: interlock circuit, blocking circuit
circuit à courant alternatif *m*
D: Wechselstromkreis *m*
E: AC circuit
circuit à verrouillage *m*
D: Verriegelungsschaltung *f*, verblockte Schaltung
E: interlock circuit, blocking circuit
circuit combinatoire *m*
D: Verknüpfungsschaltung *f*
E: combinatorial curcuit
circuit de base *m* [eltr.]
D: Basisschaltung *f*
E: grounded-base circuit
circuit de chauffage *m*
D: Heizkreis *m*
E: filament circuit
circuit de commande *m*
D: Regelkreis *m*, Steuerkreis *m*
E: control circuit
circuit de protection *m*
D: Schutzschaltung *f*
E: protective circuit
circuit de réglage *m*
D: Regelkreis *m*, Steuerkreis *m*
E: control circuit
circuit de retard *m*
D: Verzögerungsschaltung *f*
E: time delay circuit
circuit dérivé *m*
D: Nebenschluß *m*
E: shunt *n*
circuit électrique *m*
D: Stromkreis *m*
E: circuit *n*
circuit en pont *m*
D: Brückenschaltung *f*
E: bridge circuit
circuit imprimé *m* [eltr.]
D: gedruckte Schaltung
E: printed circuit
circuit intégré *m*
D: integrierter Baustein, integrierter Schaltkreis
E: integrated circuit (IC)
circuit oscillant *m*
D: Schwingkreis *m*
E: oscillator circuit
circuit séquentiel *m*
D: Folgeschaltung *f*
E: sequential circuit
circuit transistorisé *m*
D: Transistorschaltung *f*, transistorisierte Schaltung
E: transistorized circuit
circulaire *adj*
D: kreisförmig *adj*
E: circular *adj*
civière *f*
D: Unfalltrage *f*
E: litter *n*
clamping d'obscurité *m* [AB]
D: Dunkeltastung *f* [BV]
E: blanking *n* [II]
clarté *f*
D: Helligkeit *f*
E: brightness *n*
clavicule *f*
D: Schlüsselbein *n*
E: clavicle *n*, collar bone
clavier *m*
D: Tastatur *f*, Tastenfeld *n*
E: keyboard *n*, keyset *n*
cliché crânien *m*
D: Schädelaufnahme *f*
E: skull radiograph
cliché injecté *m* [rad.]

D: Füllungsaufnahme *f*
E: radiograph of filling phase
cliché radiographique *m*
D: Röntgenaufnahme *f*
E: radiograph *n*, X-ray exposure
cliché radiographique harmonisé *m*
D: harmonisierte Röntgenaufnahme
E: harmonized radiograph
cliché subdivisé *m* [cons., rad.]
D: unterteilte Aufnahme
E: spotfilm *n*, subdivided film, serialography *n*
climatisation *f*
D: Raumklima *n*
E: air conditioning
cliquet *m*
D: Schaltklinke *f*
E: ratchet *n*
coefficient d'atténuation linéaire *m* [CT]
D: linearer Schwächungskoeffizient
E: linear attenuation coefficient
coefficient de température *m*
D: Temperaturkoeffizient *m*
E: temperature coefficient
coffret de distribution *m* [elec.]
D: Verteilerkasten *m*, Abzweigdose *f*, Anschlußkasten *m*
E: distribution panel, distribution box, distributor box, terminal box, junction box, connecting box (GB)
coffret de montage unitaire *m*
D: Einheitsmontagekasten *m*
E: standard mounting box
coffret de raccordement *m* [elec.]
D: Verteilerkasten *m*, Abzweigdose *f*, Anschlußkasten *m*
E: distribution panel, distribution box, distributor box, terminal box, junction box, connecting box (GB)
coffret de réglage *m*
D: Regelkästchen *n*
E: regulating box, control box
coffret de stockage des cassettes *m*
D: Kassettenkasten *m*
E: cassette box
coffret supplémentaire *m*
D: Zusatzkasten *m*
E: additional box
col du fémur *m*
D: Schenkelhals *m* (collum femoris)
E: neck of the femur
collier *m*
D: Schelle *f*
E: clip *n*, clamp *n*
collier de câble *m*
D: Kabelschelle *f*
E: cable clamp
collier de ligne *m*
D: Leitungsschelle *f*
E: clamp *n*
collimater *v* [phot., rad.]
D: ausblenden *v*
E: collimate *v*
collimation *f* [phot., rad.]
D: Ausblendung *f*
E: collimation *n*
collimation *f* [phot., rad.]
D: Einblendung *f*
E: collimation *n*
collimation automatique du format *f* [rad.]
D: automatische Formateinblendung, Formatautomatik *f*
E: automatic collimation, automatic coning device, automatic collimation set, automatic format setting
collimation commandée par cassette *f* [rad.]
D: kassettengesteuerte Formateinblendung
E: cassette-controlled collimation
colonne dorsale *f*
D: Brustwirbelsäule *f*
E: thoracic part of spine
colonne du statif *f*
D: Stativsäule *f*
E: stand column
colonne élévatrice *f*
D: Hubsäule *f*
E: lifting column
colonne plancher-plafond *f*
D: Boden-Decken-Stativ *n*

E: floor-to-ceiling stand
colonne vertébrale *f*
D: Wirbelsäule *f*
E: vertebral column
colonne vertébrale lombaire *f*
D: Lendenwirbelsäule *f* (LWS)
E: lumbar vertebral column
combinaison d'écrans renforçateurs *f* (pour les planigraphies simultanées)
D: Verstärkerfolienkombination *f* (für Simultanschichtaufnahmen)
E: set of screens (for simultaneous multisection radiography)
combustible *adj*
D: brennbar *adj*, entflammbar *adj*
E: flammable *adj* (US), inflammable *adj* (GB)
comité de normalisation *m*
D: Normenausschuß *m*
E: standards committee
commande *f*
D: Betätigung *f*, Bedienung *f*
E: operation *n*, handling *n*, actuation *n*, control *n*
commande *f*
D: Regelung *f*, Steuerung *f*
E: regulation *n*, control *n*
commande à cames *f*
D: Nockensteuerung *f*
E: cam control
commande à cartes perforées *f*
D: Lochkartensteuerung *f*
E: punched card control
commande à grille *f*
D: Gittersteuerung *f*
E: grid control
commande à trois boutons *f*
D: Dreiknopf-Bedienung *f*
E: three-button control
commande à un bouton *f*
D: Einknopf-Bedienung *f*
E: single-button control
commande à une seule main *f*
D: Einhandbedienung *f*
E: one-hand operation, single-handed operation
commande de grille *f*
D: Rasterantrieb *m*
E: grid drive
commande hydraulique *f*
D: hydraulischer Antrieb
E: hydraulic drive
commande individuelle *f*
D: Einzelantrieb *m*
E: single drive
commande manuelle *f*
D: Handsteuerung *f*
E: manual control
commandé manuellement
D: handbetätigt *adj*
E: hand-operated *adj*
commande par coordonnées *f*
D: Koordinatensteuerung *f*
E: coordinate control
commandé par grille
D: gittergesteuert *adj*
E: grid-controlled *adj*
commandé par moteur
D: motorangetrieben *adj*, motorisch *adj*
E: motor-driven *adj*
commande par programme *f*
D: Programmsteuerung *f*
E: program control, programmed operation
commande par une personne *f*
D: Einmannbedienung *f*
E: one-man operation
commande spéciale *f*
D: Sonderbestellung *f*
E: special request
commande, à ~ manuelle
D: handbetätigt *adj*
E: hand-operated *adj*
commande, à ~ mécanique
D: mechanisch betätigt
E: mechanically operated
commander *v*
D: betätigen *v*
E: operate *v*, handle *v*, actuate *v*
commander *v*
D: regeln *v*, steuern *v*
E: control *v*
communication *f*
D: Verständigung *f*
E: intercommunication *n*
commutateur *m*

D: Schalter *m* (Umschalter)
E: switch *n* (commutator)
commutateur de foyer *m*
D: Fokuswähler *m*, Fokusschalter *m*, Fokuswählschalter *m*
E: focus selector
commutateur de réglage *m*
D: Regelschalter *m*
E: control switch
commutateur d'exposition radiographique *m*
D: Aufnahmeschalter *m*
E: exposure switch
commutateur en charge *m*
D: Lastschalter *m* (unter Last schaltender Schalter)
E: load switch
commutateur étoile-triangle *m*
D: Stern-Dreieck-Schalter *m*
E: star-delta switch
commutation *f*
D: Umschaltung *f*
E: change-over *n*, switch-over *n* (US)
commutation de focalisation *f*
D: Fokussierungsumschaltung *f*
E: focusing change-over
comparaison *f*
D: Vergleich *m*
E: comparison *n*, correlation *n*
compensateur plafonnier de poids à ressort *m*
D: Deckenfedergewichtsausgleich *m*
E: ceiling-mounted spring counterpoise system
compensation *f* [elec.]
D: Abgleichung *f*
E: adjustment *n*, compensation *n*, trimming *n*
compensation *f* [mech.]
D: Ausgleich *m*
E: compensation *n*, counterbalancing *n*
compensation de chaleur *f*
D: Wärmeausgleich *m*
E: heat balance, thermal balance
compensation de la température *f*
D: Temperaturausgleich *m*
E: equalization of temperature, compensation of temperature
compensation de l'épaisseur *f*
D: Dickenausgleich *m*
E: thickness compensation
compensation de l'épaisseur du corps *f*
D: Körperdickenausgleich *m*
E: body thickness compensation
compensation de tension *f*
D: Spannungsausgleich *m*
E: voltage compensation
compensation du réseau *f*
D: Netzangleich *m*
E: line compensation
compensation du vignettage électronique *f* [tv.]
D: elektronischer Vignettierungsausgleich
E: electronic vignetting compensation
compensé par le contrepoids
D: gewichtsausgeglichen *adj*
E: counterbalanced *adj*
compensé par ressort
D: federausgeglichen *adj*
E: spring-counterbalanced *adj*
compenser *v* [elec.]
D: abgleichen *v*
E: adjust *v*, compensate *v*, trim *v*
composant R-C *m*
D: R-C-Glied *n*
E: RC component
compresseur *m*
D: Kompressionstubus *m*
E: compression cone
compresseur à sangle *m* [cons.]
D: Bandkompressorium *n*
E: band-compressor *n*, belt-type compressor, compression device
compte-rendu d'examen radiologique *m*
D: Röntgenbefund *m*
E: radiological consultation report
compteur *m*
D: Zähler *m*, Zählwerk *n*
E: counter *n*, counting mechanism
compteur à scintillation *m* (CEI)
D: Szintillationszähler *m* (IEC)

E: scintillation counter (IEC)
compteur d'expositions *m*
D: Aufnahmezählwerk *n*
E: exposure counter
conception modulaire *f*
D: Baukastenprinzip *n*
E: modular concept, modular design
condensateur au papier métallisé *m*
D: M-P-Kondensator *m*, Metall-Papier-Kondensator *m*
E: metallized-paper capacitor
condensateur enroulé *m*
D: Wickelkondensator *m*
E: billi capacitor, paper capacitor
conditions d'essai *f pl*
D: Versuchsbedingung *f*
E: test condition
conditions d'expérience *f pl*
D: Versuchsbedingung *f*
E: test condition
conducteur de dérivation *m*
D: Ableiter *m*
E: arrester *n*
conducteur de la chaleur *m*
D: Wärmeleiter *m*
E: heat conductor
conducteur de protection *m*
D: Schutzleiter *f*
E: protective conductor
conducteur jumelé *m*
D: Stegleitung *f*
E: ribbon cable
conducteur négatif *m*
D: Minusleiter *m*
E: negative lead, negative conductor
conducteur négatif du réseau *m*
D: Minusleiter des Netzes
E: negative main
conducteur neutre *m*
D: Mittelpunktsleiter *m* (Mp), Nulleiter *m*
E: neutral conductor, neutral main
conducteur principal *m*
D: Sammelschiene *f*
E: bus-bar *n*
conducteur, à deux ~s
D: zweiadrig *adj*
E: two-wire *adj*, bifilar *adj*
conductibilité *f*
D: Leitfähigkeit *f*, Leitvermögen *n*
E: conductivity *n*
conduit de câble *m*
D: Kabelkanal *m*
E: cable duct, cable tunnel
conduite de sortie *f*
D: Abflußleitung *f*
E: drain line, drain pipe
conduite d'eau *f*
D: Wasserleitung *f*
E: water mains, water supply
cône avec plaque perforée *m*
D: Siebtubus *m* (in der Strahlentherapie)
E: grid cone
conforme à l'échelle
D: maßgerecht *adj*
E: true to size
confort de commande *f*
D: Bedienungskomfort *m*
E: operating convenience
connecteur du localisateur *m*
D: Tubusanschluß *m*
E: cone adapter
connection enfichable *f*
D: Steckverbindung *f*
E: plug connection
connexion à la masse *f*
D: Erdverbindung *f*, Masseanschluß *m*
E: ground connection (US), earth connection (GB), earthing connection (GB)
connexion au réseau *f*
D: Netzanschluß *m* (allg. die Stromversorgung aus dem Netz)
E: line connection, mains supply, power supply
connexion de grille *f*
D: Gitteranschluß *m*
E: grid connection
connexion de terre *f*
D: Erdverbindung *f*, Masseanschluß *m*
E: ground connection (US), earth connection (GB), earthing connection (GB)

connexion en parallèle *f*
D: Parallelschaltung *f*
E: parallel circuit
connexion en série *f*
D: Hintereinanderschaltung *f*, Reihenschaltung *f*
E: series circuit, series connection
connexion en zig-zag *f*
D: Zickzackschaltung *f*
E: zig-zag connection, interconnected star system
connexion par soudure *f*
D: Lötverbindung *f*
E: soldered joint
connexion par vis *f*
D: Verschraubung *f*
E: screw connection, screw joint
console *f*
D: Konsole *f*
E: bracket *n*
console murale *f*
D: Wandkonsole *f*
E: wall bracket
consommateur *m*
D: Verbraucher *m*, Energieumsetzer *m*
E: consumer *n*, user *n*, customer *n*
consommation de courant *f*
D: Stromverbrauch *m*
E: current consumption
consommation d'énergie *f*
D: Energieverbrauch *m*
E: energy consumption
constante de temps *f*
D: Zeitkonstante *f*
E: time constant
constatation *f*
D: Untersuchungsbefund *m*
E: diagnostic findings
construction légère *f*
D: Leichtbauweise *f*
E: light-weight construction
construction médiocre *f*
D: minderwertige Konstruktion
E: poor design
construction unique *f*
D: Einzelanfertigung *f*
E: single piece production
contact à la terre *m*
D: Erdschluß *m*
E: ground short, ground short circuit, short circuit to ground
contact à soudure *m*
D: Lötöse *f*
E: solder lug
contact de positionnement *m*
D: Rückmeldekontakt *m*
E: revertive signal contact
contact de sécurité *m*
D: Sicherheitskontakt *m*
E: safety contact
contact de verrouillage *m*
D: Verriegelungskontakt *m*
E: interlocking contact
contact intermittent *m*
D: Wackelkontakt *m*
E: loose contact, slack connection
contact par curseur *m*
D: Wischkontakt *m*
E: wipe contact
contacteur *m*
D: Kontaktgeber *m*
E: pulse contact, pulser *n*
contacteur de radioscopie *m*
D: Durchleuchtungsschütz *n*
E: fluoroscopic contactor
contacteur électromagnétique *m*
D: Schaltschütz *n*, Schütz *n*
E: contactor *n*, relay switch
contacteur-disjoncteur *m*
D: Schaltschütz *n*, Schütz *n*
E: contactor *n*, relay switch
contacteur-interrupteur *m*
D: Schaltschütz *n*, Schütz *n*
E: contactor *n*, relay switch
contact-repos *m*
D: Ruhekontakt *m*
E: rest contact, normally closed contact
continu *adj*
D: stufenlos *adj*, kontinuierlich *adj*
E: stepless *adj*, continuous *adj*
contrasté *adj*
D: kontrastreich *adj*
E: rich in contrast, contrasty *adj*
contraste blanc-noir *m*
D: Schwarz-Weiß-Kontrast *m*
E: black-and-white contrast

contraste, substance de [rad.]
D: Kontrastmittel *n*
E: contrast medium
contraste, substance de ~ barytée [rad.]
D: bariumhaltiges Kontrastmittel
E: barium contrast medium
contraste, substance de ~ iodée [rad.]
D: jodhaltiges Kontrastmittel
E: iodine contrast medium
contraste, substance de ~ radiologique
D: Röntgenkontrastmittel *n*
E: X-ray contrast medium, radiopaque *n*
contre-fiche *f*
D: Verstrebung *f*
E: bracing *n*, strut *n*
contreficher *v*
D: verstreben *v*
E: brace *v*, strut *v*
contrepoids *m*
D: Gewichtsausgleich *m*, Gegengewicht *n*, Ausgleichsgewicht *n*
E: counterbalance *n*, counterpoise *n*, counterweight *n*, balance weight, compensating weight
contrepoids, compensé par le
D: gewichtsausgeglichen *adj*
E: counterbalanced *adj*
contrôle *m*
D: Nachprüfung *f*
E: checking *n*, inspection *n*
contrôle *m*
D: Überwachung *f*
E: supervision *n*, surveillance *n*, control *n*
contrôle de cathétérisme *m*
D: Katheterisierungskontrolle *f*
E: catheterization control
contrôle de la production en masse *m*
D: Massenprüfung *f*
E: mass production testing
contrôle de protection *m* (COCIR)
D: Strahlungskontrolle *f*, Strahlenschutzkontrolle *f*, Bewertung der Strahlengefahr
E: protection survey, radiation survey
contrôle de qualité *m*
D: Güteprüfung *f*
E: quality inspection, quality test, quality control (US)
contrôle de rayonnement *m* (COCIR)
D: Strahlungskontrolle *f*, Strahlenschutzkontrolle *f*, Bewertung der Strahlengefahr
E: protection survey, radiation survey
contrôle de température *m*
D: Temperaturkontrolle *f*
E: temperature control
contrôle d'état *m*
D: Zustandsprüfung *f*
E: status test
contrôle programmé *m*
D: programmiertes Prüfen
E: programmed check
contrôle radioscopique *m*
D: Durchleuchtungskontrolle *f*
E: fluoroscopic control
contrôle radioscopique télévisé *m*
D: Fernsehdurchleuchtungskontrolle *f*
E: television fluoroscopic control
contrôleur de circuit *m*
D: Leitungsprüfer *m*
E: line tester
contrôleur de poles *m*
D: Polprüfer *m*
E: pole tester
convertisseur *m*
D: Umformer *m*
E: converter *n*
convertisseur de tension *m*
D: Spannungswandler *m*
E: voltage transformer
convertisseur d'image à corps solides *m*
D: Festkörperbildwandler *m*
E: solid-state image converter
coobservation *f*
D: Mitbeobachtung *f*
E: co-viewing *n*
coordination *f*

D: Zuordnung *f*
E: allocation *n*
cordon de soudure *m*
D: Schweißnaht *f*
E: welding seam, welded joint
correction *f*
D: Änderung *f*
E: alteration *n*, change *n*, variation *n*, modification *n*
cosse de câble *f*
D: Kabelschuh *m*
E: cable lug, cable shoe
côté anodique
D: anodenseitig *adj*
E: at the anode side
couche *f*
D: Schicht *f*
E: layer *n*
couche d'arrêt *f*
D: Sperrschicht *f*
E: barrier layer
couche de demi-atténuation *f* (CDA)
D: Halbwertschichtdicke *f* (HWS)
E: half value thickness (HVT)
couche intermédiaire *f*
D: Zwischenschicht *f*
E: intermediate layer
couche oblique *f*
D: schräge Sicht
E: oblique section
couche semi-conductrice *f*
D: Halbleiterschicht *f*
E: semiconductor layer
couche transversale *f*
D: Transversalschicht *f*
E: transverse layer
coupe *f*
D: Ausschnitt *m*
E: cutout *n*, section *n*
coupe *f*
D: Schicht *f*
E: layer *n*
coupé *adj*
D: ausgeschaltet *adj*, abgeschaltet *adj*
E: switched off *adj*, turned off *adj* (US)
coupe longitudinale *f*
D: Longitudinalschichten *f pl*
E: longitudinal tomography
coupe-circuit automatique *f*
D: Sicherungsautomat *m*
E: automatic cutout, circuit breaker
couper *v* (le courant)
D: abschalten *v*, ausschalten *v*, unterbrechen *v*
E: switch off *v*, interrupt *v*, disconnect *v*, turn off *v* (US)
couplage magnétique *m*
D: Magnetkupplung *f*
E: magnetic coupling
couple de démarrage *m* [mech.]
D: Anzugsmoment *n*
E: starting moment
coupler *v*
D: kuppeln *v*
E: connect *v*, couple *v*, link *v*
coupure *f*
D: Abschaltung *f*, Ausschaltung *f*, Unterbrechung *f*
E: switching-off *n*, switch-off *n*, disconnection *n*, turning-off *n* (US)
courant *m*
D: Strom *m*
E: current *n*
courant à vide *m*
D: Leerlaufstrom *m*
E: no-load current
courant alternatif *m*
D: Wechselstrom *m*
E: alternating current (AC)
courant continu *m*
D: Gleichstrom *m*
E: direct current (DC), continuous current
courant de charge *m*
D: Ladestrom *m*
E: charging current
courant de chauffage du tube *m*
D: Röhrenheizstrom *m*
E: tube filament current
courant de commande *m*
D: Steuerstrom *m*
E: control current
courant de court-circuit *m*
D: Kurzschlußstrom *m*
E: short-circuit current

courant de décharge *m*
D: Entladestrom *m*
E: discharge current
courant de foucault *m*
D: Wirbelstrom *m*
E: eddy current
courant de retour *m*
D: Rückstrom *m*
E: reverse current
courant de saturation *m*
D: Sättigungsstrom *m*
E: saturation current
courant de signal *m* [tv.]
D: Signalstrom *m*
E: signal current
courant d'excitation *m*
D: Erregerstrom *m*
E: excitation current
courant d'ionisation *m*
D: Ionisationsstrom *m*
E: ionization current
courant d'isolement *m*
D: Isolationsstrom *m*, Ableitstrom *m*
E: leakage current
courant d'obscurité *m*
D: Dunkelstrom *m*
E: dark current
courant du tube *m*
D: Röhrenstrom *m*
E: tube current
courant efficace *m*
D: Wirkstrom *m*
E: wattful current
courant force *m*
D: Kraftstrom *m*
E: electric power
courant monophasé *m*
D: Einphasenstrom *m*
E: one-phase current
courant par phase *m*
D: Phasenstrom *m*
E: phase current
courant parasite *m*
D: Wirbelstrom *m*
E: eddy current
courant partiel *m*
D: Teilstrom *m*
E: partial current
courant photo-électrique *m*
D: Photostrom *m*
E: photoelectric current, photocurrent *n*
courant résiduel *m*
D: Reststrom *m*
E: residual current
courant triphasé *m*
D: Drehstrom *m*
E: three-phase current
courbe caractéristique du tube *f*
D: Röhrenkennlinie *f*
E: tube characteristic
courbe de refroidissement *f*
D: Abkühlkurve *f*
E: cooling curve, heat dissipation diagram
courbe d'étalonnage *f*
D: Eichkurve *f*
E: calibration curve
courbe isoexposition *f* (COCIR)
D: Isodosenkurve *f*
E: iso-exposure curve
courbure *f*
D: Krümmung *f*
E: curvature *n*
court-circuit *m*
D: Kurzschluß *m*
E: short circuit
court-circuit à la masse *m*
D: Körperschluß *m*
E: short circuit to body, short circuit to housing
coussinet *m*
D: Lagerbuchse *f*
E: bearing bushing
coussinet de pivotement *m*
D: Drehlager *n*
E: rotatable bearing
couvercle *m*
D: Deckel *m*
E: lid *n*, cover *n*, cap *n*
couvercle de protection *m*
D: Schutzkappe *f*
E: protective cap, protective cover
couvercle du transformateur *m*
D: Transformatordeckel *m*
E: transformer top
crâniographe *f* (COCIR)

D: Schädelaufnahmegerät *n*
E: skull unit
cratérisation de l'anode *f* (tube radiogène)
D: Anodenaufrauhung *f* (einer Röntgenröhre)
E: anode roughening (X-ray tube)
création *f*
D: Erfindung *f*
E: invention *n*
crémaillère *f*
D: Zahnstange *f*
E: toothed bar, rack *n*
crochet *m*
D: Aufhängehaken *m*
E: hook *n*
croissance des cycles *f*
D: Zuwachsrate *f*
E: increment *n*
cryptoscope *m*
D: Kryptoskop *n*
E: cryptoscope *n*
cuisse *f*
D: Oberschenkel *m*
E: thigh *n*
culot de lampe *m*
D: Lampensockel *m*, Sockel *m*
E: lamp socket, socket *n*
cuve de développement *f*
D: Entwicklungsschale *f*
E: developing tray
cuvette de rinçage *f* (pour une table urologique)
D: Spülwanne *f* (für Urologiegerät)
E: flushing pan (for urological unit)
cycle de l'effort *m*
D: Lastwechsel *m*
E: alternation of load, change of load
cyclothérapie *f*
D: Rotationsbestrahlung *f*
E: rotating irradiation
cystographie *f*
D: Cystographie *f*, Harnblasendarstellung *f*
E: cystography *n*
cystoscopie *f*
D: Cystoskopie *f*, Harnblasenspiegelung *f*
E: cystoscopy *n*

D

danger de mort *m*
D: Lebensgefahr *f*
E: danger to life
débit de dose *m*
D: Dosisleistung *f*
E: dose rate
débit de dose du rayonnement de fuite *m*
D: Leckdosisleistung *f*
E: leakage dose rate
débit de dose en radioscopie *m*
D: Durchleuchtungsdosisleistung *f*
E: fluoroscopic dose rate
débit de dose locale *m*
D: Ortsdosisleistung *f*
E: local dose rate
débrayer *v*
D: auskuppeln *v*
E: uncouple *v*, disconnect *v*
décentrage *m*
D: Dezentrierung *f*
E: out of center
décharge *f*
D: Entladung *f*
E: discharge *n*
décharge disruptive *f*
D: elektrischer Durchschlag, Spannungsdurchschlag *m*
E: puncture *n* (of a dielectric), dielectric breakdown
décharge luminescente *f*
D: Glimmentladung *f*
E: glow discharge
déclenchement *m*
D: Schaltvorgang *m*, Schaltung *f*
E: switching *n*, switching operation
déclenchement de la radiographie *m*
D: Aufnahmeauslösung *f*
E: exposure release
déclenchement mécanique *m*
D: mechanische Auslösung
E: mechanical trip

déclencheur de surintensité de courant *m*
D: Überstromauslöser *m*
E: overload release, overload trip
déclencheur rapide *m*
D: Schnellauslöser *m*
E: quick release
déclic *m*
D: Sperrklinke *f*
E: pawl *n*
déconnexion *f*
D: Abschaltung *f*, Ausschaltung *f*, Unterbrechung *f*
E: switching-off *n*, switch-off *n*, disconnection *n*, turning-off *n* (US)
découpage de phase *m*
D: Phasenanschnitt *m*
E: phase section
décubitus dorsal *m*
D: Rückenlage *f*
E: supine position
défaut de câble *m*
D: Kabelfehler *m*
E: cable defect
défaut d'image *m* [phot., rad.]
D: Abbildungsfehler *m*
E: image defect
défaut d'isolement *m*
D: Isolationsfehler *m*
E: insulation failure
défaut du matériel *m*
D: Materialfehler *m*
E: material defect
défilement du papier *m*
D: Papiervorschub *m*
E: paper feed
définition *f*
D: Zeichenschärfe *f*
E: detail sharpness, definition *n*
définition marginale *f* [phot., rad.]
D: Randschärfe *f*
E: peripheral resolution
définition, à haute
D: feinzeichnend *adj*
E: high-definition *adj*
défocalisation *f*
D: Defokussierung *f*
E: defocusing *n*
déformation pathologique *f*
D: pathologische Veränderung
E: pathological change
dégagé au plafond
D: deckenfrei *adj*
E: without ceiling attachment, ceiling-free *adj*
dégagement au sol *m*
D: Bodenfreiheit *f* (z.B. eines Deckenstativs)
E: free floor space, floor clearance
dégénerescence maligne *f* [med.]
D: maligne Entartung
E: malignant degeneration
déglutition *f*
D: Schluckakt *m*
E: deglutition *n*
dégradation des détails *f*
D: Detailverarmung *f*
E: loss of details
degré d'angle *m*
D: Winkelgrad *m*
E: degree *n*
degré de dureté *m*
D: Härtegrad *m*
E: degree of hardness
degré de saturation *m* (COCIR)
D: Sättigungsgrad *m* (einer Röntgenröhre)
E: degree of saturation
degré d'effacement *m*
D: Verwischungsgrad *m*
E: degree of blurring
délimitation *f* [phot., rad.]
D: Einblendung *f*
E: collimation *n*
délimitation automatique du format *f* [rad.]
D: automatische Formateinblendung, Formatautomatik *f*
E: automatic collimation, automatic coning device, automatic collimation set, automatic format setting
demande minimale *f*
D: Mindestbedarf *m*
E: minimum demand
démarrage *m*
D: Anlauf *m*

E: starting *n*
démarrer *v*
D: anfahren *v*
E: start *v*
démarrer *v* [elec., mech.]
D: anlassen *v*
E: start *v*
démarreur *m*
D: Anlaßgerät *n*
E: starter *n* (US), starting device (GB)
démarreur à anode tournante *m*
D: Drehanodenanlaßgerät *n*
E: rotating anode starting device
demi-image *f* [tv.]
D: Halbbild *n*
E: TV frame
demi-onde *f*
D: Halbwelle *f*
E: half-wave *n*, half cycle, half period
demi-produit *m*
D: Halbzeug *n*
E: half-finished product
densité de courant *f*
D: Stromdichte *f*
E: current density
dentisterie *f*
D: Zahnheilkunde *f*, Zahnmedizin *f*
E: dentistry *n*
déparasitage *m*
D: Entstörung *f*
E: debugging *n*
dépendance de la température *f*
D: Temperaturabhängigkeit *f*
E: temperature dependence
dépendant de la température
D: temperaturabhängig *adj*
E: temperature-dependent *adj*
déphasage *m*
D: Phasenverschiebung *f*
E: phase shift
déplaçable *adj*
D: verschiebbar *adj*
E: displaceable *adj*, shiftable *adj*, movable *adj*
déplaçable transversalement
D: querverschiebbar *adj*
E: transversely movable
déplacement *m*
D: Verschiebung *f*
E: shift *n*, shifting *n*, displacement *n*
déplacement du dossier *m*
D: Stützwandverschiebung *f*
E: table top shift
déplacement du plateau de table *m*
D: Tischplattenverschiebung *f*
E: shift of table top
déplacement latéral *m* [cons.]
D: seitliche Verschiebung
E: lateral shift
déplacement longitudinal *m*
D: Längsverschiebung *f*
E: longitudinal shift, longitudinal displacement
déplacement par paliers *m*
D: abschnittweise Verschiebung (z.B. einer Tischplatte bei Extremitätenaufnahmen)
E: sectionwise shifting, stepwise movement
déplacement pas à pas *m*
D: Schrittverschiebung *f*
E: stepwise shift
déplacement transversal *m*
D: Querverschiebung *f*
E: transversal travel
déplacer *v*
D: verstellen *v*, verschieben *v*
E: shift *v*, displace *v*
dérangement sur réseau *m*
D: Netzstörung *f*
E: system fault
dérivateur de fuite cathodique *m*
D: Kathodenfallableiter *m*
E: cathode drop arrester
dérivation de chaleur *f*
D: Wärmeableitung *f*, Wärmeabfuhr *f*
E: dissipation of heat, thermal dissipation
désaccoupler *v*
D: auskuppeln *v*
E: uncouple *v*, disconnect *v*
description de fonctionnement *f*
D: Funktionsbeschreibung *f*
E: description of function

déséquilibre *m*
D: Unwucht *f*
E: unbalance *n*, imbalance *n*
désignation *f*
D: Kennzeichnung *f*
E: identification *n*
dessin *m*
D: Zeichnung *f*
E: drawing *n*, design *n*
dessin à l'échelle *m*
D: maßstäbliche Zeichnung
E: scale drawing, dimensional drawing
detecteur *m* [CT]
D: Detektor *m*
E: detector *n*
détecteur de rayonnement *m*
D: Strahlungsdetektor *m*
E: radiation detector
détecteur de tension *m*
D: Spannungsprüfer *m*
E: voltage detector, potential tester
détermination de la profondeur *f*
D: Tiefenbestimmung *f*
E: depth determination, depth measurement
développement *m* [phot.]
D: Entwicklung *f*
E: processing *n*, development *n*
développement automatique *m* [phot.]
D: automatische Entwicklung
E: automatic processing
développement de chaleur *m*
D: Wärmeentwicklung *f*
E: heat evolution, heat development
developpement manuel *m*
D: Handentwicklung *f*
E: manual processing
déversoir *m*
D: Überlauf *m*
E: overflow *n*
déviation *f*
D: Ausschlag *m*
E: deflection *n*
déviation *f* [phys.]
D: Abweichung *f*
E: deviation *n*
déviation de l'aiguille *f*
D: Zeigerausschlag *m*
E: pointer deflection
déviation totale *f*
D: Vollaussteuerung *f*
E: maximum modulation, full-scale control
diagnostic de l'estomac et de l'intestin *m*
D: Magen- und Darmdiagnostik *f*
E: gastro-intestinal diagnosis
diagnostic de routine *m*
D: Routinediagnostik *f*
E: routine diagnosis
diagnostic du squelette *m*
D: Skelettdiagnostik *f*
E: skeletal diagnosis
diagnostic fonctionnel *m*
D: Funktionsdiagnostik *f*
E: functional diagnosis
diagnostic général *m*
D: Routinediagnostik *f*
E: routine diagnosis
diagnostic pédiatrique *m*
D: Kinderdiagnostik *f*
E: pediatric diagnosis
diagnostic traumatologique *m*
D: Unfalldiagnostik *f*
E: accident diagnosis
diagramme de charge *m* [mech.]
D: Belastungsdiagramm *n*
E: loading diagram
diagramme de charge *m* [vac.]
D: Belastungsdiagramm *n*
E: rating chart
diagramme d'échauffement *m*
D: Erwärmungskurve *f*
E: heating curve
diamètre du disque d'anode *m*
D: Anodentellerdurchmesser *m*
E: anode disk diameter
diamêtre du fil *m*
D: Drahtdicke *f*
E: wire gage
diamètre extérieur *m*
D: Außendurchmesser *m*
E: outside diameter
diamètre intérieur *m*

D: lichte Weite
E: inside diameter
diaphragme *m*
D: Blende *f*
E: collimator *n*, diaphragm *n*
diaphragme *m*
D: Diaphragma *n*, Zwerchfell *n*
E: diaphragm *n*
diaphragme à double volets *m*
D: Doppelschlitzblende *f*
E: double-slot diaphragm
diaphragme à fente *m*
D: Schlitzblende *f*
E: slot diaphragm, slit diaphragm
diaphragme à iris *m*
D: Irisblende *f*
E: iris diaphragm
diaphragme de profondeur *m*
D: Tiefenblende *f*
E: multi-leaf collimator
diaphragme lumineux *m*
D: Lichtvisier *n*
E: light-beam indicator, light localizer, visual localizer, optical indicator, light-beam diaphragm
diaphragme multiplan *m*
D: Tiefenblende *f*
E: multi-leaf collimator
diaphragmer *v* [phot.,rad.]
D: abblenden *v*
E: screen *v*
différentiation *f*
D: Unterscheidung *f*
E: differentiation *n*, discrimination *n*
dilatation thermique *f*
D: Wärmeausdehnung *f*
E: thermal expansion
dimensions du foyer *f pl*
D: Brennfleckgröße *f*, Fokusgröße *f*
E: focus size, focal spot size
dimensions du plateau de table *f pl*
D: Tischplattengröße *f*
E: size of table top
diminution de contraste *f*
D: Kontrastabfall *m*
E: contrast drop
diminution de dose *f*
D: Dosisverminderung *f*
E: dose diminution
diminution proportionnelle *f* (d'un AB)
D: Verkleinerungsverhältnis *n* (eines BV)
E: diminution ratio (of an II)
diode *f*
D: Zweipolröhre *f*, Diode *f*
E: diode *n*, two-electrode valve
diode Zener *f*
D: Zenerdiode *f*
E: Zener diode
direction du courant *f*
D: Stromrichtung *f*
E: current direction
disjoncteur de réseau *m*
D: Netzschütz *n*
E: power interrupt
disjoncteur-protecteur du moteur *m*
D: Motorschutzschalter *m*
E: protective motor switch
disponibilité *f*
D: Bereitschaft *f*
E: readiness *n*
dispositif *m*
D: Vorrichtung *f*
E: device *n*
dispositif additionnel *m*
D: Zusatzeinrichtung *f*
E: additional equipment
dispositif d'accord *m* [elec.]
D: Abstimmvorrichtung *f*
E: tuning device
dispositif d'arrêt *m*
D: Arretierung *f*
E: lock *n*, locking *n*
dispositif d'avertissement *m*
D: Warneinrichtung *f*
E: alarm device, warning device
dispositif de balayage *m*
D: Scanner *m*, Abtaster *m*
E: scanner *n*
dispositif de blocage *m*
D: Verriegelungsmechanismus *m*
E: interlocking mechanism
dispositif de centrage *m*
D: Zentriervorrichtung *f*
E: centering device

dispositif de centrage à arc et aiguille *m* [ther., cons.]
D: Bogenlotzeiger *m* (Einstellhilfe in der Therapie)
E: pin-and-arc *n*

dispositif de mesure *m*
D: Meßanordnung *f*
E: measuring arrangement, measuring set-up

dispositif de réglage proportionnel *m*
D: Proportionalregler *m*
E: proportional control

dispositif de sécurité *m*
D: Schutzvorrichtung *f*, Sicherheitsvorrichtung *f*
E: safety device

dispositif d'essai *m*
D: Versuchsanordnung *f*, Versuchsaufbau *m*, Testanordnung *f*, Prüfvorrichtung *f*
E: experimental arrangement, testing arrangement, test arrangement, test setup

dispositif du viseur *m*
D: Visiereinrichtung *f*
E: visual localizer, centering device

disposition locale *f*
D: Anordnung *f* (räumlich)
E: local arrangement

disque à cames *m*
D: Nockenscheibe *f*
E: cam wheel

disque d'anode *m*
D: Anodenteller *m*
E: anode disk

disque gradué *m*
D: Skalenscheibe *f*
E: scale *n*, scale disk, scale plate, dial *n*

dissipation de chaleur *f*
D: Wärmeableitung *f*, Wärmeabfuhr *f*
E: dissipation of heat, thermal dissipation

distance au centre *f*
D: Mittelpunktsabstand *m*
E: center-to-center distance

distance d'axe à axe *f*
D: Achsabstand *m*
E: axle spacing

distance de lignes *f* [tv]
D: Zeilenabstand. *m*
E: line space

distance de sécurité *f* (COCIR)
D: Sicherheitsabstand *m* (Abstand des Strahlers vom Aufenthaltsort)
E: safe distance

distance d'observation *f* [opt.]
D: Betrachtungsabstand *m*
E: observation distance, viewing distance

distance entre électrodes *f*
D: Elektrodenabstand *m*
E: electrode distance, electrode separation

distance focale *f*
D: Brennweite *f*
E: focal distance

distance foyer-écran *f*
D: Fokus-Schirm-Abstand *m*
E: focus-screen distance

distance foyer-film *f* (DFF)
D: Fokus-Film-Abstand *m* (FFA)
E: focus-film distance (FFD)

distance foyer-objet *f*
D: Fokus-Objekt-Abstand *m* (FOA)
E: focus-object distance (FOD)

distance foyer-peau *f*
D: Fokus-Haut-Abstand *m* (FHA)
E: focus-skin distance (FSD)

distance foyer-plafond *f*
D: Fokus-Decken-Abstand *m*
E: focus-ceiling distance

distance minimale *f*
D: Mindestabstand *m*
E: minimum distance, minimum space (US)

distorsion *f*
D: Verzeichnung *f*, Verzerrung *f*
E: distortion *n*

distribution de dose *f*
D: Dosisverteilung *f*
E: dose distribution

distribution de la température *f*
D: Temperaturverteilung *f* (z.B. bei einem Thermographiegerät)

E: temperature distribution
diviseur de fréquence *m*
D: Frequenzteiler *m*
E: frequency divider
documents *m pl*
D: Unterlagen *f pl* (beschreibende oder zeichnerische Angaben)
E: information *n*, data *pl*, documentations *pl*
documents d'accompagnement *m pl*
D: Begleitpapiere *n pl*
E: accompanying documents
domaine de noircissement *f*
D: Schwärzungsbereich *m*
E: density range, blackening range
domaine d'utilisation *f*
D: Nutzbereich *m* (ausnützbarer Bereich)
E: useful area
dominante *f*
D: Dominante *f*
E: dominant *n*
données de base de construction *f pl*
D: Konstruktionsdaten *plt*
E: design data
données des fonctions *f pl*
D: Betriebsdaten *plt*
E: operating data
données d'exposition *f pl*
D: Aufnahmedaten *plt*
E: exposure data
dosage *m*
D: Dosierung *f*
E: dosage *n*
dose à la peau *f*
D: Oberflächendosis *f*, Hautdosis *f*
E: surface dose, skin dose
dose à la tumeur *f*
D: Herddosis *f*
E: tumor dose
dose absorbée *f*
D: absorbierte Dosis
E: absorbed dose
dose au patient *f*
D: Patientendosis *f*
E: patient dose
dose aux gonades *f*
D: Gonadendosis *f*
E: gonadal dose
dose de rayonnement *f*
D: Strahlendosis *f*
E: radiation dose
dose de sortie *f*
D: Austrittsdosis *f*
E: exit dose
dose en profondeur *f*
D: Tiefendosis *f*
E: depth dose
dose excessive *f*
D: Überdosierung *f*
E: overdosis *n*
dose incidente *f*
D: Einfallsdosis *f*
E: incident dose, entrance dose
dose intégrale *f* (CEI)
D: Integraldosis *f* (IEC)
E: integral dose (IEC)
dose locale *f*
D: Ortsdosis *f*
E: local dosage
dose requise *f*
D: Dosisbedarf *m*
E: dose requirement
dose seuil *f* (CEI)
D: Schwellendosis *f* (IEC)
E: threshold dose (IEC)
dose tolérée *f*
D: Toleranzdosis *f*
E: tolerance dose
dosimètre *m*
D: Dosimeter *n*, Dosismeßgerät *n*
E: dosemeter *n*, dosimeter *n*
dosimétrie pour le rayonnement gamma *f*
D: Gammadosimetrie *f*
E: gamma dosimetry
dossier *m*
D: Stützplatte *f*
E: backrest *n*
dossier de la table *m*
D: Gerätestützwand *f*
E: table top
dossier des schémas électriques *m*
D: Schaltplanmappe *f*
E: wiring diagram folder
dossier fixe *m*
D: starre Stützwand
E: rigid table

dossier vertical *m* (COCIR)
D: Stützwandgerät *n*
E: vertical examination stand
double couche [CT]
D: Doppelschicht *f*
E: double slice
douille *f*
D: Fassung *f*
E: socket *n*
douille à baïonette *f*
D: Bajonettverschluß *m*
E: bayonet catch
douille de lampe *f*
D: Lampenfassung *f*
E: lamp holder
duodénum *m*
D: Duodenum *n*, Zwölffingerdarm *m*
E: duodenum *n*
durée de la luminescence *f*
D: Nachleuchtdauer *f* (Trägheitsverhalten eines Leuchtstoffes)
E: afterglow duration, time of persistence
durée de la vie *f*
D: Lebensdauer *f*
E: life *n*, life time
durée de mise en circuit *f* [elec.]
D: Einschaltdauer *f* (ED)
E: switch-on time
durée d'essai *f*
D: Versuchsdauer *f*
E: test duration
durée d'image *f* [tv.]
D: Bilddauer *f*
E: frame rate (US), picture duration (GB)
durée du balayage *f* [CT]
D: Aufnahmezeit *f*
E: data acquisition time
durée d'une expérience *f*
D: Versuchsdauer *f*
E: test duration
durée d'utilisation illimintée *f*
D: unbegrenzte Lebensdauer
E: unlimited life duration
dureté du rayonnement *f* (COCIR)
D: Strahlenhärte *f*
E: radiation hardness

E

écart *m* [mech.]
D: Abweichung *f*
E: deviation *n*
échange *m*
D: Austausch *m*
E: replacement *n*, interchange *n*, exchange *n*
échange thermique *m*
D: Wärmeaustausch *m*
E: heat exchange
échangeable, facilement
D: leicht auswechselbar
E: easily exchangeable, easy to replace
échanger *v*
D: auswechseln gegen
E: replace with *v*, interchange with *v*
échauffement *m*
D: Erwärmung *f*
E: warm-up *n*
échelle d'atténuation de densité *f* [CT]
D: Schwächungswerte-Skala *f*
E: attenuation value scale
échelle de temps *f*
D: Zeitskala *f*
E: time scale
échelle des kV *f*
D: kV-Skala *f*
E: kV-dial *n*, kV-scale *n*
échelle du facteur de contraste *f* [CT]
D: Kontrastmaßstabsfaktor *m*
E: contrast scale
échelle graduée *f*
D: Skala *f*, Maßstab *m*
E: scale *n*
éclairage du local *m*
D: Raumlicht *n*
E: room light
éclateur *m*

D: Funkenstrecke *f*
E: spark gap
éclateur à sphères *m*
D: Kugelfunkenstrecke *f*
E: sphere gap
écoulement planigraphique *m*
D: Schichtablauf *m*
E: planigraphic course
écran à haut pouvoir renforçateur *m*
D: hochverstärkende Folie
E: high-speed screen
écran à intensité double *m*
D: Doppelfolie *f*
E: double intensifying screen
écran d'intensification du grain fin *m*
D: Feinkornfolie *f*
E: high definition intensifying screen
écran fluorescent *m*
D: Leuchtschirm *m*
E: fluorescent screen
écran fluorescent de sortie *m* [AB]
D: Ausgangsleuchtschirm *m* [BV]
E: fluorescent output screen [II]
écran fluorescent d'entrée *m*
D: Eingangsleuchtschirm *m*
E: input fluorescent screen
écran fluorescent d'entrée de l'AB *m*
D: BV-Eingangsleuchtschirm *m*
E: image-intensifier input screen
écran protecteur *m* (CEI)
D: Schutzwand *f* (IEC)
E: protective barrier (IEC)
écran protection *m* (COCIR)
D: Schutzschirm *m*
E: protective screen
écran renforçateur *m*
D: Verstärkerfolie *f*
E: intensifying screen
écran renforçateur gradué
D: Verlaufsfolie *f*
E: graduated intensifying screen
effacement *m*
D: Verwischung *f*, Unschärfe *f*
E: blurring *n*, unsharpness *n*
effacement circulaire *m*
D: Kreisverwischung *f*
E: circular blurring
effacement de la grille *m*
D: Rasterverwischung *f*
E: elimination of grid shadows
effacement elliptique *m* [rad.]
D: elliptische Verwischung
E: elliptical blurring
effacement linéaire *m*
D: lineare Verwischung
E: linear blurring
effet couronne *m*
D: Sprühentladung *f*, Koronaentladung *f*
E: corona discharge
effet de cheminée *m*
D: Kamineffekt *m*
E: chimney effect
effet de filtration *m*
D: Filterwirkung *f*
E: filter action
effet de peau *m*
D: Skineffekt *m*, Hauteffekt *m*
E: skin effect
effet de soupape *m*
D: Ventilwirkung *f*
E: valve effect, valve action
effet final *m*
D: Endeffekt *m*
E: end effect, final effect
effet kelvin *m*
D: Skineffekt *m*, Hauteffekt *m*
E: skin effect
effet photo-électrique *m*
D: lichtelektrischer Effekt, photoelektrischer Effekt
E: photoelectric effect
effet protecteur *m*
D: Schutzwirkung *f*
E: protective effect
effet stroboscopique *m*
D: stroboskopischer Effekt
E: stroboscopic effect
effort de compression *m*
D: Kompressionsdruck *m*
E: compression pressure
égalisation de la température *f*
D: Temperaturausgleich *m*
E: equalization of temperature,

compensation of temperature
électro-aimant cuirassé *m*
D: Topfmagnet *m*
E: pot-type magnet, shielded electromagnet
électrocardiographie *f*
D: Elektrocardiographie *f*, Elektrokardiographie *f*
E: electrocardiography *n*
électrode de déflexion *f*
D: Ablenkelektrode *f*
E: deflection electrode
électroluminescence *f*
D: Elektrolumineszenz *f*
E: electroluminescence *n*
électromoteur en dérivation *m*
D: Nebenschlußmotor *m*
E: shunt motor, shunt-wound motor
électromoteur shunt *m*
D: Nebenschlußmotor *m*
E: shunt motor, shunt-wound motor
electronique de mesure *f*
D: Meßelektronik *f*
E: measuring electronics
électro-vanne *f*
D: Magnetventil *n*
E: solenoid valve, magnetic-operated valve
élément constitutif *m*
D: Bauelement *n*
E: component part
élément court-circuit *m*
D: Kurzschließer *m*
E: short-circuiting device
élément de construction *m*
D: Konstruktionselement *n*
E: structural part
élément d'image *m* [CT]
D: Bildmatrixelement *n*
E: picture element, elemental area
élément logique *m*
D: logischer Baustein
E: logic building block
élément régulateur *m*
D: Regelglied *n*
E: final control element
élévation *f*
D: Hub *m*
E: lift *n*
élévation de température *f*
D: Temperaturanstieg *m*, Temperaturerhöhung *f*
E: temperature rise, temperature increase
élimination de chaleur *f*
D: Wärmeentzug *m*
E: heat removal
élimination de rayonnement diffusé *f*
D: Streustrahlenbeseitigung *f*
E: removal of scattered radiation
éloigné du foyer
D: fokusfern *adj*
E: remote from focus
embout de câble *m*
D: Kabelendverschluß *m*
E: cable termination
embout de câble haute tension *m*
D: Hochspannungsstecker *m*
E: high voltage plug
embrayage à friction *m*
D: Rutschkupplung *f*
E: slip friction clutch *n*
embrayer *v*
D: kuppeln *v*
E: connect *v*, couple *v*, link *v*
émetteur de rayons X *m*
D: Röntgenstrahlenquelle *f*
E: X-ray source
emmagasinage *m*
D: Lagerung *f*, Einlagerung *f*, Aufbewahrung *f*
E: storage *n*
encéphalographie *f*
D: Encephalographie *f*, Enzephalographie *f* (Darstellung der Liquorräume des Gehirns)
E: encephalography *n*
enclenchement *m*
D: Schaltvorgang *m*, Schaltung *f*
E: switching *n*, switching operation
encliquetage *m*
D: Verklinkung *f*
E: release gear
enclouage *m*
D: Nagelung *f* (in der Chirurgie)
E: nailing *n*, pinning *n*

encombrement *m*
D: Platzbedarf *m*, Raumbedarf *m*
E: space requirement
endoscopie *f*
D: Endoskopie *f* (Ausleuchtung von Körperinnenräumen)
E: endoscopy *n*
endroit de la fracture *m*
D: Bruchstelle *f*
E: site of fracture
engrenage *m*
D: Zahnradgetriebe *n*, Getriebe *n*
E: gearing *n*, gear *n*
engrenage à vis sans fin *m*
D: Schneckenantrieb *m*, Schneckengetriebe *n*
E: worm drive, worm gear
engrenage réducteur *m*
D: Untersetzungsgetriebe *n*
E: reduction gear
enregistrement *m*
D: Bandaufnahme *f*
E: recording *n*
enregistrement magnétique *m*
D: magnetische Speicherung
E: magnetic recording
enregistrement radiologique du compte rendu *m*
D: radiologische Befundschreibung
E: radiological reporting system
enregistreur magnétique *m*
D: Bandspeicher *m*, Magnetbandspeicher *m*, Tonbandgerät *n*
E: tape recorder
enregistreur magnétique d'impulsions *m*
D: Impuls-Bandspeicher *m*
E: pulse tape recorder
enroulement *m*
D: Wicklung *f*
E: winding *n*
enroulement polyphasé *m*
D: mehrpolige Wicklung
E: polyphase winding
enroulement primaire *m*
D: Primärwicklung *f*
E: primary winding
enroulement secondaire *m*
D: Sekundärwicklung *f*
E: secondary winding
enroulement shunt *m*
D: Nebenschlußwicklung *f*
E: shunt winding
ensemble de mesure de rayonnement *m*
D: Strahlungsmeßgerät *n*
E: radiation measuring instrument
entièrement automatique
D: vollautomatisch *adj*
E: fully automatic
entraîné direct
D: direkt angetrieben
E: direct-driven *adj*
entraînement *m*
D: Antrieb *m*
E: drive *n*
entraînement mécanique *m*
D: mechanischer Antrieb
E: mechanical drive
entraînement par moteur *m*
D: Motorantrieb *m*
E: motor drive
entrée de câbles *f*
D: Leitungseinführung *f*
E: cable inlet
entrepôt *m*
D: Lager *n* (Raum)
E: stock room, store room, depot *n*
entretien *m*
D: Wartung *f*, Instandhaltung *f*, Service *m*
E: maintenance *n*, service *n*
entretoise *f*
D: Verstrebung *f*
E: bracing *n*, strut *n*
épaisseur de coupe *f* [CT]
D: Schichtdicke *f*
E: slice thickness, layer thickness
épaisseur de l'objet *f*
D: Objektdicke *f*
E: object thickness
épaisseur et densité du patient
D: Dicke und Dichte des Patienten
E: thickness and density of patient
épreuve *f*
D: Probe *f*, Erprobung *f*, Versuch *m*, Test *m*

E: test *n*, trial *n*, experiment *n*
épuration *f*
D: Reinigung *f*
E: purification *n*, cleaning *n*
équilibrage *m* [mech.]
D: Abgleichung *f*
E: alignment *n*
équilibrage à ressort *m*
D: Federgewichtsausgleich *m*
E: spring counterpoise system, spring counterbalance
équilibrage de poids *m*
D: Gewichtsausgleich *m*, Gegengewicht *n*, Ausgleichsgewicht *n*
E: counterbalance *n*, counterpoise *n*, counterweight *n*, balance weight, compensating weight
équilibre *m*
D: Gleichgewicht *n*
E: balance *n*
équilibré *adj*
D: ausgeglichen *adj*
E: balanced *adj*
équilibrer *v* [mech.]
D: abgleichen *v*
E: align *v*
équipement de base *m*
D: Grundgerät *n*
E: basic unit
équipement de radioscopie *m*
D: Schirmbildanlage *f*
E: fluorographic equipment
équipement d'installation *m*
D: Anlagenausrüstung *f*
E: equipment configuration
équipement fixé *m*
D: stationäre Einheit
E: fixed equipment
équipement mobile *m*
D: fahrbares Gerät, fahrbare Einheit
E: mobile unit, mobile equipment
équipement radiologique *m*
D: Röntgeneinrichtung *f*
E: X-ray equipment, X-ray unit
équiper *v*
D: ausrüsten *v*
E: equip *v*, outfit *v*
équivalent d'aluminium *m* [rad.]
D: Al-Gleichwert *m*
E: Al equivalent
équivalent d'atténuation *m* (EA) (COCIR)
D: Schwächungsgleichwert *m* (SGW) (z.B. Bleigleichwert)
E: attenuation equivalent
équivalent de durcissement *m* (COCIR)
D: Härtungsgleichwert *m*
E: hardness equivalent
équivalent de plomb *m*
D: Bleigleichwert *m*
E: lead equivalent
erreur de balayage *f* [DV]
D: Abtastfehler *m*
E: reading error, read error
erreur de manipulation *f*
D: Fehlbedienung *f*
E: faulty operation, operator error
erreur de mesure *f*
D: Meßfehler *m*
E: measuring error
erreur d'exposition *m*
D: Fehlbelichtung *f*
E: faulty exposure
escamotable *adj*
D: wegklappbar *adj*
E: swing-away *adj*
espacement de coupe *f*
D: Schichtabstand *m*
E: layer distance
essai *m*
D: Probe *f*, Erprobung *f*, Versuch *m*, Test *m*
E: test *n*, trial *n*, experiment *n*
essai à vide *m*
D: Leeraufnahme *f*
E: blank exposure, blank radiograph
essai de charge *m*
D: Belastungsprobe *f*
E: load test
essai de matériaux *m*
D: Materialprüfung *f*
E: material testing
essai de recette *m*
D: Abnahmeprüfung *f*

E: acceptance test
essai de type *m*
D: Bauartprüfung *f*
E: type test
essai d'endurance *m*
D: Dauerversuch *m*
E: endurance test
étage amplificateur *m*
D: Verstärkerstufe *f*
E: amplifier stage
étage d'amplification *m*
D: Verstärkerstufe *f*
E: amplifier stage
étage d'extension *m* [cons.]
D: Ausbaustufe *f*
E: extension stage
étage, à plusieurs ~s
D: mehrstufig *adj*
E: multiple-stage *adj*
étain à souder *m*
D: Lötzinn *n*
E: solder *n*
étanche à la lumière
D: lichtdicht *adj*
E: light-proof *adj*, light-tight *adj*
étanche à la poussière
D: staubdicht *adj*
E: dust-proof *adj*, dust-tight *adj*
étanche à l'air
D: luftdicht *adj*, hermetisch *adj*
E: air-tight *adj*, hermetically sealed
étanche à l'eau
D: schwallwasserfest *adj*, spritzwasserfest *adj*
E: splash-proof *adj*
étanche au vide
D: vakuumdicht *adj*
E: vacuum-tight *adj*, vacuum-sealed *adj*
étanche aux jets d'eau
D: schwallwasserfest *adj*, spritzwasserfest *adj*
E: splash-proof *adj*
étanchéité *f*
D: Abdichtung *f*
E: sealing *n*
étanchéité à l'air *f*
D: Luftabschluß *m*
E: exclusion of air, hermetic seal
étancher *v*
D: abdichten *v*
E: seal *v*
étançonnage *m* [mech.]
D: Versteifung *f*
E: stiffening *n*, reinforcement *n*
étayage *m* [mech.]
D: Versteifung *f*
E: stiffening *n*, reinforcement *n*
éteindre *v* (la lumière)
D: abschalten *v*, ausschalten *v*, unterbrechen *v*
E: switch off *v*, interrupt *v*, disconnect *v*, turn off *v* (US)
éteint *adj*
D: ausgeschaltet *adj*, abgeschaltet *adj*
E: switched off *adj*, turned off *adj* (US)
étendue de l'objet *f*
D: Objektumfang *m*
E: object latitude
étendue de mesure *f*
D: Meßbereich *m*
E: measuring range
étendue de pivotement *f*
D: Schwenkbereich *m*
E: swivel range
étendue de réglage *f*
D: Regelbereich *m*
E: control range, regulating range
étendue des kV *f*
D: kV-Bereich *m*
E: kV range
étendue du contraste *f*
D: Kontrastumfang *m*
E: contrast ratio
étirer *v*
D: ausziehen *v*
E: pull out *v*
étrésillonner *v*
D: verstreben *v*
E: brace *v*, strut *v*
étrier de distance *m*
D: Abstandsbügel *m*
E: spacer *n*
étrier d'écartement *m*
D: Abstandsbügel *m*
E: spacer *n*

exactitude *f*
D: Genauigkeit *f*
E: accuracy *n*, precision *n*
exactitude de réglage *f*
D: Einstellgenauigkeit *f*
E: accuracy of adjustment
exactitude des dimensions prescrites *f*
D: Maßhaltigkeit *f*, Maßeinhaltung *f*, Maßgenauigkeit *f*
E: accuracy of measurements
examen de dépistage *m*
D: Massenuntersuchung *f*, Reihenuntersuchung *f*
E: mass survey, mass fluorography
examen de routine *m*
D: Routine-Untersuchung *f*
E: routine examination
examen d'urgence *m*
D: Notfalluntersuchung *f*
E: emergency examination
examen en série *m*
D: Massenuntersuchung *f*, Reihenuntersuchung *f*
E: mass survey, mass fluorography
examen médical *m*
D: ärztliche Untersuchung
E: medical examination
examen radiologique *m*
D: Röntgenuntersuchung *f*
E: X-ray examination
examen spécial *m*
D: Spezialuntersuchung *f*
E: special examination
examinateur *m*
D: Radiologe *m*, Untersucher *m*
E: radiologist *n*, examiner *n*, examining doctor
excentrique *m*
D: Exzenter *m*
E: eccentric *n*
exécution de haute qualité *f*
D: höchstwertige Ausführung
E: top quality
exempt d'inertie *adj*
D: trägheitslos *adj*
E: intertia-free *adj*
exigence des normes *f*
D: Normvorschrift *f*
E: standard requirement
expérience *f*
D: Erfahrung *f*
E: experience *n*, practical knowledge
expérience *f*
D: Probe *f*, Erprobung *f*, Versuch *m*, Test *m*
E: test *n*, trial *n*, experiment *n*
expertise *f*
D: Gutachten *n*
E: expert opinion
exploration *f*
D: Erforschung *f*
E: exploration *n*, investigation *n*
exposition *f*
D: Aufnahmeauslösung *f*
E: exposure release
exposition, régulateur automatique du temps d'~ [gen.]
D: Belichtungsautomat *m*
E: automatic exposure timer, automatic exposure control (US)
exposition, régulateur photo-électrique automatique du temps d'~
D: photoelektrischer Belichtungsautomat
E: phototimer *n*
extensible *adj*
D: ausziehbar *adj*
E: extensible *adj*, expandable *adj*
extension de l'étendue de mesure *f*
D: Meßbereichserweiterung *f*
E: measuring range extension
extrémité *f*
D: Extremität *f*, Gliedmaße *f*
E: extremity *n*

F

fabrication de maquettes *f*
D: Modellanfertigung *f*
E: pattern-making *n*
fabrication en série *f*
D: Serienfertigung *f*

E: series production
facilement accessible
D: leicht zugänglich
E: easily accessible
facilement échangeable
D: leicht auswechselbar
E: easily exchangeable, easy to replace
facilement manœuvrable
D: leicht bedienbar
E: easy to operate
facteur d'amplification *m*
D: Verstärkungsfaktor *m*
E: amplification factor
facteur de conversion *m* [AB]
D: Konversionsfaktor *m* [BV]
E: conversion ratio [II], conversion factor [II]
facteur de pénétration *m* [vac.]
D: Durchgriff *m* (einer Röhre)
E: space-charge effect
facteur de puissance *m*
D: Leistungsfaktor *m*
E: power factor
facteur de qualité *m*
D: Gütegrad *m*, Qualitätsfaktor *m*
E: quality factor, performance factor
facteur de transfert *m* [AB]
D: Übertragungsfaktor *m* [BV]
E: transfer factor [II]
facteur d'enchaînement *m*
D: Verkettungsfaktor *m*
E: link factor, interconnection factor
faisceau de balayage *m*
D: Abtaststrahl *m*
E: scanning beam
faisceau de câbles *m*
D: Kabelbaum *m*
E: cable harness
faisceau de rayonnement *m* (CEI)
D: Strahlenbündel *n* (IEC)
E: radiation beam (IEC)
faisceau de rayons cathodiques *m*
D: Kathodenstrahlenbündel *n*
E: cathode ray beam, cathode ray pencil
faisceau d'électron *m*
D: Elektronenstrahl *m*
E: electron beam
faisceau du rayonnement utile *m* (COCIR)
D: Nutzstrahlenbündel *n*
E: useful radiation beam
faisceau en éventail *m* [CT]
D: Fächerstrahl *m*
E: fan-beam *n*
faisceau lumineux *m*
D: Lichtbündel *n*
E: light beam
fatigue des yeux *f*
D: Augenermüdung *f*
E: eyestrain *n*
faute du montage électrique *f*
D: Verschaltung *f*, Fehlschaltung *f*
E: faulty connection, wrong connection
feeder *m*
D: Speiseleitung *f*, Einspeisevorrichtung *f* (für Filme an Entwicklungsmaschinen und Magazinen)
E: feeder *n*
fémur *m*
D: Oberschenkelknochen *m* (os femoris)
E: femur *n*
fenêtre de beryllium *f*
D: Berylliumfenster *n*
E: beryllium window
fenêtre de sortie *f* (gaine radiogène)
D: Austrittsfenster *n*, Strahlenaustrittsfenster *n*
E: ray exit portal, X-ray window (tube housing)
fente d'aération *f*
D: Luftspalt *m*
E: air gap
fer à souder *m*
D: Lötkolben *m*
E: solder-iron *n*
fermé *adj*
D: eingeschaltet *adj*, angeschaltet *adj*
E: power on, switched on *adj*, under power, turned on *adj* (US)
fermer *v* (circuit, courant)

D: einschalten *v*, anschalten *v*
E: switch on *v*, turn on *v* (US)

feuille de mesure *f*
D: Maßblatt *n*, Maßbild *n*
E: dimensional drawing

feuille de normes *f*
D: Normblatt *n*
E: standard specification

feuille de schéma électrique *f*
D: Schaltplanblatt *n*
E: wiring diagram sheet

fiabilité *f*
D: Zuverlässigkeit *f*
E: reliability *n*

fiche *f*
D: Karteikarte *f*
E: file card

fiche *f*
D: Stecker *m*
E: plug *n*, terminal *n*, plug connector

fiche coudée *f*
D: Winkelstecker *m*
E: angle plug

fiche de prise de courant *f*
D: Netzstecker *m*
E: power plug

fiche intermédiaire *f*
D: Zwischenstecker *m*
E: plug adapter

fichier *m*
D: Kartei *f*
E: file *n*

fichier *m* [DV]
D: Datei *f*
E: data set, data file

figure de balayage *f*
D: Bewegungsfigur *f*
E: figure of movement

fil conducteur *m*
D: Leitungsdraht *m*
E: conducting wire, wire *n*

fil de ligne *m*
D: Leitungsdraht *m*
E: conducting wire, wire *n*

fil de résistance *m*
D: Widerstandsdraht *m*
E: resistance wire

fil de terre *m*
D: Erdleitung *f*
E: earth wire, ground lead

fil massif *m*
D: Massivdraht *m*
E: solid wire

fil neutre *m*
D: Mittelpunktsleiter *m* (Mp), Nulleiter *m*
E: neutral conductor, neutral main

fil torsadé *m*
D: Litze *f*, Litzendraht *m*
E: stranded wire

fil, à ~s fins
D: feindrähtig *adj*
E: fine-strand *adj*

filament *m*
D: Heizfaden *m*
E: filament *n*, heater *n*

filament thorié *m*
D: thorierter Heizfaden
E: thoriated filament

filet à droite *m*
D: Rechtsgewinde *n*, rechtsgängiges Gewinde
E: right-handed thread

filet à gauche *m*
D: Linksgewinde *n*, linksgängiges Gewinde
E: left-handed thread

filet à pas normal *m*
D: Normalgewinde *n*, Normgewinde *n*
E: standard thread

filet normalisé *m*
D: Normalgewinde *n*, Normgewinde *n*
E: standard thread

filet standardisé *m*
D: Normalgewinde *n*, Normgewinde *n*
E: standard thread

film de grand format *m*
D: Großfilm *m*
E: large film

film de haute sensibilité *m*
D: hochempfindlicher Film
E: high-speed film

film en rouleau *m*
D: Rollfilm *m*

E: rollfilm *n*
film inversible *m*
D: Umkehrfilm *m*
E: reversal film
film pour radiophotographie *m*
D: Schirmbildfilm *m*
E: fluorographic film
film sans écran *m*
D: folienloser Film
E: non-screen film
film sonore *m*
D: Tonfilm *m*
E: sound film
filtrage total *m*
D: Gesamtfilterung *f*
E: total filtration
filtration *f*
D: Filterung *f*
E: filtration *n*
filtration inhérente *f*
D: Eigenfilterung *f*
E: inherent filtration
filtre additionnel *m* (COCIR)
D: Zusatzfilter *n*
E: added filter
filtre d'aspiration *m*
D: Ansaugefilter *n*
E: intake filter (US), suction filter (GB)
filtre de compensation *m*
D: Ausgleichsfilter *n*
E: compensation filter
filtre de cuivre *m*
D: Kupferfilter *m*
E: copper filter
filtre de durcissement *m* (COCIR)
D: Härtungsfilter *n*
E: hardening filter
filtre en coin *m*
D: Keilfilter *m*
E: wedge filter
filtre passe-bande *m*
D: Bandfilter *n*
E: band-pass filter
filtre vide *m*
D: Leerfilter *n*
E: blank filter
finement poli
D: hochglanzpoliert *adj*
E: highly polished
finition *f*
D: Feinbearbeitung *f*
E: fine finishing, finishing touch
fixation au plafond *f*
D: Deckenbefestigung *f*
E: ceiling fixture
fixation murale *f*
D: Wandbefestigung *f*
E: wall mounting, wall mount
flou *m*
D: Verwischung *f*, Unschärfe *f*
E: blurring *n*, unsharpness *n*
flou cinétique *m* [rad.]
D: Bewegungsunschärfe *f*
E: kinetic unsharpness, kinetic blurring, motional unsharpness
flou de mouvement *m* [rad.]
D: Bewegungsunschärfe *f*
E: kinetic unsharpness, kinetic blurring, motional unsharpness
flou géométrique *m*
D: geometrische Unschärfe
E: geometric unsharpness, geometric blurring
flou périphérique *m*
D: Randunschärfe *f*
E: peripheral blurring
fluctuation de tension *f*
D: Spannungsschwankung *f*
E: voltage fluctuation, voltage variation
focalisation *f*
D: Scharfeinstellung *f*, Fokussierung *f*
E: critical focusing, focusing *n*
focaliser *v*
D: fokussieren *v*
E: focus *v*
fonction commutatrice *f*
D: Schaltfunktion *f*
E: switching function
fonction de transfert de contraste *f*
D: Kontrastübertragungsfunktion *f*
E: contrast transfer function
fonction de transfert de modulation *f* (FTM)
D: Modulations-Übertragungs-Funktion *f* (MÜF)

E: modulation transfer function (MTF)
fonctionnement *m*
D: Betrieb *m*
E: operation *n*, service *n*
fonctionnement à vide *m* (COCIR)
D: Leerlauf *m*
E: no-load operation
fonctionnement bref *m*
D: Kurzzeitbetrieb *m*
E: short-time operation, momentary operation
fonctionnement en essai *m*
D: Probelauf *m*
E: trial run, test run
fondre sur *v*
D: anschmelzen *v*
E: fuse on *v*
force du ressort *f*
D: Federkraft *f*
E: spring tension (US), spring force (GB)
format de cassette *m*
D: Kassettenformat *n*
E: cassette size
format du film *m*
D: Filmformat *n*
E: film size
format en pouces *m*
D: Zollformat *n*
E: inch size
format oblong *m*
D: Querformat *n*
E: broadsheet *n*
forme de balayage *f*
D: Bewegungsform *f*
E: form of movement
forme de berceau *f*
D: Muldenform *f*
E: cradle shape, cradle form
fornix *m*
D: Magengewölbe *n*
E: fornix *n*
fortement chargé
D: hochbeansprucht *adj*, hochbelastet *adj*
E: heavily loaded, heavily stressed
foyer *m*
D: Brennfleck *m*
E: focal spot (US), focus *n* (GB)
foyer de visée *m*
D: Zielfokus *m*
E: spotfilm focus
foyer électronique *m*
D: elektronischer Brennfleck
E: actual focal spot
foyer optique *m*
D: optischer Brennfleck
E: effective focal spot
foyer pathologique *m*
D: Herd *m* (Tumor)
E: tumor *n*, lesion *n*, neoplasm *n*
foyer ultrafin *m*
D: Feinstfokus *m*
E: ultra-fine focus
fracture *f*
D: Knochenbruch *m*
E: fracture *n*
frein à main *m*
D: Handbremse *f*
E: hand brake
frein à pied *m*
D: Fußbremse *f*
E: foot brake
frein d'anode tournante *m*
D: Drehanodenbremse *f*
E: rotating-anode braking device
frein électromagnétique *m*
D: elektromagnetische Bremse
E: electromagnetic brake
frein mécanique *m*
D: mechanische Bremse
E: mechanical brake
freinage *m*
D: Abbremsung *f*, Bremsung *f*
E: braking *n*
freiner *v*
D: abbremsen *v*
E: brake *v*
fréquence acoustique *f*
D: Tonfrequenz *f*
E: audio-frequency *n*
fréquence de charge *f*
D: Belastungsfrequenz *f*
E: load frequency, load rate
fréquence de lignes *f*
D: Zeilenfrequenz *f*
E: line frequency

fréquence de résonance *f*
D: Resonanzfrequenz *f*
E: resonant frequency
fréquence d'image *f*
D: Bildfrequenz *f*
E: frame speed, film speed
fréquence du courant porteur *f*
D: Trägerfrequenz *f*
E: carrier frequency
fréquence du réseau *f*
D: Netzfrequenz *f*
E: line frequency
fréquence harmonique *f*
D: Tonfrequenz *f*
E: audio-frequency *n*
fréquence locale *f* [AB]
D: Ortsfrequenz *f* [BV]
E: spatial frequency [II]
fréquence nominale *f* (COCIR)
D: Nennfrequenz *f*
E: rated frequency
fréquence porteuse *f*
D: Trägerfrequenz *f*
E: carrier frequency
fréquence poulsé *f* [med.]
D: Pulsfrequenz *f*
E: pulse rate
friction de glissement *f*
D: Gleitreibung *f*
E: sliding friction
frottement dans les paliers *m*
D: Lagerreibung *f*
E: bearing friction
frottement des coussinets *m*
D: Lagerreibung *f*
E: bearing friction
fusible *m* [elec.]
D: Sicherung *f*, Schmelzsicherung *f*
E: fuse *n*
fusible principal *m*
D: Hauptsicherung *f*
E: main fuse
fusible rapide *m*
D: flinke Sicherung
E: fast acting fuse
fusible temporisé *m*
D: träge Sicherung
E: delay fuse, slow-acting fuse, slow-blow fuse

G

gaine *f*
D: Gehäuse *n*
E: housing *n*, shield *n*
gaine avec partie médiane rotative *f*
D: Röhrengehäuse mit drehbarem Mittelteil
E: tube shield with rotatable center section
gaine équipée *f* (gaine avec tube)
D: Röntgenstrahler *m* (Gehäuse mit Röhre)
E: X-ray tube assembly (housing with tube)
gaine pivotée *f*
D: ausgeschwenktes Röhrengehäuse
E: tube shield swung out
gaine pour tube avec un pôle à la masse *f*
D: Einpolröhrengehäuse *n*
E: grounded single terminal tube shield
gaine radiogène *f*
D: Röhrengehäuse *n*
E: tube shield, tube housing
gaine radiogène de protection *f*
D: Röhrenschutzgehäuse *n*
E: protective tube housing
galvanomètre à miroir *m*
D: Spiegelgalvanometer *n*
E: mirror galvanometer, reflecting galvanometer
gamme de fréquence *f*
D: Wellenbereich *m*
E: wave range, wave band
gamme de température de fonctionnement *f*
D: Betriebstemperaturbereich *m*
E: operating temperature range
gamme de temps *f*
D: Zeitbereich *m*
E: time range
gants de protection *m pl*

D: Bleihandschuhe *m pl*
E: lead impregnated gloves
gants opaques *m pl*
D: Bleihandschuhe *m pl*
E: lead impregnated gloves
gants plombés *m pl*
D: Bleihandschuhe *m pl*
E: lead impregnated gloves
gants protecteurs *m pl* (COCIR)
D: Schutzhandschuhe *m pl*
E: protective gloves
garniture de plomb *f*
D: Bleieinlage *f*
E: lead lining, lead insert
gastrite *f*
D: Gastritis *f*, Magenschleimhautentzündung *f*
E: gastritis *n*
gaz hilarant *m* [med.]
D: Lachgas *n*, Stickoxydul *n*
E: laughing-gas *n*, nitrous oxide
générateur à condensateur *m*
D: Kondensatorgenerator *m*
E: capacitor-discharge generator
générateur à courant alternatif *m*
D: Wechselstromgenerator *m*
E: AC generator
générateur à deux crêtes *m* (COCIR)
D: Zweipulsgenerator *m*
E: two-pulse generator, two-peak generator
générateur à douze crêtes *m* (COCIR)
D: Zwölfpulsgenerator *m*
E: twelve-pulse generator, twelve-peak generator
générateur à moteur *m*
D: Motorgenerator *m*
E: motor-generator *n*
generateur à six crêtes *m*
D: Sechspulsgenerator *m*
E: six-pulse generator
générateur avec multiplicateur de tension *m*
D: Generator mit Spannungsvervielfachung
E: generator with voltage multiplication
générateur de haute fréquence *m*
D: Hochfrequenzgenerator *m*
E: high frequency generator
générateur d'impulsions *m*
D: Impulsgeber *m*
E: pulse unit
générateur haute tension *m*
D: Hochspannungserzeuger *m*
E: high tension generator
générateur monocuve *m*
D: Einkesselgenerator *m*, Eintank *m*
E: single-tank generator
générateur monophasé *m*
D: Einphasengenerator *m*
E: single-phase generator
générateur monophasé à une crête *m*
D: Einpulsgenerator *m*
E: single-pulse generator
générateur radiogène *m*
D: Röntgenapparat *m*, Röntgengenerator *m*
E: X-ray generator
générateur radiologique *m*
D: Röntgenapparat *m*, Röntgengenerator *m*
E: X-ray generator
glande salivaire *f*
D: Speicheldrüse *f*
E: salivary gland
glande thyroïde *f*
D: Schilddrüse *f* (glandula thyreoidea)
E: thyroid gland
gradation *f* [phot.]
D: Gradation *f*, Abstufung *f*
E: gradation *n*
gradient d'effacement *m*
D: Verwischungsgradient *m*
E: blurring gradient
graduation d'échelle *f*
D: Skalenstrich *m*
E: scale mark
grain du film *m*
D: Filmkorn *n*
E: film grain
grain fin *m*
D: feines Korn

E: fine grain
graissage *m*
D: Schmierung *f*
E: lubrication *n*, greasing *n*
graisser *v*
D: abschmieren *v*
E: lubricate *v*
grande liberté de projection *f*
D: freizügige Projektion
E: omnidirectional projection
grandeur à régler *f*
D: Stellgröße *f*
E: regulated quantity
granularité *f* (émulsion du film)
D: Körnigkeit *f* (einer Filmemulsion)
E: granularity *n* (film emulsion)
granulation *f* (impression physiologique de film exposé)
D: Körnigkeit *f* (physiolog. Eindruck beim entwickelten Film)
E: graininess *n* (physiological impression of developed film)
Gray (unité SI de dose absorbée) (seulement pour dosimétrie) [phys.]
D: Gray (Gy) *n* (SI-Einheit der Energiedosis, 1Gy = 1J/kg) (nur für Dosimetrie)
E: Gray (SI-unit of absorbed dose) (for dosimetry only)
grille *f*
D: Raster *n*
E: grid *n*
grille antidiffusante *f* (COCIR)
D: Streustrahlenraster *m*
E: secondary radiation grid
grille antidiffusante *f* (CEI)
D: Sekundärstrahlenraster *f* (IEC)
E: anti-diffusion grid (IEC)
grille de commande *f*
D: Steuergitter *n*
E: control grid
grille de distribution électrique *f*
D: Kreuzschienenverteiler *m*
E: cross-bar distributor
grille fine *f*
D: Viellinienraster *n*
E: multiline grid, superfine grid
grille fixe *f*
D: feststehendes Raster
E: stationary grid
grille focalisée *f*
D: fokussiertes Raster
E: focused grid
grille mobile *f*
D: bewegliches Raster
E: moving grid, reciprocating grid
grille mobile *f* (COCIR)
D: Laufraster *n*, bewegtes Streustrahlenraster
E: moving grid
grille parallèle *f*
D: Parallelraster *n*
E: parallel grid
grille pour rayons durs *f*
D: Hartstrahlraster *m*
E: high-kV grid
grille spéciale *f*
D: Spezialraster *n*
E: special grid
grille vibrante *f*
D: Schwingblende *f*
E: oscillating grid
grille-écran *m* [vac.]
D: Abschirmgitter *n*, Schirmgitter *n*
E: screen grid
grossesse *f*
D: Schwangerschaft *f*
E: pregnancy *n*
groupe électrogène *m*
D: Maschinensatz *m*
E: machine set, generator set
groupe radiogène *m*
D: Röntgenapparat *m*, Röntgengenerator *m*
E: X-ray generator
guidage au plafond *m*
D: Deckenführung *f*
E: ceiling guide
guidage au sol *m*
D: Bodenführung *f*
E: floor guide
guidage de câble *m*
D: Kabelführung *f*, Leitungsführung *f*
E: cable routing
guidage en arc de cercle *m*

D: Kreisbogenführung *f*
E: circular arc guidance
guidage sol-plafond *m*
D: Boden-Decken-Führung *f*
E: floor-to-ceiling guide

H

harmonisation *f* [tv.]
D: Harmonisierung *f* (Bildbeeinflussung)
E: harmonization *n*
harmonisation du contraste *f*
D: Kontrastharmonisierung *f*
E: contrast harmonization
haute fréquence *f*
D: Hochfrequenz *f*
E: high frequency
haute tension *f*
D: Hochspannung *f*
E: high tension, high voltage (US)
hauteur de salle *f*
D: Raumhöhe *f*
E: room height
hauteur de table *f*
D: Tischhöhe *f*
E: table height
haut-parleur *m*
D: Lautsprecher *m*
E: loudspeaker *n*
hermétique *adj*
D: vakuumdicht *adj*
E: vacuum-tight *adj*, vacuum-sealed *adj*
hors service
D: außer Betrieb
E: out of operation, out of order, out of service
huile de refroidissement *f*
D: Kühlöl *n*
E: cooling oil
huile iodée *f*
D: Jodöl *n*
E: iodized oil
huile pour transformateurs *f*
D: Transformatoröl *n*
E: transformer oil
humidité de l'air *f*
D: Luftfeuchtigkeit *f*
E: humidity *n*
hystéro-salpingographie *f*
D: Hysterosalpingographie *f* (Darstellung der Eileiter und Gebärmutter)
E: hysterosalpingography *n*

I

identification *f*
D: Kennzeichnung *f*
E: identification *n*
image claire *f*
D: deutliches Bild
E: defined image, clear image, sharp image
image de charge *f* [tv.]
D: Ladungsbild *n*
E: charge image, image pattern
image de soustraction *f*
D: Subtraktionsbild *n*
E: subtraction image
image du téléviseur *f* [tv.]
D: Sichtbild *n*
E: monitor image
image entière *f*
D: Vollbild *n*
E: complete image, full image
image fixe *f*
D: stehendes Bild
E: stationary pattern
image fluorescente *f*
D: Leuchtschirmbild *n*
E: fluorescent image
image radiologique *f*
D: Röntgenbild *n*
E: X-ray image
image radioscopique *f*
D: Schirmbild *n*
E: fluorographic image, fluorogram *n*
image sans superposition *f*
D: überlagerungsfreie Abbildung

E: image free of superimposed structure
impédance *f*
D: Wechselstromwiderstand *m*
E: AC resistance, impedance *n*
impénétrable pour
D: undurchdringlich für
E: impenetrable to, impervious to
imperméable *adj*
D: wasserdicht *adj*
E: water-proof *adj*, watertight *adj*
imperméable à
D: undurchlässig für
E: impermeable to, impervious to
imprécis *adj*
D: ungenau *adj*
E: inexact *adj*, inaccurate *adj*
imprécision *f*
D: Ungenauigkeit *f*
E: inaccuracy *n*, inexactitude *n*
impulsion *f*
D: Impuls *m*
E: impulse *n*, pulse *n*
impulsion de commande *f*
D: Steuerimpuls *m*
E: control pulse
inaccessible *adj*
D: unzugänglich *adj*
E: inaccessible *adj*
inadmissible *adj*
D: unzulässig *adj*
E: inadmissible *adj*
inclinable *adj*
D: neigbar *adj*, kippbar *adj*
E: inclinable *adj*, tiltable *adj*
inclinaison *f*
D: Neigung *f*, Umlegung *f*
E: inclination *n*, tilting *n*
incliné *adj*
D: schräg *adj*
E: inclined *adj*, oblique *adj*
incliner *v*
D: neigen *v*, kippen *v*
E: incline *v*, tilt *v*
incurvation *f*
D: Krümmung *f*
E: curvature *n*
indépendant de
D: unabhängig von
E: independent of
indicateur lumineux *m*
D: Lichtzeiger *m*
E: optical pointer
indication *f* [elec., opt.]
D: Anzeige *f*
E: indication *n*, display *n*
indication de la disponibilité *f*
D: Bereitschaftsanzeige *f*
E: indication of readiness, ready-indicator *n*
indication de poste de travail *f*
D: Arbeitsplatzanzeige *f*
E: tube indicator, X-ray unit indicator
indication du plan de coupe *f* [CT]
D: Anzeige der Schichtlage
E: slice plane indication
inductance *f*
D: Induktivität *f*
E: inductance *n*
induction magnétique *f*
D: magnetische Induktion
E: magnetic induction
inefficace *adj*
D: unwirksam *adj*
E: ineffective *adj*, inoperative *adj*
inégal *adj*
D: uneben *adj*
E: uneven *adj*
inélastique *adj*
D: unelastisch *adj*
E: inelastic *adj*
inertie *f*
D: Trägheit *f*, Beharrungsvermögen *n*
E: inertia *n*
inétanchéité *f*
D: Undichtheit *f*
E: leak *n*, leakage *n*
inexact *adj*
D: ungenau *adj*
E: inexact *adj*, inaccurate *adj*
inexactitude *f*
D: Ungenauigkeit *f*
E: inaccuracy *n*, inexactitude *n*
infirmier *m*
D: Krankenpfleger *m*
E: male nurse

infirmière *f*
D: Krankenschwester *f*
E: hospital nurse, registered nurse
infirmière chirurgicale *f*
D: Operationsschwester *f*
E: surgical nurse
inflammable *adj*
D: brennbar *adj*, entflammbar *adj*
E: flammable *adj* (US), inflammable *adj* (GB)
influence de la température *f*
D: Temperatureinfluß *m*
E: temperature influence
influence exercée sur l'image *f* [tv.]
D: Bildbeeinflussung *f*
E: image processing
informations sur un changement *f pl*
D: Änderungsmitteilung *f*
E: amendment *n*, notification of change
ininflammable *adj*
D: feuerhemmend *adj*
E: fire-resistant *adj*, flame-retardant *adj*
injecteur à haute pression *m*
D: Hochdruck-Impuls-Injektor *m*
E: high-pressure pulsed injector
injection pulsée commandée par phase cardiaque *f*
D: herzphasengesteuerte Pulsinjektion
E: cardiac-phase-controlled pulsed injection
inscription sur film *f*
D: Filmbeschriftung *f*
E: film marking
insensible à
D: unempfindlich gegen
E: insensitive to
insensible aux changements de température
D: temperaturbeständig *adj* (unempfindlich gegen Temperaturänderung)
E: temperature-resistant *adj*, insensitive to changes of temperature
installation *f*
D: Einrichtung *f* (Anlage)
E: equipment *n*, unit *n*
installation cinématographique *f*
D: Kinoeinrichtung *f*
E: cine equipment
installation de röntgentélévision *f*
D: Röntgenfernsehanlage *f*
E: X-ray television
installation d'essai *f*
D: Versuchsanlage *f*
E: testing installation, experimental plant
installation radiologique *f*
D: Röntgenanlage *f*
E: X-ray installation
installation radiophotographique de dépistage *f*
D: Schirmbild-Reihenuntersuchungsgerät *n*
E: mass chest examination unit
installation transversale (du patient) *f*
D: Querlagerung *f* (eines Patienten)
E: transverse positioning (of a patient)
institut radiologique *m*
D: Röntgeninstitut *n*
E: X-ray institute
instruction *m*
D: Vorschrift *f*
E: rule *n*, regulation *n*, code *n*
instruction d'essai *f*
D: Prüfvorschrift *f*
E: test specification
instructions d'utilisation *f pl*
D: Bedienungsanleitung *f*
E: service instructions
instructions uniformes
D: einheitliche Vorschriften
E: uniform standards
instrument de mesure *m*
D: Meßgerät *n*, Meßinstrument *n*
E: measuring device, measuring instrument
instrument de surveillance *m*
D: Überwachungsgerät *n*
E: survey instrument
instrument d'examen du réseau *m*
D: Netzprüfgerät *n*

E: line testing equipment
intact *adj*
D: unbeschädigt *adj*
E: intact *adj*
intensification *f* [elec.]
D: Verstärkung *f*
E: amplification *n*, intensification *n*, gain *n*
intensité de courant *f*
D: Stromstärke *f*
E: current intensity
intensité de la voix *f*
D: Lautstärke *f*
E: sound intensity, loudness *n*
intensité de rayonnement *f* (CEI)
D: Strahlenintensität *f* (IEC)
E: intensity of radiation (IEC)
intensité du champ *f*
D: Feldstärke *f*
E: field strength
intensité du son *f*
D: Lautstärke *f*
E: sound intensity, loudness *n*
intensité lumineuse *f*
D: Lichtstärke *f*
E: light intensity
interaction *f*
D: Wechselwirkung *f*
E: reciprocal action, interaction *n*
interchangeabilité *f*
D: gegenseitige Austauschbarkeit
E: interchangeability *n*
interchangeable *adj*
D: auswechselbar *adj*, austauschbar *adj*
E: interchangeable *adj*, replaceable *adj*
interface *m*
D: Nahtstelle *f*, Schnittstelle *f*
E: interface *n*
interférence *f* [elec.]
D: Überlagerung *f*
E: superposition *n*, superimposition *n*
intermittent *adj*
D: intermittierend *adj*
E: intermittent *adj*
interphone *m*
D: Wechselsprechanlage *f*
E: intercommunication system, intercom *n*
interprétation d'image *f* [rad.]
D: Bilddeutung *f*
E: image interpretation
interrompre *v* (le courant)
D: abschalten *v*, ausschalten *v*, unterbrechen *v*
E: switch off *v*, interrupt *v*, disconnect *v*, turn off *v* (US)
interrompu *adj*
D: ausgeschaltet *adj*, abgeschaltet *adj*
E: switched off *adj*, turned off *adj* (US)
interrupteur *m*
D: Unterbrechungskontakt *m*
E: break contact, interrupter *n*
interrupteur *m*
D: Auslöseschalter *m*
E: release switch, starting switch
interrupteur *m* [elec.]
D: Unterbrecher *m*
E: interruptor *n*
interrupteur *m* (conjoncteur ou disjoncteur)
D: Schalter *m* (Ein- bzw. Ausschalter)
E: switch *n* (circuit breaker or interrupter)
interrupteur à bascule *m*
D: Kippschalter *m*
E: toggle switch
interrupteur à pédale *m*
D: Fußschalter *m*
E: foot switch
interrupteur de déclenchement manuel *m*
D: Handauslöseschalter *m*
E: hand switch
interrupteur de fonctionnement *m*
D: Betriebsschalter *m*
E: operating switch, control switch
interrupteur de réseau *m*
D: Netzschalter *m*
E: power switch
interrupteur encastré *m*
D: Unterputzschalter *m*
E: recessed switch, flush-mounted

switch
interrupteur haute tension *m*
D: Hochspannungsschalter *m*
E: high tension switch
interrupteur hydraulique *m*
D: Wasserdruckschalter *m*
E: water-pressure switch
interrupteur par coordonnées *m*
D: Koordinatenschalter *m*
E: cross-bar switch, coordinate switch
interrupteur principal *m*
D: Hauptschalter *m*
E: main switch
interruption *f*
D: Abschaltung *f*, Ausschaltung *f*, Unterbrechung *f*
E: switching-off *n*, switch-off *n*, disconnection *n*, turning-off *n* (US)
interruption *f*
D: Unterbrechung *f*
E: interruption *n*
intervalle de charge *m*
D: Belastungspause *f*
E: load pause
intervention chirurgicale *f*
D: Operationseingriff *m*, operativer Eingriff
E: surgery *n*, surgical intervention
intraopératoire *adj*
D: interoperativ *adj*, intraoperativ *adj*
E: during surgery
intraveineux *adj*
D: intravenös *adj*
E: intravenous *adj*
introduction de la cassette *f*
D: Kassetteneinschub *m*, Kassetteneinfahrt *f*
E: cassette insertion
invention *f*
D: Erfindung *f*
E: invention *n*
inverseur *m*
D: Umschalter *m*
E: change-over switch
inverseur de courant *m*
D: Stromwender *m*
E: pole changer
inversion de contraste *f*
D: Kontrastumkehr *f*
E: contrast inversion
inversion de polarité *f*
D: Umpolung *f*
E: change of polarity, pole reversal
inversion d'image *f* [tv.]
D: Bildumkehr *f*
E: image inversion, image reversal
investigation *f*
D: Erforschung *f*
E: exploration *n*, investigation *n*
irradiation à champs fixes *f*
D: Stehfeldbestrahlung *f*
E: stationary-field irradiation
irradiation à feux croisés *f* (thérapie)
D: Kreuzfeuerbestrahlung *f* (Therapie)
E: cross-fire irradiation (therapy)
irradiation avec localisateur à grille *f* [ther.]
D: Siebbestrahlung *f*
E: grid cone irradiation
irradiation du corps entier *f*
D: Ganzkörperbestrahlung *f*
E: whole-body irradiation
irrigoscopie *f* (examen radiologique de l'intestin au moyen d'un lavement opaque)
D: Irrigoskopie *f* (Röntgenologische Darmuntersuchung durch Kontrasteinlauf)
E: irrigoscopy *n* (intestine X-ray examination with opaque enema)
isolateur *m*
D: Isolator *m*
E: insulator *n*
isolement *m* [eltr.]
D: Isolierung *f*
E: insulation *n*
isolement à l'huile *m*
D: Ölisolierung *f*
E: oil insulation
isolement ininflammable *m*
D: feuerhemmende Isolation
E: flame-resistant insulation, flame-retardant insulation

J

jambe *f*
D: Unterschenkel *m*
E: lower leg
jeu mécanique *m*
D: toter Gang, Lose *f*
E: backlash *n*
joint à rotule *m*
D: Kugelgelenk *n*
E: ball joint
joint d'étanchéité *m*
D: Dichtung *f*
E: seal *n*, gasket *n*
joint en caoutchouc *m*
D: Gummidichtung *f*
E: rubber gasket
joint radial *m*
D: Radialdichtung *f*
E: radial seal, radial packing
joint soudé *m*
D: Schweißnaht *f*
E: welding seam, welded joint

K

kilovoltmètre *m*
D: kV-Meter *n*
E: kV-meter *n*
kymographie *f*
D: Kymoaufnahme *f* (zur Erkennung von Bewegungsstörungen)
E: kymography *n*

L

lame à souder *f*
D: Lötfahne *f*
E: solder tag
lame de raccord *f*
D: Lötöse *f*
E: solder lug
lamelle *f*
D: Lamelle *f* (Blende, Raster)
E: leaf *n* (collimator), strip *n* (grid)
lamelle de plomb *f*
D: Bleilamelle *f*
E: lead strip
lampe à décharge *f*
D: Glimmlampe *f*
E: glow lamp, neon lamp
lampe d'avertissement *f*
D: Warnlampe *f*
E: warning light
lampe du viseur lumineux *f*
D: Lichtvisierlampe *f*
E: light localizer lamp, visual localizer lamp
lampe halogène *f*
D: Halogenlampe *f*
E: halogen bulb
lampe inactinite *f*
D: Dunkelkammerlampe *f*
E: darkroom safety lamp
lampe-témoin *f*
D: Signallampe *f*, Anzeigelampe *f*
E: pilot lamp, signal lamp, indicating lamp (GB)
laquage *m*
D: Lackierung *f*, Lacküberzug *m*
E: varnish *n*, lacquer *n*
largeur de bande *f* [tv.]
D: Bandbreite *f*
E: bandwidth *n*
largeur de bande de fréquences *f*
D: Frequenzbandbreite *f*
E: frequency bandwidth
largeur de fenêtre *f* [CT]
D: Fensterbreite *f*
E: window width
largeur d'impulsion *f* [CT]
D: Pulsbreite *f* (Dosispuls)
E: pulse width (dose pulse)
larynx *m*
D: Kehlkopf *m*
E: larynx *n*

latéral *adj*
D: lateral *adj*, seitlich *adj*
E: lateral *adj*
latitude de déplacement *f*
D: Bewegungsbereich *m*
E: range of motion
lavage intermédiaire *m*
D: Zwischenwässerung *f*
E: intermediate rinsing
lavement à double contraste *m*
D: Doppelkontrasteinlauf *m*
E: double contrast enema
lavement opaque *m*
D: Kontrasteinlauf *m*
E: opaque enema, barium enema
lecteur de bandes perforées *m*
D: Lochstreifenleser *m*
E: punched tape reader
légende *f*
D: Zeichenerklärung *f*
E: legend *n*
lentille *f*
D: Linse *f*
E: lens *n*
lentille électrostatique *f*
D: elektrostatische Linse
E: electrostatic lens
levier de commande *m*
D: Auslösehebel *m*
E: release lever
liberté de mouvement *f*
D: Bewegungsfreiheit *f*
E: freedom of movement
lieu d'embranchement *m*
D: Verzweigungsstelle *f*
E: branching point
ligne *f*
D: Zeile *f*
E: line *n*
limitation *f*
D: Einschränkung *f*
E: limitation *n*, restriction *n*
limitation automatique du format *f* [rad.]
D: automatische Formateinblendung, Formatautomatik *f*
E: automatic collimation, automatic coning device, automatic collimation set, automatic format setting
limitation de pression *f*
D: Druckbegrenzung *f*
E: pressure limitation
limite de charge *f*
D: Belastungsgrenze *f*
E: loading limit, loading point
limiteur de temps *m*
D: Grenzzeitblockierung *f*
E: time limit blocking
limiteur de tension *m*
D: Spannungsbegrenzer *m*
E: voltage limiter
limiteur d'élévation *m*
D: Hubbegrenzer *m*
E: lift limiter
liste de contrôle *f*
D: Prüfliste *f*
E: check list
lit de malade *m*
D: Krankenbett *n*
E: sickbed *n*, hospital bed
localement fixe
D: ortsfest *adj*
E: stationary *adj*
localisateur *m*
D: Lokalisationsgerät *n*
E: localization unit
localisateur *m*
D: Tubus *m*
E: cone *n*, localizer *n*
localisateur à champ lumineux *m*
D: Lichtvisiertubus *m*
E: visual localizer cone, light beam cone
localisateur de distance *m*
D: Abstandstubus *m*
E: distance cone
localisateur lumineux *m*
D: Lichtvisiertubus *m*
E: visual localizer cone, light beam cone
localisation de corps étrangers *f*
D: Fremdkörperlokalisation *f*
E: foreign body localization
localisation des calculs rénaux *f*
D: Nierensteinlokalisation *f*
E: localization of renal calculi

localisation d'une panne *f*
D: Auffindung der Störstelle
E: troubleshooting *n* (US), locating the trouble (GB)
loi de l'inverse du carré de la distance *f* [phys., rad.]
D: Abstandsquadratgesetz *n*, quadratisches Abstandsgesetz
E: inverse square law of distance
longueur d'onde *f*
D: Wellenlänge *f*
E: wavelength *n*
longueur du câble *f*
D: Kabellänge *f*
E: cable length
lordose *f* (incurvation de la colonne vertébrale)
D: Lordose *f* (nach vorn konvexe Wirbelsäulenkrümmung)
E: lordosis *n*, hollowback *n*, saddle back
loupe *f*
D: Lupe *f*
E: magnifying glass, magnifying lens
lubrification *f*
D: Schmierung *f*
E: lubrication *n*, greasing *n*
lumière diffusée *f*
D: Streulicht *n*
E: stray light
luminance *f*
D: Leuchtdichte *f*
E: light intensity, brightness *n*
luminosité *f*
D: Helligkeit *f*
E: brightness *n*
lunettes de protection *f pl*
D: Schutzbrille *f*
E: protective goggles
lunettes protectrices *f pl*
D: Schutzbrille *f*
E: protective goggles
lymphographie *f*
D: Lymphographie *f* (Darstellung der Lymphgefäße)
E: lymphography *n*

M

mâchoire *f*
D: Kiefer *m*
E: jaw *n*, maxilla *n*
magasin *m*
D: Lager *n* (Raum)
E: stock room, store room, depot *n*
magasin récepteur de films *m*
D: Filmauffangmagazin *n*
E: film receiving magazine
magnétisme rémanent
D: Remanenz *f*, Restmagnetismus *m*
E: remanence *n*, residual magnetism
magnétophone *m*
D: Bandspeicher *m*, Magnetbandspeicher *m*, Tonbandgerät *n*
E: tape recorder
magnétoscope *m*
D: Bandspeicher *m*, Magnetbandspeicher *m*, Tonbandgerät *n*
E: tape recorder
magnétoscope radiologique *m*
D: Röntgenbandspeicher *m*
E: X-ray video tape recorder
mal des rayons *m* (CEI)
D: Strahlenkater *m* (IEC)
E: radiation sickness (IEC)
mamelon *m*
D: Mammille *f*, Brustwarze *f*
E: mamilla *n*, nipple *n*
mammographie *f*
D: Mammographie *f* (Darstellung der weiblichen Brustdrüsen ohne Kontrastmittel)
E: mammography *n*
maniable *adj*
D: handlich *adj*
E: handy *adj*, manageable *adj*
manivelle *f*
D: Handkurbel *f*

E: hand crank
manœuvrable, facilement
D: leicht bedienbar
E: easy to operate
manœuvre *m*
D: Betätigung *f*, Bedienung *f*
E: operation *n*, handling *n*, actuation *n*, control *n*
manœuvre de commande *m*
D: Schaltvorgang *m*, Schaltung *f*
E: switching *n*, switching operation
manque de courant *m*
D: Stromausfall *m*
E: power failure, current breakdown
marche arrière *f*
D: Rücklauf *m*
E: return travel
marche en arrière *f*
D: Rückwärtslauf *m*
E: reverse running
marche en avant
D: Vorwärtsbewegung *f*
E: forward motion
marchepied *m*
D: Fußbank *f*
E: foot board, foot rest
marchepied mobile *m*
D: Hebebühne *f*, Hebebühnen-Stativ *n*
E: lifting pedestal
marquage *m*
D: Markierung *f*
E: marking *n*, identification *n*
marque d'identification *f*
D: Kennmarke *f*
E: identification mark, identification sign
masse isolante *f*
D: Vergußmasse *f*
E: sealing compound, insulating compound
matelas glissant *m*
D: Gleitmatratze *f*
E: sliding mattress
matériau de remplissage *m*
D: Vergußmasse *f*
E: sealing compound, insulating compound
matériau protecteur *m* (COCIR)
D: Strahlenschutzstoff *m* (Stoff zur Schwächung ionisierender Strahlen)
E: protective material
matériel-porteur *m*
D: Trägermaterial *n*
E: carrier material
matière incombustible *f*
D: unbrennbarer Stoff, feuerfester Stoff
E: incombustible matter
matière inflammable *f*
D: feuergefährliches Material
E: inflammable material, combustible material
matière lubrifiante *f*
D: Gleitmittel *n*
E: grease *n*, lubricant *n*
matière plastique *f*
D: Kunststoff *m*
E: plastic material
matière protecteur *f*
D: Schutzstoff *m*
E: protective material
matrice d'image *f* [CT]
D: Bildmatrix *f*
E: image matrix.
maxillaire *m*
D: Kiefer *m*
E: jaw *n*, maxilla *n*
mécanisme compteur *m*
D: Zähler *m*, Zählwerk *n*
E: counter *n*, counting mechanism
mécanisme de verrouillage *m*
D: Verriegelungsmechanismus *m*
E: interlocking mechanism
médecin d'entreprise *m*
D: Werksarzt *m*
E: factory physician
médecin-chef *m*
D: Chefarzt *m*
E: chief physician
médecine nucléaire *f*
D: Nuklearmedizin *f*
E: nuclear medicine
médicament *m*
D: Medikament *n*
E: remedy *n*, medicament *n*

membrane *f*
D: Membran *f*
E: membrane *n*
membrane de compensation *m* (gaine radiogène)
D: Ausgleichsmembran *f* (Röhrengehäuse)
E: compensating membrane (tube shield)
mémoire *f* [elec.]
D: Speicher *m*
E: memory *n*, storage *n*
mémoire *f*
D: Kernspeicher *m*
E: core storage, core store
mémoire magnétique *f* [DV]
D: Magnetkernspeicher *m*
E: magnetic core storage
mesure *f*
D: Messung *f*
E: measuring *n*, measurement *n*
mesure comparative *f*
D: Vergleichsmessung *f*
E: comparative measurement
mesure de la dose *f*
D: Dosismessung *f*
E: dose measurement
mesure de l'ionisation *f*
D: Ionisationsmessung *f*
E: ionization measurement
mesure de température *f*
D: Temperaturmessung *f*
E: temperature measurement
mesure du débit de dose *f*
D: Dosisleistungsmessung *f*
E: dose rate measurement
mesure du rayonnement *f*
D: Strahlenmessung *f*
E: radiation measurement
mesure du rayonnement diffusé *f*
D: Streustrahlenmessung *f*
E: measuring of scattered radiation
méthode *f*
D: Verfahren *n*
E: process *n*, method *n*, technique *n*
méthode de balayage *f* [DV]
D: Abtastverfahren *n*
E: scanning method
méthode de localisation *f*
D: Lokalisationsverfahren *n*
E: method for locating
méthode de mesure *f*
D: Meßverfahren *n*, Meßmethode *f*
E: method of measurement
méthode de planigraphie panoramique *f*
D: Panorama-Schichtverfahren *n*
E: panorama planigraphic system
méthode de planigraphie simultanée *f*
D: Simultan-Schichtverfahren *n*
E: simultaneous multisection technique
méthode d'examen *f*
D: Untersuchungsmethode *f*, Untersuchungsverfahren *n*
E: examination technique
mètre-ruban *m*
D: Rollbandmaß *n*
E: measuring tape
microcalcification de la glande mammaire *f*
D: Mikrokalzifikation der Mamma
E: micro-calcification of the mamma
microrupteur *m*
D: Mikroschalter *m*
E: micro-switch *n*
milieu du dossier *m*
D: Stützwandmitte *f*
E: center of table top
minuterie *f*
D: Zeitschalter *m*
E: time switch, timer *n*
minuterie à condensateur *f*
D: Kondensator-Zeitschalter *m*
E: condenser timer
minuterie de radioscopie *f*
D: Durchleuchtungsuhr *f*
E: fluoroscopic timer
minuterie électronique *f*
D: elektronischer Zeitschalter
E: electronic timer
minuterie manuelle *f*
D: Handzeitschalter *m*
E: hand timer
miroir du viseur lumineux *m*

D: Lichtvisierspiegel *m*
E: mirror of the light-beam indicator

mis à la terre
D: geerdet *adj*
E: grounded *adj* (US), earthed *adj* (GB)

mise à la mémoire de l'information *f*
D: Datenkonservierung *f*
E: data storage

mise à la terre *f*
D: Erdung *f*
E: grounding *n* (US), earthing *n* (GB)

mise au point *f*
D: Scharfeinstellung *f*, Fokussierung *f*
E: critical focusing, focusing *n*

mise au zéro *f*
D: Nullung *f*
E: multiple protective earthing (m.p.e.), neutralization *n*

mise en circuit *f*
D: Einschaltung *f*, Anschaltung *f*
E: switching-on *n*

mise en place de la cassette *f*
D: Kassetteneinfahrt *f*
E: cassette travel, cassette insertion

mise en place en décubitus dorsal *f*
D: Rückenlagerung *f*
E: supine positioning

mise hors circuit *f*
D: Abschaltung *f*, Ausschaltung *f*, Unterbrechung *f*
E: switching-off *n*, switch-off *n*, disconnection *n*, turning-off *n* (US)

mode de fixation *m*
D: Anbringungsweise *f*
E: method of attachment

mode de fonctionnement *m*
D: Betriebsart *f*
E: mode of operation

mode de travail sans effort *m*
D: kraftsparende Arbeitsweise
E: effortless operation

mode d'emploi *f*
D: Gebrauchsanleitung *f*, Gebrauchsanweisung *f*
E: operating instructions

mode standard de construction *m*
D: Einheitsbauweise *f*
E: standard design, uniform design

modèle spécial *m*
D: Sonderausführung *f*
E: special design

modification *f*
D: Änderung *f*
E: alteration *n*, change *n*, variation *n*, modification *n*

modulation totale *f*
D: Vollaussteuerung *f*
E: maximum modulation, full-scale control

moelle épinière *f*
D: Rückenmark *n*
E: spinal cord

moment de torsion *m* [phys.]
D: Drehmoment *n*
E: torque *n*, turning moment

moniteur *m* [tv.]
D: Sichtgerät *n*, Fernseh-Sichtgerät *n*
E: monitor *n*

montage *m*
D: Aufstellung *f*, Montage *f*, Aufbau *m* (eines Geräts)
E: installation *n*, setting-up *n*, assembly *n*

montage à collecteur *m*
D: Kollektorschaltung *f*
E: grounded-collector circuit

montage à émetteur commun *m* [eltr.]
D: Emitterschaltung *f*
E: grounded-emitter circuit

montage de base *m* [eltr.]
D: Basisschaltung *f*
E: grounded-base circuit

montage d'essai *m*
D: Versuchsanordnung *f*, Versuchsaufbau *m*, Testanordnung *f*, Prüfvorrichtung *f*
E: experimental arrangement, testing arrangement, test arrangement, test setup

montage en parallèle *m*
D: Parallelschaltung *f*

E: parallel circuit
montage en série *m*
D: Hintereinanderschaltung *f*, Reihenschaltung *f*
E: series circuit, series connection
montage expérimental *m*
D: Versuchsanordnung *f*, Versuchsaufbau *m*, Testanordnung *f*, Prüfvorrichtung *f*
E: experimental arrangement, testing arrangement, test arrangement, test setup
montage isowatt *m*
D: Isowattschaltung *f*
E: Isowatt circuit
montage mural *m*
D: Wandbefestigung *f*
E: wall mounting, wall mount
montage sous crépi *m* [elec.]
D: Unterputzmontage *f*, Unterputzverlegung *f*
E: recessed mounting
montage supplémentaire *m*
D: Nachrüstung *f*
E: supplementary installation
montage sur crépi *m* [elec.]
D: Aufputzmontage *f*
E: surface mounting
monté à cardan
D: kardanisch gelagert
E: with universal joint (US), gimbally mounted (GB)
montée *f*
D: Aufwärtsbewegung *f*
E: upward movement, lift *n*
montée de tension *f*
D: Spannungsanstieg *m*
E: potential rise
moteur à cage d'écureuil *m*
D: Kurzschlußmotor *m*
E: squirrel-cage motor
moteur à courant alternatif *m*
D: Wechselstrommotor *m*
E: AC motor
moteur à courant continu *m*
D: Gleichstrommotor *m*
E: DC motor
moteur synchrone *m*
D: Synchronmotor *m*
E: synchronous motor
moto-générateur *m*
D: Motorgenerator *m*
E: motor-generator *n*
motorisé *adj*
D: motorangetrieben *adj*, motorisch *adj*
E: motor-driven *adj*
mouvement circulaire *m*
D: Kreisbewegung *f*
E: circular movement
mouvement de la grille *m*
D: Rasterbewegung *f*
E: grid movement
mouvement de montée et descente *m*
D: Auf- und Abbewegung *f*
E: up-and-down movement
mouvement descendant *m*
D: Abwärtsbewegung *f*
E: downward movement, lowering *n*
mouvement d'organe *m*
D: Organbewegung *f*
E: movement of organ
mouvement longitudinal *m*
D: Längsbewegung *f*
E: length movement, longitudinal movement
mouvement transversal *m* [cons.]
D: Querbewegung *f*
E: crosswise movement, transverse motion
mouvement vers le bas *m*
D: Abwärtsbewegung *f*
E: downward movement, lowering *n*
moyen de contraste *m*
D: Kontrastbrei *m*
E: contrast meal, opaque meal
multiplicateur d'électrons secondaires *m*
D: Sekundärelektronenvervielfacher *m*
E: electron multiplier
muqueuse gastrique *f*
D: Magenschleimhaut *f*
E: gastric mucosa

musculature du cœur *f*
D: Herzmuskulatur *f*
E: heart muscles
myélographie *f*
D: Myelographie *f*, Darstellung des Rückenmarkkanals
E: myelography *n*
myocarde *m*
D: Myokard *n*, Herzmuskel *m*
E: myocardium *n*, heart muscle

N

négatoscope *m*
D: Schaukasten *m*, Filmbetrachtungsgerät *n*
E: film viewer, view box
négligeable *adj*
D: vernachlässigbar *adj*
E: negligible *adj*
néphrographie *f*
D: Nephrographie *f* (Darstellung der Nieren), Nierenaufnahme *f*
E: nephrography *n*, kidney radiograph
netteté de bord *f*
D: Kantensteilheit *f*
E: edge gradient
netteté des bords d'une image *f* [phot., rad.]
D: Randschärfe *f*
E: peripheral resolution
nettoyage *m*
D: Reinigung *f*
E: purification *n*, cleaning *n*
neuroradiologie *f*
D: Neuroradiologie *f* (radiologische Darstellung des Nervensystems)
E: neuroradiology *n*
neutralisation *f*
D: Nullung *f*
E: multiple protective earthing (m.p.e.), neutralization *n*
niveau de bruit *m*
D: Störpegel *m*
E: noise level
niveau d'huile *m*
D: Ölstand *m*
E: oil level
niveaux de gris *m pl* [CT]
D: Graustufen *f pl*
E: grey steps
noircissement *m* [phot.]
D: Schwärzung *f*
E: blackening *n*, density *n*
noircissement du film *m*
D: Filmschwärzung *f*
E: film blackening
nombre de coupes par balayage *m* [CT]
D: Schichtzahl pro Aufnahme
E: number of slices per scan
nombre de lamelles *m*
D: Lamellenzahl *f* (Raster)
E: number of strips (grid)
nombre de lignes *m*
D: Zeilenzahl *f*
E: number of lines
nombre de pulsation *m* [CT]
D: Pulszahl *f*
E: pulse number
nombre de spires *m*
D: Windungszahl *f*
E: number of windings
nombre de tours *m*
D: Umdrehungszahl *f*
E: number of revolutions
nombre de tours par minute (t/m)
D: Umdrehungen in der Minute (U/min)
E: revolutions per minute (r.p.m.)
non accordé
D: unabgestimmt *adj*
E: untuned *adj*
non amorti
D: ungedämpft *adj*
E: undamped *adj*
non blindé
D: unabgeschirmt *adj*
E: unshielded *adj*
non chargé
D: unbelastet *adj*
E: unloaded *adj*
non compensé

D: unabgeglichen *adj*
E: unbalanced *adj*
non économique
D: unwirtschaftlich *adj*
E: uneconomical *adj*
non étanché
D: undicht *adj*
E: leaky *adj*, untight *adj*
non laqué
D: unlackiert *adj*
E: unvarnished *adj*
non mis à la terre
D: ungeerdet *adj*
E: ungrounded *adj*
non plan
D: uneben *adj*
E: uneven *adj*
non praticable
D: unausführbar *adj*
E: impracticable *adj*
non réalisable
D: unausführbar *adj*
E: impracticable *adj*
non retardé
D: unverzögert *adj*
E: instantaneous *adj*
non soutenu
D: freitragend *adj*
E: self-supporting *adj*
non suspendu
D: ungefedert *adj*
E: unsprung *adj*
non transparent
D: undurchsichtig *adj*, lichtundurchlässig *adj*
E: non-transparent *adj*, opaque *adj*
non usiné
D: unbearbeitet *adj*
E: unfinished *adj*
non-conducteur *m*
D: Nichtleiter *m*
E: non-conductor *n*
non-étanchéité *f*
D: Undichtheit *f*
E: leak *n*, leakage *n*
normalisation *f*
D: Normung *f*
E: standardization *n*, standardizing *n*
normalisé *adj*
D: genormt *adj*
E: standardized *adj*
normaliser *v*
D: vereinheitlichen *v*
E: unify *v*, standardize *v*
norme *f*
D: Norm *f*
E: standard *n*, rule *n*
notice d'entretien *f*
D: Wartungsvorschrift *f*
E: maintenance information
notice d'utilisation *f*
D: Gebrauchsanleitung *f*, Gebrauchsanweisung *f*
E: operating instructions
nouvelle controuvée *f*
D: Erfindung *f*
E: invention *n*
noyau de transformateur *m*
D: Transformatorkern *m*
E: transformer core
numérotage de film *m*
D: Filmnumerierung *f*
E: film numbering

O

objet gênant *m*
D: Störobjekt *n*
E: unwanted object
oblique *adj*
D: schräg *adj*
E: inclined *adj*, oblique *adj*
obscurcissement *m*
D: Verdunkelung *f*
E: darkening *n*, obscuration *n*
observation visuelle *f*
D: optische Betrachtung
E: optical observation
obtention de la dose *f*
D: Dosisermittlung *f*
E: dose determination
obturateur *m*
D: Verschluß *m*
E: shutter *n*

obturateur à fente *m* [phot.]
D: Schlitzverschluß *m*
E: focal plane shutter
obturateur magnétique *m*
D: Magnetverschluß *m*
E: magnetic lock
obturateur rapide *m* [phot.]
D: Schnellverschluß *m*
E: rapid catch
oculaire *m*
D: Okular *n*
E: eyepiece *n*, ocular *n*
œsophage *m*
D: Oesophagus *m*, Speiseröhre *f*
E: esophagus *n*
omoplate *f*
D: Skapula *f*, Scapula *f*, Schulterblatt *n*
E: scapula *n*, shoulder blade
onde *f*
D: Welle *f* (Schwingung)
E: wave *n*
ondulation *f*
D: Welligkeit *f*
E: ripple *n*, ripple factor, waviness *n*
opaque *adj*
D: undurchsichtig *adj*, lichtundurchlässig *adj*
E: non-transparent *adj*, opaque *adj*
opérateur *m*
D: Bedienungsperson *f*
E: operator *n*
opérer *v*
D: betätigen *v*
E: operate *v*, handle *v*, actuate *v*
optique d'observation *f*
D: Betrachtungsoptik *f*
E: viewing ocular
optique d'observation à miroir *f*
D: Spiegelbetrachtungsoptik *f*
E: mirror viewing optics
optique double *f*
D: Tandemoptik *f*
E: tandem lens
optique électronique *f*
D: Elektronenoptik *f*
E: electron optics
optique électronique commutable *f*
D: umschaltbare Elektronenoptik
E: switchable electron-optical system
optique intermédiaire *f*
D: Zwischenoptik *f*
E: optical adapter, optical coupling
optique zoom *f*
D: Zoom-Optik *f*
E: zoom lens
orbite *f*
D: Orbita *f*
E: orbit *n*, eye socket
ordinateur *m*
D: Datenverarbeitungsanlage *f*
E: data processor
ordinateur *m*
D: Rechenanlage *f*, Rechner *m*
E: electronic computer
ordinateur central *m*
D: Rechenzentrum *n*
E: computer center, data processing center
ordre de commande *m*
D: Steuerungsbefehl *m*
E: control order
ordre de grandeur *m*
D: Größenordnung *f*
E: order of magnitude
organe de réglage *m*
D: Stellorgan *n*
E: regulating unit
organe récepteur *m*
D: Empfangsorgan *n*
E: receiving medium
organigramme *m*
D: Ablaufplan *m* (Graphik eines Arbeitsablaufs), Flußdiagramm *n*
E: flow chart
orienté *adj* [rad.]
D: gezielt *adj*
E: selective *adj*
os iliaque *m*
D: Hüftbein *n*
E: hip bone
oscillation *f* [elec.]
D: Schwingung *f*
E: oscillation *n*
oscillographe à rayons cathodiques *m*

D: Kathodenstrahloszillograph *m*
E: cathode ray oscillograph
oscilloscope à rayons cathodiques *m*
D: Kathodenstrahloszillograph ohne Registrierung
E: cathode ray oscilloscope *n*
ossature *f*
D: Skelett *n*
E: skeleton *n*
ostéosynthèse *f*
D: Osteosynthese *f*, operative Knochenbehandlung
E: osteosynthesis *n*
outil de montage *m*
D: Montagewerkzeug *n*
E: installation tool
outillage d'entretien *m*
D: Wartungswerkzeug *n*
E: tools for maintenance
ouverture relative *f*
D: Öffnungsverhältnis *n*
E: relative aperture

P

palier *m*
D: Lager *n* (Stützlager, Wellenlager)
E: bearing *n*
palier à aiguilles *m*
D: Nadellager *n*
E: needle bearing
palier à billes *m*
D: Kugellager *n*
E: ball-bearing *n*
palier à roulement *m*
D: Wälzlager *n*
E: anti-friction bearing
palier, en ~s de ...
D: in Stufen von ...
E: in steps of ..., in increments of ...
palier-glisseur *m*
D: Gleitlager *n*
E: sleeve bearing
palpation *f* [med.]
D: Palpation *f*
E: palpation *n*
palper *v* [med.]
D: palpieren *v*
E: palpate *v*
panne de courant *f*
D: Stromausfall *m*
E: power failure, current breakdown
panne de secteur *f*
D: Netzausfall *m*
E: power failure
panneau de distribution principale *m*
D: Hauptverteilertafel *f*
E: main circuit board panel
panneau flottant *m*
D: schwimmende Tischplatte
E: floating table top
panneau giratoire *m*
D: Drehtisch *m*
E: turntable *n*
panneau glissant *m*
D: verschiebbare Stützwand
E: sliding table top
paramètres circulatoires *m pl*
D: Kreislaufmeßwerte *m pl*
E: circulatory data
pare-souffle *m*
D: Hustenschutz *m*
E: cough guard
pare-toux *m*
D: Hustenschutz *m*
E: cough guard
paroi gastrique *f*
D: Magenwand *f*
E: gastric wall
paroi protectrice *f* (COCIR)
D: Strahlenschutzwand *f*
E: shielding *n*
part de rayonnement diffusé *m*
D: Streustrahlenanteil *m*
E: percentage of scattered radiation
partie médiane *f*
D: Mittelteil *n*
E: center section, middle section
partie médiane mobile de la gaine *f*
D: drehbares Röntgengehäusemittelteil

partie 60

E: rotating center section of shield
pas de déplacement *m*
D: Verschiebungsschritt *m*
E: shift step
passage au zéro *m*
D: Nulldurchgang *m*
E: zero passage
patient debout *m*
D: stehender Patient
E: standing patient
patient en décubitus *m*
D: liegender Patient
E: recumbent patient
patient en position horizontale *m*
D: liegender Patient
E: recumbent patient
pauvre en contraste
D: kontrastschwach *adj*, kontrastarm *adj*
E: poor in contrast, low-contrast *adj*
pauvre en détails
D: detailarm *adj*
E: poor in detail
pédiatrie *f*
D: Pädiatrie *f*, Kinderheilkunde *f*
E: pediatrics *pl*
pelvis *m*
D: Hüftbecken *n*
E: pelvis *n*
pénombre *f*
D: Halbschatten *m*
E: penumbra *n*
pente de l'anode *f*
D: Anodentellerwinkel *m*
E: anode disk angle
perceptibilité des détails *f* [phot., rad.]
D: Detailerkennbarkeit *f*
E: detail perceptibility, detail recognition
perforateur manuel *m*
D: Handlocher *m*
E: manual perforator
perforation *f* [DV]
D: Ablochen *n*
E: punching *n*, perforating *n*
perforation d'identité *f*
D: Kennlochung *f*
E: identifying perforation, identifying punching
perforatrice *f*
D: Lochstreifenstanzer *m*
E: tape punch
péristaltisme *m*
D: Peristaltik *f* (Kontraktionen der Eingeweidemuskulatur)
E: peristalsis *n*
péritoine *m*
D: Peritoneum *n*
E: peritoneum *n*
perméable aux rayons
D: strahlendurchlässig *adj*, röntgentransparent *adj*
E: radiolucent *adj*, radiotransparent *adj*
persistance du photoconducteur *f* [tv.]
D: Nachzieheffekt *m* (bei einer Fernsehaufnahmeröhre)
E: persistence of the photoconductor, smearing effect
personnel d'entretien *m*
D: Wartungspersonal *n*
E: maintenance staff
perte de contraste *f*
D: Kontrastverlust *m*
E: loss in contrast
perte de dose *f*
D: Dosisverlust *m*
E: dose loss
perte de potentiel *f*
D: Spannungsverlust *m*
E: voltage loss
perte de puissance *f*
D: Leistungsverlust *m*
E: power loss
perte d'information *f*
D: Informationsverlust *m*
E: loss of information
perte par absorption *m* [phys.]
D: Absorptionsverlust *m*
E: absorption loss
perte, à faibles ~s
D: verlustarm *adj*
E: of low loss
petit foyer *m*
D: Feinfokus *m*

E: fine focus
peu contrasté
D: kontrastschwach *adj*, kontrastarm *adj*
E: poor in contrast, low-contrast *adj*
phase *f*
D: Phasenlage *f*
E: phase position
phase auxiliaire *f*
D: Hilfsphase *f*
E: auxiliary winding, split phase
phlébographie *f*
D: Phlebographie *f*, Venographie *f*, Venendarstellung *f*
E: phlebography *n*, venography *n*
photocalque *m*
D: Lichtpause *f*
E: photographic tracing, blue print
photocathode *f*
D: Photokathode *f*
E: photocathode *n*
photo-électrique *adj*
D: photoelektrisch *adj*
E: photoelectric *adj*
photoemission *f*
D: Photoemission *f*
E: photo-emission *n*
photomultiplicateur *m*
D: Photomultiplier *m*
E: photomultiplier *n*
photorésistance *f*
D: Photowiderstand *m*
E: photoelectric resistor
photoscintigramme *m*
D: Photoszintigramm *n*
E: photoscintigram *n*
pièce d'adjonction *f*
D: Zusatzteil *n*
E: additional part, attachment *n*
pièce de rallonge *f*
D: Verlängerungsstück *n*
E: extension piece
pièce de rechange *f*
D: Ersatzteil *n*
E: spare part
pièce d'usure *f*
D: Verschleißteil *m*
E: wearing part
pièce intermédiaire *f*
D: Zwischenstück *n*
E: intermediate piece, adapter *n*, connecting piece
pièce normalisée *f*
D: Normteil *n*
E: standard part
pièce standard *f*
D: Normteil *n*
E: standard part
pièces de rechange *f pl*
D: Austauschteile *n pl*
E: interchangeable components
pièces de transformation *f pl*
D: Umrüstteile *n pl*
E: conversion parts
pièces mécaniques *f pl*
D: mechanische Teile
E: mechanical parts
pied de l'appareil *m*
D: Gerätefuß *m*
E: table base
pignon *m*
D: Zahnritzel *n*, Ritzel *n*
E: pinion *n*
pince de serrage *f*
D: Spannzange *f*
E: self-centering holder
piste d'anode *f*
D: Brennfleckbahn *f*
E: focal path
piste de foyer *f*
D: Brennfleckbahn *f*
E: focal path
piste sonore *f*
D: Tonspur *f*
E: sound track
pivot *m* [mech., phys.]
D: Drehpunkt *m*
E: pivot *n*, fulcrum *n*
pivot support *m*
D: Tragzapfen *m* (für Röhrengehäuse nach DIN 6836)
E: holding pivot, spigot *n*
pivotant *adj*
D: ausklappbar *adj*
E: hinged *adj*
pivotement *m*
D: Ausschwenkung *f*

E: swinging-out *n*, swiveling-out *n*
plafond *m*
D: Decke *f* (eines Raumes)
E: ceiling *n*
plage de la tension *f*
D: Spannungsbereich *m*
E: voltage range
plan de câblage *m*
D: Schaltbild *n*, Schaltplan *m*, Leitungsplan *m*, Verdrahtungsplan *m*, Stromlaufbahn *f* (IEC)
E: wiring diagram, wiring scheme, circuit diagram (IEC)
plan de coupe
D: Schichtebene *f*
E: planigraphic plane
plan de situation *m*
D: Lageplan *m*
E: plan view, site plan, layout *n*
plan des circuits *m*
D: Schaltbild *n*, Schaltplan *m*, Leitungsplan *m*, Verdrahtungsplan *m*, Stromlaufbahn *f* (IEC)
E: wiring diagram, wiring scheme, circuit diagram (IEC)
plan d'image *m*
D: Bildebene *f*
E: image plane
plan du dossier *m*
D: Stützwandebene *f*
E: table top plane
plan médio-sagittal *m* (plan partageant le corps en deux parties dans le sens ventro-dorsal)
D: Mediansagittalebene *f* (Ebene, die in ventral-dorsaler Richtung den Körper in zwei spiegelbildlich gleiche Teile zerlegt)
E: median sagittal plane (plane dividing body into two mirror-images)
plan sagittal *m* (tout plan parallèle au plan médio-sagittal) [rad]
D: Sagittalebene *f* (jede Parallelebene zur Mediansagittalebene)
E: sagittal plane (each parallel plane to the median sagittal plane)
planigraphe *m*
D: Schichtaufnahmegerät *n*
E: planigraphic equipment
planigraphie *f*
D: Planigraphie *f*, Schichtverfahren *n*, Schichtaufnahme *f* (Verfahren)
E: planigraphy *n*
planigraphie simultanée *f*
D: Simultan-Schichtaufnahme *f*
E: simultaneous planigraphy, simultaneous multisection radiography
planigraphie, méthode de ~ panoramique
D: Panorama-Schichtverfahren *n*
E: panorama planigraphic system
planigraphie, tube radiogène pour ~ panoramique
D: Panorama-Röntgenröhre *f*
E: panorama X-ray tube
plaque à trois champs *m*
D: Dreifelderschablone *f*
E: three-field template
plaque collectrice *f* [tv.]
D: Signalplatte *f*
E: signal plate
plaque collimatrice *f*
D: Blendenplatte *f*
E: plate diaphragm
plaque d'avertissement *f*
D: Warnschild *n*
E: warning sign
plaque de base *f*
D: Grundplatte *f*
E: base plate
plaque de base en bois *f*
D: Holzuntersatz *m*
E: wooden base, wooden support
plaque de condensateur *f*
D: Kondensatorplatte *f*
E: condenser plate
plaque de défléxion *f*
D: Ablenkplatte *f*
E: deflector plate
plaque de montage *f*
D: Montageplatte *f*
E: mounting plate
plaque de recouvrement *f*
D: Abdeckplatte *f*
E: cover plate

plaque de verre au plomb *f*
D: Bleiglasscheibe *f*
E: lead-glass pane
plaque d'essai *f* [AB]
D: Testplatte *f* (BV-Bleistrichtest)
E: resolution test target [II]
plaque mémoire *f* [tv.]
D: Speicherplatte *f*
E: storage plate
plaque signal *f* [tv.]
D: Signalplatte *f*
E: signal plate
plaque signalétique *f*
D: Typenschild *n*, Leistungsschild *n*
E: rating plate
plateau de table *m*
D: Lagerungsplatte *f*, Tischplatte *f*, Patientenstützwand *f*
E: table top
plateau de table à déplacement motorisé *m*
D: motorisch verfahrbare Tischplatte
E: motor-driven table top
plateau de table flottant *m*
D: schwimmende Tischplatte
E: floating table top
plateforme *f*
D: Patientenpodest *m*
E: foot board
platine de montage *f*
D: Einbauplatte *f*
E: sub-assembly chassis
platine de raccordement *f* [elec.]
D: Anschlußplatte *f*
E: connection plate
pleine charge *f*
D: Vollast *f*
E: full load
plèvre *f*
D: Pleura *n*, Brustfell *n*
E: pleura *n*
plot de jonction *m*
D: Lötöse *f*
E: solder lug
poids de compensation *m*
D: Gewichtsausgleich *m*, Gegengewicht *n*, Ausgleichsgewicht *n*
E: counterbalance *n*, counterpoise *n*, counterweight *n*, balance weight, compensating weight
poignée *f*
D: Griff *m*, Handgriff *m*
E: grip *n*, handle *n*
poignée de commande *f* [cons.]
D: Kommandogriff *m*
E: control handle
poignée patient *f* [cons.]
D: Patientenhaltegriff *m*
E: patient handle
point de fonctionnement dynamique *m*
D: Arbeitspunkt *m*
E: operating point, working point
point de l'image *m* [tv.]
D: Bildpunkt *m*
E: picture point, picture element
point de soudure *m*
D: Lötstützpunkt *m*
E: soldering point
pompe à diffusion à mercure *f*
D: Quecksilber-Diffusionspumpe *f*
E: mercury diffusion pump
ponction *f*
D: Punktion *f*
E: puncture *n*
porte-câbles *m*
D: Kabelhalterung *f*
E: cable holder
porte-cassette *m*
D: Kassettenhalter *m*
E: cassette holder
porte-cassettes auxiliaire *m*
D: Hilfskassettenhalter *m*
E: auxiliary cassette holder
porteur de charge *m* [tv.]
D: Ladungsträger *m*
E: charge carrier
pose de ligne *f*
D: Leitungsverlegung *f*
E: electrical installation, wiring *n*
position de disponibilité *f*
D: Bereitschaftsstellung *f*
E: standby position
position de la fenêtre *f* [CT]
D: Fensterlage *f*

E: window level
position de l'interrupteur *f*
D: Schalterstellung *f*
E: switch position
position de rangement *f*
D: Parkstellung *f*
E: parking position
position de rangement du sélecteur *f*
D: Zielgerät-Parkstellung *f*
E: spotfilm device parking position
position de repos *f*
D: Parkstellung *f*
E: parking position
position de Trendelenburg *f*
D: Kopftieflage *f*
E: Trendelenburg position
position throchoscopique *f*
D: Trochoskopiestellung *f*
E: horizontal position
positionnement du patient *m*
D: Patientenlagerung *f*
E: patient positioning
possibilité d'emploi *f*
D: Verwendungsmöglichkeit *f*
E: application *n*
poste de commande *m*
D: Schaltpult *n*, Bedienungspult *n*, Kommandopult *n*, Steuerpult *n*
E: control desk, control console
poste de secours *m*
D: Unfallstation *f*
E: emergency station
poste de travail thérapeutique *m*
D: Therapiearbeitsplatz *m*
E: therapy station, therapy installation
poste expérimental *m*
D: Versuchsanlage *f*
E: testing installation, experimental plant
post-opératoire *adj*
D: postoperativ *adj*
E: postoperative *adj*
potentiel *m*
D: Potential *n*
E: potential *n*
Potter Bucky *m*
D: Bucky-Blende *f*
E: Bucky diaphragm
Potter Bucky catapulte *m*
D: Katapult-Rasterlade *f*
E: catapult Bucky
poulie de guidage de câble *f*
D: Kabelführungsrolle *f*
E: guide pulley for cable
poulie guide *f*
D: Lenkrolle *f*
E: steering roller, caster *n*
pouvoir conducteur *m*
D: Leitfähigkeit *f*, Leitvermögen *n*
E: conductivity *n*
pouvoir de résolution *m* [phot., AB]
D: Auflösungsvermögen *n*
E: resolving power, resolution *n*
préamplificateur *m*
D: Vorverstärker *m*
E: preamplifier *n*, input amplifier
précision *f*
D: Genauigkeit *f*
E: accuracy *n*, precision *n*
précision des mesures *f*
D: Meßgenauigkeit *f*
E: measurement accuracy
précision, avec une ~ de ...
D: mit einer Genauigkeit von ...
E: within a margin of ...
préexposition *f*
D: Vorbelichtung *f*
E: preexposure *n*
préfiltration *f*
D: Vorfilterung *f*
E: primary filtration, prefiltration *n*
prémagnétisation *f*
D: Vormagnetisierung *f*
E: premagnetisation *n*
préparation *f*
D: Vorbereitung *f*
E: preparation *n*
préréglage *m*
D: Voreinstellung *f*
E: presetting *n*
prescription *m*
D: Vorschrift *f*
E: rule *n*, regulation *n*, code *n*
prescription d'installation *f*
D: Errichtungsvorschrift *f*
E: installation code, installation standard

présélection *f*
D: Vorwahl *f* (z.B. von Betriebsdaten)
E: preselection *n*
pression sur le support *f*
D: Auflagerdruck *m*
E: bearing pressure
prêt à fonctionner
D: betriebsbereit *adj*
E: ready for use, ready for operation
prévention des accidents *f*
D: Unfallverhütung *f*
E: accident prevention
principe de fonctionnement *m*
D: Funktionsprinzip *n*
E: functional principle
prise à fiche multipolaire *f*
D: mehrpoliger Stecker
E: multiple-pin plug
prise à fiches multiples *f*
D: Mehrfachstecker *m*
E: multicontact plug, multiple plug
prise de courant *f*
D: Steckdose *f*
E: socket *n*
prise de courant force *f*
D: Kraftsteckdose *f*
E: power receptacle
prise de courant murale *f*
D: Wandsteckdose *f*
E: wall socket
prise de terre *f*
D: Erdklemme *f*, Erdschelle *f*
E: ground clamp
prise de vue cinématographique *f*
D: Kinoaufnahme *f*
E: cinematography *n*
prise de vues sur microfilme *f*
D: Mikroverfilmung *f*
E: microfilming *n*
prise multicontact *f*
D: mehrpolige Steckdose
E: multicontact receptacle
problème *m*
D: Aufgabe *f*
E: task *n*, problem *n*
procédé *m*
D: Verfahren *n*
E: process *n*, method *n*, technique *n*
procédure de mise en œuvre *f*
D: Bedienungsablauf *m*
E: flow of operation, sequence of operation
processus d'inversion *m*
D: Umkehrverfahren *n*
E: inversion process
proche du foyer
D: fokusnah *adj*
E: close to focus
productif *adj*
D: leistungsfähig *adj*
E: powerful *adj*
production en masse *f*
D: Massenfertigung *f*
E: mass production
productivité *f*
D: Leistungsfähigkeit *f*, Leistungsvermögen *n*
E: power handling capacity
produit de contraste positif *m*
D: positives Kontrastmittel
E: positive contrast medium
profil de dose *m* [CT]
D: Dosisprofil *n*
E: dose profile
profondeur de la tumeur *f*
D: Herdtiefe *f*
E: tumor depth
profondeur de pénétration *f*
D: Eindringtiefe *f*
E: depth of penetration
programmation *f*
D: Programmierung *f*
E: programming *n*
programmation automatique de la puissance *f*
D: kW-Programm-Automatik *f*
E: automatic kW-program, automatic kW-system
programme à cassettes *m*
D: Kassettenprogramm *n*
E: cassette program
programme visé *m*
D: Zielprogramm *n*
E: spotfilm program
projection oblique *f*

D: Schrägprojektion *f*
E: oblique projection
prolongement *m*
D: Verlängerung *f*
E: extension *n*, lengthening *n*
proportion d'agrandissement *f*
D: Vergrößerungsverhältnis *n*
E: enlargement ratio, magnification proportion
proportionnalité *f*
D: Verhältnisgleichheit *f*
E: proportionality *n*
protection *f*
D: Schutz *m*
E: protection *n*
protection contre la haute tension *f*
D: Hochspannungsschutz *m*
E: surge arrester, surge protector
protection contre la surtension *f*
D: Überspannungsschutz *m*
E: overvoltage protection
protection contre le rayonnement diffusé *f*
D: Streustrahlenschutz *m*
E: scattered-radiation protection
protection contre les surcharges *f*
D: Überlastungsschutz *m*
E: overload protection
protection thermique *f*
D: Wärmeschutz *m*
E: heat protection, heat insulation
protégé *adj*
D: geschützt *adj*
E: protected *adj*
protocole de contrôle *m*
D: Prüfprotokoll *n*
E: test certificate
puissance absorbée *f*
D: Leistungsaufnahme *f*
E: power consumption, power input
puissance absorbée *f* (par un tube radiogène) (COCIR)
D: Leistungsaufnahme *f* (einer Röntgenröhre)
E: tube loading
puissance active *f*
D: Wirkleistung *f*
E: effective power, active power
puissance apparente *f*
D: Blindleistung *f*, Scheinleistung *f*
E: reactive power
puissance continue *f*
D: Dauerleistung *f*
E: continuous output, continuous rating
puissance de perte *f*
D: Verlustleistung *f*
E: power loss
puissance dégressive en continu *f*
D: kontinuierlich fallende Last
E: continuously dropping load
puissance disponible *f*
D: Leistungsabgabe *f*
E: power output
puissance du générateur *f*
D: Generatorleistung *f*
E: generator rating
puissance du tube *f*
D: Röhrenleistung *f*
E: tube rating
puissance nécessaire *f*
D: Leistungsbedarf *m*, Kraftbedarf *m*
E: power demand
puissance nominale *f*
D: Nennleistung *f*
E: rated output, nominal output, power rating
puissance permanente *f*
D: Dauerleistung *f*
E: continuous output, continuous rating
puissance réelle *f*
D: Wirkleistung *f*
E: effective power, active power
puissance utile *f*
D: Nutzleistung *f*
E: useful effect, useful power
pulsation du rayonnement *f*
D: Strahlenpulsation *f*
E: radiation ripple
pupitre de commande *m*
D: Schaltpult *n*, Bedienungspult *n*, Kommandopult *n*, Steuerpult *n*
E: control desk, control console
pupitre de télécommande *m*
D: Fernsteuerpult *n*

E: remote-control desk
pyélogramme i.v. *m* (représentation radiographique au moyen d'un produit de contraste du système rénal et des uretères)
D: intravenöses Pyelogramm (durch iv-Kontrastmittel-Injektion gewonnenes Röntgenbild von Nierenbecken und Harnleiter)
E: intravenous pyelogram (with iv-contrast medium produced radiograph of renal area and ureter)
pyélographie *f*
D: Pyelographie *f* (Darstellung der Nierenbecken und Harnleiter)
E: pyelography *n*
pylore *m*
D: Pylorus *m*, Magenpförtner *m*
E: pylorus *n*

Q

qualité de surface *f*
D: Oberflächenbeschaffenheit *f*, Oberflächengüte *f*
E: surface finish, surface quality
qualité d'image *f*
D: Bildgüte *f*
E: image quality
qualité d'un rayonnement *f* (COCIR)
D: Strahlenqualität *f* (durch unterschiedliche spektrale Verteilung)
E: radiation quality, beam quality
qualité inférieure *f*
D: minderwertige Qualität
E: substandard quality
quantité d'eau réfrigérante *f*
D: Kühlwassermenge *f*
E: cooling water required
quantité minimale *f*
D: Mindestbetrag *m*
E: minimum amount
quantum de rayons X *m*
D: Röntgenquant *n*
E: X-ray quantum

R

raccord de câble *m*
D: Kabelanschluß *m*
E: cable connection
radiamètre *m*
D: Strahlungsmeßgerät *n*
E: radiation measuring instrument
radiation *f*
D: Abstrahlung *f*
E: radiation *n*
radiation homogène *f*
D: homogene Strahlung
E: homogeneous radiation
radioactivité *f*
D: Radioaktivität *f*
E: radioactivity *n*
radiodiagnostic *m* (CEI)
D: Strahlendiagnostik *f* (IEC)
E: diagnostic radiology (IEC)
radiographie *f*
D: Röntgenaufnahme *f*
E: radiograph *n*, X-ray exposure
radiographie à courte distance *f*
D: Nahabstandsaufnahme *f*
E: short focal distance exposure
radiographie avec tube au-dessous de la table *f* [cons., rad.]
D: Untertischaufnahme *f*
E: undertable radiograph
radiographie avec tube au-dessus de la table *f* [cons., rad.]
D: Obertischaufnahme *f*
E: overtable radiograph
radiographie de contact *f*
D: Kontaktaufnahme *f*, Oberflächenaufnahme *f*
E: skin radiograph
radiographie de contrôle *f*
D: Kontrollaufnahme *f*
E: control radiograph
radiographie d'ensemble *f* [rad.]
D: Übersichtsaufnahme *f*
E: survey exposure, survey

radiograph
radiographie dentaire *f*
D: Zahnaufnahme *f*
E: dental radiograph
radiographie en série *f*
D: Serienaufnahme *f*
E: serialography *n*, serial exposure
radiographie isolée *f*
D: Einzelaufnahme *f*
E: single exposure, single film, radiograph *n*
radiographie manquée *f*
D: Fehlaufnahme *f*
E: faulty exposure
radiographie panoramique *f*
D: Panoramaaufnahme *f*
E: panorama radiograph
radiographie pulmonaire *f*
D: Lungenaufnahme *f*
E: chest radiograph
radiographie sous incidence oblique *f* [rad.]
D: Schrägaufnahme *f*
E: angular view, oblique radiograph
radiographie subdivisée *f* [cons., rad.]
D: unterteilte Aufnahme
E: spotfilm *n*, subdivided film, serialography *n*
radiographie sur-table *f* [cons., rad.]
D: Obertischaufnahme *f*
E: overtable radiograph
radiographie systématique *f*
D: Massenuntersuchung *f*, Reihenuntersuchung *f*
E: mass survey, mass fluorography
radiographie visée *f*
D: Zielaufnahme *f*
E: spotfilm radiograph
radiologie chirurgicale *f*
D: Röntgen im OP *n*
E: X-rays in the operating theater
radiologue *m*
D: Radiologe *m*, Untersucher *m*
E: radiologist *n*, examiner *n*, examining doctor
radiophotographie *f* (COCIR)
D: Schirmbildphotographie *f* (Festhalten eines Leuchtschirmbildes auf kleinformatigem Film)
E: fluorography *n*
radioprotection *f* (COCIR)
D: Strahlenschutz *m*
E: radiological protection
radioprotégé *adj*
D: strahlengeschützt *adj*
E: radiation-proof *adj*
radioscopie *f*
D: Leuchtschirmbetrachtung *f*, Durchleuchtung *f*
E: fluoroscopy *n*
radioscopie avec tube au-dessous de la table *f*
D: Untertischdurchleuchtung *f*
E: undertable fluoroscopy
radioscopie de contrôle *f*
D: Kontrolldurchleuchtung *f*
E: survey fluoroscopy
radioscopie en incidence oblique *f*
D: Schrägdurchleuchtung *f*
E: oblique fluoroscopy
radioscopie latérale *f*
D: Querdurchleuchtung *f*
E: lateral fluoroscopy
radioscopie télévisée *f*
D: Fernsehdurchleuchtung *f*
E: television fluoroscopy
radiothérapie *f* (CEI)
D: Strahlentherapie *f* (IEC)
E: therapeutic radiology (IEC)
radiothérapie cinétique *f* [ther.]
D: Bewegungsbestrahlung *f*
E: moving-field therapy
radiothérapie de contact *f*
D: Röntgennahbestrahlung *f*
E: X-ray contact therapy
radiothérapie intracavitaire *f*
D: Röntgen-Körperhöhlentherapie *f*, Körperhöhlentherapie *f*
E: X-ray cavity therapy, intracavitary radiotherapy, intracavitary therapy
radiothérapie pénétrante *f*
D: Röntgen-Tiefentherapie *f*
E: deep X-ray therapy
radiotransparent *adj*

D: strahlendurchlässig *adj*, röntgentransparent *adj*
E: radiolucent *adj*, radiotransparent *adj*

radius *m* [anat.]
D: Radius *m* (Knochen des Unterarms)
E: radius *n*

rail *m*
D: Schiene *f*
E: rail *n*

rail au plafond *m*
D: Deckenlaufschiene *f*
E: ceiling rail

rail au sol *m*
D: Bodenlaufschiene *f*
E: floor rail

rail d'allongement *m*
D: Verlängerungsschiene *f*
E: extension rail

rail d'ancrage *m*
D: Ankerschiene *f*
E: anchor rail

rail de guidage *m*
D: Führungsschiene *f*, Laufschiene *f*
E: guide rail

rail de prolongement *m*
D: Schienenverlängerung *f*
E: extension rail

rail de roulement *m*
D: Führungsschiene *f*, Laufschiene *f*
E: guide rail

rail glissière *m*
D: Gleitschiene *f*
E: slide bar, slide rail

rail profilé *m*
D: Profilschiene *f*
E: sectional rail

rails de roulement transversaux *m pl*
D: Querlaufschiene *f*
E: transverse track

rainure en T *f*
D: T-Nut *f* (beim Lagerungstisch)
E: T-groove *n*

rallonge *f*
D: Verlängerung *f*
E: extension *n*, lengthening *n*

rallonge du panneau d'examen *m*
D: Tischplattenverlängerung *f*
E: table top extension

rapidité d'un film *f* (pour la radiographie)
D: Lichtempfindlichkeit eines Films (Röntgen)
E: film speed (X-ray)

rapport de côtés *m*
D: Seitenverhältnis *n*
E: aspect ratio

rapport de grille *m*
D: Schachtverhältnis *n* (eines Streustrahlenrasters)
E: grid ratio

rapport de reproduction *m* [AB]
D: Abbildungsverhältnis *n* [BV]
E: image ratio [II]

rapport de transformation *m* [elec.]
D: Übersetzungsverhältnis *n*
E: ratio of transformation

rapport d'engrenage *m* [mech.]
D: Übersetzungsverhältnis *n*
E: gear-ratio *n*

rapport signal-bruit *m*
D: Störabstand *m*
E: signal-to-noise ratio

rayon *m*
D: Strahl *m*
E: beam *n*, ray beam

rayon *m* [anat.]
D: Radius *m* (Knochen des Unterarms)
E: radius *n*

rayon axial *m* (COCIR)
D: Zentralstrahl *m*
E: central ray

rayon cathodique *m*
D: Kathodenstrahl *m*
E: cathode ray

rayon central *m* (COCIR)
D: Zentralstrahl *m*
E: central ray

rayon du mouvement pendulaire *m*
D: Pendelradius *m*
E: pendulum radius

rayon lumineux *m*
D: Lichtstrahl *m*
E: light ray, light beam

rayon primaire *m*
D: Primärstrahl *m*
E: primary beam
rayon X *m*
D: Röntgenstrahl *m*
E: X-ray beam
rayonnement *m*
D: Abstrahlung *f*
E: radiation *n*
rayonnement de convergence *m*
D: Konvergenzbestrahlung *f*
E: convergence radiation
rayonnement de freinage *m* [phys., rad.]
D: Bremsstrahlung *f*
E: bremsstrahlung *n*
rayonnement de fuite *m* (CEI)
D: Durchlaßstrahlung *f* (IEC)
E: leakage radiation (IEC)
rayonnement diffusé *m* (COCIR)
D: Streustrahlung *f* (Strahlung mit Richtungsänderung beim Stoffdurchgang)
E: scattered radiation
rayonnement extra-focal *m* (COCIR)
D: Stielstrahlung *f*, extrafokale Strahlung
E: extra-focal radiation
rayonnement gamma *m*
D: Gammastrahlung *f*
E: gamma radiation
rayonnement limite *m*
D: Grenzstrahlen *m pl*
E: grenz rays
rayonnement parasite *m* (COCIR)
D: Störstrahlung *f* (Durchlaß- und Streustrahlung)
E: stray radiation
rayonnement secondaire *m* (COCIR)
D: Sekundärstrahlung *f*
E: secondary radiation
rayonnement télécentrifugé *m* [opt]
D: telezentrischer Strahlengang
E: telecentric beam projection
rayonner *v*
D: abstrahlen *v*
E: radiate *v*
rayons mous *m pl*
D: Weichstrahlen *m pl*
E: soft radiation
rayons X ultra-durs *m pl*
D: ultraharte Röntgenstrahlen
E: ultrahard X-rays
réactance *f*
D: Blindwiderstand *m*
E: reactive impedance
réaction secondaire *f*
D: Nebenwirkung *f*
E: side effect
réanimation *f*
D: Wiederbelebung *f*
E: resuscitation *n*
rebobinage *m*
D: Rückspulung *f*, Umspulung *f*
E: re-spooling *n*, rewind *n*
rebobiner *v*
D: zurückspulen *v*
E: rewind *v*
récepteur *m*
D: Empfänger *m*
E: receiver *n*
recherche *f*
D: Forschung *f*
E: research *n*
recherche d'erreur *f*
D: Fehlersuche *f*
E: trouble hunting, troubleshooting *n*
recherche des défauts *f*
D: Störungssuche *f*
E: troubleshooting *n*
recherche fondamentale *f*
D: Grundlagenforschung *f*
E: fundamental research
reconnaissance des objets *f*
D: Objekterkennbarkeit *f*
E: object perception
recouvrement *m*
D: Überlappung *f*
E: overlap *n*
redémarrage *m*
D: Wiederanlauf *m*
E: restart *n*
redressement *m*
D: Gleichrichtung *f*
E: rectification *n*
redresser *v* [mech.]
D: aufrichten *v*

E: set up *v*, erect *v*
redresseur *m*
D: Gleichrichter *m*
E: rectifier *n*
redresseur à couche d'arrêt *m* (COCIR)
D: Sperrschichtgleichrichter *m*
E: barrier-layer rectifier
redresseur à deux alternances *m*
D: Vollweggleichrichter *m*, Zweiweggleichrichter *m*
E: full-wave rectifier
redresseur à double alternance *m*
D: Vollweggleichrichter *m*, Zweiweggleichrichter *m*
E: full-wave rectifier
redresseur à soupape *m*
D: Ventilgleichrichter *m*
E: valve tube rectifier
redresseur à une alternance *m*
D: Einweggleichrichter *m*, Halbwellengleichrichter *m*
E: one-way rectifier, half-wave rectifier
redresseur au silicium *m*
D: Siliziumgleichrichter *m*
E: silicon rectifier
redresseur de grätz *m*
D: Gleichrichter in Grätzschaltung
E: Grätz rectifier, bridge rectifier
redresseur demi-onde *m*
D: Einweggleichrichter *m*, Halbwellengleichrichter *m*
E: one-way rectifier, half-wave rectifier
redresseur thermoionique *m*
D: Glühkathodengleichrichter *m*
E: thermionic rectifier
redresseur triphasé *m*
D: Dreiphasengleichrichter *m*
E: three-phase rectifier
redroidissement par eau *m*
D: Wasserkühlung *f*
E: water cooling
réducteur de tension *m*
D: Spannungsteiler *m*
E: voltage divider, potential divider
réduction automatique des kV *f* [rad.]
D: automatische kV-Reduzierung
E: automatic kV-reduction
réduction du contraste *f*
D: Kontrastverminderung *f*
E: diminution of contrast
réflecteur de radioscopie *m*
D: Durchleuchtungsreflektor *m*
E: fluoroscopic reflector
refroidi par air
D: luftgekühlt *adj*
E: air-cooled *adj*, ventilated *adj*
refroidir *v*
D: abkühlen *v*
E: cool *v*
refroidissement *m*
D: Kühlung *f*
E: cooling *n*
refroidissement à l'huile *m*
D: Ölkühlung *f*
E: oil-cooling *n*
refroidissement par air *m*
D: Luftkühlung *f*
E: air-cooling *n*
refroidissement par circulation *m*
D: Rückkühlung *f*
E: recooling *n*
refroidissement par rayonnement thermique *m*
D: Strahlungskühlung *f*
E: heat dissipation cooling
refroidissement par ventilateur *m*
D: Ventilatorkühlung *f*
E: ventilator cooling, fan cooling
refroidissement, à ~ par eau
D: wassergekühlt *adj*
E: water-cooled *adj*
régime *m*
D: Betrieb *m*
E: operation *n*, service *n*
régime à deux tubes *m*
D: Zweiröhrenbetrieb *m*
E: two-tube operation
régime centré *m*
D: Zielbetrieb *m*
E: spotfilming *n*
régime du moteur *m*
D: Motordrehzahl *f*
E: motor speed
régime en cinéma pulsé *m*

D: Kinoimpulsbetrieb *m*, Kinopulsbetrieb *m*
E: pulsed cineradiography, pulsed cine

régime maximum *m*
D: Vollaussteuerung *f*
E: maximum modulation, full-scale control

régime pulsé *m* [rad.]
D: Pulsbetrieb *m*
E: pulsed operation

réglable *adj*
D: verstellbar *adj*, einstellbar *adj*
E: adjustable *adj*

réglable en hauteur
D: in der Höhe verstellbar
E: vertically adjustable

réglage *m*
D: Regelung *f*, Steuerung *f*
E: regulation *n*, control *n*

réglage *m* [mech.]
D: Abstimmung *f*
E: tuning *n*

réglage automatique *m*
D: Nachlaufsteuerung *f*
E: automatic control system

réglage automatique du débit de dose *f* [rad.]
D: automatische Dosisleistungsregelung
E: automatic dose rate control

réglage d'amplification *m*
D: Verstärkungsregelung *f*
E: gain control

réglage de la hauteur *m*
D: Höhenverstellbarkeit *f*
E: height adjustment

réglage de la luminosité *m*
D: Helligkeitsregelung *f*
E: brightness control

réglage de la sensibilité *m*
D: Empfindlichkeitsregelung *f*
E: sensitivity control

réglage de précision *m*
D: Feinabstimmung *f*
E: fine tuning, sharp tuning

réglage de tension *m*
D: Spannungsregelung *f*
E: voltage control

réglage du débit de dose *m*
D: Dosisleistungsregelung *f*
E: dose-rate control

réglage fin *m*
D: Feinabstimmung *f*
E: fine tuning, sharp tuning

réglage grossier *m*
D: Grobeinstellung *f*
E: coarse adjustment

règle *f*
D: Norm *f*
E: standard *n*, rule *n*

réglement *m*
D: Vorschrift *f*
E: rule *n*, regulation *n*, code *n*

régler *v*
D: regeln *v*, steuern *v*
E: control *v*

régler *v* [mech.]
D: abstimmen *v*
E: tune *v*

règles de normes *f pl*
D: Normvorschrift *f*
E: standard requirement

réglette à bornes *f*
D: Klemmenleiste *f*, Klemmleiste *f*
E: terminal strip, terminal block

régleur de kV en radiographie *m*
D: kV-Aufnahmeregler *m*
E: radiographic kV-control

régleur de kV en radioscopie *m*
D: kV-Durchleuchtungsregler *m*
E: fluoroscopic kV-control

régulateur *m*
D: Regler *m*
E: regulator *n*, compensator *n*, control *n*

régulateur automatique du temps d'exposition *m* [gen.]
D: Belichtungsautomat *m*
E: automatic exposure timer, automatic exposure control (US)

régulateur de température *m*
D: Thermoschalter *m*, Thermostat *m*, Temperaturregler *m*
E: thermoswitch *n*, thermostat *n*, temperature regulator

régulateur de tension *m*
D: Spannungsregler *m*

E: voltage regulator
régulateur photo-électrique automatique du temps d'exposition *m*
D: photoelektrischer Belichtungsautomat
E: phototimer *n*
régulateur toroïdal *m*
D: Ringkernregler *m*
E: ring-core regulator
relais retardé *m*
D: Zeitrelais *n*
E: time relay
relevé magnétique *m*
D: magnetische Aufzeichnung
E: magnetic recording
rémanence *f*
D: Remanenz *f*, Restmagnetismus *m*
E: remanence *n*, residual magnetism
rémanence *f* [tv.]
D: Nachzieheffekt *m* (bei einer Fernsehaufnahmeröhre)
E: persistence of the photoconductor, smearing effect
rembobinage *m*
D: Rückspulung *f*, Umspulung *f*
E: re-spooling *n*, rewind *n*
remède *m*
D: Medikament *n*
E: remedy *n*, medicament *n*
remise en état *f*
D: Instandsetzung *f*
E: servicing *n*, repair *n*
remontage manuel *m*
D: Handaufzug *m*
E: manual winding
remplacer *v*
D: auswechseln gegen
E: replace with *v*, interchange with *v*
remplissage des ventricules *m*
D: Ventrikelfüllung *f*
E: ventricle filling
rendement *m*
D: Wirkungsgrad *m*
E: efficiency *n*
rendement de dose *m*
D: Dosisausbeute *f*
E: dose yield
rendement lumineux *m*
D: Lichtausbeute *f*
E: light efficiency
rendre rugueux
D: aufrauhen *v*
E: roughen *v*
renforcement *m* [mech.]
D: Verstärkung *f*
E: reinforcement *n*, strengthening *n*
renforcement du contraste *m*
D: Kontrastverstärkung *f*
E: contrast amplification
renverser le mouvement
D: umsteuern *v*
E: reverse *v*
réparation *f*
D: Instandsetzung *f*
E: servicing *n*, repair *n*
répartiteur de lumière *m* [tv.]
D: Lichtverteiler *m*
E: image distributor, light distributor
répartiteur de lumière bicanal *m* [tv.]
D: Zweikanal-Lichtverteiler *m*
E: two-channel light distributor
répartiteur d'image *m*
D: Bildverteiler *m*
E: image distributor
répartiteur général *m*
D: Hauptverteiler *m*
E: main distributor station
répartiteur plafonnier *m*
D: Deckenverteiler *m*
E: ceiling distributor
répartiteur principal *m*
D: Hauptverteiler *m*
E: main distributor station
répartition de la netteté *f*
D: Schärfeverteilung *f*
E: distribution of definition
repère des bornes *m*
D: Klemmenbezeichnung *f*
E: terminal marking
répétiteur *m*
D: Übertrager *m*

E: audio-frequency transformer
reproduction *f*
D: Wiedergabe *f* (einer gespeicherten Information)
E: playback *n*
reproduction au ralenti *f*
D: Zeitlupenwiedergabe *f*
E: slow-motion playback
reproduction d'image *f*
D: Bildwiedergabe *f*
E: image reproduction
reproduction d'une image fixe *f* (magnétoscope)
D: Standbildwiedergabe *f* (Bandspeicher)
E: single framing (tape recorder)
réseau *m*
D: Netz *n* (Elektrizitätsversorgung)
E: mains *pl*, power line
réseau local *m*
D: Ortsnetz *n*
E: local power line
réservoir *m*
D: Vorratsbehälter *m*
E: storage tank, supply tank, reservoir *n*
résistance *f*
D: Widerstand *m*, Widerstandswert *m*
E: resistance *n*
résistance capacitive *f*
D: kapazitiver Widerstand
E: capacitive resistance
résistance de chauffage *f*
D: Heizwiderstand *m*
E: filament resistor
résistance de compensation *f* [elec.]
D: Ausgleichswiderstand *m* (Widerstandswert)
E: compensating resistance
résistance de compensation *f* [elec.]
D: Ausgleichswiderstand *m* (Gegenstand)
E: compensating resistor
résistance de protection *f*
D: Schutzwiderstand *m*
E: protective resistance
résistance d'équilibrage *f* [elec.]
D: Regelwiderstand *m* (Gegenstand), Abgleichwiderstand *m*
E: variable resistor, adjustable resistor
résistance d'isolement *f*
D: Isolationswiderstand *m*
E: insulation resistance
résistance du réseau *f* (COCIR)
D: Netzwiderstand *m*
E: line resistance
résistance inductive *f*
D: induktiver Widerstand
E: inductive resistance
résistance interne *f*
D: Innenwiderstand *m*
E: internal resistance
résistance pure *f*
D: Wirkwiderstand *m*
E: effective resistance
résistance réglable *f* [elec.]
D: Regelwiderstand *m* (Widerstandswert)
E: variable resistance
résistance réglable *f* [elec.]
D: Regelwiderstand *m* (Gegenstand), Abgleichwiderstand *m*
E: variable resistor, adjustable resistor
résistance variable *f* [elec.]
D: Regelwiderstand *m* (Widerstandswert)
E: variable resistance
résistance variable *f* [elec.]
D: Regelwiderstand *m* (Gegenstand), Abgleichwiderstand *m*
E: variable resistor, adjustable resistor
résistance, de faible
D: niederohmig *adj*
E: low-ohmic *adj*, of low resistance
résistance, de grande
D: hochohmig *adj*
E: high-ohmic *adj*, of high resistance, highly resistive
résistant à claquage
D: durchschlagsfest *adj*
E: puncture-proof *adj*

résistant à la corrosion
D: korrosionsfest *adj*
E: corrosion-proof *adj*, anti-corrosive *adj*
résistant à la rouille
D: nichtrostend *adj*, rostbeständig *adj*
E: rust-resisting *adj*
resistant à la température
D: temperaturbeständig *adj* (unempfindlich gegen Temperaturänderung)
E: temperature-resistant *adj*, insensitive to changes of temperature
résistant à l'abrasion
D: kratzfest *adj*
E: scratch-proof *adj*, resistant to abrasion
résistant à l'huile
D: ölfest *adj*
E: oil-resistant *adj*
résistant au froid
D: kältebeständig *adj*
E: resistant to cold, cold-resistant *adj*
résistant aux acides
D: säurebeständig *adj*, säurefest *adj*
E: acid-resistant *adj*, acid-proof *adj*
résistant contre la chaleur
D: wärmefest *adj*
E: heat-proof *adj*
résistant sous les tropiques
D: tropenfest *adj*
E: resistant to tropics, tropical-proof *adj*
résistibilité *f*
D: Widerstandsfähigkeit *f*
E: stability *n*
résistivité *f*
D: spezifischer Widerstand
E: resistivity *n*
résolution à haut contraste *f* [CT]
D: geometrische Auflösung
E: high contrast resolution
résolution géométrique *f* [CT]
D: geometrische Auflösung
E: high contrast resolution
résolution spatiale *f* [CT]
D: räumliche Auflösung
E: spatial resolution
résolution, pouvoir de [phot., AB]
D: Auflösungsvermögen *n*
E: resolving power, resolution *n*
résonance *f*
D: Resonanz *f*
E: resonance *n*
ressort de contact *m*
D: Kontaktfeder *f*
E: contact spring
restauration *f*
D: Aufarbeitung *f*
E: reconditioning *n*
restriction *f*
D: Einschränkung *f*
E: limitation *n*, restriction *n*
résultat de l'examen *m* [gen.]
D: Befund *m*
E: findings *plt*, diagnosis *n*
résultats d'essai *m pl*
D: Versuchsergebnis *n*
E: test result
résultats d'expérience *m pl*
D: Versuchsergebnis *n*
E: test result
retard *m*
D: Verzögerung *f*
E: delay *n*, lag *n*
retard de phase *m*
D: Phasennacheilung *f*
E: phase lag
retarder *v*
D: zurücksetzen *v*
E: reset *v*
réticule *m*
D: Fadenkreuz *n*
E: cross-hairs *pl*
retour *m*
D: Rücklauf *m*
E: return travel
rétrocentreur *m*
D: Gegenpunktzeiger *m*
E: back-pointer *n*
rétrograde *adj* [med.]
D: retrograd *adj*, rückläufig *adj*
E: retrograde *adj*
révélateur rapide *m* [phot.]

D: Schnellentwickler *m* (Flüssigkeit)
E: high-speed developer

revêtement *m*
D: Verkleidung *f*
E: cover *n*, protection *n*, paneling *n*

rhéostat *m*
D: Widerstand *m*
E: resistor *n*

rhéostat à curseur *m*
D: Schiebewiderstand *m*
E: slide resistance, rheostat *n*, variable resistance

riche en contraste
D: kontrastreich *adj*
E: rich in contrast, contrasty *adj*

riche en détails
D: detailreich *adj*
E: rich in details

rigidité diélectrique *f*
D: Durchschlagfestigkeit *f*, Isolierfestigkeit *f*
E: dielectric strength, puncture resistance

risque d'irradiation *m* (COCIR)
D: Strahlengefährdung *f*, Strahlengefahr *f*
E: radiation hazard

rivetage *m*
D: Nietung *f*, Nietverbindung *f*
E: rivet joint

robuste *adj*
D: unempfindlich *adj* (im Sinne von kräftig, standhaft, robust)
E: sturdy *adj*, robust *adj*

rœntgendiagnostic *m*
D: Röntgendiagnostik *f*
E: radiological diagnostics

rœntgentélévision *f*
D: Röntgenfernsehen *n*
E: X-ray television

rœntgenthérapie intracavitaire *f*
D: Röntgen-Körperhöhlentherapie *f*, Körperhöhlentherapie *f*
E: X-ray cavity therapy, intracavitary radiotherapy, intracavitary therapy

rœntgenthérapie superficielle *f*
D: Röntgenoberflächentherapie *f*
E: superficial X-ray therapy

rondelle Belleville *f*
D: Tellerfeder *f*
E: elastic bolt washer

rondelle de caoutchouc *f*
D: Gummischeibe *f*
E: rubber washer

rondelle élastique *f*
D: federnde Unterlegscheibe
E: elastic shim, spring washer

ronfleur *m*
D: Summer *m*
E: buzzer *n*

röntgendiagnostic *m*
D: Röntgendiagnostik *f*
E: radiological diagnostics

röntgentélévision *f*
D: Röntgenfernsehen *n*
E: X-ray television

röntgenthérapie intracavitaire *f*
D: Röntgen-Körperhöhlentherapie *f*, Körperhöhlentherapie *f*
E: X-ray cavity therapy, intracavitary radiotherapy, intracavitary therapy

röntgenthérapie superficielle *f*
D: Röntgenoberflächentherapie *f*
E: superficial X-ray therapy

rotation *f* (axe)
D: Umdrehung *f*
E: rotation *n*

rotation à droite *f*
D: Rechtsdrehung *f*, Rechtslauf *m*
E: right-handed rotation, clockwise turn

rotation à gauche *f*
D: Linksdrehung *f*, Linkslauf *m*
E: left-handed rotation, counterclockwise turn

rotor à courant de foucault *m*
D: Wirbelstromläufer *m*
E: squirrel-cage rotor

roue dentée *f*
D: Zahnrad *n*
E: toothed wheel, cog-wheel *n*

roue orientable *f*
D: lenkbares Rad
E: steerable wheel

roulement à billes *m*
D: Kugellager *n*
E: ball-bearing *n*
ruban isolant *m*
D: Isolierband *n*
E: insulating tape

S

salle de plâtre *f*
D: Gipsraum *m*
E: plaster room
salle des malades *f*
D: Krankensaal *m*, Krankenstation *f*
E: hospital ward
salle d'examen *f*
D: Untersuchungsraum *m*
E: examination room
salle d'hôpital *f*
D: Krankensaal *m*, Krankenstation *f*
E: hospital ward
salle d'opération *f*
D: Operationssaal *m* (OP)
E: operating theater, surgery *n* (US)
salle d'opération aseptique *f*
D: aseptischer Operationsraum
E: aseptic operating room
salle OP *f*
D: Operationssaal *m* (OP)
E: operating theater, surgery *n* (US)
salpingographie *f*
D: Salpingographie *f* (Darstellung der Eileiter)
E: salpingography *n*
sans bord
D: randlos *adj*
E: borderless *adj*, without margin, rimless *adj*
sans courant
D: stromlos *adj*
E: currentless *adj*
sans entretien
D: wartungsfrei *adj*
E: maintenance-free *adj*
sans intervalles
D: stufenlos *adj*, kontinuierlich *adj*
E: stepless *adj*, continuous *adj*
sans marge
D: randlos *adj*
E: borderless *adj*, without margin, rimless *adj*
scanner *m*
D: Scanner *m*, Abtaster *m*
E: scanner *n*
schéma de câblage *m*
D: Schaltbild *n*, Schaltplan *m*, Leitungsplan *m*, Verdrahtungsplan *m*, Stromlaufbahn *f* (IEC)
E: wiring diagram, wiring scheme, circuit diagram (IEC)
schéma de l'installation *m*
D: Anlagenskizze *f*
E: sketch of unit
schéma des connexions *m* (CEI)
D: Schaltbild *n*, Schaltplan *m*, Leitungsplan *m*, Verdrahtungsplan *m*, Stromlaufbahn *f* (IEC)
E: wiring diagram, wiring scheme, circuit diagram (IEC)
schéma d'installation *m*
D: Installationsschema *n*
E: installation scheme
schéma électrique *m*
D: Schaltbild *n*, Schaltplan *m*, Leitungsplan *m*, Verdrahtungsplan *m*, Stromlaufbahn *f* (IEC)
E: wiring diagram, wiring scheme, circuit diagram (IEC)
schéma électrique *m*
D: Schaltschema *n*
E: diagram connection
scintigramme *m*
D: Szintigramm *n*
E: scintigram *n*
sécheuse pour film *f*
D: Filmtrockner *m*
E: film dryer
secteur *m*
D: Ausschnitt *m*
E: cutout *n*, section *n*
secteur clair *m* [phot.]

D: Hellsektor *m*
E: shutter-open period, light sector
secteur obscur *m*
D: Dunkelsektor *m*
E: dark sector
secteur triphasé avec conducteur neutre *m*
D: Drehstromnetz mit Nulleiter
E: three-phase supply with neutral
section du conducteur *f*
D: Leitungsquerschnitt *m*
E: wire cross-section
section transversale *f*
D: Querschnitt *m*
E: transverse section, cross section
sécurité de fonctionnement *f*
D: Betriebssicherheit *f*
E: operational reliability
sécurité de tension *f*
D: Spannungssicherheit *f*
E: voltage safety
sein *f*
D: Mamma *f* (weibliche Brustdrüse)
E: mamma *n*
sélecteur *m*
D: Wähler *m*
E: selector *n*
sélecteur *m* (COCIR)
D: Zielgerät *n*, Zielaufnahmegerät *n*
E: spotfilm device
sélecteur d'appareil *m*
D: Gerätewähler *m*
E: X-ray unit selector
sélecteur d'appareils auxiliaires *m*
D: Hilfsgerätewähler *m*
E: auxiliary unit selector, auxiliary device selector
sélecteur de foyer *m*
D: Fokuswähler *m*, Fokusschalter *m*, Fokuswählschalter *m*
E: focus selector
sélecteur de poste de travail *m*
D: Arbeitsplatzwähler *m*
E: tube selector
sélecteur de programme *m*
D: Programmwähler *m*
E: program selector
sélecteur de tension *m*
D: Spannungswahlschalter *m*
E: voltage selector
sélecteur des mA *m*
D: mA-Wähler *m*
E: mA selector
sélecteur des mAs *m*
D: mAs-Wähler *m*
E: mAs-selector *n*
sélecteur par registre *m*
D: Registerwähler *m*
E: register selector
sélecteur pivotant *m*
D: schwenkbares Zielgerät
E: swiveling spotfilm device
sélecteur sans cadre *m*
D: rahmenloses Zielgerät
E: frameless spotfilm device
sélecteur sous table *m*
D: Untertischzielgerät *n*
E: undertable spotfilm device
sélection du foyer *f*
D: Brennfleckwahl *f*
E: focus selection
sélectivité *f*
D: Selektivität *f*, Trennschärfe *f*
E: selectivity *n*
self-induction *f*
D: Selbstinduktion *f*
E: self-induction *n*
sellette de protection (COCIR)
D: Schutzkanzel *f*
E: protective chair
semi-conducteur *m* [eltr.]
D: Halbleiter *m*
E: semiconductor *n*
semi-conducteur n *m*
D: n-Halbleiter *m*, Überschußhalbleiter *m*
E: n-type semiconductor
semi-conducteur photo-électrique *m*
D: Photohalbleiter *m*
E: photo-semiconductor *n*
semi-perméable *adj*
D: halbdurchlässig *adj*
E: semipermeable *adj*
semi-transparent *adj*
D: teildurchlässig *adj*
E: semi-transparent *adj*

sens de projection *m*
D: Projektionsrichtung *f*
E: projection view
sens de rotation *m*
D: Drehsinn *m*
E: sense of rotation
sens de verrouillage *m*
D: Sperrichtung *f*
E: backward direction, inverse direction
senseur thermique *m*
D: Temperaturfühler *m*
E: temperature pick-up, temperature sensor
sensibilité *f*
D: Empfindlichkeit *f*
E: sensitivity *n*
sensibilité du film *f*
D: Filmempfindlichkeit *f*
E: film sensitivity
sensibilité lumineuse *f*
D: Lichtempfindlichkeit *f*
E: light sensitivity, luminous sensitivity
sensible à la lumière
D: lichtempfindlich *adj*
E: light-sensitive *adj*
sériographe *m*
D: Serienaufnahmeeinrichtung *f*
E: serialographic unit
sériographie *f*
D: Serienaufnahme *f*
E: serialography *n*, serial exposure
service *m*
D: Betrieb *m*
E: operation *n*, service *n*
service *m*
D: Wartung *f*, Instandhaltung *f*, Service *m*
E: maintenance *n*, service *n*
service à deux boutons *m*
D: Zweiknopfbedienung *f*
E: two-button control
service après-vente *m*
D: Kundendienst *m*
E: after-sales service
service automatique de radiographie orientée *m* [cons., rad.]
D: automatischer Zielbetrieb
E: automatic spotfilming
service avec charge intermittente *m*
D: aussetzender Betrieb, Betrieb mit aussetzender Belastung
E: intermittent operation
service cinématographique *m*
D: Kinobetrieb *m*
E: cineradiography *n*, cine *n*
service cinématographique continu *m* [rad.]
D: Kinodurchlaufbetrieb *m*
E: non-pulsed cineradiography
service continu *m*
D: Dauerbetrieb *m*
E: continuous operation, continuous duty
service d'alimentation principale *m*
D: Hauptversorgungsgebiet *n*
E: main power distribution area
service de longue durée *m* (COCIR)
D: Langzeitbetrieb *m*, Dauerbetrieb *m* (ununterbrochener Betrieb von mindestens 2,5 Stunden)
E: long-time operation
service de soins intensifs *m*
D: Intensivpflegestation *f*
E: intensive care unit
service des urgences *m*
D: Unfallklinik *f*
E: casualty department
service intermittent *m*
D: aussetzender Betrieb, Betrieb mit aussetzender Belastung
E: intermittent operation
service libre *m* (sans automatisme) [rad.]
D: freier Betrieb (ohne Automatik)
E: free operation (without automatic system)
service radiologique *m*
D: Röntgenabteilung *f*, Röntgenstation *f*
E: X-ray department
service simultané *m*
D: Zweiebenen-Simultanbetrieb *m*
E: serialography in two planes, biplane work

service visé *m*
D: Zielbetrieb *m*
E: spotfilming *n*
servo-moteur *m*
D: Unterstützungsmotor *m*
E: servo-motor *n*
seuil de perceptibilité *m*
D: Erkennbarkeitsschwelle *f*
E: threshold of perceptibility
shunt *m*
D: Nebenschluß *m*
E: shunt *n*
sialographie *f*
D: Sialographie *f* (Darstellung der Speicheldrüsen)
E: sialography *n*
siège *m*
D: Sitzbank *f*
E: seat *n*
siège de miction *m*
D: Miktionssitz *m*
E: micturition seat
siège du patient *m*
D: Patientensitz *m*
E: patient's seat
signal d'avertissement *m*
D: Warnsignal *n*
E: danger signal, warning signal
signal d'image *m* [tv.]
D: Bildsignal *n*
E: video signal, picture signal
signal vidéo *m* [tv.]
D: Bildsignal *n*
E: video signal, picture signal
signalisation *f* [elec., opt.]
D: Anzeige *f*
E: indication *n*, display *n*
signalisation visible *f*
D: Schauzeichen *n*
E: lamp indicator
silencieux *adj*
D: geräuschlos *adj*
E: noiseless *adj*, quiet *adj*
simplification de la commande *f*
D: Bedienungserleichterung *f*
E: facilitation of operation
simulateur *m* (pour la préparation d'irradiations)
D: Simulator *m* (zur Bestrahlungsplanung)
E: simulator *n* (for therapeutic treatment planning)
sinus maxillaire *m*
D: Kieferhöhle *f*
E: maxillary sinus
socle *m*
D: Lampensockel *m*, Sockel *m*
E: lamp socket, socket *n*
socle en bois *m*
D: Holzuntersatz *m*
E: wooden base, wooden support
sol dégagé *m*
D: Bodenfreiheit *f* (z.B. eines Deckenstativs)
E: free floor space, floor clearance
sommet du poumon *m*
D: Lungenspitze *f*
E: apex of the lung
sonde *f*
D: Sonde *f*
E: probe *n*
sortie de câble *f*
D: Kabelauslaß *m*
E: cable outlet
sortie de l'AB *f*
D: BV-Ausgang *m*
E: image-intensifier output
souder sur *v*
D: anschweißen *v*
E: weld on *v*
soudure froide *f*
D: kalte Lötstelle
E: cold solder joint
soupape d'arrêt *f*
D: Absperrventil *n*
E: stop valve
soupape de réglage *f*
D: Regulierventil *n*
E: control valve
source de chaleur *f*
D: Wärmequelle *f*
E: heat source
source de courant *f*
D: Spannungsquelle *f*, Stromquelle *f*
E: voltage source
source de rayonnement *f*
D: Strahlenquelle *f*

E: radiation source
source d'énergie *f*
D: Energiequelle *f*
E: source of energy, source of power
source lumineuse *f*
D: Lichtquelle *f*
E: light source
sous-exposition *f*
D: Unterbelichtung *f*
E: underexposure *n*
sous-main *m*
D: Schreibplatte *f*
E: writing board
sous-pression *f*
D: Unterdruck *m*
E: diminished pressure, subpressure *n*, underpressure *n*
sous-tension *f*
D: Unterspannung *f*
E: low voltage, undervoltage *n*
soustraction électronique de l'image radiologique *f*
D: elektronische Röntgenbildsubtraktion
E: electronic subtraction in radiography
spécification de câblage *f*
D: Kabelaufbau *m*
E: cable make-up
spectromètre *m*
D: Spektrometer *n*
E: spectrometer *n*
sphère d'application *f*
D: Anwendungsbereich *m*
E: range of application
spire *f*
D: Windung *f*
E: winding *n*
spires en court-circuit *f pl*
D: Windungsschluß *m*
E: short between windings, interturn short circuit
spléno-portographie *f*
(représentation de la veine spléinique et de la veine porte)
D: Spleno-Portographie *f*
(Darstellung der Milzvene und des Pfortadersystems)
E: spleno-portography *n*
(radiography of spleen-vein and portal-vein)
squelette *m*
D: Skelett *n*
E: skeleton *n*
squelette de tronc *m*
D: Rumpfskelett *n*
E: skeleton of trunk
stabilisateur *m*
D: Konstanthalter *m*
E: stabilizer *n*
stabilisateur de tension *m*
D: Spannungsstabilisator *m*
E: voltage stabilizer
stabilisation de la luminosité *f* [tv.]
D: Helligkeitsstabilisierung *f*
E: brightness stabilization
stabilisation de la tension *f*
D: Spannungsstabilisierung *f*
E: voltage stabilization
standardisation *f*
D: Normung *f*
E: standardization *n*, standardizing *n*
standardisé *adj*
D: genormt *adj*
E: standardized *adj*
standardiser *v*
D: vereinheitlichen *v*
E: unify *v*, standardize *v*
statif à bras articulé *m*
D: Gelenkarmstativ *n*
E: folding-arm stand
statif à colonne *m*
D: Säulenstativ *n*
E: column stand
statif à colonne quadrangulaire *m*
D: Vierkantsäulenstativ *n*
E: square column stand
statif à commande par manivelle *m*
D: Kurbelstativ *n*
E: crank-operated stand
statif à double colonnes *m*
D: Doppelsäulenstativ *n*
E: double column stand
statif au sol *m*
D: Bodenstativ *n*
E: floor-mounted stand, floor stand

statif mobile en hauteur *m*
D: Hebebühne *f*, Hebebühnen-Stativ *n*
E: lifting pedestal
statif mural *m*
D: Wandgerät *n*
E: wall-mounted unit
statif pivotant *m*
D: Schwenkstativ *n*
E: swivel-type stand
statif plafonnier *m*
D: Deckenstativ *n*
E: ceiling column, ceiling-mounted stand, overhead support
statif sol-plafond *m*
D: Boden-Decken-Stativ *n*
E: floor-to-ceiling stand
station radiologique *f*
D: Röntgenabteilung *f*, Röntgenstation *f*
E: X-ray department
stationnaire *adj*
D: ortsfest *adj*
E: stationary *adj*
stator commutable *m*
D: umschaltbarer Stator
E: change-over stator
stéréo-radiographie *f*
D: Röntgen-Stereo-Aufnahme *f*
E: stereoscopic X-ray picture
stéréo-radioscopie *f*
D: Röntgen-Stereo-Durchleuchtung *f*
E: X-ray stereofluoroscopy
sternum *m*
D: Sternum *n*, Brustbein *n*
E: sternum *n*, breastbone *n*
stimulateur cardiaque *m*
D: Schrittmacher *m*
E: pacemaker *n*
stock *m*
D: Lager *n* (Raum)
E: stock room, store room, depot *n*
stock, prendre en
D: auf Lager nehmen
E: stock *v*
stockage *m*
D: Lagerung *f*, Einlagerung *f*, Aufbewahrung *f*
E: storage *n*
stockage de l'image *m*
D: Bildspeicherung *f*
E: image storage
structure osseuse *f*
D: Knochenstruktur *f*
E: bone structure
substance de contraste *f* [rad.]
D: Kontrastmittel *n*
E: contrast medium
substance de contraste barytée *f* [rad.]
D: bariumhaltiges Kontrastmittel
E: barium contrast medium
substance de contraste iodée *f* [rad.]
D: jodhaltiges Kontrastmittel
E: iodine contrast medium
substance de contraste radiologique *f*
D: Röntgenkontrastmittel *n*
E: X-ray contrast medium, radiopaque *n*
substance luminescente *f*
D: Leuchtmasse *f*, Leuchtstoff *m*
E: luminous substance
superposition d'image *f*
D: Überlagerung im Bild
E: superposition *n*, superimposition *n*
supplément pour cinéma pulsé *m*
D: Kinopulszusatz *m*
E: cine-pulse attachment
support *m*
D: Halterung *f*
E: holder *n*, support *n*, mount *n*
support de bassin *m*
D: Beckenstütze *f*
E: pelvic support
support de caméra *m*
D: Kamerahalterung *f*
E: camera mount
support de gaine *m*
D: Röhrengehäusehalterung *f*
E: tube shield holder, tube flange
support de jambe *m*
D: Beinhalter *m*
E: leg support
support de lampe *m*
D: Lampenfassung *f*

E: lamp holder
support de localisateur *m*
D: Tubushalter *m*
E: cone holder
support de menton *m*
D: Kinnstütze *f*
E: chin support
support de tête *m*
D: Kopfstütze *f*
E: head support
support d'épaule *m*
D: Schulterstütze *f*
E: shoulder support
support d'examen *m*
D: Patientenlagerungsplatte *f*
E: patient's support
support dorsal *m*
D: Rückenstütze *f*
E: back support, backrest *n*
support-bras *m*
D: Armauflage *f*
E: arm support
support-câbles *m*
D: Kabelträger *m*
E: cable support
support-coude *m*
D: Ellenbogenstütze *f*
E: elbow support
surcharge *f*
D: Überlastung *f*
E: overload *n*
surdosage *m*
D: Überdosierung *f*
E: overdosis *n*
surexposition *f*
D: Überbelichtung *f*
E: over-exposure *n*
surface *f*
D: Oberfläche *f*
E: surface *n*
surface d'entrée *f*
D: Eingangsbildfläche *f*
E: input image area
surface isoexposition *f* (COCIR)
D: Isodosenfläche *f*
E: iso-exposure surface
suroscillation *f*
D: Überschwingung *f*
E: overshoot *n*, over-vibration *n*, over-oscillation *n*
surtempérature *f*
D: Übertemperatur *f*
E: raised temperature, overtemperature *n*
surtension *f*
D: Überspannung *f*
E: overvoltage *n*
surveillance *f*
D: Überwachung *f*
E: supervision *n*, surveillance *n*, control *n*
surveillance du cœur *f*
D: Herzüberwachung *f*
E: cardiac monitoring
surveillance du patient *f*
D: Patientenüberwachung *f*
E: patient monitoring
suspension *f*
D: Aufhängung *f*
E: suspension *n*
suspension à deux points *f*
D: Zweipunktaufhängung *f*
E: two-point suspension
suspension à droite *f*
D: Rechtsaufhängung *f*
E: right-side support
suspension du sélecteur *f*
D: Zielgerät-Aufhängung *f*
E: suspension of spotfilm device
suspension moniteur *f*
D: Sichtgerätaufhängung *f*
E: monitor suspension
suspension plafonnière *f*
D: Deckenaufhängung *f*
E: ceiling mount (US), ceiling suspension
symbole graphique *m* (CEI)
D: Schaltzeichen *n* (IEC), Schaltsymbol *n* (IEC)
E: graphical symbol (IEC)
synchronisation *f*
D: Synchronisierung *f*
E: synchronization *n*
synchronisation *f* [elec., phys.]
D: Abstimmung *f*
E: tuning *n*
système à couche multiple *m* [CT]
D: Mehrfach-Schichtsystem *n*

E: multiple slice system
système circulatoire *m*
D: Kreislaufsystem *n*
E: circulatory system
système de vue unique *m* [CT]
D: Einzelschichtsystem *n*
E: single slice system, single tomogram system
système gastro-intestinal *m*
D: Magen-Darm-Trakt *m*
E: gastro-intestinal tract
système modulaire *m*
D: Baukastenprinzip *n*
E: modular concept, modular design
système urinaire *m*
D: Harnsystem *n*
E: urinary system
systole *f*
D: Systole *f* (Kontraktionsphase der Herzmuskulatur)
E: systole *n*

T

table à commande directe *f*
D: nahbedientes Gerät
E: direct controlled table
table basculante *f*
D: Umlegetisch *m*
E: tilting table
table cathéter *f*
D: Kathetertisch *m*
E: catheterization table
table de Bucky *f*
D: Bucky-Tisch *m*, Rasteraufnahmetisch *m*
E: Bucky table
table de rotation du patient *f*
D: Patientendrehtisch *m*
E: patient turntable
table de traitement *f*
D: Lagerungstisch *m*, Untersuchungstisch *m*
E: treatment table, examination table
table d'examen *f*
D: Lagerungstisch *m*, Untersuchungstisch *m*
E: treatment table, examination table
table d'examen universelle *f*
D: Universal-Untersuchungsgerät *n*
E: universal examination table
table d'exposition *f*
D: Belichtungstabelle *f*
E: exposure table, exposure chart
table d'extension *f*
D: Extensionstisch *m*
E: extension table
table d'opération *f*
D: Operationstisch *m*
E: operating table
table du patient *f*
D: Lagerungsplatte *f*, Tischplatte *f*, Patientenstützwand *f*
E: table top
table en berceau *f*
D: Muldentisch *m*
E: concave table
table incurvée *f*
D: Muldentisch *m*
E: concave table
table radiologique *f*
D: Röntgengerät *n*, Gerät *n*
E: X-ray examination table
table radiologique avec tube sur-table *f*
D: Obertischgerät *n*
E: overtable examination unit
table roulante *f*
D: Transporttisch *m* (für Patienten)
E: transport carriage, trolley *n*
table urologique *f*
D: Urologentisch *m*
E: urological table
tableau de charge du tube *m*
D: Röhrenbelastungstabelle *f*
E: tube load table, tube rating chart
tableau de commande *m*
D: Schalttafel *f*, Schaltplatte *f*
E: control panel, switchboard *n*

tableau de connexions au réseau *m*
D: Netzanschlußtafel *f*
E: power connecting panel
tableau de distribution *m*
D: Schalttafel *f*, Schaltplatte *f*
E: control panel, switchboard *n*
tablier de protection:.m.
D: Bleischürze *f*
E: lead impregnated apron
tablier opaque *m*
D: Bleischürze *f*
E: lead impregnated apron
tablier plombé *m*
D: Bleischürze *f*
E: lead impregnated apron
tablier protecteur *m* (COCIR)
D: Schutzschürze *f*
E: protective apron
tache ionique *f* [AB]
D: Ionenfleck *m* [BV]
E: ion spot [II]
tache lumineuse *f*
D: Lichtmarke *f*
E: spot light
tambour de câble *m*
D: Kabeltrommel *f*
E: cable drum
taux d'exposition *m*
D: Belichtungswerte *m pl*
E: exposure data
technique *f*
D: Verfahren *n*
E: process *n*, method *n*, technique *n*
technique à rayons durs *f*
D: Hartstrahltechnik *f*
E: high-kV technique
technique à registre *f*
D: Registertechnik *f*
E: register technique
technique de la télévision *f*
D: Fernsehtechnik *f*
E: television engineering
technique de radiographie programmée *f*
D: programmierte Aufnahmetechnik
E: programmed radiographic technique
technique de séries rapides *f*
D: Schnellserientechnik *f*
E: rapid-series technique
technique radiographique *f* [rad.]
D: Aufnahmetechnik *f*
E: radiographic technique
télécommande *f*
D: Fernregelung *f*, Fernsteuerung *f*
E: remote control
télé-irradiation *f*
D: Fernbestrahlung *f*
E: tele-irradiation *n*
téléobservation *f*
D: Fernmitbeobachtung *f*
E: remote observation
téléradiographie *f*
D: Fernaufnahme *f*
E: teleradiograph *n*
téléradiographie visée *f*
D: gezielte Fernaufnahme
E: selective teleradiograph
téléréglage des kV *m*
D: kV-Fernverstellung *f*
E: remote kV-control
téléréglage du diaphragme *m*
D: Blendenfernverstellung *f*
E: collimator remote control
téléviseur *m* [tv.]
D: Sichtgerät *n*, Fernseh-Sichtgerät *n*
E: monitor *n*
télévision à haute définition *f*
D: Fernsehen mit hoher Zeilenzahl
E: high-definition television, high-resolution television
télévision en circuit fermé *f*
D: Fernsehanlage mit geschlossenem Stromkreis, Industriefernsehen *n*
E: closed-circuit television, industrial television
télévision en couleurs *f*
D: Farbfernsehen *n*
E: color television
télévision industrielle *f*
D: Fernsehanlage mit geschlossenem Stromkreis, Industriefernsehen *n*
E: closed-circuit television,

industrial television
température ambiante *f*
D: Umgebungstemperatur *f*
E: ambient temperature
température de référence *f*
D: Bezugstemperatur *f*
E: reference temperature
temperature négative *f*
D: negative Temperatur
E: sub-zero temperature
température normale ambiante *f*
D: Raumtemperatur *f* (normale Zimmertemperatur = 20°C)
E: standard room temperature
temps d'adaptation *m*
D: Adaptationszeit *f*
E: adaptation time
temps de charge *m*
D: Belastungszeit *f*
E: load time
temps de chauffage *m*
D: Aufheizzeit *f*
E: warm-up time
temps de démarrage *m*
D: Anlaufzeit *f*
E: starting time
temps de demi-image *m* [tv.]
D: Halbbildzeit *f*
E: frame time
temps de déroulement *m*
D: Ablaufzeit *f*
E: travel time
temps de descente *m* [tv.]
D: Abfallzeit *f*
E: decay time
temps de fonctionnement *m*
D: Ablaufzeit *f*
E: travel time
temps de montée *m* [elec., tv.]
D: Anstiegszeit *f*
E: rise time
temps de pose *m* [rad.]
D: Belichtungszeit *f*, Aufnahmezeit *f*, Schaltzeit *f*
E: exposure time
temps de pose tomographé *m*
D: Schichtzeit *f*
E: planigraphic time
temps de préparation *m*
D: Rüstzeit *f*
E: set-up time
temps de radioscopie *m*
D: Durchleuchtungszeit *f*
E: fluoroscopic time
temps de réception *m* [DV]
D: Zugriffszeit *f*
E: access time
temps de retard *m*
D: Verzögerungszeit *f*
E: time delay, delay time
temps d'exposition *m* [rad.]
D: Belichtungszeit *f*, Aufnahmezeit *f*, Schaltzeit *f*
E: exposure time
temps d'exposition minimum *m*
D: kürzeste Schaltzeit
E: shortest exposure time
temps d'exposition variable *m* [rad.]
D: gleitende Grenzzeit
E: variable exposure time
temps d'irradiation *m* [ther.]
D: Bestrahlungszeit *f*
E: irradiation time
temps d'occupation *m* (temps de préparation + temps d'exposition)
D: Okkupationszeit *f* (Vorbereitungszeit + Belichtungszeit)
E: occupation time (preparation time + exposure time)
temps d'oscillation *m* [elec.]
D: Schwingungsdauer *f*
E: oscillation period
temps limite *m*
D: Grenzzeit *f*
E: time limit
teneur en informations *m* [tv.]
D: Informationsgehalt *m* (im Fernsehbild)
E: information content
teneur minimale *f*
D: Mindestgehalt *m*
E: minimum percentage
tenon *m*
D: Tragzapfen *m* (für Röhrengehäuse nach DIN 6836)
E: holding pivot, spigot *n*
tension *f*

D: Spannung *f*
E: voltage *n*, tension *n*
tension à vide *f*
D: Leerlaufspannung *f*
E: no-load voltage
tension admissible au tube *f*
D: zulässige Röhrenspannung
E: admissible tube voltage
tension alternative *f*
D: Wechselspannung *f*
E: alternating voltage
tension aux bornes *f*
D: Klemmenspannung *f*
E: terminal voltage
tension auxiliaire *f*
D: Hilfsspannung *f*
E: auxiliary voltage
tension composée *f*
D: verkettete Spannung
E: mesh voltage, voltage between phases
tension continue *f*
D: Gleichspannung *f*
E: direct voltage, DC voltage
tension d'alimentation *f*
D: Anschlußspannung *f*
E: mains voltage, line voltage
tension d'alimentation *f* (COCIR)
D: Netzspannung *f*
E: mains voltage, actual supply voltage
tension d'amorçage *f*
D: Zündspannung *f* (einer Gasentladungsröhre)
E: ionization voltage, firing voltage (of gas-filled tube)
tension de blocage *f*
D: Sperrspannung *f*
E: blocking voltage, inverse voltage
tension de blocage de grille *f*
D: Gittersperrspannung *f*
E: cut-off grid potential, grid blocking voltage
tension de chauffage *f*
D: Heizspannung *f*
E: filament voltage
tension de claquage *f*
D: Durchschlagspannung *f*
E: breakdown voltage
tension de commande *f*
D: Regelspannung *f*, Steuerspannung *f*
E: control voltage, control tension
tension de contrôle *f*
D: Prüfspannung *f*
E: test voltage
tension de crête *f*
D: Scheitelspannung *f*
E: peak voltage, crest voltage
tension de décharge *f*
D: Entladungsspannung *f*
E: discharge voltage
tension de déflexion *f* [AB]
D: Ablenkspannung *f* [BV]
E: deflecting voltage [II]
tension de grille *f*
D: Gitterspannung *f*
E: grid voltage
tension de phase *f*
D: Phasenspannung *f*
E: phase voltage
tension de plaque *f* [eltr.]
D: Plattenspannung *f*
E: target voltage, signal-plate potential
tension de réglage *f*
D: Regelspannung *f*, Steuerspannung *f*
E: control voltage, control tension
tension de réseau *f* (COCIR)
D: Netzspannung *f*
E: mains voltage, actual supply voltage
tension de saturation *f*
D: Sättigungsspannung *f*
E: saturation voltage
tension d'essai *f*
D: Prüfspannung *f*
E: test voltage
tension d'excitation *f*
D: Erregerspannung *f*
E: excitation voltage
tension du tube *f*
D: Röhrenspannung *f*
E: tube tension, tube voltage
tension efficace *f*
D: Wirkspannung *f*,

Effektivspannung *f*
E: active voltage, in-phase voltage, effective voltage
tension en dents de scie *f*
D: Kippspannung *f* (z.B. Zeitablenkspannung beim Oszillographen), Sägezahnspannung *f*
E: saw-tooth voltage
tension en étoile *f*
D: Sternspannung *f*
E: star voltage
tension entre phases *f*
D: verkettete Spannung
E: mesh voltage, voltage between phases
tension getter *f* (pompe ionique) [AB]
D: Getterspannung *f* (Ionenpumpe) [BV]
E: getter voltage (ion pump) [II]
tension nominale *f*
D: Nennspannung *f*
E: rated voltage, nominal voltage
tension nominale d'alimentation *f*
D: Netznennspannung *f*
E: nominal supply voltage
tension partielle *f*
D: Teilspannung *f*
E: partial voltage
tension pulsatoire *f*
D: pulsierende Spannung
E: pulsating voltage
tension rectangulaire *f*
D: Rechteckspannung *f*
E: square-wave voltage
tête magnétique *f*
D: Magnetkopf *m*
E: recording head
thérapie à haut voltage *f*
D: Hochvolttherapie *f*
E: high voltage therapy
thérapie de contact *f* (COCIR)
D: Nahbestrahlung *f* (Therapie mit kleinem Fokus-Haut-Abstand)
E: contact therapy
thérapie par isotopes *f*
D: Isotopentherapie *f*
E: isotope therapy *n*
thérapie profonde *f*
D: Tiefentherapie *f*
E: deep therapy
thérapie semi-profonde *f*
D: Halbtiefentherapie *f*
E: intermediate therapy
thérapie superficielle *f*
D: Oberflächentherapie *f*
E: surface therapy, superficial therapy
thermistor *m*
D: Thermistor *m*, Heißleiter *m* (Halbleiter mit negativem Temperaturbeiwert)
E: thermistor *n*
thermocouple *m*
D: Thermoelement *n*
E: thermocouple *n*, thermoelectric junction
thermo-élément *m*
D: Thermoelement *n*
E: thermocouple *n*, thermoelectric junction
thermographie *f*
D: Thermographie *f*
E: thermography *n*
thermostat *m*
D: Thermoschalter *m*, Thermostat *m*, Temperaturregler *m*
E: thermoswitch *n*, thermostat *n*, temperature regulator
thorax *m*
D: Thorax *m*, Brustkorb *m*
E: thorax *n*, chest *n*
thymus *m*
D: Wachstumsdrüse *f*
E: thymus *n*, thymus gland
thyratron *m*
D: Thyratron *n*, Stromtor *n*
E: thyratron *n*, gas-triode *n*
thyristor *m*
D: steuerbarer Gleichrichter, Thyristor *m*
E: thyristor *n*
timbreur-compteur manuel *m*
D: Handstempelzähler *m*
E: hand stamp with counting device
tiroir à cassette *m*

D: Kassettenlade *f*
E: cassette tray
tissu pulmonaire *m*
D: Lungengewebe *n*
E: lung tissue
t/m *s.* nombre de tours par minute
tomodensitomètre *m* [CT]
D: Computer-Tomograph *m*
E: computer tomograph
tomodensitométrie *f* [CT]
D: Computer-Tomographie *f*
E: computed tomography
tomographe *m*
D: Schichtaufnahmegerät *n*
E: planigraphic equipment
tomographie *f*
D: Planigraphie *f*, Schichtverfahren *n*, Schichtaufnahme *f* (Verfahren)
E: planigraphy *n*
tomographie simultanée *f*
D: Mehrschichtaufnahme *f*
E: multisection radiograph
tomoscopie *f*
D: Schichtdurchleuchtung *f*
E: tomofluoroscopy *n*
touche *f* [mech.]
D: Drucktaste *f*
E: push-button *n*
touche *f*
D: Taste *f*
E: key *n*
tour *m* (moteur)
D: Umdrehung *f*
E: turn *n*, revolution *n*, speed *n*
tracé de la ligne *m*
D: Leitungsführung *f*
E: cable routing
tracé de la ligne *m*
D: Kabelführung *f*, Leitungsführung *f*
E: cable routing
traces d'effacement *f pl*
D: Verwischungsweg *m*
E: path of blurring
tractus intestinal *m*
D: Darmtrakt *m*
E: intestinal tract, intestinal canal
trait de graduation *m*
D: Teilstrich *m*
E: graduation line
traitement de l'information *m*
D: Datenverarbeitung *f*
E: data processing
traitement de textes *m*
D: Textverarbeitung *f*
E: text processing
traitement électronique *m*
D: elektronische Beeinflussung
E: electronic enhancement
transcodage *m*
D: Umcodierung *f*, Übersetzung *f*
E: conversion *n*
transformateur *m*
D: Umspanner *m*, Trafo *m*
E: transformer *n*
transformateur (de) haute tension *m*
D: Hochspannungs-Transformator *m*
E: high-voltage transformer, high-tension transformer
transformateur d'alimentation *m*
D: Netztransformator *m*
E: power transformer
transformateur de chauffage *m*
D: Heiztransformator *m*
E: filament transformer
transformateur de réglage *m*
D: Regeltransformator *m*
E: regulating transformer, variable ratio transformer
transformateur de réseau *m*
D: Stationstransformator *m*
E: station transformer
transformateur de station *m*
D: Stationstransformator *m*
E: station transformer
transformateur d'intensité *m*
D: Stromwandler *m*
E: current transformer
transformateur du courant *m*
D: Stromwandler *m*
E: current transformer
transformateur intermédiaire *m*
D: Zwischentransformator *m*
E: intermediate transformer
transformateur monophasé *m*
D: Einphasen-Transformator *m*
E: single-phase transformer

transformateur supplémentaire *m*
D: Zusatztransformator *m*
E: booster transformer
transformateur triphasé *m*
D: Dreiphasen-Transformator *m*
E: three-phase transformer
transistor à effet de champ *m*
D: Feldeffekttransistor *m*
E: field-effect transistor
transistor thyratron *m*
D: steuerbarer Gleichrichter, Thyristor *m*
E: thyristor *n*
transit gastro-intestinal *m*
D: Magen-Darm-Passage *f*
E: gastro-intestinal transit
translateur *m*
D: Übertrager *m*
E: audio-frequency transformer
transmission *f*
D: Übertragung *f*
E: transmission *n*
transmission intermédiaire *f*
D: Vorgelege *n*
E: back gear
transmissions par Bowden *f pl*
D: Bowdenzug *m*
E: Bowden cable
transparence de grille *f* [vac.]
D: Durchgriff *m* (einer Röhre)
E: space-charge effect
transversal *adj*
D: transversal *adj*, querlaufend *adj*
E: transversal *adj*
traversée protégée *f*
D: Stecktopf *m*
E: receptacle *n*
traversée protégée de câbles *f*
D: Kabelstecktopf *m*
E: cable receptacle
traversée protégée haute tension *f*
D: Hochspannungsstecktopf *m*
E: high voltage receptacle
treillis de blindage *m*
D: Abschirmgeflecht *n*
E: shielding braid
trimmer *m*
D: Trimmer *m*, Trimmerkondensator *m*, Abgleichkondensator *m*
E: trimming capacitor, trimmer *n*
tripolaire *adj*
D: dreipolig *adj*
E: three-pole *adj*
trouble de circulation *m*
D: Durchblutungsstörung *f*
E: circulatory disturbance
tube à anode tournante *m*
D: Drehanodenröhre *f*
E: rotating-anode tube
tube à cathode froide *m*
D: Kaltkathodenröhre *f*
E: cold cathode tube
tube à deux électrodes *m*
D: Zweipolröhre *f*, Diode *f*
E: diode *n*, two-electrode valve
tube à double foyer *m*
D: Doppelfokusröhre *f*
E: double-focus tube, dual-focus tube, double focal spot tube (US)
tube à foyer linéaire *m* (CEI)
D: Strichfokusröhre *f* (IEC)
E: line focus tube (IEC)
tube à protection intégrale *m*
D: Vollschutzröhre *f*
E: tube with protective housing
tube à rayons cathodiques *m*
D: Kathodenstrahlröhre *f*, Braunsche Röhre
E: cathode ray tube
tube à vide *m*
D: Vakuumröhre *f*
E: vacuum tube
tube à vitesse de rotation élevée *m*
D: Hochtourenröhre *f*
E: high-speed tube
tube à vitesse normale *m*
D: normaltourige Röhre
E: normal speed tube
tube amplificateur *m*
D: Verstärkerröhre *f*
E: amplifier tube
tube amplificateur de brillance à haute tension *m*
D: hochauflösende Bildverstärkerröhre
E: high-resolution image-intensifier tube

tube auto-redresseur *m*
D: selbstgleichrichtende Röhre
E: self-rectifying tube
tube compteur *m*
D: Zählröhre *f*
E: counter tube
tube de prise de vues en télévision *m*
D: Fernsehaufnahmeröhre *f*
E: television pick-up tube
tube de protection *m*
D: Schutzrohr *n*
E: protective tube
tube de röntgendiagnostic *f*
D: Röntgendiagnostikgerät *n*
E: X-ray diagnostic unit
tube digestif *m*
D: Darmtrakt *m*
E: intestinal tract, intestinal canal
tube électronique de télévision *m*
D: Fernsehbildröhre *f*
E: television tube, picture tube
tube flexible métallique *m*
D: Metallschlauch *m*
E: flexible metal tube
tube Geiger-Müller *m*
D: Zählrohr *n*
E: Geiger tube
tube pour thérapie de contact *m*
D: Nahbestrahlungsröhre *f*
E: contact therapy tube
tube radiogène *m*
D: Röntgenröhre *f*
E: X-ray tube
tube radiogène à anode à puits *m*
D: Hohlanodenröntgenröhre *f*
E: hollow-anode X-ray tube
tube radiogène avec un pôle à la masse *m*
D: Einpolröntgenröhre *f*
E: grounded electrode X-ray tube
tube radiogène pour planigraphie panoramique *m*
D: Panorama-Röntgenröhre *f*
E: panorama X-ray tube
tube redresseur *m*
D: Gleichrichterröhre *f*
E: rectifier tube
tube sur-table *m*
D: Obertischröhre *f*
E: overtable tube
tumeur *f*
D: Herd *m* (Tumor)
E: tumor *n*, lesion *n*, neoplasm *n*
tuyau cannelé *m*
D: Rillschlauch *m*
E: cable tubing
tuyau de caoutchouc *m*
D: Gummischlauch *m*
E: rubber hose, rubber tubing
type de film *m*
D: Filmsorte *f*
E: film type
type normal *m*
D: Normalausführung *f*, Normalausstattung *f*
E: standard design, standard pattern
type standard *m*
D: Normalausführung *f*, Normalausstattung *f*
E: standard design, standard pattern

U

ulcère gastrique *m*
D: Magengeschwür *n* (ulcus ventriculi)
E: gastric ulcer
unipolaire *adj*
D: einpolig *adj*
E: single pole
unité de balayage *f* [CT]
D: Abtasteinheit *f*
E: gantry *n*
unité de commande *f*
D: Steuereinheit *f*
E: control unit
unité de complément *f*
D: Nachrüsteinheit *f*
E: supplementary unit
unité de dose *f*
D: Dosiseinheit *f*
E: dose unit

unité de temps *f*
D: Zeiteinheit *f*
E: unit of time
uretère *m*
D: Ureter *m*, Harnleiter *m*
E: ureter *n*
urètre *m*
D: Urethra *f*, Harnröhre *f*
E: urethra *n*
urographie *f*
D: Urographie *f* (Darstellung der Nierenbecken und Harnleiter)
E: urography *n*
urographie de miction *f*
D: Miktionsurographie *f*
E: micturition urography
usage *m*
D: Verwendungszweck *m*
E: purpose *n*
usure *f*
D: Verschleiß *m*, Abnützung *f*
E: abrasion *n*, wear and tear
utilisateur *m*
D: Verbraucher *m*, Energieumsetzer *m*
E: consumer *n*, user *n*, customer *n*
utilisation *f*
D: Ausnützung *f*
E: utilization *n*

V

vaisseau capillaire *m*
D: Kapillar *n*, Haargefäß *n*
E: capillary tube
vaisseau coronaire *m*
D: Herzkranzgefäß *n*, Coronargefäß *n*, Koronargefäß *n*
E: coronary vessel
vaisseau lymphatique *m*
D: Lymphgefäß *n*
E: lymph vessel
valeur approchée *f*
D: Näherungswert *m*
E: approximate value
valeur contrôle *f*
D: Regelgröße *f*
E: controlled condition
valeur de crête *f*
D: Scheitelwert *m*
E: peak value, crest value
valeur de fin d'échelle *f*
D: Skalenendwert *m*
E: full-scale value
valeur effective *f*
D: Istwert *m*
E: actual value
valeur limite *f*
D: Grenzwert *m*
E: limit *n*, limiting value
valeur mesurée *f*
D: Meßwert *m*
E: measured value
valeur moyenne *f*
D: Mittelwert *m*
E: mean value, average value
valeur nominale *f*
D: Nennwert *m*, Nominalwert *m*
E: nominal value, rated value
valeur nominale *f* (circuit de réglage)
D: Sollwert *m* (Regeltechnik)
E: actual value (control circuit), calculated value, rated value
valeur nominale de l'épaisseur de coupe *f* [CT]
D: nominale Schichtdicke
E: nominal slice thickness
valeur numérique *f*
D: Zahlenwert *m*, numerischer Wert
E: numerical value
valeur prévue *f*
D: Sollwert *m* (Regeltechnik)
E: actual value (control circuit), calculated value, rated value
valeur seuil *f*
D: Schwellwert *m*
E: threshold value
valeur théorique *f*
D: Sollwert *m* (Regeltechnik)
E: actual value (control circuit), calculated value, rated value
valvule cardiaque *f*
D: Herzklappe *f*
E: cardiac valve

vaporisation sous vide *f*
D: Aufdampfen *n* (Bedampfung mit Metall unter Vakuum)
E: vacuum coating, vacuum metallization, high vacuum plating
variation de la tension de réseau *f*
D: Netzspannungsschwankung *f*
E: mains voltage fluctuation
variation de résistance *f*
D: Widerstandsänderung *f*
E: resistance modification
variation de tension *f*
D: Spannungsschwankung *f*
E: voltage fluctuation, voltage variation
varistor *m*
D: Varistor *m* (VDR), spannungsabhängiger Widerstand
E: varistor *n*, voltage-dependent resistor
veine porte *f*
D: Pfortader *f* (vena portae)
E: portal vein
veinographie *f*
D: Phlebographie *f*, Venographie *f*, Venendarstellung *f*
E: phlebography *n*, venography *n*
ventilateur *m*
D: Lüfter *m*, Ventilator *m*
E: fan *n*, ventilator *n*, blower *n*
ventilation *f*
D: Entlüftung *f*, Lüftung *f*
E: ventilation *n*
ventral *adj*
D: ventral *adj*
E: ventral *adj*
ventricule *m*
D: Ventrikel *m* (allg. Kammer oder Hohlraum, spez. Herzkammer oder Hirnventrikel)
E: ventricle *n*
ventricule du cerveau *m*
D: Hirnventrikel *m*
E: cerebral ventricle
ventriculographie *f*
D: Ventriculographie *f*
E: ventriculography *n*
verre dépoli *m*
D: Mattglas *n*, Mattscheibe *f*
E: ground glass
verres de protection des yeux *m pl*
D: Augenschutzglas *n*
E: protective eye glasses, safety glasses
verrouillage *m*
D: Blockierung *f*, Verriegelung *f*
E: blocking *n*, interlocking *n*
verrouillage magnétique *m*
D: magnetische Verriegelung
E: magnetic interlocking
verrouillage mécanique *m*
D: mechanische Verriegelung
E: mechanical blocking, mechanical interlocking
vertèbres cervicales *f pl*
D: Halswirbelsäule *f*
E: cervical vertebral column, cervico-vertebral spine
vésicule biliaire *f*
D: Gallenblase *f*
E: gallbladder *n*
vessie *f*
D: Harnblase *f*
E: bladder *n*
vibration *f* [mech.]
D: Schwingung *f*
E: vibration *n*
vibreur *m*
D: Zerhacker *m* (für Gleichspannungswandler)
E: chopper *n*, vibrator *n*
vide poussé *m*
D: Hochvakuum *n*
E: high vacuum
vidicon *m*
D: Vidiconröhre *f*
E: vidicon tube
vieillissement *m*
D: Alterung *f*
E: ageing *n*
vignetage *f* [AB]
D: Vignettierung *f* [BV]
E: vignetting *n* [II], vignetting effect
vignettage, compensation du ~ électronique [tv.]
D: elektronischer Vignettierungsausgleich

E: electronic vignetting compensation
vis d'ajustage *f*
D: Verstellschraube *f*
E: setscrew *n*
vis de blocage *f*
D: Feststellschraube *f*
E: locking screw
vis de réglage fin *m*
D: Feineinstellschraube *f*
E: fine adjusting screw
vis de remplissage d'huile *f*
D: Öleinfüllschraube *f*
E: oil filling plug, oil filling screw
vis de vidange d'huile *f*
D: Ölablaßschraube *f*
E: oil drain plug, oil drain screw
visé *adj* [rad.]
D: gezielt *adj*
E: selective *adj*
viseur à lignes lumineuses *m*
D: Strichlichtvisier *n*
E: line-type indicator
viseur lumineux *m*
D: Lichtvisier *n*
E: light-beam indicator, light localizer, visual localizer, optical indicator, light-beam diaphragm
viseur lumineux *m* (avec éclairage intégral du champ)
D: Vollfeldlichtvisier *n*
E: full-field localizer
visible *adj*
D: sichtbar *adj*
E: visible *adj*
vissage *m*
D: Verschraubung *f*
E: screw connection, screw joint
visualisation des coordonnées du patient *f*
D: Patientendatenaufbelichtung *f*
E: exposure of the patient identification data
vitesse *f*
D: Geschwindigkeit *f*
E: speed *n* (of rotation, anode disk, etc.), velocity *n* (non rotating)
vitesse de basculement *f*
D: Kippgeschwindigkeit *f*, Umlegegeschwindigkeit *f*
E: tilting speed, tilt speed
vitesse de déroulement *f*
D: Ablaufgeschwindigkeit *f*
E: travel speed
vitesse de refroidissement *f*
D: Abkühlungsgeschwindigkeit *f*
E: cooling rate
vitesse de rotation *f*
D: Drehzahl *f*
E: speed of rotation, speed *n*
vitesse de rotation à vide *f*
D: Leerlaufdrehzahl *f*
E: no-load speed
vitesse de rotation de l'anode *f* (tube à anode tournante)
D: Anodendrehzahl *f* (einer Drehanodenröntgenröhre)
E: anode rotational speed (rotating anode tube)
vitesse de translation du film *f*
D: Filmablaufgeschwindigkeit *f*
E: film speed
vitesse moyenne *f*
D: mittlere Geschwindigkeit
E: mean velocity
vitesse nominale *f*
D: Nenndrehzahl *f*
E: rated speed
vitesse périphérique *f*
D: Umfangsgeschwindigkeit *f*
E: peripheral speed
vitre *f*
D: Scheibe *f*, Glasscheibe *f*
E: glass pane, glass plate
voile *m* [phot. rad.]
D: Grauschleier *m*
E: fogging *n*
voile *f* [phot.]
D: Schleier *m*
E: fog *n*
volet de diaphragme *m*
D: Blendenplatte *f*
E: plate diaphragm
voltmètre de réseau *m*
D: Netzvoltmeter *n*
E: line voltmeter
volume de l'objet *m*
D: Objektvolumen *n*

E: object volume
volume du contraste de l'image *m*
D: Bildkontrastumfang *m*
E: image contrast range
voûté *adj*
D: gewölbt *adj*
E: arched *adj*, vaulted *adj*
voyant lumineux *m*
D: Lichtschauzeichen *n*
E: light signal, pilot lamp
vue anatomique *f* [CT]
D: anatomische Schicht
E: slice *n*, anatomic slice

W

wattmètre *m*
D: Wattmeter *n*
E: wattmeter *n*

Z

zone contrôlée *f*
D: Kontrollbereich *m*
E: controlled area
zone de rayonnement *f*
D: Strahlenbereich *m*
E: radiation area
zonographie *f*
D: Zonographie *f*
E: zonography *n*